北京市延庆区环境经济（绿色 GDP）核算体系研究理论与实践

牟雪洁　饶　胜　王夏晖　蒋洪强　张　箫　等著

中国环境出版集团·北京

图书在版编目（CIP）数据

北京市延庆区环境经济（绿色GDP）核算体系研究理论与实践/牟雪洁等著. —北京：中国环境出版集团，2020.5
ISBN 978-7-5111-4288-7

Ⅰ. ①北… Ⅱ. ①牟… Ⅲ. ①环境经济—经济核算—研究报告—延庆区 Ⅳ. ①X196

中国版本图书馆CIP数据核字（2020）第020367号

出 版 人　武德凯
策划编辑　王素娟
责任编辑　王　菲
责任校对　任　丽
封面设计　岳　帅

出版发行　中国环境出版集团
（100062　北京市东城区广渠门内大街16号）
网　　址：http：//www.cesp.com.cn
电子邮箱：bjgl@cesp.com.cn
联系电话：010-67112765（编辑管理部）
发行热线：010-67125803，010-67113405（传真）
印　　刷　北京建宏印刷有限公司
经　　销　各地新华书店
版　　次　2020年5月第1版
印　　次　2020年5月第1次印刷
开　　本　787×1092　1/16
印　　张　17.25
字　　数　355千字
定　　价　66.00元

前 言

党中央、国务院高度重视生态环境（绿色GDP）核算工作。习近平总书记提出“绿水青山就是金山银山”“我们既要GDP，又要绿色GDP”“像保护眼睛一样保护生态环境，像对待生命一样对待生态环境，在生态环境保护上一定要算大账、算长远账、算整体账、算综合账”等重要论断，对我国绿色GDP核算工作具有重要理论与实践指导意义。自党的十八大以来，《中共中央关于全面深化改革若干重大问题的决定》《生态文明体制改革总体方案》等重要政策文件明确要求，把资源消耗、环境损害、生态效益等指标纳入经济社会发展评价体系，建立体现生态文明要求的目标体系、考核办法、奖惩机制；探索编制自然资源资产负债表。为落实党中央、国务院的指示精神，环境保护部在2015年启动了生态环境（绿色GDP）核算体系研究工作，探索生态环境（绿色GDP）核算体系及应用长效机制，以期全面反映经济发展的环境代价和生态效益。经过近4年的探索，初步建立了国家生态环境（绿色GDP）核算的技术框架和方法，并在云南省、安徽省、四川省、深圳市、昆明市、六安市开展了试点核算研究；2017年，延庆区也正式纳入国家生态环境（绿色GDP）核算试点。延庆区属于北京市生态涵养区，生态地位十分重要，开展生态环境（绿色GDP）核算体系研究，对于量化延庆区生态产品供给能力、持续提升区域生态价值具有重要意义。

编写本书的目的是对北京市延庆区生态环境（绿色GDP）核算研究的理论与实践探索进行全面概括和总结。全书共8个章节，第1章主要介绍环境经济核算的概念、理论基础与主要研究进展。第2章主要分析介绍延庆区的自然地理概况、经济社会发展状况、生态环境质量状况等。第3章重点介绍延庆区环境经济核算的基本框架和不同账户核算的基本思路与技术方法体系。第 4 章重点分析生态系统生产总值（GEP）账户核算结果及其变化。第 5 章重点分析生态环境退化成本账户核算结果及其变化。第 6 章重点分析延庆区生态环境改善效益账户核算结果及其变化。第 7 章重点分析延庆区与北京市生态涵养区等区县的环境经济核算结果差异性。第 8 章总结了本书主要结论，并基于核算结果提出延庆区推进绿色发展、生态文明建设的对策建议。

本书写作分工如下：第 1 章主要由段扬、饶胜、蒋洪强、吴文俊、卢亚灵等编写，第 2 章主要由朱振肖、黄金、于洋、柴慧霞等编写，第 3 章主要由牟雪洁、段扬、李勃、吴文俊、卢亚灵、张静等编写，第 4 章主要由牟雪洁、张箫、柴慧霞、朱振肖编写，第 5 章主要由吴文俊、段扬、李永源、赵雨等编写，第 6 章主要由李勃、卢亚灵、段扬、刘年磊、张静等编写，第 7 章主要由柴慧霞、朱振肖、于洋、黄金等编写，第 8 章主要由张箫、饶胜、柴慧霞、朱振肖等编写。全书结构由饶胜、蒋洪强、王夏晖拟定，牟雪洁完成统稿和定稿，段扬、李勃、卢亚灵、吴文俊等也参与了部分章节的校稿。书中的大部分空间图件由牟雪洁、段扬、李勃等制作完成。

编委会

2019.9

目　录

第 1 章　环境经济核算的理论与研究进展

在经济发展与环境保护的矛盾日益突出的背景下，如何准确评估经济与环境的相互作用、有效保护自然资源和生态环境、实现经济社会可持续发展成为国内外关注热点，开展环境经济核算是准确认识资源环境问题与经济发展的关系、科学评价自然资源对经济社会发展的价值贡献、推进可持续发展的重要途径。国际上有关绿色国民经济核算研究始于 20 世纪 70 年代，以联合国的 SEEA 核算体系最具代表性。自 20 世纪 80 年代以来，我国也持续开展了很多环境经济核算相关研究，积累了重要理论基础与实践经验。本章简要介绍国内外有关环境经济核算的相关概念、理论基础、国内外经验等，为课题研究提供重要理论支撑。

1.1　环境经济核算相关概念

1.1.1　国民经济核算与国内生产总值

国民经济核算体系（System of National Accounts，SNA）是为进行国民经济核算而制定的一整套逻辑一致和结构完整的标准和规范，是由核算原则、核算概念、指标体系、分类标准和核算方法等组成的系统核算构架。

SNA 是描述国家宏观经济状况的重要工具。它以西方宏观经济学理论为基础，通过科学的核算原则、方法，将描述国民经济各个方面的一系列基本指标有机组织起来，对国民经济和社会再生产过程进行全面、系统地计算、测定和描述，从中反映宏观经济各环节、各部门之间的内在联系，以及经济社会发展的规律性，为复杂的国民经济运行过程勾画出一幅简明图画，从而为经济预警、政策制定等提供依据，提高了人们了解和把握经济运行规律的能力。

国民经济核算有国家和部门两个核算层次，反映一国在特定时期的国民经济运行过程以及与国外经济活动的关系。从整体来看，国民经济核算由两个主要的平衡核算关系组成：①经济流量的平衡核算，其内容直接以国民经济运行过程的生产、分配、消费和积累等环节为依据设置；②经济存量及其变动的平衡核算，这一平衡核算既包括一国或一部门在特定时点上所拥有资产负债总量的核算，又包括资产负债这些经济存量从期初到期末的动态平衡核算。

国内生产总值（GDP）是国民经济核算的一个结果，是反映经济发展的重要宏观经济指标。

1.1.2 绿色国民经济核算

绿色国民经济核算，又可称为环境与经济综合核算，是在现有的国民经济核算的基础上，考虑自然资源与环境因素，将经济活动中自然资源的耗减成本与环境污染代价予以扣除，进行资源、环境、经济综合核算，为可持续发展的分析、决策、评价提供依据。

绿色国民经济核算能够实现经济系统与自然生态系统的连接，通过开展自然资源的存量与流量核算，测算由于经济活动所造成自然资源的耗减、环境污染程度、生态破坏情况，真实反映社会经济活动的最终成果。可见，它既反映了资源环境存量和流量变化在国民经济活动中的作用，又体现出经济的有效增长对资源环境的要求，较好地解决了传统国民经济核算的缺陷与不足。

1.1.3 绿色GDP核算

从核算角度来看，绿色GDP是综合环境与经济核算体系的核心指标。绿色GDP是指在现有GDP基础上，扣除资源耗减成本与生态环境退化成本之后的余额，即核算结果是经资源、生态环境因素调整后的国内生产总值，代表了国民经济增长的净正效应。根据国民经济核算关于GDP与NDP两种不同口径设置，绿色GDP也可分为总值与净值两个口径。但是在实际应用中，国内生产总值（GDP）远比国内生产净值（NDP）更为普及，许多人将经资源环境调整后的宏观总量笼统称为“绿色GDP”（EDP），且这种概念更易被管理层面所接受。

因此，从应用角度来看，以总量口径在GDP基础上进行资源环境调整、确定EDP概念更适用，即绿色GDP核算是指把经济、生产、生活过程中产生的资源耗减、环境污染、生态破坏成本从GDP中扣减并进行调整，得出EDP，计算方式如下：

$$\text{EDP=GDP–资源耗减成本–环境污染损失–生态破坏成本} \quad (1\text{-}1)$$

1.1.4 环境污染损失核算

环境污染损失核算，又称环境退化成本核算，就是核算经济社会发展造成的环境污染代价，包括实物量核算和价值量核算。环境污染损失主要考虑水污染、大气污染、固体废物污染等造成的损失，以及重大环境污染事故损失；可从行业和地区进行分别核定，核算考虑的污染物类型视实际情况而定。

环境污染损失实物量核算，是在国民经济核算的基础上，运用实物单位（物理量单位）建立不同层次的实物量账户，描述与经济活动对应的各类污染（物）的产生量、去除量（处理量）、排放量等。

环境污染损失价值量核算，是在实物量核算基础上，估算各类环境污染的货币价值损失，可分别利用虚拟治理成本法和环境质量退化成本法核算。虚拟治理成本法通常是基于实物量核算结果，利用单位污染物治理成本计算价值量损失。环境退化成本法主要依据环境质量的变化，利用一定的剂量-效应关系以及与环境污染相关的存量等计算参数，进行价值量核算。

1.1.5　生态破坏损失核算

生态破坏损失核算，就是核算因人类不合理的资源环境开发利用行为造成的生态系统服务功能损失。按自然生态系统类型主要可分为森林、草地、湿地等生态系统破坏损失。主要核算思路是，首先利用统计或遥感数据资料对不同生态系统类型的生态服务功能损失进行实物量核算，后利用一定的环境经济评估方法进行生态系统服务损失价值核算。

1.1.6　环境效益核算

环境效益是指一定时期内，环境资产给人类带来的直接或间接效用。从环境质量的角度考虑，环境效益是与环境成本相适应的一个概念，二者此消彼长，环境效益减少，环境成本必然上升。因此，在中国环境经济核算体系中，也参考了联合国综合环境经济核算体系（SEEA）框架，没有考虑环境效益核算问题。环境效益核算主要可以通过间接评估法，即可通过减少的环境成本来计量环境效益。

1.1.7　生态系统生产总值核算

1985 年，生态经济学家 Hannon 首次提出生态系统生产总值（GEP）的概念，通过对生态系统产品和服务价值计算，得到 GEP 指标，用于衡量特定生态系统的健康程度。2013 年，我国学者欧阳志云定义生态系统生产总值（GEP）为：自然生态系统所提供的产品供给服务价值、调节服务价值、文化服务价值的总和，是全面反映自然生态系统为人类社会提供的生态福祉的指标。生态系统生产总值（GEP）核算就是采用各类数理模型对自然生态系统所提供的产品供给、调节服务、文化服务实物量进行核算，采用环境经济学评价方法进行价值量核算的过程。

1.1.8 自然资源核算

自然资源核算主要是对土地、水体、动植物、矿产等各类自然资源的资源功能、受纳功能、生态服务功能实物量和价值量核算，包括存量核算和流量核算，以反映各类资源价值的增减变化。

除此之外，在国内外环境经济核算研究进程中，还衍生发展出环境资产、生态资产、自然资源资产等概念。其中，近年来国家环境经济核算体系中已不再使用环境资产这一概念，因此不再做介绍。自然资源资产与自然资源核算内容、生态资产与生态系统生产总值核算内容类似。生态资产是自然资源资产的一部分，自然资源资产和生态资产的概念除了包含一般的自然资源、生态资源自然属性外，更强调的是其经济属性以及产权权利，是更多用于自然资源管理服务的概念。

1.2 环境经济核算的理论基础

1.2.1 经济增长理论

经济流量反映一定时期内所有经济活动及其变化的价值数量，国民经济核算十分重视流量分析，逐渐形成了以 GDP 为中心的流量核算。正确反映经济增长以及经济增长的过程，是国民经济核算的永恒课题。

20 世纪 40—50 年代，经济学家普遍认为经济增长主要依赖于资本积累，并认为经济增长是一种暂时现象。“二战”后，经济学家构建了包括资本、劳动和技术 3 个要素的国民生产函数，并有效证明了增长过程并非必然是不稳定的，技术会提升生产函数的水平，从而在其他生产要素投入规模效益递减的情况下实现持续的增长，因此，从 60 年代开始，技术创新受到重视和关注，推动了具有较好知识和技能的人力资本的关注，使教育和技能培训成为新的核心增长要素。60 年代之后，世界自然资源耗减和生态环境破坏问题日益突出，经济增长面临着资源环境的硬约束，自此自然资本或环境资本也成为经济增长的核心要素之一。但是否拥有相同人力资本、物力资本、技术的国家就会有相同的增长态势？对这一类问题的探索研究最终将制度因素引入了经济增长的解释中，使制度成为目前为止最新的经济增长核心要素。

在经济增长理论演进过程中，有两方面形成了对绿色国民经济核算体系的理论支撑。

①资源环境作为经济增长的核心要素之一，其成本应在经济总量指标中得到正确体现，从而为把环境资本引入流量核算奠定了理论根基。

②增长理论对制度的作用给予了足够重视。国民经济核算关于物力资本的形成和转化

的描述是较为充分的，但在合理体现资源环境成本方面还有很大不足，而绿色国民经济核算制度则较好地弥补了这一缺陷，因此应成为国家实现持久经济良性增长的政策工具。

1.2.2　物质财富理论

经济存量反映某一时点的资产和负债状况，是对财富的具体测度。国民经济核算体系的建立和发展深受不同时代的经济价值观和财富观影响，突出体现在存量核算方面。

农业经济时代，法国重农学派代表魁奈的《经济表》是现代国民经济核算的思想源泉。其中，他的“纯产品学说”主要关注一国物质财富增长及其过程，这些物质财富主要来自农业活动，因此体现了农业经济时代的财富观。

联合国最早于 1953 年建立并公布了“国民经济核算体系（SNA）及其辅助表”，该核算体系依然关注物质财富，但物质财富的来源只来自农业、工业、商业和服务业所构成的现代工业经济体系，体现了工业经济时代的财富观。

随着资源环境问题的日益凸显，世界各国开始逐渐关注资源环境资产本身的消耗和积累情况，体现了资源环境资产作为国家财富组成部分的思想。SNA-1993 的修订中特别完善了资产的分类体系，资产存量包括自然资产、环境资产，并将环境经济核算作为附属账户纳入 SNA 中，这是对资源环境存量核算予以关注的重要反映。

因此，随着绿色国民经济核算体系的建立、发展和完善，充分反映了重视自然资源与环境财富的 21 世纪财富观。

1.2.3　环境资源稀缺理论

作为经济增长的核心要素之一，资源环境具有有用性和稀缺性两个方面特性。

①有用性。环境对经济体系的功能主要表现在 3 个方面：a. 提供人类所需一切生产资料、生活资料等物质性资源的功能。b. 消纳、降解人类生产生活中的废弃物的环境净化功能。c. 满足人类精神文化生活需要的功能以及保持地球生态平衡等其他生态服务的支撑功能。

②稀缺性。a. 有限意味着稀缺。地球是一个封闭系统，其环境资源也是有限的，部分经长期地质时代所形成的环境资源不仅有限而且难以再生和更新。但是，人类经济社会发展对环境资源的需求仍在不断增长，因此，相对庞大且递增的人类需求而言，环境资源的稀缺性日益突出。b. 从经济学对稀缺的定义看，一种资源如果它的利用存在多种可能的竞争需求，则是稀缺的。而任何环境资源几乎同时存在功能间的竞争性，因此从这一角度看环境资源也是稀缺的。

凡是稀缺资源，其利用就存在机会成本，因而具有纳入核算的必要性。环境经济学对绿色国民经济核算体系建立的首要贡献在于确立了环境资源稀缺性理论，从而使环境成为核算对象，进而，经济发展过程对环境资源利用造成的各类成本或损失也顺理成章成为经济发展的成本。

1.2.4 外部性与公共物品理论

当某种消费或生产活动对其他的消费或生产活动产生了不能够反映在市场价格中的直接效应时，即产生了外部性问题。对于缺乏市场或缺乏有效市场的环境物品和服务而言，外部性特别是外部不经济性十分突出。环境物品和服务在消费上往往表现出非竞争性、非排他性，因此具有很强的公共物品特征。

外部性和公共物品特性导致环境物品和服务的配置上的市场失灵，政府干预成为解决这一失灵问题的可选途径。因此，对于在市场上无法反映出来的环境成本，由政府作为宏观经济管理机构来统一进行核算，成为构建绿色国民经济核算体系的最佳选择。

1.2.5 物质平衡理论

确立了资源环境应被纳入经济核算之后，还需考虑如何建立环境与经济之间的关系。环境经济学中的物质平衡理论提供了理论框架。

20世纪70年代初期，美国未来资源研究所的Allen V. Kneese等在《经济学与环境》一书中提出了著名的物质平衡模型，首次从经济学角度指出了环境污染的实质，并勾勒出了使用经济手段解决环境问题的前景。物质平衡理论的基本思想主要包括以下几点：

①现代经济系统主要由物质加工、能量转换、残余物处理和最终消费4个部门构成。部门之间以及部门组成的经济系统与自然环境之间存在物质流动关系。

②如果这个经济系统是封闭且没有物质净积累，则在一定时间段内，从经济系统排入自然环境的残余物的物质量必然大致等于从自然环境进入经济系统的物质量。

③治理环境污染物指示改变了特定污染物的存在形式，并没有消除也不可能消除污染物的物质实体。

④减少经济系统污染的最根本办法是提高物质和能量的利用效率和循环使用率，借此减少自然资源的开采量和使用量，降低污染物的排放量。

基于此，绿色国民经济核算还应：①从物质能量守恒的角度追踪国民经济各部门物质加工中的资源耗减情况。②增加残余物账户，以更完整体现经济-环境之间的关系以及残余物之间的相互转化关系。③其他有助于提供物质、能量的利用和循环效率的资源管理与环境保护活动，以更完整地反映经济与环境之间的互动反馈关系。

1.2.6 环境资源价值理论

在传统经济学里，资源是没有价值的，这直接导致了人类无节制地开发、利用自然资源，造成一系列生态环境问题。环境经济学研究就是对环境资源进行估价，改变传统的资源价值观念，建立环境资源的价值理论评估体系，实现环境资源的优化配置。目前，经济学领域在对环境资源进行价值评估时的理论依据主要是效用价值论。

效用价值论是根据人们对某一物品的满足程度来确定价值，并由价格来体现价值。运用效用价值理论衡量环境资源的价值，是因为：①环境资源无论是经过人类劳动加工，还是未凝结人类的劳动，资源本身就具有存在价值。尤其从代际关系看，这种存在价值迟早会被人类所利用，它是人们对某一环境资源存在而愿意支付的价格。用存在价值对环境资源进行价值衡量，主要依据是环境资源的边际效用。当环境资源越来越少时，它的利用价值越来越大。因此，用边际效用大小决定环境资源的价格，是为了合理开发资源，实现资源的最优配置。②环境资源具有直接使用价值。如水资源、森林资源、渔业资源、矿产资源等，这些资源很容易进入市场，通过供求关系决定其价格高低。③环境资源具有间接使用价值，不容易确定价格。例如，地表植被只能产生生态效益，不能通过市场交易体现其价值，因此只能采用机会成本收益法估算。

1.3　环境经济核算的国内外研究进展

1.3.1　国际经验

国际上从 20 世纪 70 年代开始研究建立绿色国民经济核算体系，它在传统的 GDP 核算体系中扣除自然资源耗减成本和环境退化成本，以期更加真实地衡量经济发展成果和国民经济福利（周国梅等，2009）。在挪威、美国、荷兰、德国开展的自然资源核算、环境污染损失成本核算、环境污染实物量核算、环境保护投入产出核算工作的基础上，联合国统计署（UNSD）于 1993 年、2000 年、2003 年和 2012 年先后发布并修订了《综合环境经济核算体系（SEEA）》，为建立绿色国民经济核算总量、自然资源和污染账户提供了基本框架。本节主要介绍联合国、欧盟等国际组织，以及荷兰、美国、加拿大、德国、挪威、韩国等发达国家，墨西哥、菲律宾等发展中国家关于环境经济核算的有关经验，由于联合国 SEEA 框架体系的代表性和在国际上的广泛应用性，予以重点介绍。

1.3.1.1　国际组织

（1）联合国

1）SEEA 核算框架

传统的国民经济核算体系（SNA）只对属于规定生产范围内的经济活动进行核算，并未对土地、矿物、水和森林等自然资源进行彻底的核算，只有当它们是在机构单位的有效控制下才纳入 SNA 的核算范围，自然资本的使用成本并未明确核算为生产成本。它有两大缺点：一是忽略了自然资源的稀缺会威胁经济的可持续生产力；二是忽略了污染造成的环境质量退化对人类健康和福利的影响。为了能将环境标准纳入经济分析，联合国在 SNA-1993 中心框架基础上，建立了综合环境经济核算体系（Integrated Environmental and Economic Accounting，SEEA）作为 SNA 的附属账户，1993 年公布了 SEEA 临时版本（UN，1993），2000 年公布了 SEEA 操作手册（UN，2000），2003 年（UN，2003）、2012 年（UN，2012）分别发布修订版本。其中，2012 年发布的环境经济核算体系中心框架（以下简称 SEEA-2012 中心框架）现已被确认为环境经济核算的第一个国际统计标准（邱琼，2014）。以下重点介绍 SEEA-2012 中心框架的主要内容。

SEEA-2012 中心框架主要内容包括核算结构、实物流量账户、环境活动账户及相关流量、资产账户、账户的整合与列报。

①核算结构。该部分深入阐释了环境经济核算体系中心框架的关键组成部分及采用的核算方法。以国民账户体系核算方法为基础，其目标是阐明 SEEA-2012 中心框架包含的账户、表格类型，存量和流量的基本核算原则，经济单位的定义，以及记账和估价原则。其中一个重要方面是强调了环境经济核算体系中心框架的综合性，以及所有不同的组成部分都放在一个通用核算结构中。本部分内容还适用于环境经济核算体系中心框架相关出版物，如《环境经济核算体系试验性生态系统核算》。

②实物流量账户。该账户主要详细阐释实物流量的记账方式，以定量描述经济系统与环境系统间的实物流量关系。首先，按生产过程，将不同的实物流量分为自然投入、产品和残余，放在实物型供给使用表的结构中；以此为出发点，对实物流量的计量可以扩张和缩减，以便能够集中计量一系列不同物质或特定流量。其次，按照不同的实物量类型，详细阐述能源、水资源、各种物质流量的实物型供给使用表结构，如废气排放表、污水排放表和固体废物表。

③环境活动账户及相关流量。该部分主要描述国民账户体系内可被视为与环境有关的经济活动，尤其是那些以减轻或消除环境压力或者更有效利用自然资源为主要目的的经济活动。这类经济活动主要由环境保护支出账户、环境货物和服务部门统计描述。此外，本部分涵盖的主题还有环境税、环境补贴和类似转移，以及一系列与环境有关的其他偿付和交易。这些交易都被记入国民账户体系，但是常常没有明确认定与环境有关。

④资产账户。该账户主要描述统计与环境资产有关的存量和流量记录。首先讨论一般资产核算，主要侧重于自然资源耗减计量和环境资产估价；其次详细介绍每项环境资产存量和流量计量范围，以及实物量和货币价值核算方法。其中，中心框架所阐述的环境资产主要包括矿物和能源、土地、土壤资源、木材资源、水生资源、其他生物资源以及水资源。本部分附件详细解释了环境资产估价的净现值办法，并讨论了贴现率，贴现率是净现值公

式的一个重要组成部分。

⑤账户的整合与列报。本部分重点介绍环境经济核算体系中心框架的综合性质，并将上述实物流量账户、环境活动账户及相关流量、资产账户这几部分的详细计量准则与为用户列报信息联系起来。本部分的一个具体重点是解释实物和货币数据的合并列报方式，包括描述一系列列报方式的范例。本部分还介绍了可利用基于环境经济核算体系中心框架的数据集编制的不同类型指标。

SEEA-2012 中心框架是一个多用途的概念框架，描述经济与环境之间的相互作用，以及环境资产的存量和存量变化。它也是一个统计框架，将经济、环境存量和流量信息编制并整合在一系列表格和账户中，指导编制用于政策制定、分析和研究的一致而可比的统计数字和指标。SEEA-2012 中心框架涵盖三个主要领域的计量：①经济体内部和经济与环境之间的物质和能源实物流量。②环境资产存量和这些存量的变化。③与环境有关的经济活动和交易。它将存量、流量和经济单位的定义和分类一致地应用于不同类型的环境资产和不同的环境层面（如水资源和能源），并将这些不同的定义和分类应用于实物和货币计量。总之，它为国家统计系统提供了一个灵活的模块式实施方法，对我国的环境经济核算研究工作具有十分重要的经验启示。

2）SEEA 卫星账户——EEA

联合国于 2014 年公布《实验性生态系统核算手册》（SEEA-EEA，以下简称 EEA），作为 SEEA 的卫星账户，全面系统地对生态系统核算及其基本框架进行了定义和展示（高敏雪等，2018）。EEA 账户将生态系统核算定义为：一整套针对生态系统及其为经济和人类活动提供服务流量来进行综合测算、以此评估其环境影响的方法。更具体的表达是：通过这样“一个经过集成的统计框架，用于组织生物-物理数据，测算生态系统服务，跟踪生态系统资产编号，并将这些信息与经济及其他人类活动联系起来”。为达到这一目标，要“搭建一套共同、连贯一致、综合的概念、分类、术语体系，为数据的组织、研究和测试提供平台”，“从空间角度组织环境信息，以连贯一致的方式描述生态系统与经济和人类活动之间的联系”。

EEA 中对生态系统核算的描述包括以下要点：①它是一套综合核算方法，内含一套连贯一致的概念、分类和方法，并体现与综合环境经济核算体系（SEEA）和国民经济核算体系（SNA）之间的契合和衔接。②核算内容覆盖生态系统、生态系统向经济体系和其他人类活动提供的生态服务这两个基本方面，以此刻画生态系统资产存量与生态系统产出之间的关系，以及它们与其他一系列环境、经济、社会概念和变量之间的关系。③强调从系统角度看问题，主要以空间为视角，以便组织涉及生物-物理数据的各种环境信息。④目的是用数据显示生态系统与经济及其他人类活动之间的联系，显示生态系统对经济和人类福利的贡献，以及经济和人类活动对生态系统的影响。

EEA核算沿用了SEEA中心框架中“存量—流量”的核算框架，主要核算内容包括：①生态系统资产，用以表征特定时点上的生态系统存量。②生态系统服务，作为在特定时期内的产出，显示生态系统对经济体系及其他人类活动的贡献，即生态系统流量。生态系统资产存量核算主要包括体现生态系统空间范围的数量指标（面积）和体现生态系统状况的特征指标（如物种丰富度、叶面积指数、生物量等）。生态系统服务核算主要包括供给服务、调节服务、文化服务等。生态系统资产与生态系统服务是紧密联系的，生态系统资产体现“能力”，生态系统服务体现当期“产出”，前者是后者的基础，后者在一定条件下会影响前者。从核算手段看，包括实物量核算和价值量核算。

EEA中的核算基本单位包括基本空间单位（BSU）、土地覆盖/生态系统功能单位（LCEU）、生态系统核算单位（EAU）。其中，①基本空间单位（BSU）是一个表现为集合图形的小区域（如1 km^2或更小），可以简单理解为地图上的一个正方格。②土地覆盖/生态系统功能单位（LCEU），是指能够覆盖一组预定的、与某个生态系统特征有关要素（如土壤覆盖类型、水资源、气候、海拔高度和土壤类型等）的区域。例如，若干以森林林木覆盖为优势特征的相邻BSU聚合起来，就是一个以森林覆盖为优势特征的LCEU。由此得到的一个LCEU可以视为是一个生态系统。③生态系统核算单位（EAU），代表进行生态系统核算、提供核算结果的统计范围。这个范围既可以按行政层级分解（国家、省、地区、县），也可以根据流域（如长江流域、黄河流域）、土壤类型等界定EAU。

但是，EEA账户对价值量核算方面尚未给出可供广泛应用的明确建议，主要提供了针对生态系统估价的一些基本的观点和原则。①针对生态系统服务和资产进行估价可能有多重动机，应根据不同的估价动机选择不同的估价方法。②对应不同动机，生态系统估价有两类价值概念：交换价值和福利价值。后者是指对应生态系统服务和资产总体的成本-效益估价，前者强调所得估价应与假定存在生态系统服务或资产市场时本应获得的价值相一致。③明确价值组成要素，对应经济福利的总经济价值框架由直接使用价值、间接使用价值、选择价值、非使用价值组成。EEA认为，为了与SNA相匹配，当前“许多生态系统服务估价方法大都侧重于测算直接和间接使用价值”。④生态系统核算的估价应以生态系统服务估价为基础开始。由单项生态系统服务价值进行汇总形成总价值，最后基于未来所有生态系统服务流量价值、依据标准的资本核算方法（未来收益现值法）估计出区域内生态系统资产总体价值。⑤针对供给服务、调节服务、文化服务等不同生态系统服务类别给出估价方法的选择建议。具体定价方法包括单位资源租金法、重置成本法、基于自愿性市场交易的服务付费和交易方案，以及包含各种具体形式的显示性偏好法和陈述性偏好法。⑥汇总形成区域的生态系统核算结果，进一步还可以考虑估算生态系统退化价值。这些价值量指标可以单独应用，也可以与有关经济社会人口指标合起来生成新的指标，最终还可以纳入SNA经济资产和经济账户序列各总量指标的调整；调整过程中，生态系统资产和生态系统服务价值作为加项出现，生态系统退化价值作为扣减项出现，最终获得经过生态系统核算调整后的各项经济总量指标。

（2）欧盟

SERIEE（European System for the Collection of Economic Information on the Environment）是欧洲统计局（Eurostat）开发的绿色国民经济核算系统（European Commission，2002）。该系统以卫星账户的方式将环境保护活动连接国民经济账户，作为环境议题与相关统计资料的桥梁。

SERIEE 以经济统计及环境统计为基础构建了 5 组账户系统：环境保护支出账户、自然资源使用及管理账户、环境产业记录账户、特征活动投入产出分析、物质流账户。其中，环境保护支出账户是 SERIEE 的核心，辅以自然资源使用及管理账户、环境产业记录系统，另外，特征活动投入产出分析及物质流账户则为数据收集及处理的中间系统。

目前，SERIEE 发展重心在环境保护支出账户（EPEA）部分，并建立和发布了《环境保护活动和支出分类(CEPA2000)》(以下简称 CEPA2000 分类标准)(European Commission，2002)，成为当前开发应用程度最高的环保活动分类标准（朱建华，2013；吴舜泽，2014）。按照环境保护对象，CEPA2000 分类标准将环境保护活动分为 9 大类：保护环境空气和气候，废水处理，固体废物处理，土壤、地下水和地表水的保护和恢复，减少噪声和震动，生物多样性和自然景观的保护，放射性污染物的处理，环保科学研究与试验发展（R & D）支出，其他环保活动，包括能力建设、教育、培训等方面；按照环保支出性质，CEPA2000 分类标准确定的环保支出包含经常性支出和资本性支出。按照环保支出的主体分为工业部门、公共部门、环保服务专业生产商、住户等。

1.3.1.2 主要发达国家

（1）荷兰

荷兰统计局于 1993 年建立了环境经济核算系统（National Accounting Matrix including Environmental Accounts，NAEMA）。NAMEA 将环境账户扩展到 SNA 中，该矩阵显示了生产消费活动和自然环境之间的联系，并保持了供给-使用表和部门账户的一致性，从而形成了一个能表现不同层次细节的综合核算框架。

NAMEA 的理论架构是社会核算矩阵（Social Accounting Matrix，SAM），整体架构共计 12 个账户，第 1 账户至第 10 账户为一般的国民经济核算账户，它们与标准的 SNA 账户有所差别，最大特点是将生产和消费支出分为一般和环保两项，方便计算环保支出和环保消费，此外还明确将环保活动和其他经济活动的产出和消费分开；剩余两项为与环境有关的账户，即环境物质账户（Environmental Substances Accounts）和环境主题账户（Environmental Themes Accounts），主要以实物单位表示，这两个环境账户编制重点在于自然资源的物质投入量和残余物的产出量的一致性。

①环境物质账户。环境物质账户包含经济和自然环境间的物质交换信息，系统测定了10 种污染物（CO_2、N_2O、CH_4、CFC_S、NO_x、SO_2、NH_3、P、N、废弃物）的来源和流通方式。以上这些污染物来源主要包括生产和消费、家庭及其他国家流入 4 类，其中前 3 类污染物排放量形成了一个国家污染物总排放量，这些数据对于分配一个国家的污染物减排责任具有重要意义。

②环境主题账户。环境主题账户是为了评估环境退化的影响而设置，对制定相关环境政策具有重要参考作用。该账户包括 2 个全球环境主题账户和 3 个国家环境主题账户。全球环境主题账户主要是：温室效应和臭氧层破坏，这两个主题涉及国外部门（如境外污染转移）。其中“温室效应气体”包括 CO_2、N_2O、CH_4 共 3 种气体指标，每项指标都可以转换成 GWP（Global Warming Potentials）方式表达，即将不同的污染物依据其对环境的相同影响转换成相同的计量单位；与“臭氧层破坏”相关的环境指标是氟氯化碳（CFC_S）。国家环境主题账户主要是：酸化、富营养化、废弃物，这些环境问题讨论仅限于本国境内。其中与“酸化”相关的指标为 NO_x、SO_2、NH_3；与“富营养化”相关的指标为 N、P；废弃物主要衡量垃圾量，但不包括有毒化学物质。

（2）美国

美国经济分析局（Bureau of Economic Analysis，BEA）在 1972 年即开始编制“污染防治支出”，但涵盖范围局限在政府、企业与家庭为符合环保法律所产生的支出。为了进一步明确经济活动与自然资源的互动关系，BEA 在 1994 年依据 SEEA 框架进一步发展出综合经济与环境卫星账户（Integrated Economic and Environmental Satellite Accounts，IEESA），该账户除了原来的污染防治支出外，还包括自然资源的市场价值，以及生产、消费过程中对其产生的影响。

IEESA 主要包括两个主要架构：一是将自然资源和环境资源当作一种生产资本，同时是国民财富的一部分，计算它们在生产过程中的贡献。二是提供许多支出和资产部分的细节数据，有助于了解经济活动与自然资源的互动关系（张耀仁等，1999）。

此外，美国在天然资源价值估算方面采用净价格法，将石油、天然气、木材、煤及渔业资源等纳入编算。在环境退化价值估算中采用维护成本法，衡量包括空气、水及土地的环境折耗。在空气污染方面，区分移动及固定污染源，包括 TSP、SO_x、NO_x、VOCs、CO 及 Pb 等。在土地方面，则利用政府部门对未开发土地的污染控制活动支出作为衡量基础，而对于具有休闲功能的土地，则用维护该土地休闲功能的成本及相关修复费用来评估土地价值折耗。

但由于国会反对，美国政府自 1995 年起就未进行官方绿色国民经济核算。

（3）加拿大

加拿大统计局最早从 20 世纪 80 年代初就开始尝试编制环境核算体系，目前已编制了环境资产（自然资源）卫星账户、物质流分析账户（原料和能源流）、环境资源管理支出账户。随后，在联合国 SEEA 框架基础上建立了本国的资源环境核算体系（CSERA），并从 20 世纪 90 年代初就建立了木材和土壤资产存量账户。CSERA 与 SEEA 几乎同时发展，编制的账户也基本一致，主要包括自然资本存量账户、物质和能源流账户、环境支出账户。其中，自然资本存量账户主要是核算非生产性自然资本的存量，并在资金平衡表中结合生产资本表示出来。该账户中，土壤、木材、土地资本账户是重点内容，此外还有不定期编制的资源账户，内容主要涉及水提取和使用、土地使用。自然资本存量账户记录了土壤和木材的存量数量以及由于自然和人类活动造成的每年变化，并同时记录各类资源的物质量和价值量。

物质和能源流账户主要以实物量记录自然资源和废弃物的流动情况。在该账户中，共记录了 100 多个产业和家庭、政府活动的自然资源（水和能源）和废弃物（温室气体）的流动情况，对于加拿大国家和地区达到《京都议定书》目标、应对气候变化具有很大作用。

环境支出账户主要记录商业、政府、家庭为环境保护的资本支出，测算环境保护相关的财政压力以及对经济活动的贡献。账户显示，加拿大在采矿、造纸、冶金、石油加工和能源利用 5 个行业的环保支出占总支出的 80%。

但由于某些原因，加拿大统计局尚未计算经过环境调整的宏观经济指标，如绿色 GDP。

（4）德国

德国是世界上较早开展绿色 GDP 核算的国家之一。德国联邦统计局于 20 世纪 80 年代开始进行环境经济核算工作，主要采用了联合国 SEEA 的基本理论和原则，框架结构主要根据人类经济活动与自然环境之间相互影响、相互制约关系的原理，由环境压力、环境状况和环境反应三部分组成，各部分由不同账户、指标、数据反映各种经济活动与环境之间的关系（吴优，2005）。

核算内容主要分为 3 个部分：①建立财产账目，通过自然财产对财产概念进行扩展，得出物质财产，并以非货币形式对物质财产进行计量。②建立生产账户，包括原材料、废弃物和有害物质，进行物质流计算。③货币估价，通过对传统 GDP 加入环境分析，从而对物质财产和物质流账户进行估价。通常，计算结果由科研机构公布。

在环境统计方面，德国值得借鉴的做法是计算并发布环境综合指数（DUX），以反映德国环境保护的发展趋势，监督环境政策的实施情况。环境综合指数（DUX）主要以具有德国环境晴雨表作用的单个指标为基础构建，涉及气候、大气、土地、水、能源、原材料 6 个领域，每个领域选用不同的指标来反映。

（5）挪威

挪威是世界上最早开始进行自然资源核算的国家，也是绿色 GDP 核算方法的最初探索者之一，取得了举世瞩目的成就。

1981 年，挪威政府首次公布并出版“自然资源核算”数据、报告和刊物。1987 年公布了“挪威自然资源核算”研究报告。自然资源核算的目的是，提供新的和质量较好的数据和信息，将自然资源开发计划与经济计划联系起来，促进资源管理部门和经济管理部门之间的配合和协调。在挪威的自然资源账户中，将自然资源划分为实物资源和环境资源两大类，构建了包括森林、土地、水资源、石油、天然气等一系列完整的实物资源核算体系。

近年来，挪威在绿色核算方面做得比较重要的工作是，从 1997 年开始执行的经济和环境核算项目（NOREEA）。该项目包括三大领域：①将环境统计纳入经济统计中（NAMEA）。②将已经包括在经济统计中与环境相关的信息分离。③对重要自然资源进行评估。已完成的主要项目内容包括修订森林资源的自然资产账户；将环境账户纳入国民账户矩阵中（包括固体废物、废水排放、大气排放）；对环境税的研究等。

（6）韩国

韩国的绿色国民经济核算体系主要采用联合国的 SEEA 框架，并以环保支出、经由产业以非市场价值评估法所得的环境资源价值、因生产或进口所造成的环境资源耗损、土地利用及非生产性的环境资源（如森林等）的损失作为在传统国内生产净值（NDP）中调整的环境因子。核算内容可以分为 4 项：环保支出与环境价值评估、可再生资源的资本账户、非生产性资源的资本账户、环境的退化成本。经过上述测算结果可进一步得到经环境因子调整后的指标（Environmentally adjusted Domestic Product，EDP），并以此作为衡量经济可持续发展的依据。

其中，可再生资源的资本账户主要包括非动植物的可生产资本账户和动植物的可生产资本账户。非生产性资源的资本账户主要包括土地、森林、渔业及矿产等资源，其价值量由市场现价乘以数量进行估算。

环境退化成本估算主要采用维护成本法，纳入估算的污染包括空气及水污染、土壤污染、地表水消耗、固体废物存放等对环境的损害。空气污染包含 CO、NO_x、SO_2 及 TSP 等，同时区分固定源和移动源两部分；水污染主要以 BOD 为衡量指标；土地污染方面，由于土地折耗在实证上较难得到客观的货币价值，故以垃圾掩埋场处理废物成本计算。

1.3.1.3 发展中国家

（1）墨西哥

墨西哥是最先开始尝试将环境相关数据（包括森林资源、石油、土壤侵蚀、土壤污染和土地使用变化、水资源、大气和水污染）纳入国家 SNA 的发展中国家之一，这些不同主题的存量和流量以其实物量的形式被记录，另外也建立了货币账户。SEEAM 建立了一个宏观经济指标——净绿色国内生产值，作为测量国家经济可持续增长的指标，计算方式为由 GDP 减去固定资产消耗、自然资源损耗和环境退化。一项研究对墨西哥 1985—1992 年的环境损失进行了估算，自然资源损耗成本约占 GDP 的 3.9%，环境退化成本占 GDP 的 8.6%，二者共占 GDP 的 12.5%（OECD，1996）。

（2）菲律宾

菲律宾共有两套不同的绿色国民经济核算体系，分别为 ENRAP（Environmental and Natural Resources Accounting Project）与 SEEA。菲律宾从 1990 年就开始编制绿色国民经济核算体系，Peskin 在 USAID 基金赞助下开发出了 ENRAP，方案起初是要探讨森林资源耗竭，后扩大到其他渔业、矿业及土壤等天然资源。此外，菲律宾在 1995 年又由国家统计统合局（National Statistical Coordination Board，NSCB）在联合国建议下编制了 Philippine SEEA（PSEEA）。尽管这两套系统存在许多共同之处，但因编制理论不同，仍然有不少不同之处。

1.3.2　国内进展

中国的环境经济核算工作起步较晚，但发展较快，大致可分为 3 个阶段。

（1）消化起步阶段（20 世纪 80 年代初—90 年代初）。20 世纪 80 年代初，中国有关科学工作者就对资源环境价格严重背离其价值的不合理现实进行了反思和探讨，并提出了环境污染和生态破坏成本的概念，开始了绿色国民核算的基础性研究工作，如环境污染损失研究、环境费用效益分析、自然资源核算研究等，这些研究工作尚未达到对资源环境纳入国民经济核算和实践的高度，国家相关部门重视程度也不够。这些成果如表 1-1 所示。

表 1-1　20 世纪 80 年代初—90 年代初中国资源环境核算研究成果

时间/年	研究者	研究对象
1981	于光远	提出《应该对环境进行计量》，呼吁开展污染和生态破坏经济损失计算
“六五”“七五”	中国环境科学研究院	开展了包括污染经济损失在内的一些案例研究
1984	国家环境保护局	举办《国际环境费用效益分析研讨会》
1985	中国环境科学研究院	开展《公元 2000 年环境预测和对策研究》，第一次核算全国环境污染的经济损失
1987	李金昌等	翻译了《挪威的自然资源核算与分析》等研究报告
1988	美国东西方中心	将《环境、自然系统和发展——经济评价指南》译成中文
1988	国务院发展研究中心	成立了资源核算及其纳入国民经济体系课题组
1989	国家环境保护局与 WHO	举办“国际环境经济评价培训班”
1990	过孝民等	进行了中国环境污染和生态破坏经济损失计量研究，以环境污染经济损失为主
1990	金鉴明等	完成了《中国典型生态区生态破坏经济损失及其计算方法》

（2）探索实践阶段（20 世纪 90 年代初—2003 年）。随着中国经济的迅速发展和资源环境问题与经济发展矛盾的进一步深化，资源环境核算及其纳入国民经济核算体系研究逐渐得到了重视。许多科研机构迅速成立相应的研究课题组，包括资源核算研究课题组、环境核算研究课题组等，开展了一系列的资源环境核算理论研究工作，研究内容涉及资源环境实物量和价值量核算的理论和方法，现行国民经济核算体系的弊端及将资源环境纳入国民经济核算体系的可能性和纳入形式、理论、方法，并开展了一系列实践工作。这些研究项目为中国绿色 GDP 核算体系的构建奠定了坚实基础（表 1-2）。

表 1-2　20 世纪 90 年代初—2003 年中国资源环境核算研究与实践进展

时间/年	研究者	研究成果
1991	李金昌等	出版《资源核算论》
1994	李金昌等	全国生态环境成本核算
1996	常永官等	重庆市大气环境污染核算
1997	傅绥宁等	三峡工程的生态环境损失
1998	张坤民等	在三明和烟台进行真实储蓄率核算试点
1998	夏光等	出版《中国环境污染经济损失的计量研究》
1999	郑易生等	20 世纪 90 年代中期中国环境污染损失
1999	北京大学	开展“可持续发展下的绿色核算”课题研究，并在宁夏进行试点
1999	王金南	开展可持续发展与环境经济指标体系研究
2000	王金南	提出“基于卫星账户的环境资源核算方案初步设计方案”
2000 年开始	国家环境保护总局与世界银行	开展中国环境污染损失评估方法研究
2002	王金南	开展国民经济核算体系改革中的环境实物量核算方案研究，即环境卫星账户方案
2003	中国环境规划院与 OECD	开展环境综合指标体系研究以及环境绩效评估工作
2003 年开始	中国环境规划院	开展环境经济投入产出核算模型研究
2003	国家统计局	在《中国国民经济核算体系》（2002 年文本）中新设置了附属账户——自然资源实物量核算表，试编了 2000 年全国土地、森林、矿产、水资源实物量表
2003	国家统计局与挪威统计局	编制了 1987 年、1995 年、1997 年中国能源生产与使用账户
2003	国家统计局	在黑龙江省、重庆市、海南省分别进行了森林、水、工业污染、环境保护支出等项目的核算试点，并已编写了技术总结和工作总结报告
2003	中国人民大学统计学院	将联合国的《综合环境与经济核算手册 2003》（SEEA-2003）翻译成中文

（3）提高规范阶段（2004—2014 年）。进入 2004 年，科学发展观的提出、粗放式投资过热"高烧难退"、新政绩考核制度的推行和国民经济核算改革的趋势，使得中国开展绿色 GDP 核算受到了前所未有的重视，特别是国家政府和领导高度重视，为此，要求中国绿色 GDP 核算必须在原有研究与实践基础上进一步提高、规范并逐渐进入实质性操作阶段。

该阶段有三项最重要的工作：①国家环境保护总局和国家统计局联合开展的"综合环境与经济核算（绿色 GDP）研究"。②国家环境保护总局开展的"全国环境污染损失评估调查"，这项工作为前项工作提供了很好的基础和平台。③国家统计局与国家林业局联合开展的"森林资源核算及纳入绿色 GDP 研究"项目。④水利部联合国家统计局实施的"中国水资源环境经济核算（SEEAW）研究"项目。2004 年以来，中国环境经济核算开展的研究与实践进展如表 1-3 所示。

表 1-3　2004—2013 年中国环境经济核算研究与实践最新进展

研究时间	事件
2004 年 6 月	在杭州召开环境经济核算国际讨论会
2004 年 12 月	完成《中国环境经济核算技术指南》
2005 年 1 月	国家统计局和国家环保总局联合下发绿色 GDP 试点省市通知，确定北京、天津、辽宁等 10 个试点省市
2005 年 3 月	在马鞍山开展"基本概念与技术指南"技术培训
2005 年 6 月	在沈阳开展"核算方法与调查布置"技术培训
2005 年 7 月 13 日	世界银行和国家环保总局在北京召开"中国绿色国民经济核算研究"项目启动会
2005 年 9 月	在重庆开展"软件培训与技术交流"技术培训
2006 年 6 月	在成都开展"调查分析与损失培训"技术培训
2006 年 7 月	在北京开展"污染损失计算"技术培训
2006 年 7 月	10 个试点省市基本完成虚拟治理成本核算，国家技术组完成全国核算研究报告
2006 年 8 月 23 日	国家林业局在中国林业科学研究院主持召开"中国森林资源核算及纳入绿色 GDP 框架"研讨会
2006 年 9 月 7 日	在北京举办《中国绿色国民经济核算研究报告 2004》新闻发布会
2006 年 12 月	完成 10 个试点省市关于绿色国民经济核算与污染损失的评审验收
2007 年 3 月	在北京举办《中国绿色国民经济核算研究报告 2005》新闻发布会
2008 年 7 月 29 日	国家统计局在北京主持召开《中国资源环境核算体系框架》专家论证会
2008 年 8 月 25 日	水利部规划计划司在北京主持召开"中国水资源环境经济核算项目"专家咨询会

研究时间	事件
2008年10月	意大利资金援助项目“环境污染事故损失核定技术与鉴定机制”技术研讨会和项目协调会在北京举行
2008年12月26日	国家统计局在北京主持召开“中国资源环境核算体系框架”专家咨询会
2009年	国家重点图书《环境经济核算丛书》出版发行
2009年8月28日	环境保护部环境规划院委托北京联盈同创软件公司开发的“国家环境经济预测模拟软件系统”在北京召开成果汇报会
2010年1月8日	环境保护部环境规划院和美国律师协会（ABA）共同主办的自然资源与环境损害赔偿评估和环境责任分析培训讨论会在北京召开
2010年1月	建立环境经济核算技术支撑与应用体系项目前期培训讨论会在北京召开
2010年5月22日	“环境损害评估鉴定与能力建设框架设计”项目试点工作启动会在北京召开
2010年10月	以环境保护部环境规划院为代表的技术组完成《中国环境经济核算研究报告2008（公众版）》
2010年12月	环境保护部总量司在西安和成都组织开展了污染源普查动态更新培训班
2011年4月20日	环境保护部环境规划院和美国律师协会（ABA）共同主办的生态环境损害评估研讨会在北京召开
2011年5月25日	环境保护部发布《关于开展环境污染损害鉴定评估工作的若干意见》
2012年1月	以环境保护部环境规划院为代表的技术组完成《中国环境经济核算研究报告2009（公众版）》
2013年4月	以环境保护部环境规划院为代表的技术组完成《中国环境经济核算研究报告2010（公众版）》

资料来源：管鹤卿等，2016。

1）综合环境与经济核算（绿色GDP）研究。

“综合环境与经济核算（绿色GDP）研究”项目主要包括实物量核算、价值量核算、环境保护投入产出核算以及经环境调整的绿色GDP核算等内容。2004年3月，国家统计局与国家环境保护总局召开绿色GDP核算工作讨论会，正式启动了“综合环境与经济核算（绿色GDP）研究”项目，简称绿色GDP1.0项目（图1.1）。2005年，北京、天津、河北、辽宁等10个省、直辖市启动了以环境污染经济损失调查为内容的绿色GDP核算试点。2006年9月，国家环保总局和国家统计局联合发布了《中国绿色国民经济核算研究报告2004》，此项报告是我国第一份经环境污染损失调整的GDP核算研究报告，引起了社会广泛关注，标志着建立中国绿色国民经济核算体系已取得了初步进展。

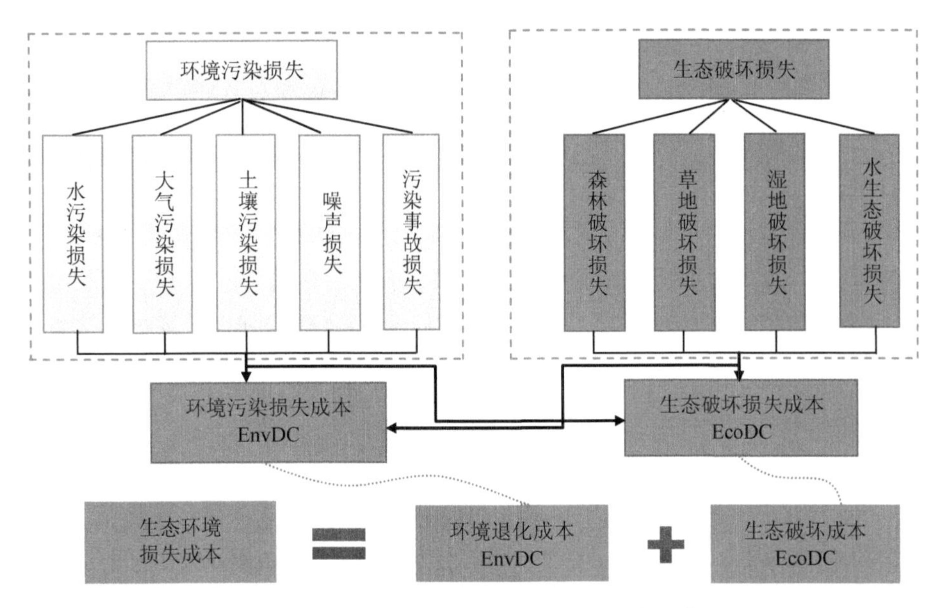

图 1-1　中国环境经济（绿色 GDP1.0）核算框架体系

截至目前，以环境保护部环境规划院为代表的技术组已经完成了 2004—2015 年的全国环境经济核算研究报告，核算内容基本遵循联合国发布的 SEEA 体系，主要包括污染排放与碳排放核算账户、环境质量账户、物质流核算账户、环保支出账户、环境治理成本账户、环境退化成本账户、生态破坏损失账户共 7 个账户内容和最后的环境经济核算综合分析，但不包括自然资源耗减成本的核算。2004—2015 年的核算结果表明，我国经济发展造成的环境污染代价持续增长，环境污染治理和生态破坏压力日益增大，2004—2015 年基于退化成本的环境污染代价从 5 118.2 亿元提高到 20 179.1 亿元，增长了 294%，年均增长 12.1%。虚拟治理成本从 2 874.4 亿元提高到 6 737.9 亿元，增长了 134.4%。2015 年环境退化成本和生态破坏损失成本合计 26 476.6 亿元，约占当年 GDP 的 3.7%（於方等，2017）。

2）其他环境资源核算研究。

除了环保部门推动的国家综合环境经济核算项目外，其他部委也同时推进开展了与环境资源核算相关的工作。

①国民经济核算。国家统计局于 2003 年发布《中国国民经济核算体系 2002》，对 1992 年颁布实施的《中国国民经济核算体系（试行方案）》做了修订，该核算体系既结合中国实际又进一步与国际接轨，是我国国民经济核算工作的规范性文本，从 2003 年开始实施并沿用至今。

②森林资源核算。2004 年，国家统计局与国家林业局联合开展的中国森林资源核算纳入绿色 GDP 研究，构建了我国基于森林的绿色国民经济核算框架。2013 年 5 月，国家统计局和国家林业局启动了新一轮“中国森林资源核算及绿色经济评价体系研究”项目，继

续深入开展森林资源核算，与原有研究相比，此次研究延续了林地林木资源及森林生态服务价值的核算方法，同时增加了社会文化价值核算和绿色经济评价体系研究两项全新内容。由于森林资源核算是资源环境核算的重要组成部分，也促进了中国环境经济核算的进一步探索完善。

③水资源核算。2009 年，水利部联合国家统计局实施“中国水资源环境经济核算（SEEAW）研究”项目已取得了丰硕成果。该项目主要目标是建立我国水资源核算体系框架，为尽快建立既适合我国国情又与国际接轨的水资源核算治理提供基础和依据。同时，全面反映水利水务单位的投融资关系、财务收支、投入产出、成本效益、固定资产形成，为水资源的成本构成分析提供相关信息。

④基于资源产出率的经济成效评价体系。2010 年以来，国家发改委积极研究基于资源产出率的、反映循环经济建设成效的评价体系及统计制度（冯之浚，2011），并向社会公布循环经济发展成效评价成果。以农业为例，从土地开始对土壤成分、肥料的使用，有用产出、无用产出等用模型加以测算，衡量环境成本、经济代价，完整记录整个系统运行的经济效果，从微观层面加以量化。

（4）丰富完善阶段（2014 年至今）。自党的十八大以来，党中央、国务院高度重视环境经济（绿色 GDP）核算工作。习近平总书记提出“绿水青山就是金山银山”“我们既要 GDP，又要绿色 GDP”“像保护眼睛一样保护生态环境，像对待生命一样对待生态环境，在生态环境保护上一定要算大账、算长远账、算整体账、算综合账”等重要论断，对我国绿色 GDP 核算工作具有重要理论与实践指导意义。自党的十八大以来，《中共中央关于全面深化改革若干重大问题的决定》《生态文明体制改革总体方案》等重要政策文件明确要求，把资源消耗、环境损害、生态效益等指标纳入经济社会发展评价体系，建立体现生态文明要求的目标体系、考核办法、奖惩机制；探索编制自然资源资产负债表。

为落实党中央、国务院的指示精神，2015 年，环境保护部重启了国家环境经济（绿色 GDP 核算）研究工作，探索绿色 GDP 核算体系及应用长效机制，以期全面反映经济发展的环境代价和生态效益；同时在云南省、安徽省、四川省、深圳市、昆明市、六安市、延庆区等地区开展了试点核算研究。与 2004 年建立的国家绿色 GDP 核算体系（绿色 GDP1.0）相比，重启的研究在原来仅“减法”核算的基础上，新增了生态环境效益核算，即生态系统生产总值（GEP）核算，以全面反映自然生态系统为人类社会提供的生态福祉价值，因而重启的绿色 GDP 研究通常称为绿色 GDP 2.0 核算，核算框架如图 1-2 所示，其中环境退化成本和生态破坏成本如图 1-1 所示。

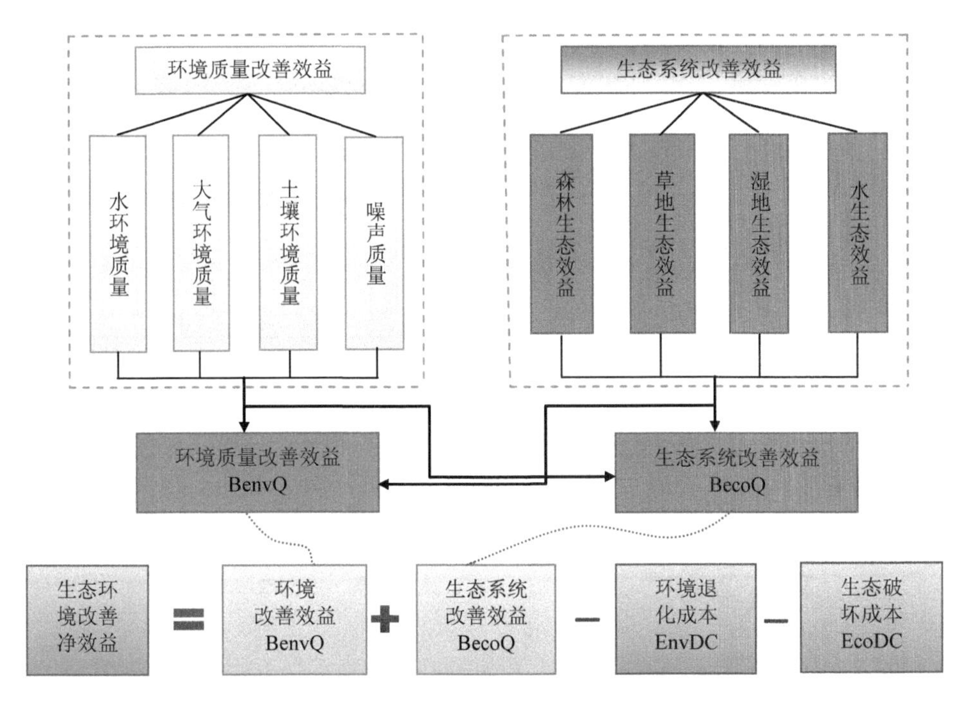

图 1-2　中国环境经济（绿色 GDP2.0）框架体系

2018 年，王金南院士在绿色 GDP2.0 基础上构建了全国 GEEP 核算框架（王金南等，2018），如图 1-3 所示。GEEP 是在经济系统生产总值的基础上，考虑人类在经济生产活动中对生态环境的损害和生态系统对经济系统的福祉。GEEP 既考虑了人类活动产生的经济价值，也考虑了生态系统每年给经济系统提供的生态福祉，还考虑了人类为经济系统产生的生态环境代价。GEEP 把“绿水青山”和“金山银山”统一到一个框架体系下，是一个有增有减，有经济、有生态的综合指标，纠正了以前只考虑人类经济贡献或生态贡献的片面性。

$$\begin{aligned} GEEP &= GGDP + ERS \\ &= (GDP - PDC - EDC) + ERS \end{aligned} \quad (1\text{-}2)$$

式中，GGDP（Green Gross Domestic Product）为绿色国内生产总值；GDP（Gross Domestic Product）为国内生产总值；PDC（Pollution Damage Cost）为环境损失成本；EDC（Ecology Degradation Cost）为生态破坏成本；ERS（Ecosystem Regulation Service）为生态系统调节服务。

2014 年以来中国环境经济核算研究与实践进展见表 1-4。

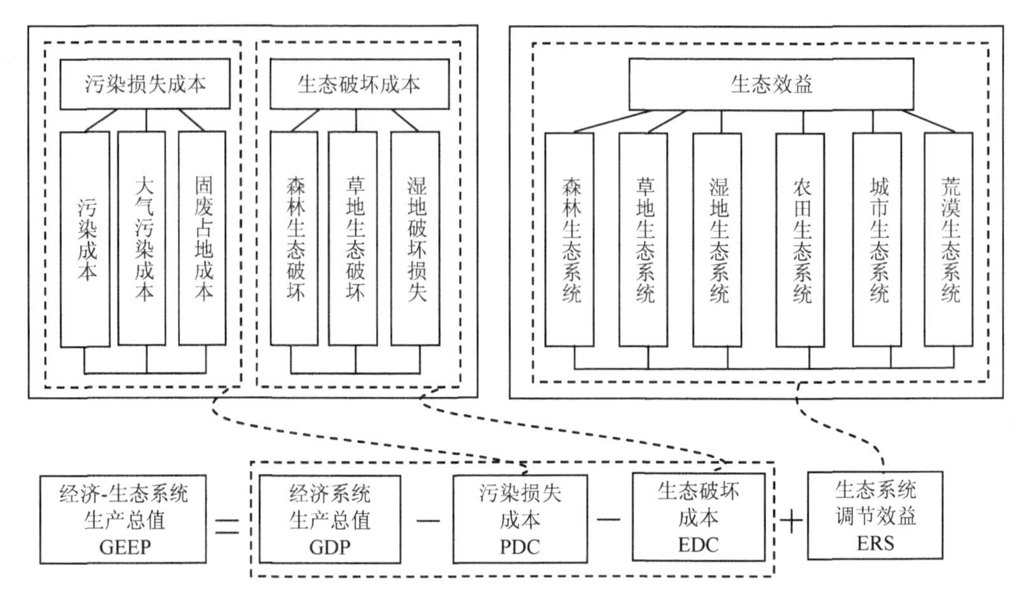

图 1-3 国家经济-生态生产总值核算框架体系（王金南等，2018）

表 1-4 2014 年以来中国环境经济核算研究与实践进展

研究时间	事件
2014 年 1 月 5 日	环境保护部政法司在京召开“国家环境资产核算体系建立”项目专家咨询会，“绿色GDP2.0”版本研究证实启动
2014 年 3 月	国合会“政府官员环境审计制度”专题政策研究项目启动会暨第一次工作会议在京召开
2014 年 6 月 11 日	环境保护部环境规划院与联合国环境规划署（UNEP）合作的“中国环保产业和联合国环境货物与服务部门统计框架比较研究”项目成果报告在北京发布
2014 年 10 月	深圳市发布全国首个县级自然资源资产负债表系统，包括自然资源资产实物量（存量表）、质量表、流向表、价值表和负债表（损益表）5 大类
2015 年 2 月	海南三亚编制我国首个地级市自然资源负债表
2015 年 3 月 30 日	环境保护部宣布重启绿色 GDP（绿色国民经济核算）研究，建立绿色 GDP2.0 体系，推进生态环境资源资产核算
2016 年 3 月	环境保护部印发《关于开展环境经济核算（绿色 GDP2.0）研究地方试点工作的通知》，确定四川省、安徽省、云南省、深圳市、昆明市、六安市等 6 个地市试点，正式启动绿色 GDP2.0 核算地方试点工作
2016 年 7 月	环境保护部环境规划院完成《中国环境经济核算研究报告 2014》
2016 年 12 月	《绿色 GDP 2.0 核算技术指南》（论证稿）
2016 年 12 月	《生态系统生产总值（GEP）核算技术指南》（论证稿）
2017 年 1 月	环境保护部环境规划院完成《全国生态系统生产总值（GEP）核算研究报告 2015》
2017 年 11 月	环境保护部环境规划院完成《中国环境经济核算研究报告 2015》
2018 年 1 月	王金南等构建 GEEP 核算框架体系，并在《中国人口·资源与环境》发表文章《2015 年中国经济-生态生产总值核算研究》
2018 年 1 月	环境保护部环境规划院完成《2015 年全国经济-生态生产总值（GEEP）核算研究报告》
2018 年 9 月	生态环境部环境规划院完成《中国经济生态生产总值（GEEP）核算研究报告 2016》
2019 年 2 月	生态环境部环境规划院完成《中国经济生态生产总值（GEEP）核算研究报告 2017》

1.4　生态系统生产总值（GEP）核算

生态系统生产总值（GEP）核算也是环境经济核算的重要组成部分，近年来也成为国内外学术研究和政府关注的热点，因此本节单独进行梳理总结。

1.4.1　总体研究进展

1.4.1.1　生态系统服务及其价值评估

森林、草地、湿地、农田等生态系统不仅为人类提供了生产与生活所必需的粮食、医药、木材及工农业生产的原材料，还具有调节气候、水源涵养、洪水调蓄、土壤保持、防风固沙等重要生态功能，创造与维持了地球生命支持系统，形成了人类生存与发展所必需的资源环境基础条件（欧阳志云等，2013）。

国际上关于生态系统服务价值的评估主要源自 20 世纪 60 年代中后期，其中 King 和 Helliwell 分别在其著作 *Wildlife and Man*（King，1966）和 *Valuation of Wildlife Resource*（Helliwell，1969）中提到了“野生生物的服务”（wildlife service）的概念。1970 年，联合国大学（United Nations University）发表《人类对全球环境的影响报告》（*Man's Impact on the Global Environment*），首次提出“环境服务功能”的概念，并列举了生态系统对人类环境服务功能的主要类型（SCEP，1970）。其后，Holdren 和 Ehrlich（1974）、Westman（1977）、Odum（1986）进行了早期较有影响的研究，其中较有代表性的是 1977 年 Westman 提出的“自然的服务”概念及其价值评估问题。经过多位学者的发展和补充，P.R.Ehrlich 和 A. Ehrlich（1981）正式将生态系统对人类社会的影响及其效能确定为“生态系统服务”，生态系统服务的概念逐渐为人们所公认和普遍使用。但直到 1991 年后，关于生物多样性和生态系统服务价值评估方法的研究和探索才逐渐增多。20 世纪 90 年代以后，生态系统服务及其价值评估的研究日益增多并取得突破性进展，其中具有里程碑意义的当属 Daily（1997）和 Costanza 等（1997）的研究工作。Daily1997 年在 *Nature's services：societal dependence on natural ecosystems* 一书中系统介绍了生态系统服务的概念、研究历史、价值评估以及不同生态系统类型和区域服务功能等。Costanza 等（1997）在 *Nature* 发表的 *The value of the world's ecosystem services and natural capital* 一文，对全球生态系统服务价值进行了分类与全面评估，对生态系统服务价值评估研究产生了深远影响，自此国际上关于生态系统服务的价值评估研究开始得到了广泛关注，逐步成为地理学和生态学研究的热点和前沿，在全球、国家、地区、流域等不同区域尺度和森林、草地、湿地等不同类型生态系统均开展了大量实践。

在Costanza等的研究成果影响下，20世纪90年代，国内学者也开始尝试对全国或区域的生态系统服务价值进行估算，涉及地表水、草地、森林、湿地等多类生态系统，促使国内生态系统服务及其价值评估理论与实践研究进入快速发展时期。在全国生态系统服务价值评估中，欧阳志云等（1999）从有机质生产、固碳释氧、营养物质循环和储存、水土保持、涵养水源、净化环境等方面对中国陆地生态系统的服务价值进行了评估，得出中国陆地生态系统每年的服务价值为30.5万亿元；陈仲新等（2000）对中国10个陆地生态系统和2个海洋生态系统进行了评估，结果表明，中国陆地生态系统每年价值约为5.61万亿元，海洋生态系统效益为2.17万亿元；此后，潘耀忠（2004）、何浩（2005）、朱文泉（2007）应用遥感技术对中国陆地生态资产价值及其动态变化进行了测量，结果约为4万亿～13万亿元。在单个生态系统服务价值评估中，薛元达（1999）对长白山自然保护区生态系统生物多样性价值进行了评估；肖寒等（2000）对海南岛尖峰岭热带森林生态系统服务价值进行了评估；谢高地等（2001）根据Costanza划分的17类生态系统服务功能，评估了中国草原生态系统服务的价值；赵同谦等（2003）建立评价地表水生态系统服务功能及其经济价值的指标体系，对中国陆地地表水生态系统服务功能的经济价值进行了评估；鲁春霞等（2003）建立了河流生态系统的休闲娱乐功能及其价值评估方法。

1.4.1.2 生态系统生产总值（GEP）

近年来，我国生态系统服务价值评估研究已取得了飞速发展。但随着经济发展与生态环境保护的矛盾日益突出，如何以当前的生态系统服务价值评估成果为基础，将生态效益纳入经济社会发展评价体系，建立体现生态文明要求的目标体系、考核办法，引导全社会参与生态系统保护与修复已成为社会各界关注的重大课题，生态系统生产总值（GEP）的概念和核算研究由此提出。

2012年，国内学者朱春全（2012）首次提出，要把自然生态系统的生产总值纳入可持续发展的评估核算体系，建立一个与GDP相对应的、能够衡量生态状况的评估与核算指标，即生态系统生产总值。Mark Eigenraam等（2012）也提出生态系统生产总值（GEP）一词，并将其定义为生态系统产品与服务在生态系统之间的净流量。此后，欧阳志云、朱春全等（2013）对GEP的概念与内涵进行了系统、科学界定，认为GEP是生态系统为人类福祉和经济社会可持续发展提供的产品与服务价值的总和，包括产品提供价值、调节服务价值、文化服务价值三类；提出了GEP的基本任务，包括生态系统产品与服务的功能量核算、确定各类生态系统产品与服务的价格、生态系统产品与服务的价值量核算。马国霞等（2015）在对生态系统服务价值的研究评述基础上，界定了GEP的概念、核算边界、核算单元、框架和方法，认为生物多样性、生态系统内部流、支持服务和非生物服务等不属于GEP核算范围，强调GEP核算应重点关注生态系统资产存量变化导致的生态系统服务流量的变化、生态系统服务流量变化导致的经济效益变化，并指出 GEP 核算是绿色 GDP 核算的组成部分之一。

在概念框架与理论研究的同时，全国及各地区生态系统生产总值核算研究实践也蓬勃发展。其中在全国尺度，马国霞等（2017）对我国 2015 年 31 个省（自治区、直辖市）陆地生态系统生产总值（GEP）进行了核算，得出 2015 年我国生态系统生产总值（GEP）为 72.81 万亿元，是当年 GDP 的 1.01 倍。喻锋等（2017）基于能值分析法对中国生态系统生产总值进行核算，得出 2008 年中国国土生态系统生产总值约为 19 万亿美元，是当年国内生产总值 4.71 万亿美元的 4 倍，但其核算结果包括了生态系统承载价值，与马国霞等(2017) 的核算结果相比偏大。在区域层面，核算主要聚焦在具有重要生态功能或生态敏感脆弱的区域。例如，欧阳志云（2013）对贵州省、王莉雁等（2017）对国家重点生态功能区县阿尔山市、白玛卓嘎等（2017）对甘孜藏族自治州、白杨等（2017）对云南省、吴楠等（2018）对安徽省 GEP 核算，以及董天等（2019）对鄂尔多斯市的生态资产和生态系统生产总值核算实践。上述研究成果能够科学反映生态系统对经济社会发展的支撑作用，并为建立生态保护效益评价与政绩考核机制提供了基础。

在理论与实践研究之外，全国及各地区均建立了 GEP 核算成果发布机制，在充分反映区域自然生态系统价值的同时，有效促进了公众对生态系统服务价值的理解与认识。2013 年 2 月 25 日，世界自然保护联盟（IUCN）、亚太森林组织（APFNet）、北京师范大学（BNU）、亿利公益基金会（EF）共同主办“生态文明建设指标框架体系国际研讨会暨中国首个生态系统生产总值（GEP）项目启动会”，北京大学环境学院在会上发布了内蒙古库布齐沙漠生态系统生产总值（GEP）评估核算报告，标志着中国首个生态系统生产总值（GEP）核算项目启动（刘艳丽，2013）。2015 年 1 月，深圳市盐田区发布生态文明重大改革项目成果“城市 GEP（城市生态系统生产总值核算体系）”，2018 年 12 月 21 日，发布全国首个城市 GEP 核算地方标准——《盐田区城市生态系统生产总值（GEP）核算技术规范》。2016 年 7 月，国家林业局与世界自然保护联盟（IUCN）正式发布内蒙古兴安盟阿尔山市、吉林省通化市、贵州省习水县三地生态系统生产总值（GEP）核算报告，全面评估了三地生态资产与生态保护效益；2018 年，中国生物多样性保护与绿色发展基金会与普洱市政府、中科院生态中心共同合作开展的普洱市生态系统生产总值（GEP）核算项目成果在首届普洱（国际）生态文明暨第四届绿色发展论坛上对外正式发布。

综上所述，①生态系统生产总值（GEP）核算仍以生态系统服务及其价值评估研究为基础，但与生态系统服务价值评估不同的是，它是对各项生态系统最终服务价值的综合，并主要包括产品供给服务价值、调节服务价值、文化服务价值，不包括生态系统支持服务。②生态系统生产总值（GEP）核算还是与国内生产总值（GDP）相对应的、能够衡量自然生态系统功能状况与生态效益的统计与核算体系，核算结果能够为国家和区域生态环境绩效评价、生态文明建设提供科学依据。③生态系统生产总值（GEP）是国家绿色 GDP 核算体系的重要组成部分之一，是对“绿水青山就是金山银山”重要理论内涵的具体体现，即健康的生态系统具有巨大的生态经济价值，对于支撑经济社会可持续发展、维护国家和区域生态安全具有不可替代的作用。

1.4.2 主要核算体系指标对比

国外应用较为广泛、影响力和代表性较强的主要有 Costanza 等建立的核算指标、联合国千年生态系统评估、通用型生态系统服务分类（CICES）以及联合国 SEEA 实验性生态系统账户，其中联合国 SEEA 实验性生态系统账户采用了 CICES 的分类体系，因此不再单独介绍。国内较有影响力的核算指标体系主要有原国家林业局公布的《森林生态系统服务功能评估规范》、欧阳志云等的 GEP 核算指标体系、原环境保护部环境规划院的 GEP 核算指标体系，以下详细介绍。

1.4.2.1 Costanza 的 17 项服务指标体系

1997 年，Costanza 对全球生态系统服务的价值进行了评估，该研究是首个对生态系统服务进行的全面定量评估，具有重要的理论和实践意义（李双成等，2014）。Costanza（1997）将生态系统服务定义为人类直接或间接地从生态系统功能获取的收益，并将其划分为 17 种类型，分别评估其服务价值，核算指标体系如表 1-5 所示。

表 1-5 Costanza 等的生态系统服务价值核算指标

生态系统服务	生态系统功能	例子
气体调节	调节大气化学组成	CO_2/O_2 平衡、O_3 对 UV-B 的防护、SO_2 的浓度水平
气候调节	调节全球温度、降水及其他生物参与调节的全球和区域气候过程	调节温室气体，影响云形成的二氧化硫的生成
干扰调节	生态系统响应环境干扰的容量、抑制和整合	主要是由植被结构控制的生境对环境变化的响应，如风暴防护、洪水控制、干旱恢复等
水调节	调节水流动	为农业（灌溉）、工业过程和运输提供水
水供给	储存和保持水	由流域、水库和地下含水层提供水
控制侵蚀和保持沉积物	保持生态系统中的土壤	防止风、径流和其他过程对土壤的侵蚀，将淤泥储存于湖泊和湿地
土壤形成	土壤形成过程	岩石的风化和有机质的积累
养分循环	养分的储存、内部循环、处理和获取	固氮过程，N、P 和其他元素的养分循环

生态系统服务	生态系统功能	例子
废物处理	易流失养分的再获取，多余或异类养分和化合物的去除或降解	废物处理、污染控制、解毒作用
传粉	花卉配子的移动	为植物种群的繁殖提供传粉媒介
生物控制	种群的营养动态调节	关键捕食动物对被捕食动物种类的控制，顶级食肉动物使食草动物数量减少
提供避难所	为种群的定居和迁徙提供栖息地	育雏地、迁徙种群和栖息地，当地收获物种的栖息地，越冬场所
食物生产	总初级生产中可作为食物的部分	通过猎、渔、采集和农耕获取鱼、猎物、坚果、水果、作物等的生产
原材料	总初级生产中可作为原材料的部分	木材、燃料和饲料的生产
基因资源	特有的生物材料和产品	医药，材料科学的产品，抵抗植物病原和作物害虫的基因，装饰物种（宠物和园艺植物品种）
休闲	提供休闲活动的机会	生态旅游，体育垂钓，其他室外休闲活动
文化	提供非商业用途的机会	生态系统的美学、艺术、教育、精神和科学价值

1.4.2.2　联合国千年生态系统评估

MA（2005）提出的生态系统服务 4 分类方案产生了巨大影响，是目前广泛接受和使用的方案之一（表 1-6）。MA 将生态系统服务定义为“人类从生态系统中获得的收益”，把服务分为供给服务、调节服务、文化服务、支持服务 4 大类。这套分类方案对后来生态系统服务研究产生了深刻影响，被广泛应用于评价和核算生态系统服务的价值。然而，该方案并非完美，许多学者对此分类也提出了批评，如该分类没有区分生态系统过程（中间服务）和生态系统服务（最终服务），在服务评估时容易产生重复计算问题（Fisher and Turner，2008）。

表 1-6　MA 生态系统服务分类及评价指标体系

类型	生态系统服务指标
供给服务	食物
	纤维
	遗传资源
	生物化学物质、天然药材和药物等
	装饰资源
	淡水

类型	生态系统服务指标
调节服务	空气质量调节
	气候调节
	水调节
	侵蚀调节
	疾病调节
	害虫调节
	传粉
文化服务	文化多样性
	精神和宗教价值
	娱乐和生态旅游
	审美价值
	知识系统
	教育价值
支持服务	土壤形成
	光合作用
	初级生产力
	营养循化
	水循环

1.4.2.3 通用型生态系统服务分类（CICES）

多种生态系统服务分类方案并存的现实，使得利用不同服务分类进行的核算结果难以比较和交流。对此，Haines-Young 和 Potschin（2010）提出了用于综合环境和经济核算的生态系统产品和服务的通用国际分类方案（Common International Classification of Ecosystem Services，CICES），试图建立一种较为全面的、兼容并包的分类体系，可对不同的服务分类进行转换。这套分类方案的内容相当广泛，包含从服务主题、服务类别、服务组、服务类型、服务实例和收益的多个层次，在设计时就考虑了和 MA、TEEB、SEEA 等服务分类的转换，自 2010 年以来已发布多个版本，详细可见 http：//cices.eu。目前最新公布的为 CICES V5.1 版（Haines-Young and Potschin，2018），该分类方案将生态系统服务按照供给、调节、文化三大主题进行细分，同时区分生物和非生物服务，最终划分共计 90 项服务小类，由于服务小类指标数量较多，表 1-7 仅介绍细分的主要服务类别和服务组。

表 1-7　通用型生态系统服务分类（CICES）

主题	服务类别	服务组
供给（生物）	生物质	用于营养、材料或能源的栽培陆生植物
		用于营养、材料或能源栽培的水生植物
		用于营养、材料或能源的饲养动物
		用于营养、材料或能源饲养水生动物
		用于营养、材料或能源的野生植物（陆生和水生）
		用于营养、材料或能源的野生动物（陆生和水生）
	来自所有生物的遗传物质（包括种子、孢子或配子产品）	来自植物、藻类或真菌的遗传物质
		来自动物的遗传物质
		来自有机体的遗传物质
	来自生物资源的其他供给服务	其他
供给（非生物）	水	用于营养、材料或能源的地表水
		用于营养、材料或能源的地下水
		其他水生生态系统产出
	非水生天然非生物生态系统产出	用于营养、材料或能源的矿物质
		用于营养、材料或能源的非矿物质或生态系统属性
		用于营养、材料或能源的其他矿物或非矿物质或生态系统属性
调节（生物）	将生物化学或物理输入转化为生态系统	通过生物过程调节人为来源的废物或有毒物质
		调节人为引起的干扰
	调节物理、化学、生物条件	调节基线径流和极端事件
		生命周期维护、栖息地和基因库保护
		病虫害控制
		调节土壤质量
		水条件
		大气成分及条件
	其他生物过程调节和维持服务	其他
调节（非生物）	将生物化学或物理输入转化为生态系统	通过非生命过程调解废物，有毒物质和其他干扰
		调节人类干扰
	调节物理、化学、生物条件	调节基线径流和极端事件
		维持物理、化学、非生物条件
	其他非生物过程调节和维持服务	其他
文化（生物）	与生命系统的直接、就地和室外互动，需要到环境中	与自然环境的物理和经验互动
	与生命系统的间接、远程和室内互动，不需要到环境中	与自然环境的精神、象征和其他互动
		其他具有非使用价值的生物特征
	具有文化意义的生命系统的其他特征	其他
文化（非生物）	与自然物理系统的直接、原位和室外互动，需要在环境中	与环境中天然非生物成分的物理和经验互动
	与自然物理系统的间接、远程和室内互动，不需要到环境中	与自然环境的非生物成分的智力和代表性互动
		与自然环境的非生物成分的精神、象征和其他互动
	其他具有文化意义的自然非生物特征	其他

1.4.2.4 森林生态系统服务功能评估规范

为推动森林资源资产核算工作，2008 年，国家林业局发布《森林生态系统服务功能评估规范》，对森林生态系统服务功能评估的范围、术语和定义做了明确界定，构建了森林生态系统服务评估指标体系和技术方法、定价参数，是首个针对森林生态系统服务功能进行评估的国家标准。该评估规范中定义的森林生态系统服务功能为：森林生态系统与生态过程所形成及维持的人类赖以生存的自然环境条件与效用。评估规范较侧重于森林生态系统的调节、文化服务价值，仍未区分生态系统过程（中间服务）和生态系统服务（最终服务），评估指标体系如表 1-8 所示，主要包括涵养水源、保育土壤、固碳释氧、积累营养物质、净化大气环境、森林防护、生物多样性保护、森林游憩 8 项。

表 1-8 森林生态系统服务功能评估规范中的评估指标

服务类别	具体服务指标
涵养水源	调节水量
	净化水质
保育土壤	固土
	保肥
固碳释氧	固碳
	释氧
积累营养物质	林木营养积累
净化大气环境	提供负离子
	吸收污染物（氟化物、氮氧化物、二氧化硫、重金属）
	降低噪声
	滞尘
森林防护	森林防护
生物多样性保护	物种保育
森林游憩	森林游憩

为进一步丰富和完成国家森林资源资产核算工作，与联合国的 SEEA 实验性生态系统账户接轨，2017 年，国家林业局对原有评估规范进行了修订，发布《自然资源（森林）资产评价技术规范》。该技术规范与 2008 年的评估规范相比，新增了自然资源（森林）资产核查、森林资源资产评价内容，并在森林生态系统服务实物量和价值量核算过程中考虑了

不同森林生态系统的质量因素、生态区位因素对核算结果的影响，分别设置了森林生产状况调整系数、森林自然度调整系数、经济区位调整系数、生态区位调整系数等。

此外，在森林生态系统服务实物量和价值量核算指标方面，去掉了“保育土壤”中的保肥、积累营养物质、森林游憩，“净化大气环境”中的降低噪声等服务，“森林防护服务”增加牧场防护指标。森林资源资产评价则主要包括林木资产、林地资产、景观资产、森林生态资产、储存碳价值等 5 个方面，评估技术方法重点在 2015 年发布的《森林资源资产评估技术规范》中进行了阐述（表 1-9）。

表 1-9　自然资源（森林）资产评价技术规范中的评估指标

服务类别	具体服务指标
涵养水源	调节水量
	净化水质
防止土壤侵蚀	固土
固碳释氧	固碳
	释氧
净化大气环境	释放负离子
	吸收氟化物
	吸收氮氧化物
	吸收二氧化硫
	吸收重金属
	滞尘
森林防护	牧场防护
	农田防护
生物多样性保护	物种保育

1.4.2.5　欧阳志云等建立的 GEP 核算指标

欧阳志云等（2013）对生态系统生产总值核算的概念、核算指标和方法做了深入阐释，将生态系统生产总值定义为生态系统为人类提供的产品与服务价值总和，具体包括产品供给服务、调节服务、文化服务 3 项服务价值，核算的生态系统类型包括森林、湿地、草地、荒漠、海洋、农田、城市等 7 个类型。生态系统生产总值核算主要指标体系如表 1-10 所示，主要包括 3 类 17 项具体核算指标。

表 1-10 欧阳志云等建立的生态系统生产总值（GEP）核算指标

服务类别	核算项目	说明
供给	农业产品	从农业生态系统中获得的初级产品，如水稻、小麦、玉米、谷子、高粱、其他谷物，豆类，薯类，油料，棉花，麻类，糖类，烟叶，茶叶，药材，蔬菜，瓜类，水果等
	林业产品	林木产品、林下产品以及与森林资源相关的初级产品，如木材、橡胶、松脂、生漆、油桐籽、油茶籽等
	畜牧业产品	用放牧、圈养或者两者结合的方式，饲养禽畜以取得动物产品或役畜，如牛、马、驴、骡、羊、猪、家禽、兔子年底出栏数，奶类，禽蛋，动物皮毛，蜂蜜，蚕茧等
	渔业产品	人类利用水域中生物的物质转化功能，通过捕捞、养殖等方式取的水产品，如鱼类、其他水生动物等
	水资源	可以直接使用的淡水资源，如农业用水、生活用水、工业用水、生态用水
	生态能源	包括水能和生物质燃料，其中生物质燃料是指将生物质材料燃烧作为燃料，一般主要是农林废弃物（如秸秆、锯末、甘蔗渣、稻糠等）作为原材料，经过粉碎、混合、挤压、烘干等工艺，制成各种成型（如块状、颗粒状等）的，可直接燃烧的一种新型清洁燃料
	其他	用于装饰品的一些产品（如树皮、动物皮毛）和花卉、苗木等，这些资源的价值通常是根据文化习俗而定的
调节	水源涵养	生态系统通过其结构和过程拦截滞蓄降水，增强土壤下渗，有效涵养土壤水分和补充地下水、调节河川流量
	土壤保持	生态系统通过其结构与过程减少雨水的侵蚀能量，减少土壤流失
	洪水调蓄	湿地生态系统通过蓄积洪峰水量，削减洪峰，减轻洪水威胁产生的生态效应
	防风固沙	生态系统通过其结构与过程削弱风的强度和携沙能力，减少土壤流失和风沙危害
	固碳释氧	植物通过光合作用将 CO_2 转化为碳水化合物，并以有机碳的形式固定在植物体内或土壤中，同时产生 O_2 的功能，有效减缓大气中 CO_2 浓度升高，调节大气中 O_2 含量，减缓温室效应
	大气净化	生态系统吸收、阻滤和分解大气中的污染物，如 SO_2、NO_x、粉尘等，有效净化空气，改善大气环境
	水质净化	水环境通过一系列物理和生化过程对进入其中的污染物进行吸附、转化以及生物吸收等，使水体得到净化的生态效应
	气候调节	生态系统通过植被蒸腾作用和水面蒸发过程使大气温度降低、湿度增加产生的生态效应
	病虫害控制	生态系统通过提高物种多样性水平增加天敌而降低植食性昆虫的种群数量，达到病虫害控制而产生的生态效应
文化	自然景观	为人类提供美学价值、灵感、教育价值等非物质惠益的自然景观，其承载的价值对社会具有重大的意义

1.4.2.6　国家 GEP 核算指标

2014 年重启的国家环境经济核算体系新增了全国生态系统生产总值（GEP）核算的内容，环境保护部环境规划院作为技术组在深入总结国内外生态系统服务核算经验基础上，构建了适合我国的生态系统生产总值（GEP）核算框架体系与技术方法，并已连续开展了 2015—2017 年全国 GEP 核算研究工作（王金南等，2017，2018；於方等，2019），其中 2016 年、2017 年 GEP 核算结果主要以经济-生态生产总值（GEEP）框架呈现。国家生态系统生产总值（GEP）核算指标体系如表 1-11 所示，主要包括供给、调节、文化服务三大类型共 17 项具体指标。

表 1-11　国家 GEP 核算报告中的核算指标

服务类别	具体指标
供给	农产品
	林产品
	畜产品
	水产品
	水资源
	能源
	种子资源
	其他
调节	土壤保持
	水流动调节
	防风固沙
	固碳释氧
	大气环境净化
	水质净化
	气候调节
	病虫害防治
文化	自然景观

1.4.2.7　小结

不同机构、研究者对生态系统生产总值核算的指标对比如表 1-12 所示。从核算基本框架来看，除了 Costanza（1997）未明确给出服务类别划分方案外，其余 5 个核算体系基本遵循了 MA 的分类体系，但不包括支持服务，即产品供给、调节、文化三大类别。从是否区分生态系统过程（中间服务）和生态系统服务（最终服务）的方面看，Costanza、MA

的核算指标体系并未区分，仍包含了许多支持服务，如养分循环、土壤形成等；其余 4 个核算体系已对此进行了区分。从指标体系的全面性、完整性看，CICES 和 SEEA-EEA、欧阳志云等、国家 GEP 核算指标体系较为全面，基本涵盖了现有技术条件下所能核算的产品供给、调节、文化绝大部分指标项，而原国家林业局的《自然资源（森林）资产评价技术规范》则主要侧重对森林生态系统调节服务价值核算。此外，针对生物多样性保护等较有争议的指标，Costanza、MA、自然资源（森林）资产评价技术规范三个核算指标体系将其纳入，而考虑到生物多样性保护的范围较广且一般作为生态系统的特征性指标，因此，欧阳志云、国家 GEP 核算报告未纳入。

综合来看，欧阳志云等和国家 GEP 核算报告所构建的核算指标体系较为全面、系统，区分了中间服务与最终服务，避免了重复计算问题，能够较为科学地反映自然生态系统所提供的产品与服务价值，即生态系统服务流量。下一步，建议进一步探索生态系统资产即存量核算技术与方法，同时发布《中国生态系统生产总值（GEP）核算技术规范》，以便规范全国和各地区的 GEP 核算工作。

表 1-12 不同研究者或机构生态系统生产总值核算指标对比

服务类别	一级指标	二级指标	三级指标	Costanza	MA	CICES 和 SEEA-EEA	欧阳志云	自然资源（森林）资产评价技术规范	国家 GEP 核算报告
供给	供给	农业产品		√	√	√	√	×	√
		林业产品		√	√	√	√	×	√
		畜牧业产品		√	√	√	√	×	√
		渔业产品		√	√	√	√	×	√
		生物能源		×	×	√	√	×	√
		水资源		√	√	√	√	×	√
		遗传物质	种子资源	×	×	√	×	×	√
		其他		√	√	√	×	√	√
调节	水源涵养	水源涵养	调节水量	√	√	√	√	√	√
	土壤保持	保土	减少泥沙淤积	√	√	√	√	√	√
		保肥	氮	√	√	√	√	√	√
			磷	√	√	√	√	√	√
			钾	√	√	√	√	√	√
			有机质	√	√	√	×	√	√
	防风固沙	防风固沙		√	×	√	√	√	√

服务类别	一级指标	二级指标	三级指标	Costanza	MA	CICES 和 SEEA-EEA	欧阳志云	自然资源（森林）资产评价技术规范	国家 GEP 核算报告
调节	洪水调蓄	湖泊调蓄		√	√	√	√	√	√
		水库调蓄		√	√	√	√	√	√
		沼泽调蓄		√	√	√	√	√	√
	空气净化	净化二氧化硫		×	√	√	√	√	√
		净化氮氧化物		×	√	√	√	√	√
		滞尘		×	√	√	√	√	√
		净化氨		×	√	×	×	×	√
		净化 $PM_{2.5}$		×	√	×	×	×	√
		净化臭氧和甲烷		×	√	×	×	×	×
	水质净化	净化 COD		×	×	√	√	×	√
		净化总氮		√	×	√	√	×	×
		净化总磷		√	×	√	√	×	×
		净化氨氮		×	×	×	×	×	√
		净化硝酸盐		×	√	×	×	×	×
	固碳释氧	固碳		√	√	√	√	√	√
		释氧		√	√	√	√	√	√
	气候调节	森林降温增湿		×	×	√	√	×	√
		灌丛降温增湿		×	×	√	√	×	√
		草地降温增湿		×	×	√	√	×	√
		水面降温增湿		×	×	√	√	×	√
	病虫害控制	森林病虫害控制		×	√	√	√	×	√
		草原病虫害控制		×	√	√	√	×	×
	噪声调节			×	×	√	×	√	×
	调节疾病			×	√	×	×	×	×
	调节自然灾害			×	√	×	×	×	×
文化	自然景观	景观游憩价值		×	×	√	√	×	√
		科学研究价值		√	√	√	×	×	×
		精神寄托和文化象征价值		×	√	√	×	×	×
		其他非使用价值		×	×	√	×	×	×
支持	营养元素循环			√	√	×	×	×	×
	土壤形成			√	√	×	×	×	×
	生物多样性保护	栖息地和基因库保护		√	√	×	×	√	×
		物种多样性		√	×	×	×	√	×
		生物避难所		√	×	×	×	×	×
		传粉		√	√	×	×	×	×

第 2 章　延庆区基本概况

2.1　自然地理概况

2.1.1　地理位置

延庆区地处北京市西北部，东经 115°44′—116°34′、北纬 40°16′—40°47′，东邻怀柔区，南接昌平区，西与河北省怀来县接壤，北与河北省赤城县相邻，距北京市中心城区 70 多 km，是北京市生态涵养区之一（图 2-1）。土地总面积约 1 994.88 km^2，其中平原面积为 522.66 km^2，占总面积的 26.20%；山区面积为 1 452.27 km^2，占总面积的 72.80%，水域面积 19.95 km^2，占总面积的 1%。

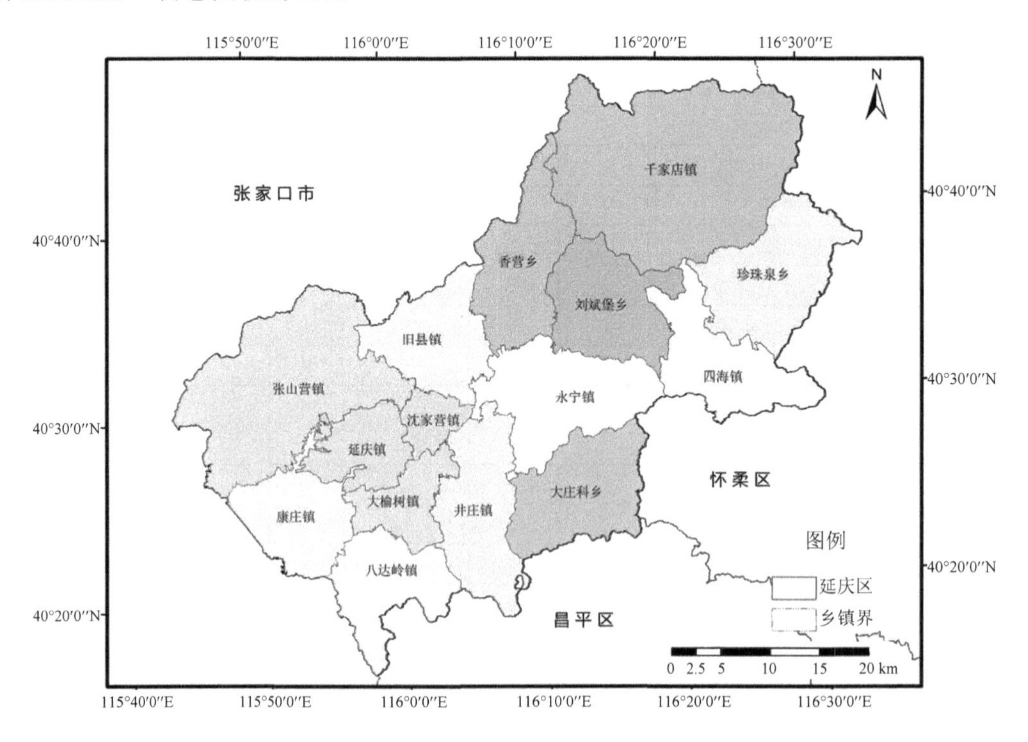

图 2-1　延庆区行政区划

2.1.2　地形地貌

延庆区北、东、南三面环山，西邻官厅水库，中部凹陷形成山间盆地。区内山脉统称军都山，属燕山山脉，一般海拔高程为 700～1 000 m。山脉大致走向呈北东与东西向，由中部北起佛爷顶，经九里梁形成一自然分水岭，分水岭以西为山前平原区，以东为山后区。境内海拔 1 000 m 以上高峰 80 余座，其中海坨山为北京市第二高峰，海拔高程为 2 241 m。大庄科乡旺泉沟东南大庄科河（怀九河）出境处为区境内最低点，海拔高程约为 300 m（图 2-2）。

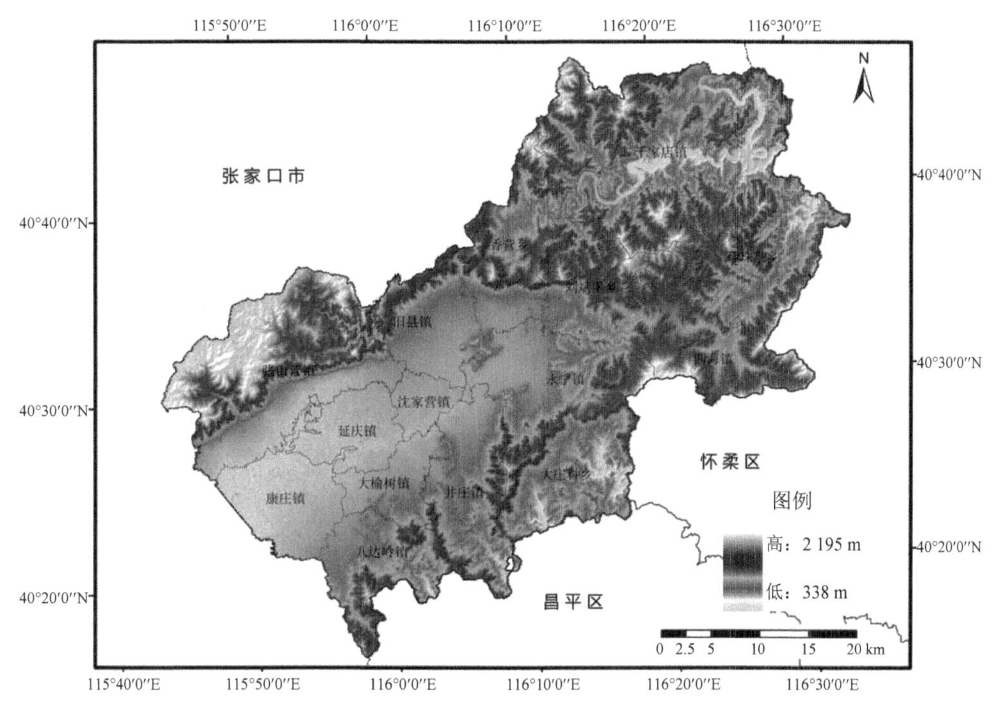

图 2-2　延庆区数字高程

2.1.3　气候气象

延庆区属大陆季风气候区，是温带与中温带、半干旱与半湿润的过渡地带。全区多年平均降水量为 436 mm；多年平均气温为 8.7℃，7 月平均气温为 23.2℃，1 月平均气温为 −8.8℃，最高气温为 39℃，最低气温为−27.3℃。年无霜期平原区为 180～190 d，山区为 150～160 d。冻土深 1 m 左右。

2.1.4 河流水系

2.1.4.1 河流

延庆区属于海河流域，区域内共有河流 46 条，分属潮白河、永定河、北运河三大水系。潮白河水系的白河与黑河为过境河流，其余河流均发源于延庆区内（表 2-1）。

表 2-1 延庆区河流水系分布情况

水系名称	河流数量/条	河流名称
潮白河	24	白河、黑河、红旗甸河、菜食河、大庄科河、小川沟、花盆沟、东湾沟、三道沟河、桃条沟、营盘沟、水泉沟、河南沟、大半沟、白河右支一河、菜木沟、暖水面沟、河口沟、天门关沟、四海镇沟、下水沟、八亩地沟、古道河、岔石口沟
永定河	18	妫水河、古城河、三里河、蔡家河、佛峪口河、养鹅池河、帮水峪河、西拨子河、小张家口河、西二道沟、五里波沟、五里波西沟、西龙湾河、西龙湾河右支一河、宝林寺河、三里墩沟、孔化营沟、周家坟沟
北运河	4	关沟河（辛店河）、德胜口沟（东沙河）、锥石口沟、上下口沟

2.1.4.2 水库

延庆区主要水库有 4 座，分别为白河堡水库、古城水库、佛峪口水库和玉渡山水库。位于延庆区的各水库库容见表 2-2。

表 2-2 延庆主要水库情况汇总

	所属河流	规模	库容/万 m^3				坝型	坝高/m
			总库容	兴利库容	防洪库容	已淤积库容		
延庆区			10 176.3					240.60
白河堡水库	白河	中型	9 060	6 920	5 440	0.00	黏土坝	42.10
佛峪口水库	佛峪口河	小 1 型	205	130.8	45	0.00	拱坝	49.50
古城水库	古城河	小 1 型	852	742	218	0.00	拱坝	70.00
玉渡山水库	古城河	小 2 型	59.3	45.2	45.2	0.00	重力坝	27.00

2.1.5　土壤植被

2.1.5.1　土壤

延庆盆地整体的土壤环境质量优良。土壤类型以潮土、褐土、山地棕壤、山地草甸土等类型为主。土壤含氟、含砷量少，平原 95%区域的土壤质量达到国家 I 级土壤环境质量标准（图 2-3）。目前平原的土壤环境质量适合建设无公害、绿色和有机食品生产基地。延庆盆地土地资源的利用，受其所处的地形影响，有着明显的空间分布特征。盆地面积大、地势平坦，土层深厚、土质好，水源条件好，种植业发展条件优越；山麓地带的洪积扇土层质地、灌排条件良好，是各种果树的优良生产区；面积广阔的低、中、深山区，山清水秀，人口密度相对较低，耕地资源分散，为发展林业、林产品、干果产品和马铃薯、玉米等多种农作物良种繁育及优质中药材种植，提供了优越的资源环境条件，也给休闲旅游农业提供了丰富的景点选择余地。

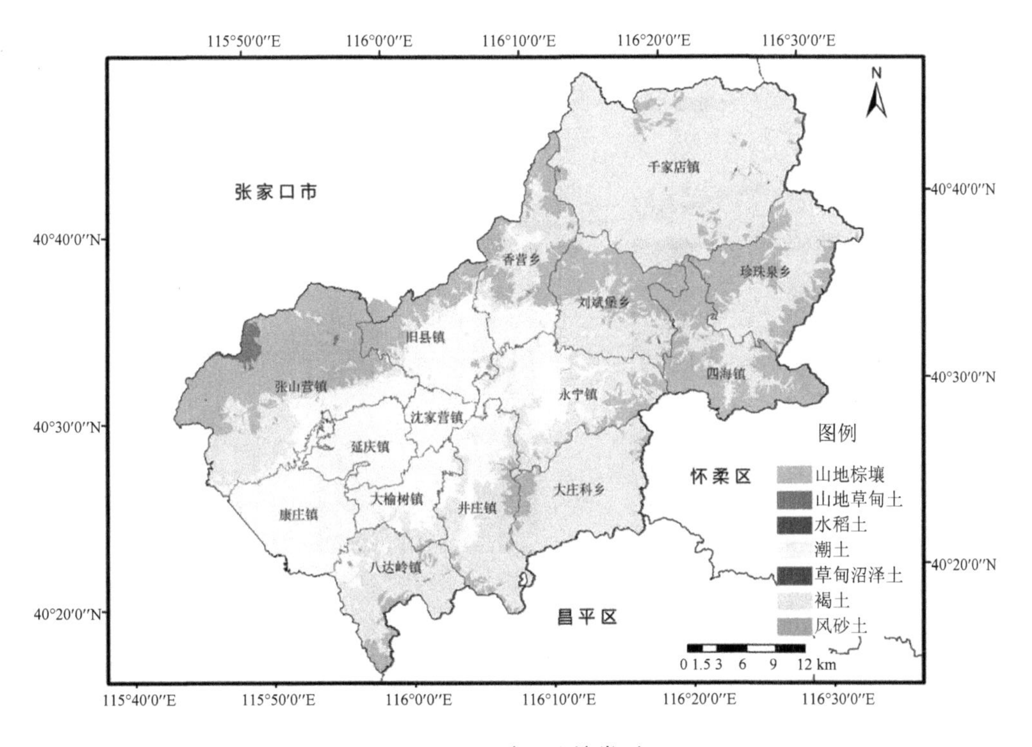

图 2-3　延庆区土壤类型

2.1.5.2　森林植被

延庆区盆地、河川、沟谷部分台地的植被为栽培植物，其余山区大部分为针叶林、阔叶林、针阔混交林、杂灌及草本群落。2015 年全区林木绿化率为 70.04%，森林覆盖率为 57.46%，城市绿化覆盖率为 64.39%，人均绿地达到 50.09 m^2。

2.2 经济社会发展状况

2.2.1 经济与产业

“十二五”期间延庆区经济保持平稳增长，地区生产总值年均增长 9.7%，财政收入年均增长 13.7%，经济发展后劲有效增强（图 2-4）。产业结构调整成效显现，一批高端旅游休闲、金融总部等绿色项目签约落地，“十二五”末三次产业比重达到 7.3∶27.2∶65.5。第一产业方面，“延庆·有机农业”品牌影响力进一步提升，有机农业占农业总产值比重达 20%，成为国家有机食品认证示范创建县。德青源生物燃气产业模式成为全国推广典范，延庆成为全国循环经济示范县。百里山水画廊成为全市沟域经济发展典范，四季花海被评为“中国美丽田园”。

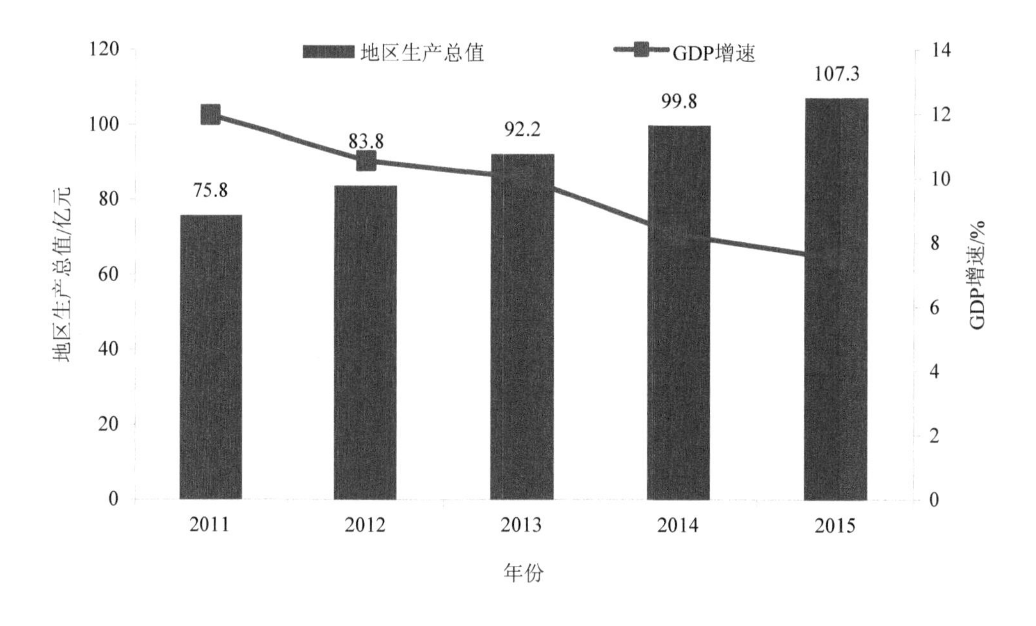

图 2-4 地区生产总值增长趋势

第二产业方面，中关村延庆园挂牌成立，新能源环保产业产值占规模以上工业总产值比重达到 45.4%。第三产业方面，延庆区成为全国旅游综合改革示范县，旅游人数达到 2 095 万人次，旅游综合收入年均增长约 11%。节能减排任务超额完成，新能源和可再生能源利用率达到 30%，万元 GDP 能耗和水耗年均分别下降 2.04%和 10.4%，以较低的资源消耗支撑较快的经济增长（图 2-5）。

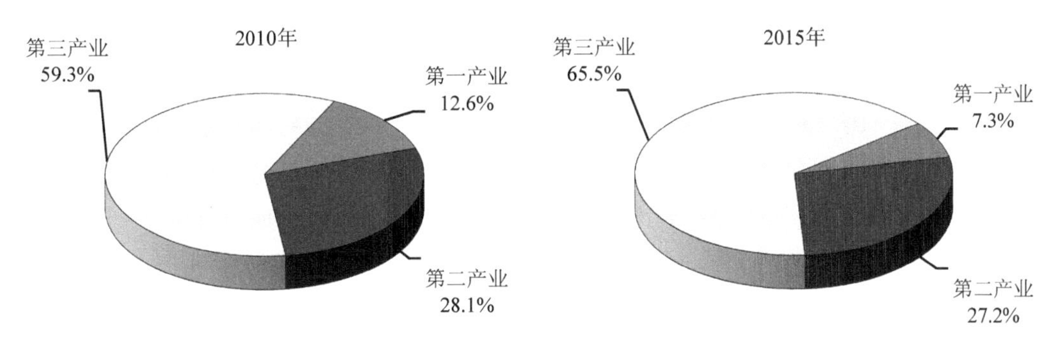

图 2-5　地区产业结构

2.2.2　社会服务

“十二五”期间延庆区社会服务保障逐步完善，累计促进再就业 1.6 万人，城镇登记失业率控制在 4%以内。城乡居民收入增长与经济发展基本同步，年均增长 9.4%和 10.1%，低收入村户增收成效显著，低收入农户人均收入增速连续 5 年超过全区农户平均增速（图 2-6）。教育、卫生、科技、文化、体育、民政等公共服务设施不断完善，与中心城区优质公共服务资源对接进一步加强，公共服务能力和质量得到明显提升。新农合为农民报销医药费从 2010 年 0.96 亿元增加到 2015 年的 1.7 亿元，惠及近 4 000 个困难家庭。社会保险和社会救助等社会保障体系更加完善，设立了救助后再救助模式的社会爱心专项基金，城乡居民生活品质明显提高。着力提升全民文明素养，全国文明城区创建工作全面启动。

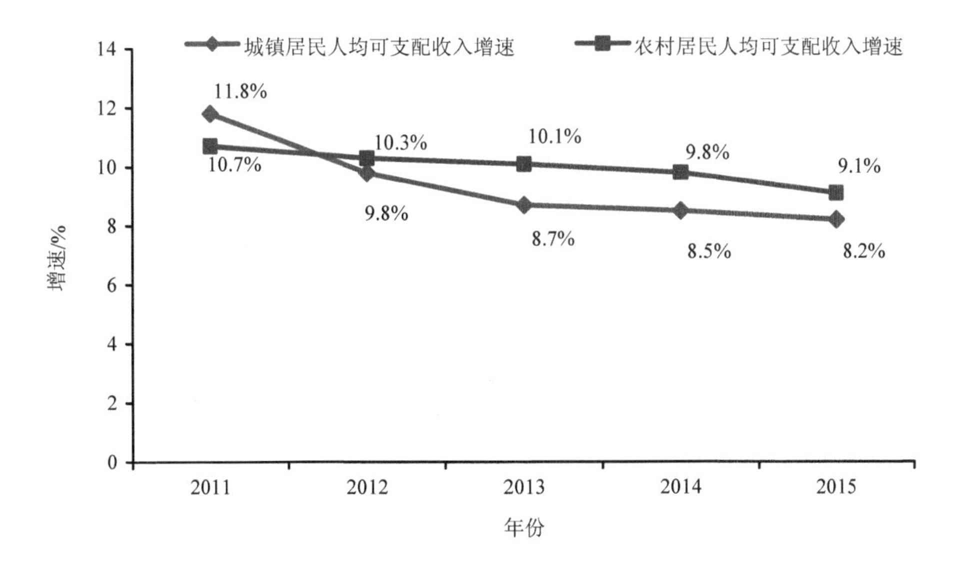

图 2-6　城乡居民人均收入增长情况

2.2.3 城乡建设

“十二五”期间延庆区城乡建设管理稳步提升，兴延路、京张高铁北京段启动征地拆迁工作，国道 110 二期签署征地拆迁协议。世葡园区路、旧小路、湖北东路、圣百街、百莲街等竣工通车，南菜园桥改造完成，县域公共交通取得长足发展，公交出行量增加 150 万人次。城西供热资源整合及地热工程投入使用，完成县垃圾综合处理厂建设工程及永宁、小张家口垃圾卫生填埋场升级改造工程，平原地表水供水一期工程、城西再生水厂等市政设施顺利推进，延庆展览馆完成改造并对外开放，新城综合服务能力明显提高。完成老旧小区改造 161.7 万 m^2 和保障房建设 34.3 万 m^2，格兰山水二期、悦泽苑等小区实现入住，新社区、新民居建设稳步推进。加大信息基础设施建设，实现公众家庭宽带光纤全覆盖。小城镇和新农村基础设施进一步完善，统筹管理力度不断加大，违法用地和违法建设打击力度不断加强，城乡面貌持续改善。

2.3 生态环境质量状况

2.3.1 大气环境

“十二五”期间延庆区大气环境治理成效显著。通过实施压减燃煤、控车减油、治污减排和清洁降尘等清洁空气行动计划重点任务达到了预期目标，“十二五”期间超额完成大气总量减排任务（图 2-7）。

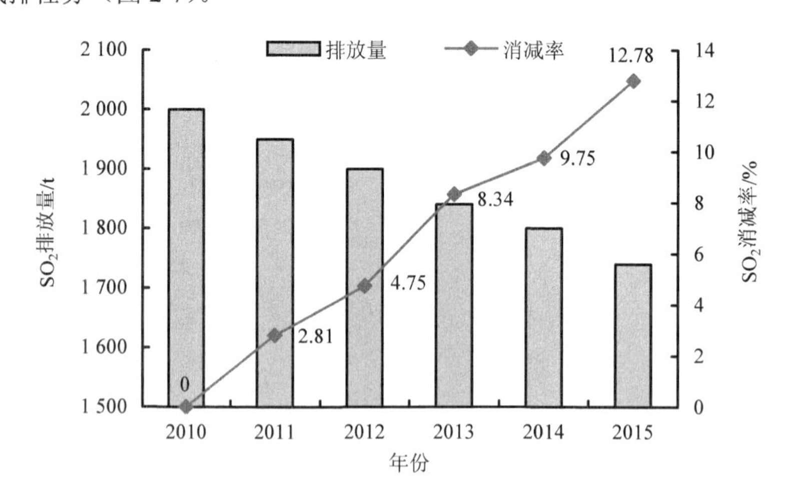

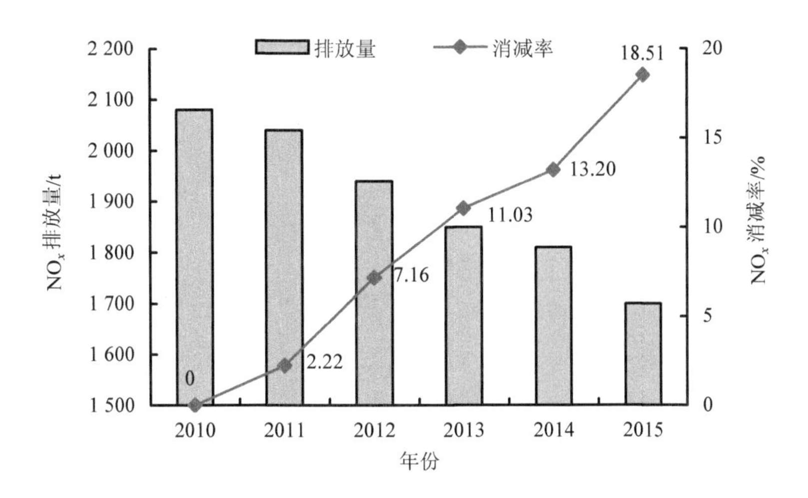

图 2-7 “十二五”期间延庆区主要大气污染物排放量及消减率变化情况

2014 年延庆区二氧化硫、二氧化氮年平均浓度分别为 18.1 μg/m³、35.8 μg/m³，均达到国家二级标准，可吸入颗粒物年均浓度为 87.1 μg/m³，较 2009 年下降 17.8%。2014 年细颗粒物年均浓度为 74.8 μg/m³，较 2013 年下降 10%。年均浓度总体呈下降趋势。

2015 年延庆区二氧化硫、二氧化氮、一氧化碳年平均浓度分别为 11.7 μg/m³、30.8 μg/m³、0.97 mg/m³，稳定达到国家二级标准，“十二五”期间分别下降 26.9%、28.4%、11.8%；可吸入颗粒物年均浓度为 80.7 μg/m³，较 2010 年下降 19.3%。2015 年细颗粒物年均浓度为 60.9 μg/m³，较 2013 年下降 10.4%，年均浓度明显降低。

2016 年延庆区二氧化硫、二氧化氮年平均浓度分别为 10 μg/m³、34 μg/m³，二氧化氮年均浓度有所升高，各项指标均达到国家二级标准，可吸入颗粒物年均浓度为 74 μg/m³，较 2011 年下降 23.7%。2016 年细颗粒物年均浓度为 60 μg/m³，较 2014 年下降 19.8%，年均浓度显著降低。

2014—2016 年延庆区空气环境质量变化情况见图 2-8，柱状变化见图 2-9。

延庆区大气环境质量一直保持在北京市各区的领先水平。2014 年延庆二氧化氮和可吸入颗粒物年均浓度在各区中都排名第一，浓度最低。二氧化硫和细颗粒物年均浓度在各区中（从低到高）分别排名第四和第二。可吸入颗粒物和细颗粒物为首要大气污染物，距离国家二级标准还有一定距离。2015 年延庆区细颗粒物年均浓度在各区中最低，排名第一。二氧化硫年均浓度在各区中排名第四，高于门头沟区、顺义区、怀柔区。二氧化氮年均浓度在各区中排名第二，仅高于怀柔区。可吸入颗粒物年均浓度在各区中也最低，排名第一。可吸入颗粒物、细颗粒物年均浓度为北京市最低，但仍然未达到国家标准，首要大气污染物为细颗粒物。2016 年延庆区可吸入颗粒物和细颗粒物年均浓度均在各区中排名第一，未达到国家二级标准，但越来越接近（图 2-10、图 2-11）。二氧化硫年均浓度排名第四，高于怀柔区、密云区和昌平区。二氧化氮年均浓度排名第四，高于怀柔区、平谷区和密云区。

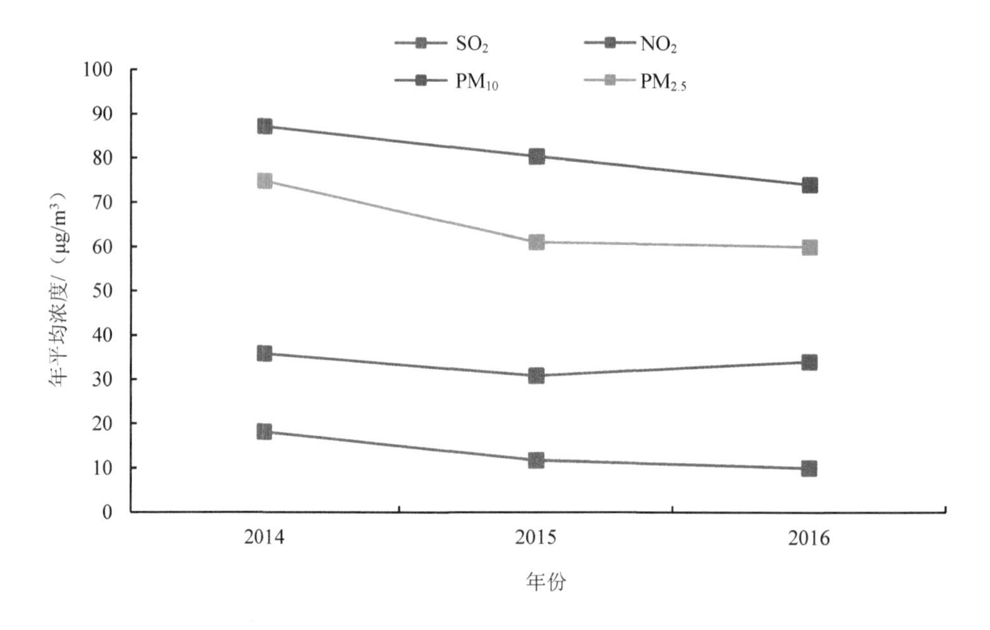

图 2-8 2014—2016 年延庆区空气环境质量变化情况

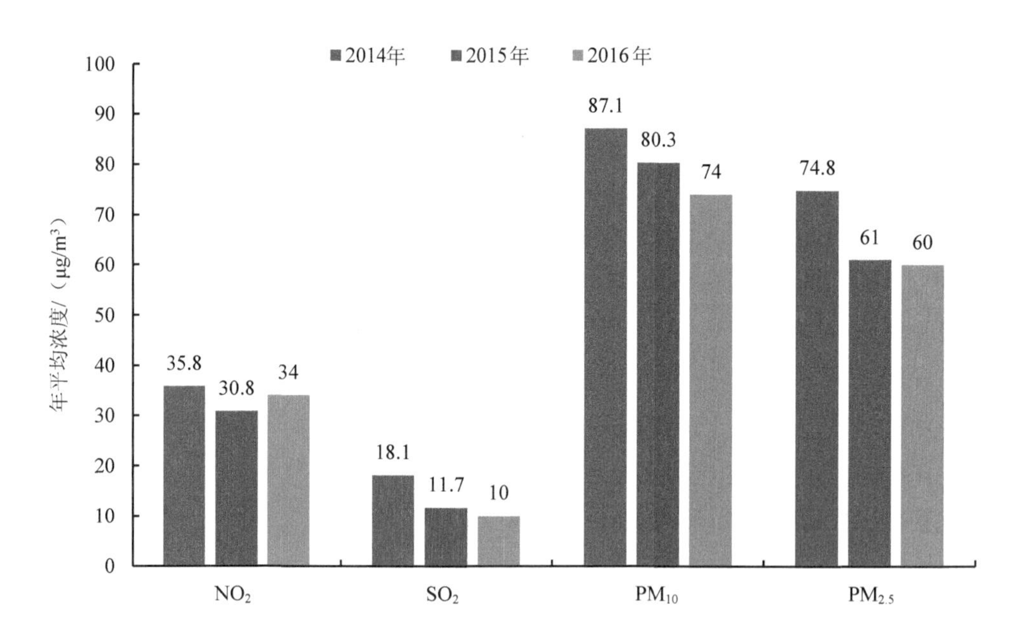

图 2-9 2014—2016 年延庆区空气环境质量变化柱状图

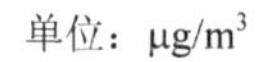

国家标准年平均浓度限值：70 μg/m³　　　　单位：μg/m³

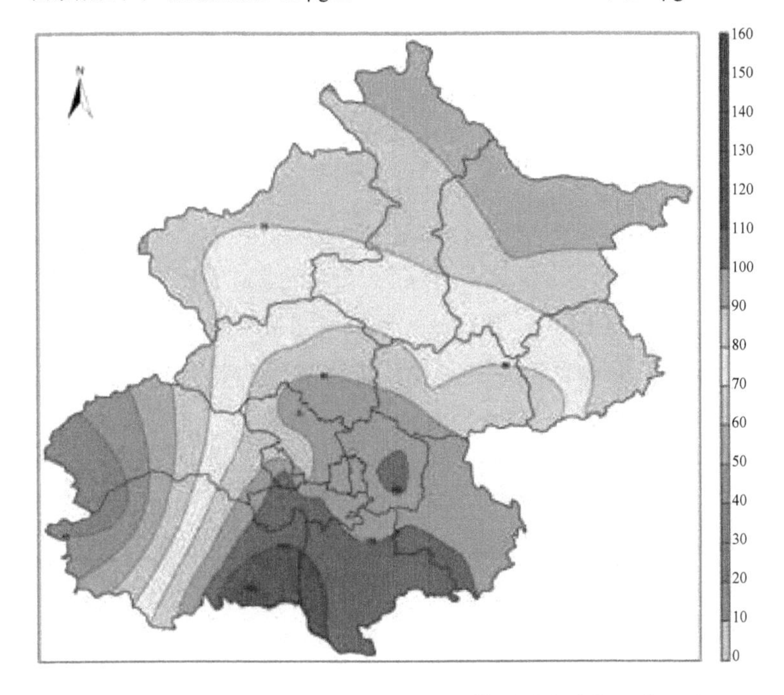

图 2-10　2016 年北京市空气中可吸入颗粒物浓度空间分布示意

国家标准年平均浓度限值：35 μg/m³　　　　单位：μg/m³

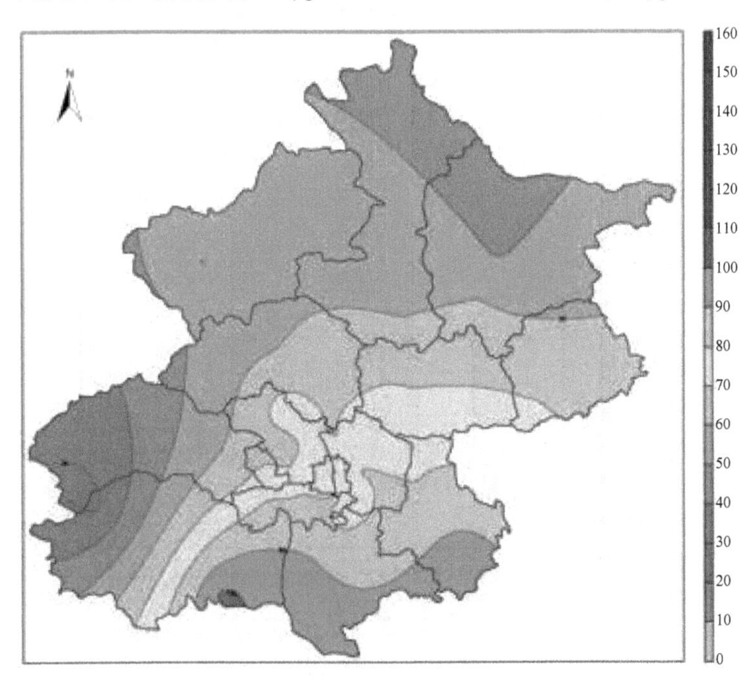

图 2-11　2016 年北京市空气中细颗粒物浓度空间分布示意

“十三五”期间，延庆区要举办 2019 年“世园会”和筹办 2022 年“冬奥会”，细颗粒物污染依然是其面临的主要环境问题，也是改善空气环境质量、攻坚克难的主要对象。延庆区要为 2022 年“冬奥会”创造优良的大气环境，以控制细颗粒物排放作为未来大气环境保护工作的重点，空气质量改善和提高的任务仍然非常艰巨。

2.3.2 水环境

“十二五”期间，延庆区加大了污水处理设施建设力度，区域排水管网不断健全，污水处理初见成效。截至 2015 年，延庆区化学需氧量排放量为 6 927.0 t，下降 31.75%；氨氮排放量为 460.0 t，下降 18.15%。两项水污染物减排工作全部超额完成目标（图 2-12）。

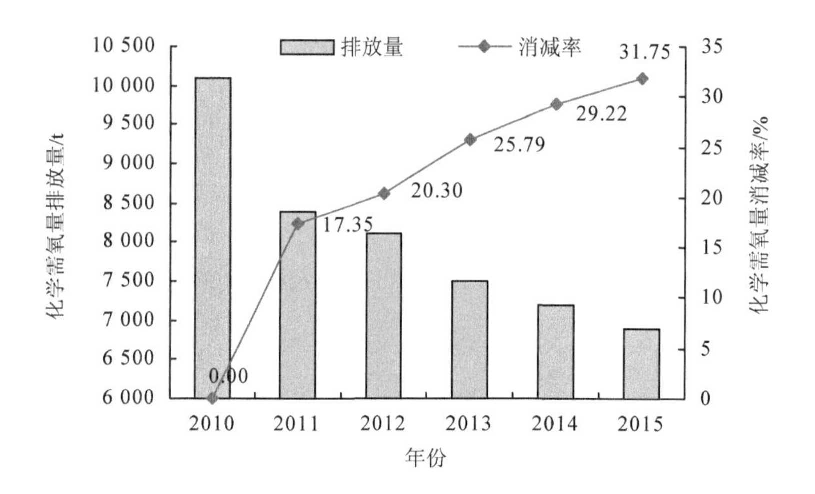

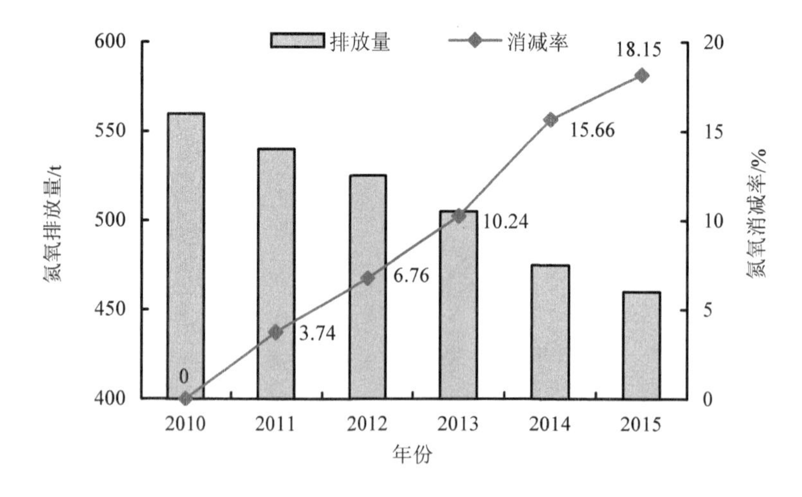

图 2-12 “十二五”期间延庆区主要水污染物排放量及消减率变化情况

2015 年，延庆区污水处理率达到 78.9%，其中新城污水处理率达到 96.9%，基本接近“十二五”的既定目标；延庆区地表水水质良好，水质保持稳定，2015 年，地表水监测断面高锰酸盐指数年均浓度值为 2.4 mg/L，较 2014 年有所下降；氨氮年均浓度值为 0.271 mg/L，较 2014 年有所升高。

但新华营河年均值为Ⅳ类，未达到Ⅱ类水质目标；妫水河下段—农场橡胶坝断面水质年均值为Ⅳ类，未达到Ⅲ类水质目标，其主要污染指标为化学需氧量、高锰酸盐指数、生化需氧量和总磷，高锰酸盐指数和氨氮年均值分别为 6.9 mg/L 和 0.303 mg/L。其余河段达到了“十二五”目标水质标准。

2.3.3　生态状况

根据《北京市延庆区环境状况公报（2014—2016 年）》，2014—2016 年延庆区生态环境质量指数（EI）分别为 73.0、70.7、71.1，生态环境质量比较稳定，均为良好。作为国家级生态示范区和首都生态涵养发展区，延庆区生态功能地位十分突出，生物多样性丰富，其中松山和野鸭湖是延庆区生物多样性最为丰富的地区。截至目前，延庆区现有自然保护区 10 处，其中国家级自然保护区 1 处，市级自然保护区 2 处，县级自然保护区 7 处，总面积约为 55 168.56 hm^2，占延庆区国土面积的 27.7%；此外，还建有国家级森林公园 1 处（八达岭国家森林公园）、地质公园 1 处（延庆世界地质公园）、国家 4A 级风景区 1 处（龙庆峡风景区）、国家级重要湿地 1 处（野鸭湖国家湿地公园）（表 2-3，图 2-13）。

表 2-3　延庆区自然保护区名录

名称	级别	类型	面积/hm^2	主要保护对象	行政区域
松山自然保护区	国家级	森林生态	6 212.96	天然油松林、野生动植物 天然湿地、黑鹳、灰鹤等	张山营镇
野鸭湖自然保护区	市级	湿地	6 873	鸟类	康庄镇
朝阳寺木化石保护区	市级	地质遗址	2 050	木化石	千家店镇
玉渡山自然保护区	县级	森林生态	11 907.5	自然景观、野生动物	张山营镇
太安山自然保护区	县级	森林生态	3 682.1	野生动植物	旧县镇
大滩次生林保护区	县级	森林生态	15 432	野生动植物	千家店镇
白河堡自然保护区	县级	湿地及森林生态	7 973.1	森林生态水源	香营乡
莲花山自然保护区	县级	森林生态	1 256.8	地质生态、野生动植物	大庄科乡
金牛湖自然保护区	县级	湿地	1 243.5	湿地水禽、鸟类	沈家营镇、 永宁镇
水头自然保护区	县级	森林生态	1 362.5	自然景观、野生动物	千家店镇
合计			55 168.56		

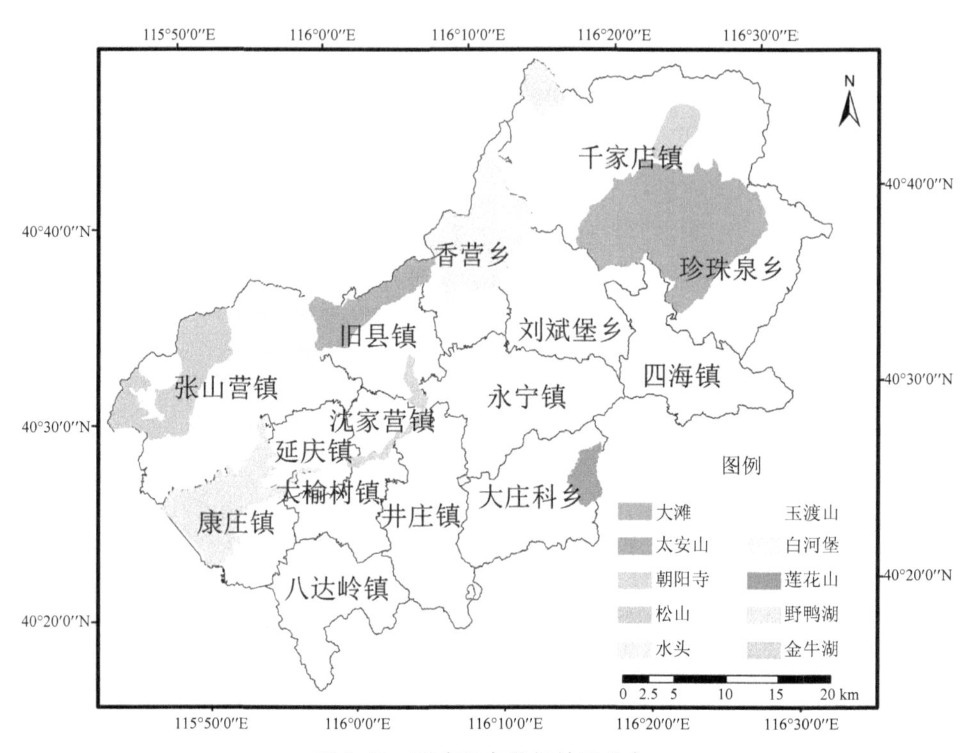

图 2-13 延庆区自然保护区分布

根据 2014—2016 年第二次土地调查更新数据，延庆区生态系统类型以森林为主，其次为农田、湿地、草地、城镇、裸地。其中，2014—2016 年森林生态系统面积分别为 1 355.01 km^2、1 354.95 km^2、1 355.03 km^2，近 3 年占延庆区总面积的比例均为 67.9%，其次为农田生态系统，面积分别为 401.13 km^2、400.93 km^2、400.15 km^2，比例均为 20.1%，城镇类型面积为 162.85 km^2、163.17 km^2、164.20 km^2，比例均为 8.2%；湿地、草地、裸地面积较少，近 3 年比例分别为 1.6%、1.4%、0.9%。2014—2016 年生态系统类型空间分布如图 2-14 所示，农田、城镇类型主要位于平原地区，森林主要位于山地地区（表 2-4）。

根据遥感解译，2014—2016 年延庆区植被覆盖度较高，略有降低，平均分别为 72.85%、68.84%、68.77%，其中森林生态系统植被覆盖度最高，2014—2016 年分别为 78.38%、74.91%、72.60%，草地植被覆盖度分别为 61.19%、56.61%、62.01%，农田植被覆盖度平均为 65.60%、59.95%、65.69%，城镇、其他、湿地植被覆盖度较低。从空间上看，植被覆盖度较高的区域主要位于山区森林生态系统丰富的区域，平原地区植被覆盖度相对较低（图 2-15）。

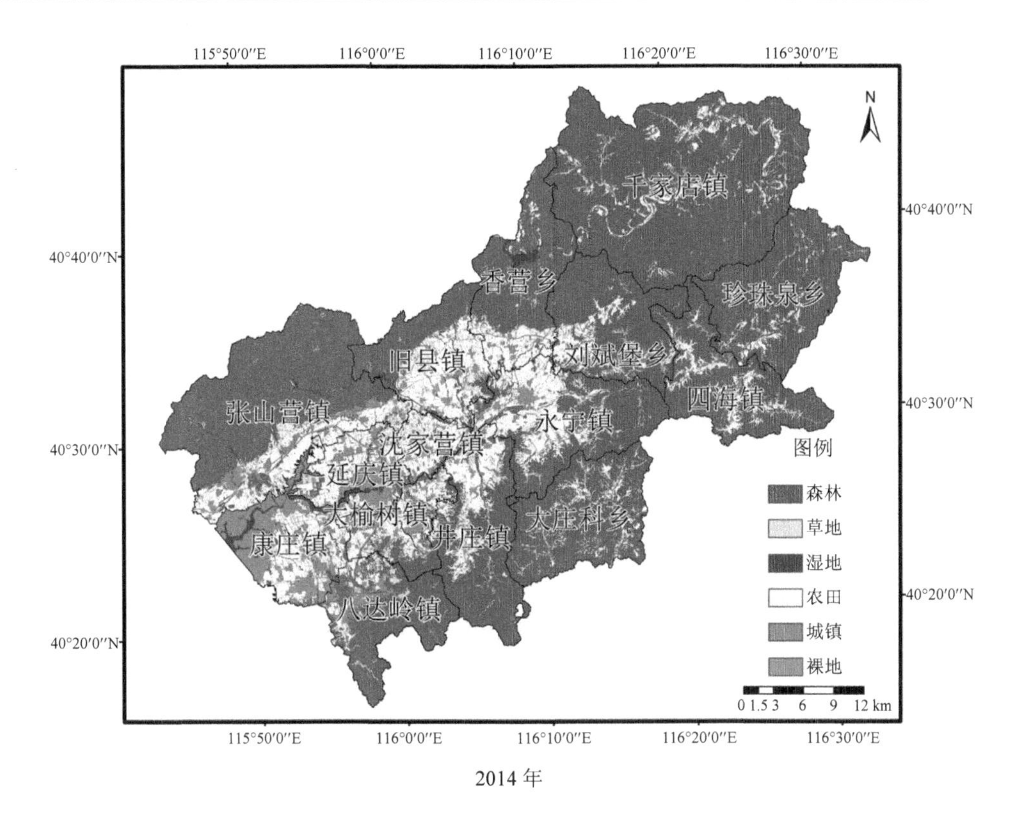
115°50′0″E
116°0′0″E
116°10′0″E
116°20′0″E
116°30′0″E
40°40′0″N
40°30′0″N
40°20′0″N
N
千家店镇
香营乡
珍珠泉乡
旧县镇
刘斌堡乡
四海镇
张山营镇
永宁镇
沈家营镇
延庆镇
大榆树镇
井庄镇
大庄科乡
康庄镇
八达岭镇
图例
森林
草地
湿地
农田
城镇
裸地
0 1.5 3 6 9 12 km

2014年

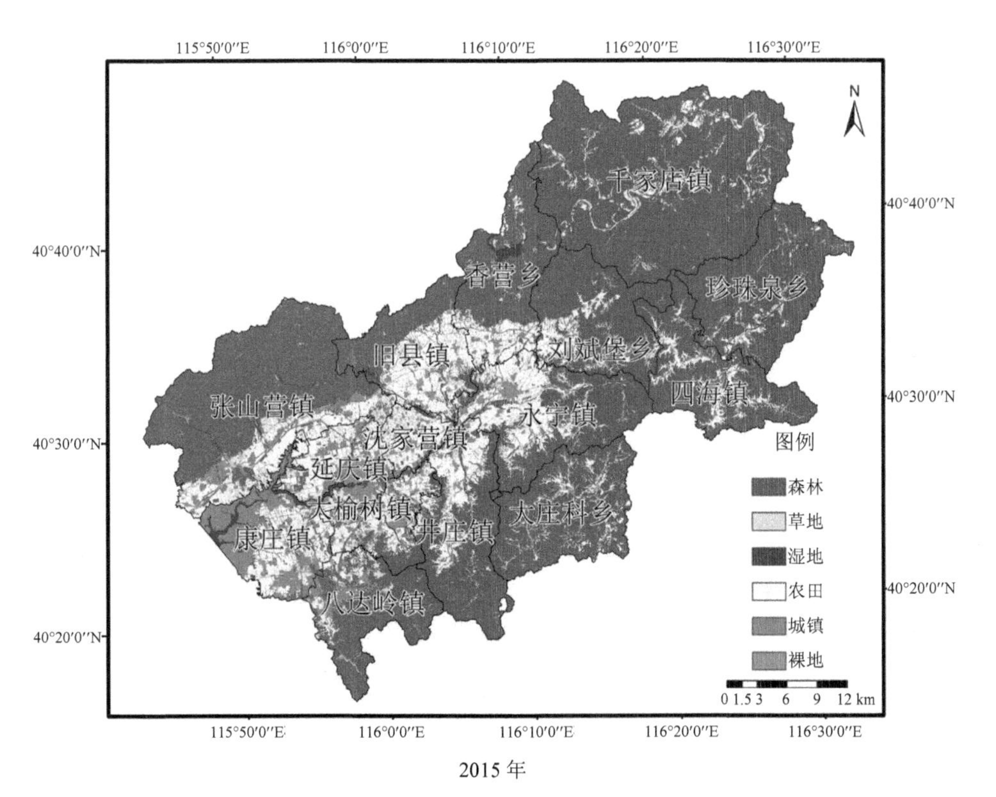
115°50′0″E
116°0′0″E
116°10′0″E
116°20′0″E
116°30′0″E
40°40′0″N
40°30′0″N
40°20′0″N
N
千家店镇
香营乡
珍珠泉乡
旧县镇
刘斌堡乡
四海镇
张山营镇
永宁镇
沈家营镇
延庆镇
大榆树镇
井庄镇
大庄科乡
康庄镇
八达岭镇
图例
森林
草地
湿地
农田
城镇
裸地
0 1.5 3 6 9 12 km

2015年

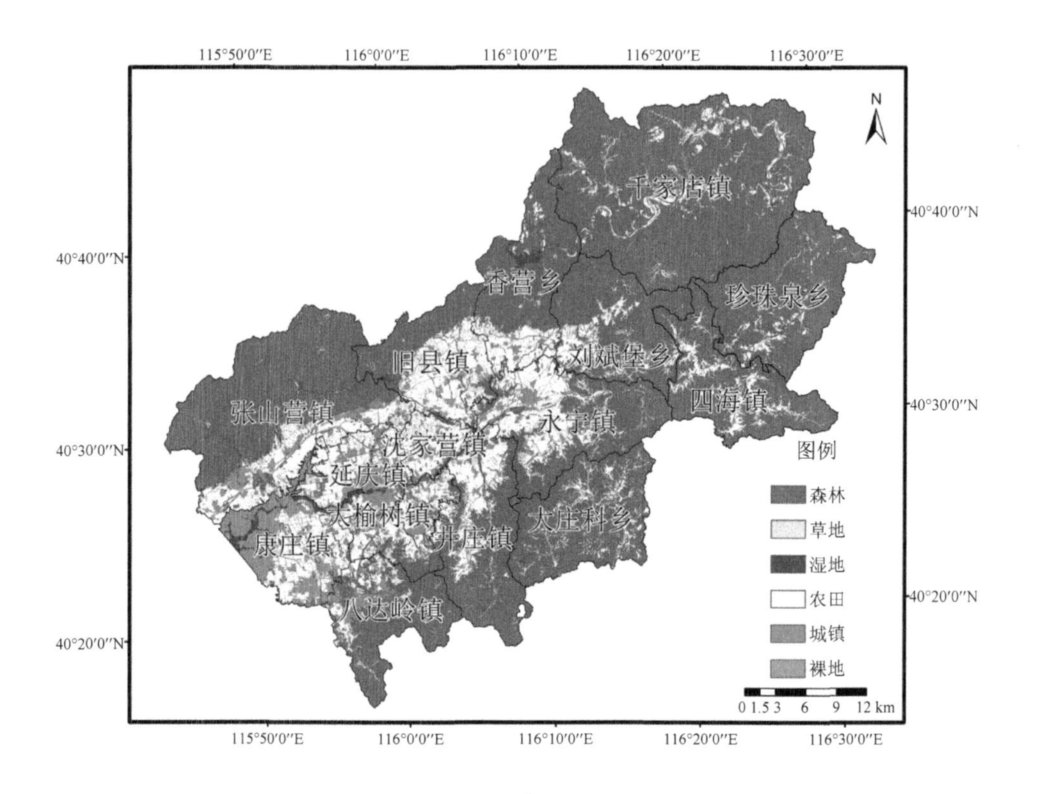

2016 年

图 2-14　2014—2016 年延庆区生态系统类型分布

表 2-4　2014—2016 年延庆区生态系统类型面积和比例

生态系统类型	2014 年		2015 年		2016 年	
	面积/km^2	比例/%	面积/km^2	比例/%	面积/km^2	比例/%
森林	1 355.01	67.92	1 354.95	67.92	1 355.03	67.92
草地	27.44	1.38	27.39	1.37	27.04	1.36
湿地	31.02	1.56	31.00	1.55	31.00	1.55
农田	401.13	20.11	400.93	20.10	400.15	20.06
城镇	162.85	8.16	163.17	8.18	164.20	8.23
裸地	17.44	0.87	17.45	0.88	17.46	0.88

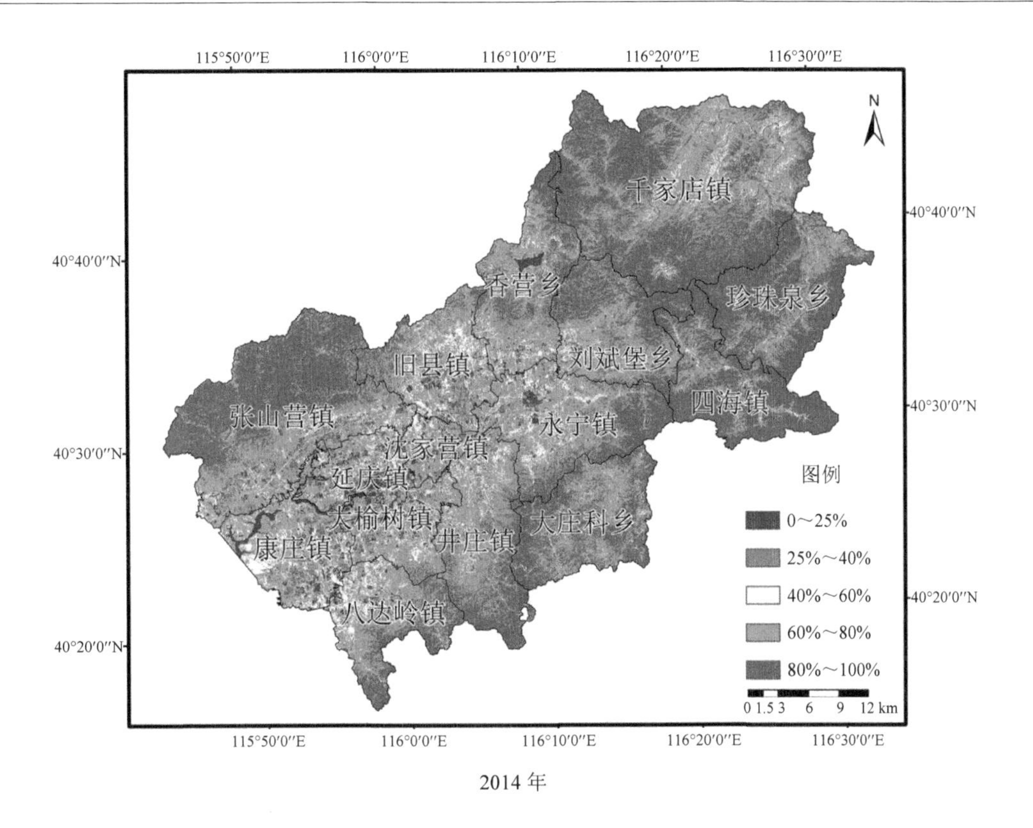
115°50′0″E
116°0′0″E
116°10′0″E
116°20′0″E
116°30′0″E
40°40′0″N
40°30′0″N
40°20′0″N
N
千家店镇
香营乡
珍珠泉乡
旧县镇
刘斌堡乡
四海镇
张山营镇
永宁镇
沈家营镇
延庆镇
大榆树镇
大庄科乡
井庄镇
康庄镇
八达岭镇
图例
0～25%
25%～40%
40%～60%
60%～80%
80%～100%
0 1.5 3 6 9 12 km

2014 年

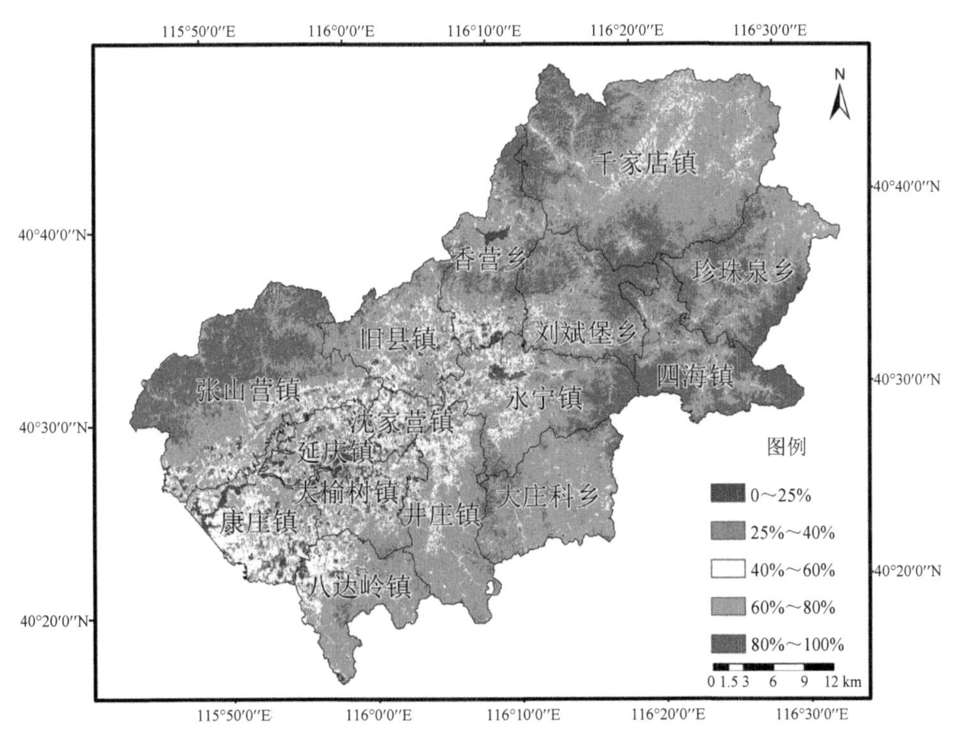
115°50′0″E
116°0′0″E
116°10′0″E
116°20′0″E
116°30′0″E
40°40′0″N
40°30′0″N
40°20′0″N
N
千家店镇
香营乡
珍珠泉乡
旧县镇
刘斌堡乡
四海镇
张山营镇
永宁镇
沈家营镇
延庆镇
大榆树镇
大庄科乡
井庄镇
康庄镇
八达岭镇
图例
0～25%
25%～40%
40%～60%
60%～80%
80%～100%
0 1.5 3 6 9 12 km

2015 年

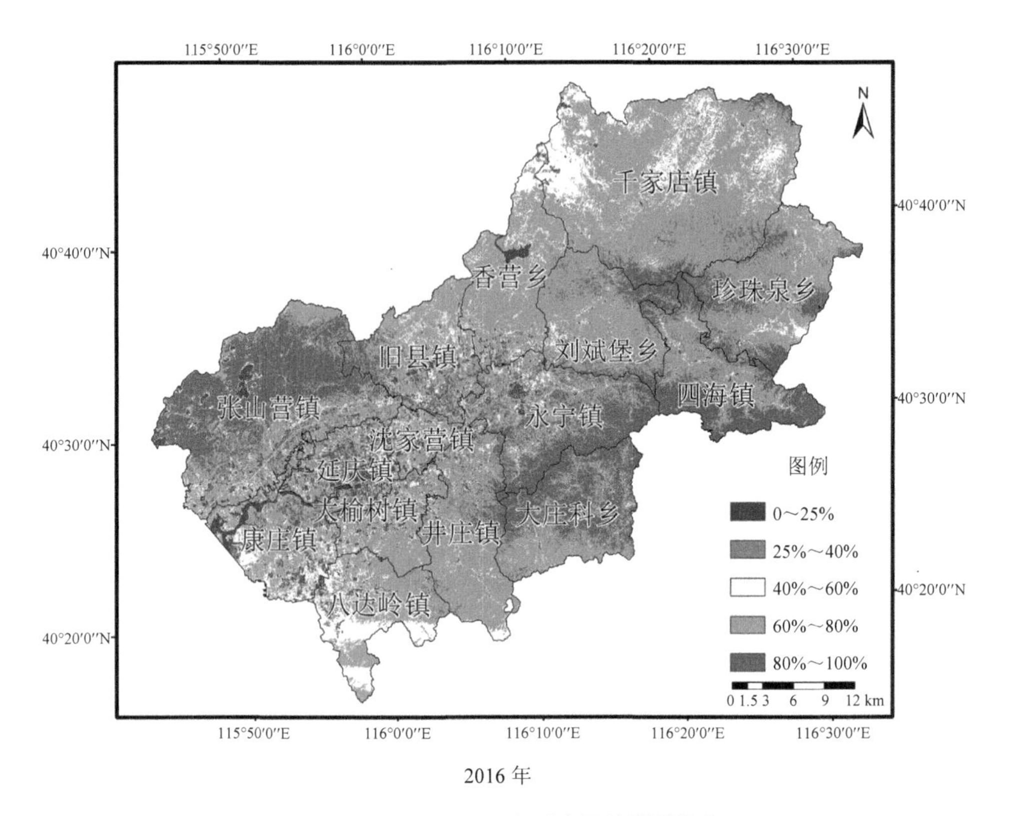

2016年

图 2-15 2014—2016 年延庆区植被覆盖度

2.3.4 主体功能分区

根据 2015 年《延庆县主体功能区建设试点示范实施方案》，延庆县主体功能区按开发内容分为城镇发展区、农业生产区、生态保护区三类，如表 2-5 和图 2-16 所示。

其中，城镇发展区主要包括延庆镇、康庄镇、永宁镇、大榆树镇、八达岭镇 5 个乡镇；农业生产区主要包括张山营镇、旧县镇、沈家营镇 3 个乡镇；生态保护区主要包括四海镇、千家店镇、大庄科乡、香营乡、珍珠泉乡、刘斌堡乡、井庄镇 6 个乡镇。

表 2-5 延庆区主体功能区域分布情况

功能区类别	乡镇	面积/km^2	占全区总面积比例/%
城镇发展区	延庆镇（含百泉街道、香水园街道、儒林街道）、康庄镇、永宁镇、大榆树镇、八达岭镇	474.97	23.81
农业生产区	张山营镇、旧县镇、沈家营镇	401.43	20.12
生态保护区	四海镇、千家店镇、大庄科乡、香营乡、珍珠泉乡、刘斌堡乡、井庄镇	1 118.48	56.07
总计		1 994.88	100

注：①城镇发展区、农业生产区、生态保护区三类区域均含各类禁止开发区域的面积。②所有面积含基本农田面积。

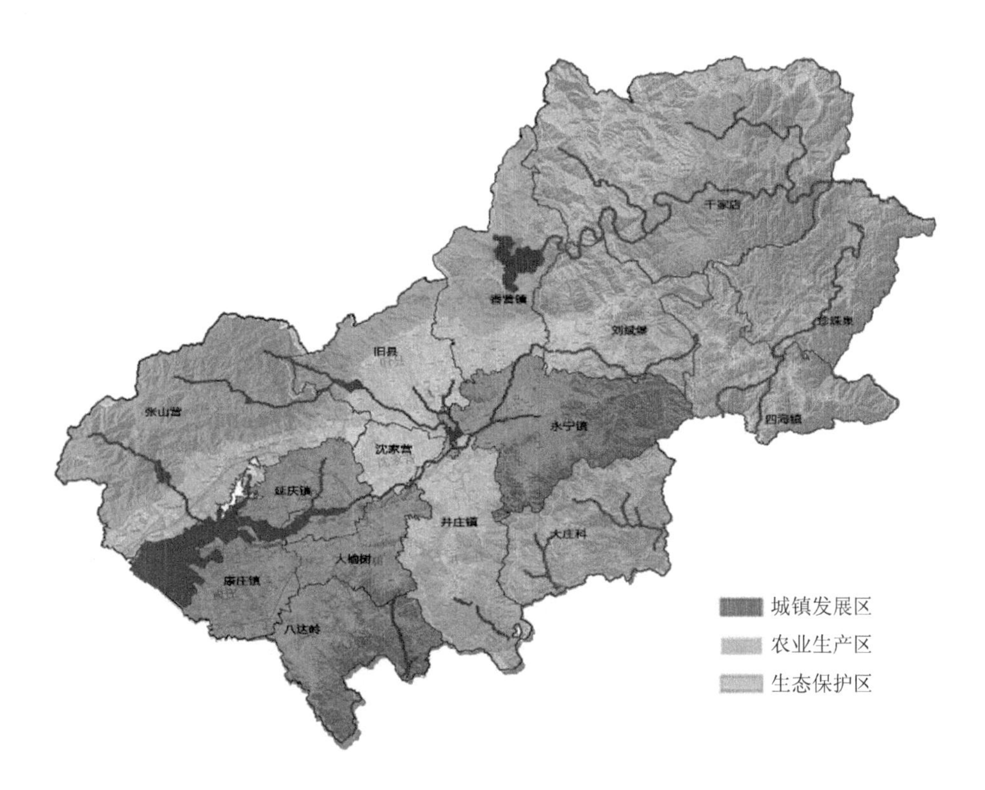

图 2-16　延庆区主体功能区划

第 3 章 延庆区环境经济核算框架与技术方法构建

3.1 核算基本框架

在深入总结联合国综合环境经济核算体系（SEEA）和国家环境经济核算体系研究基础上，同时结合延庆区生态环境实际情况，建立了北京市延庆区环境经济（绿色 GDP）核算体系的基本框架（图 3-1），主要包括生态系统生产总值（GEP）、生态环境退化成本、生态环境改善效益 3 个账户核算，并在此基础上提出相应的对策建议。核算的时间尺度为 2014—2016 年，空间尺度包括延庆区、各主体功能分区及各乡镇。

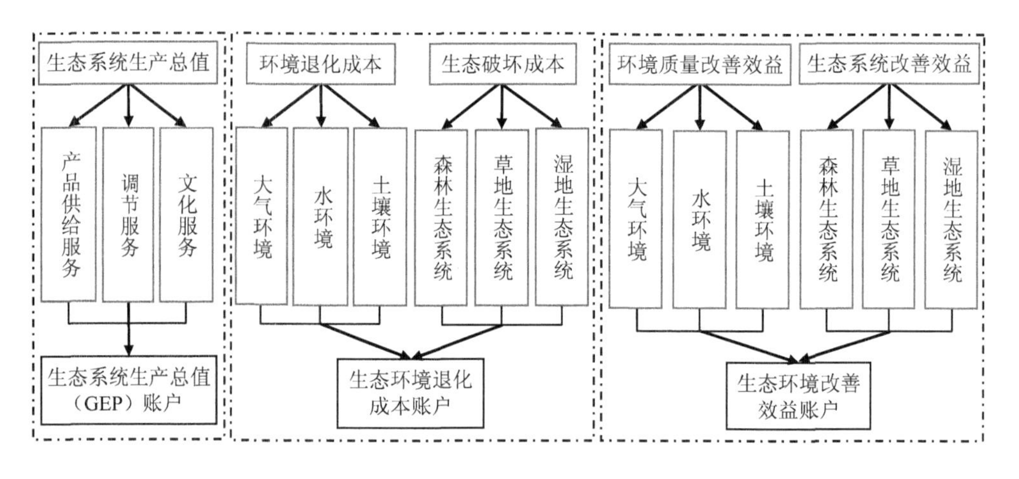

图 3-1 北京市延庆区环境经济（绿色 GDP）核算体系基本框架

其中，生态系统生产总值（GEP）是指自然生态系统所提供的产品供给服务价值、调节服务价值、文化服务价值的总和（欧阳志云，2013），代表自然生态系统为人类经济社会提供的生态福祉。其中产品供给服务价值主要包括农业产品、林业产品、畜牧业产品、水产品，水资源、可再生生物能源等供给价值；调节服务价值主要包括土壤保持、防风固沙、水源涵养、洪水调蓄、大气环境净化、水质净化、病虫害控制、固碳释氧、气候调节、生命维护和栖息地保护等；文化服务主要为自然景观游憩价值。

生态环境退化成本是指经济社会发展过程中所造成的生态环境代价，主要包括环境退化成本和生态破坏成本核算两部分；其中环境退化成本主要包括大气环境退化成本、水环境退化成本、土壤环境退化成本 3 项内容，其中土壤环境退化成本因缺少基础调查数据、核算技术尚不成熟，因而本研究暂未核算，在核算框架中以灰色表示，待未来基础数据和技术方法成熟后可启动核算。

生态环境改善效益是指生态环保工作所取得的成效，主要包括环境质量改善效益和生态系统改善效益核算两部分。由于土壤和水环境质量改善效益的核算数据基础和技术方法仍不完善，因此本研究暂未核算，在核算框架中以灰色表示，待未来基础数据和技术方法成熟后可启动核算。

三大账户的逻辑关系如图 3-2 所示，三大账户为相互独立且平行的账户，但均与自然生态系统和社会经济系统有所联系。其中生态系统生产总值（GEP）主要反映了自然生态系统为人类提供的福祉，充分体现了绿水青山的生态价值；生态环境退化成本则反映了人类经济社会系统在经济开发建设过程中造成的生态破坏、环境污染代价；生态环境改善效益反映了人类通过提高保护意识、加强生态环境保护带来的正向成效。

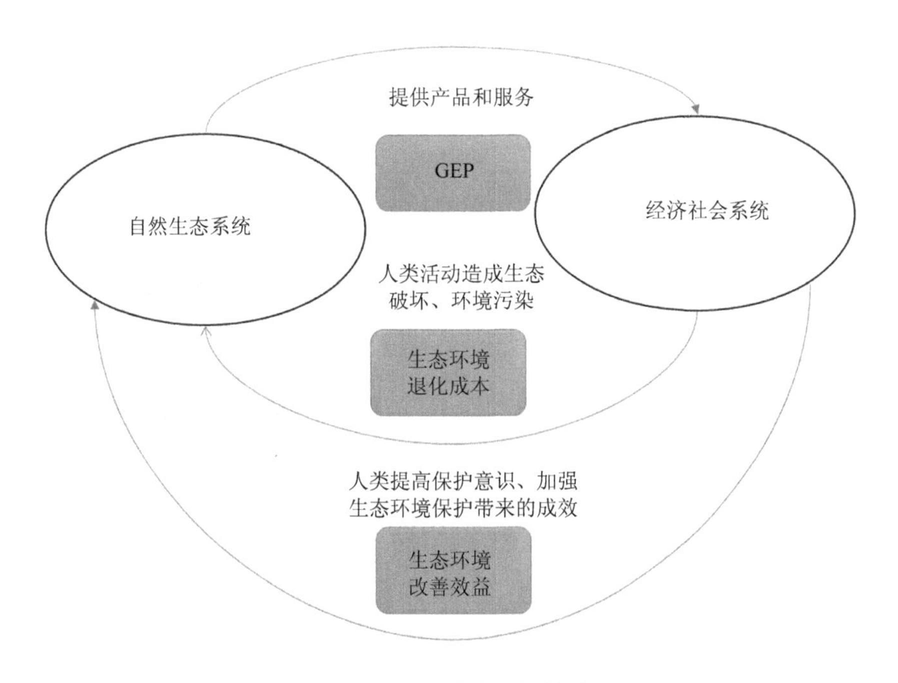

图 3-2 三大账户逻辑关系

仍需说明的是，由于经济社会的快速发展，目前我国多数地区普遍存在许多生态环境问题，因此实际上当前我国生态环境保护仍处于欠账阶段，即生态环境破坏代价仍然较大，因此本研究中生态环境退化成本属于减法核算，是对每年度生态破坏、环境污染损失的绝对量进行核算。而生态环境改善效益则是相对改善量的概念，实际上是对生态环境退化成本的年际变化的核算，假如当年的环境退化成本低于上一年度的环境退化成本，即表示有改善效益，它实际上是核算损失的减少量，能够体现延庆区通过一系列生态环境保护工程措施带来的短期正向成效，该账户的核算对于区域加强生态环境保护、促进区域可持续发展具有重要激励作用。

3.2 生态系统生产总值（GEP）账户

3.2.1 核算原则与基本思路

根据 GEP 的概念及国内外核算经验，GEP 核算应坚持以下原则：

①区域性原则。核算充分体现延庆区自然生态环境特征和参数本地化。延庆区森林资源较为丰富，是首都生态涵养发展区，2015 年森林覆盖率为 57.46%。因此，森林生态系统服务价值核算是研究的重点，应重点开展森林生态系统气候调节、水源涵养、土壤保持等调节服务以及文化服务核算。此外，核算参数主要通过北京市、延庆区相关文献和实地调查监测资料确定，充分体现延庆区本地化特征。

②应用性原则。GEP 核算的最终目的是为环境决策和管理服务的。因此，核算还应考虑延庆区当前和未来迫切需要解决的生态环境问题，将核算结果应用于延庆区跨区域水源地生态补偿制度、生态文明目标评价考核体系、绿色发展模式等绿色发展政策与制度的制定过程中。

③最终服务原则。生态系统服务是人类从生态系统中获得效益的部分，生态系统过程与功能不提供直接效益而是间接发挥作用，它们的价值已体现在最终服务中。因此，为避免重复计算，核算指标均选取生态系统最终服务，对于有机质生产、营养物质循环等中间过程服务不进行核算。

④区分服务和收益原则。根据生态系统级联框架（图 3-3），生态系统服务加上人类投入后形成收益，即收益是自然和人类共同作用的结果，从服务到收益的实现需要额外的人类投入。因此，GEP 核算还应扣除人类投入成本，以获得其净价值。

⑤动态性原则。生态系统服务是流量的概念，它既随着生态系统自身结构、过程、功能的变化而变化，也随着社会发展及人类需求的改变而改变。因此应进行 GEP 的时空动态变化评估，突出生态系统服务的边际变化对人类产生的效果。在时间动态上，以 2014—2016 年度核算为主；在空间动态上，以格点为单位，开展延庆区 GEP 空间差异分析。

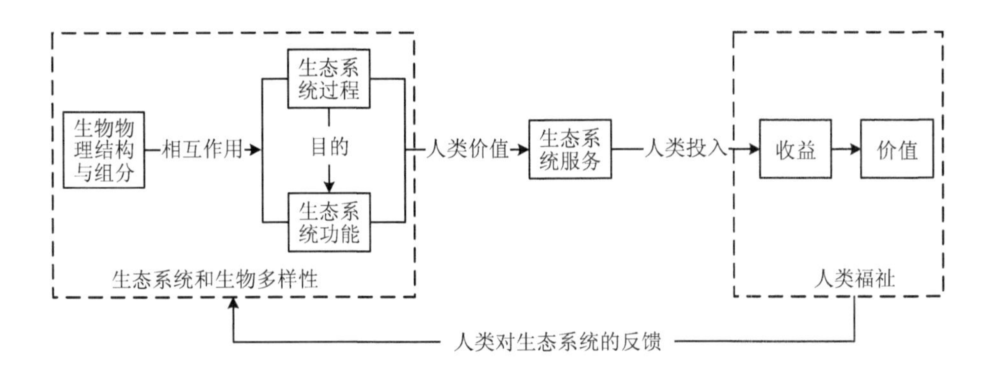

图 3-3 生态系统级联框架（李琰，2013）

延庆区 GEP 核算总体思路如图 3-4 所示。首先，结合 GEP 核算的国内外经验和延庆区生态系统特征，遵循上述核算原则，确定延庆区 GEP 核算的主要指标体系；其次，开展各项指标的实物量核算，并基于实际市场价值法、替代市场法、模拟市场法等确定各项服务的价格参数，进行各项指标价值量核算；最后，进行延庆区 GEP 汇总。

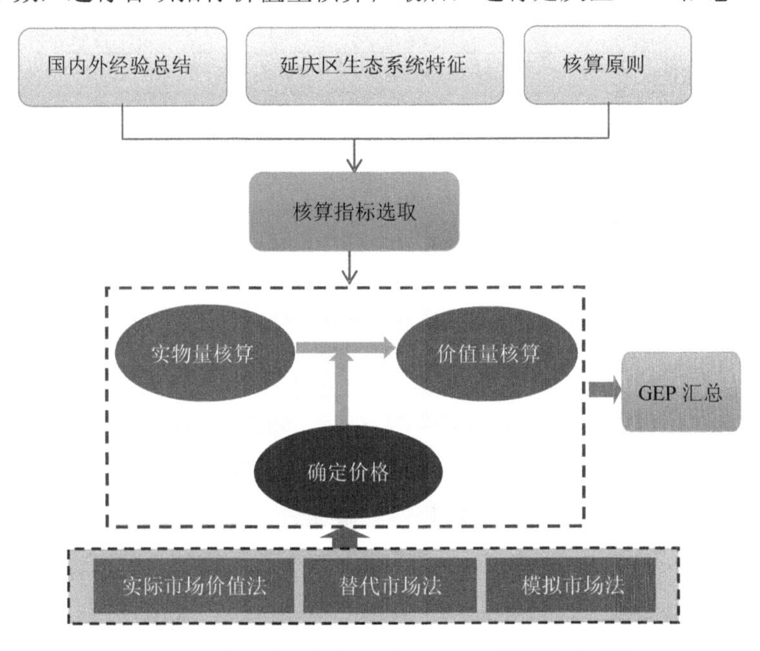

图 3-4 生态系统生产总值（GEP）核算基本思路

3.2.2 核算指标与方法

在深入总结联合国千年生态系统评估、SEEA 实验生态系统账户、CICES V4.3 通用型服务分类方案、《生态系统生产总值核算技术指南》、《森林生态系统服务功能评估规范》

等国内外相关经验的基础上，结合延庆区生态系统特征、考虑数据可获得性、避免重复计算，最终确定了延庆区生态系统生产总值的核算指标体系，如表3-1所示。

表3-1 延庆区生态系统生产总值（GEP）核算指标与方法

服务类别	核算指标	价值量核算方法
产品供给服务	农业产品	市场价值法
	林业产品	
	畜牧业产品	
	水产品	
	水资源	
	可再生生物质能源	
调节服务	土壤保持	替代成本法
	防风固沙	恢复成本法和替代成本法
	水源涵养	影子工程法
	洪水调蓄	影子工程法
	大气环境净化	替代成本法
	水质净化	替代成本法
	固碳释氧	替代成本法
	气候调节	替代成本法
	病虫害控制	防护成本法
	生命维护和栖息地保护	保育成本法
文化服务	自然景观游憩价值	旅行费用法、支付意愿法

延庆区生态系统生产总值（GEP）核算指标体系主要包括产品供给、调节、文化3项服务类型共17个指标，其中，生态系统产品供给服务包括农业产品、林业产品、畜牧业产品、水产品、水资源、可再生生物质能源等7个指标，实物量核算方法为统计分析法，价值量核算方法为实际市场价值法；生态系统调节服务包括土壤保持、防风固沙、水源涵养、洪水调蓄、大气环境净化、水质净化、固碳释氧、气候调节、病虫害控制、生命维护和栖息地保护等10个指标，实物量核算方法主要为数理模型、经验模型法等，价值量核算方法主要为替代成本法、恢复成本法、影子工程法、防护成本法等替代市场法；生态系统文化服务包括自然景观价值游憩价值1个指标，实物量核算方法主要为统计分析法，价值量核算方法主要为旅行费用法、支付意愿法等。

不同类型的生态系统具有不同的结构和功能，为人类提供不同的服务功能。延庆区不同生态系统类型核算指标如表3-2所示，其中“－”表示无此项服务或因数据限制不适合评估。

表 3-2　延庆区不同生态系统生产总值（GEP）核算指标

服务类别	核算指标	森林	草地	湿地	农田	裸地
产品供给	农业产品	—	—	—	√	—
	林业产品	√	—	—	—	—
	畜牧业产品	—	—	—	√	—
	水产品	—	—	√	—	—
	水资源	—	—	√	—	—
	可再生生物质能源	—	—	—	√	—
调节服务	水源涵养	√	√	—	√	—
	土壤保持	√	√	√	√	√
	防风固沙	√	√	√	√	√
	洪水调蓄	—	—	√	—	—
	固碳释氧	√	√	√	√	√
	空气净化	√	√	—	√	—
	水质净化	—	—	√	—	—
	气候调节	√	√	√	√	—
	病虫害控制	√	—	—	—	—
	生命维护和栖息地保护	√	—	—	—	—
文化服务	自然景观游憩价值	√	√	√	√	—

3.2.3　产品供给服务

3.2.3.1　定义

生态系统产品供给服务是指人类从生态系统获取的各种产品，包括食物、纤维、燃料、遗传资源、生化药剂、天然药物、医药用品、装饰资源和淡水等。这些产品的短缺会对人类福祉产生直接或间接的不利影响。

3.2.3.2　实物量评估方法

延庆区生态系统产品供给服务核算内容主要包括农业产品、林业产品、畜牧业产品、水产品、水资源、可再生生物质能源，如表 3-3 所示。

表 3-3 延庆区生态系统产品供给服务指标

服务类型	指标	具体内容
农业产品	粮食	稻谷、小麦、玉米、高粱、豆类、薯类、其他
	油料	花生
	药材	中药材
	蔬菜	蔬菜、食用菌类
	鲜果	苹果、梨、桃、葡萄、柿子、杏子、红果、鲜枣等
	干果	核桃、板栗、杏核等
	饲料	青饲料、牧草
林业产品	木材	—
畜牧业产品	猪	—
	牛	—
	羊	—
	家禽	—
	鲜蛋	鸡蛋、鸭蛋、鹅蛋
	鲜奶	牛奶
水产品	鱼类	青鱼、草鱼、白鲢、胖头鱼、鲤鱼
水资源	工业用水	—
	生活用水	—
	农业用水	—
	生态用水	—
可再生生物质能源	薪柴	—
	沼气	—

这里主要采用统计分析法计算产品供给服务实物量，计算公式为

$$E_{\text{provisioning}} = \sum_{i=1}^{n} E_i \tag{3-1}$$

式中，$E_{\text{provisioning}}$为产品总产量，t；E_i为第i种产品的产量，t；i=1，2，3，…，n为研究区产品种类。

3.2.3.3 价值量评估方法

产品供给服务的实物产品可直接在市场上出售和交易，其市场价格可看成其货币价值的一种近似指示值。因此，其价值量采用经济学上普遍采用的直接市场价值法进行评估。

$$V_p = \sum_{i=1}^{n} \text{EP}_i \times P_i \tag{3-2}$$

式中，V_p为生态系统供给服务总值；EP_i为第i类生态系统产品产量；P_i为第i类生态

系统产品的价格。

此外，由于延庆区的农、林、畜牧、水产品以及水资源、生物质能源均是通过人工培育或经过人工设施获取，因此还需扣除人工成本。

$$C=\sum_{i=1}^{n}\mathrm{EP}_i \times H_i \tag{3-3}$$

式中，C 为人工成本；EP_i 为第 i 类生态系统产品的产量；H_i 为第 i 类生态系统产品的单位产量的人工成本。

最终产品供给价值为

$$V = V_P - C \tag{3-4}$$

3.2.3.4 评估参数及数据来源

农业、林业、畜牧业、水产品产量及产值数据来自《北京市延庆县统计年鉴（2015—2017）》，水资源数据来自延庆区水务局，可再生生物质能源数据来自延庆区种植中心，农业、畜牧业、水产品等的人工投入成本数据来自延庆区种植中心、农业局、水产中心，林产品的人工投入成本参考相关文献获得，同时进行价格指数折算，最终得到 2014—2016 年不同产品的具体成本参数，如表 3-4 所示。

表 3-4 延庆区各类产品单位面积或产量人工投入成本

指标	2014 年	2015 年	2016 年
粮食/（元/亩）	460.6	468.9	475.5
油料/（元/亩）	397.2	404.3	410.0
饲料/（元/亩）	271.3	276.1	280.0
蔬菜/（元/亩）	4 129.9	4 204.2	4 263.1
果园/（元/亩）	2 295.2	2 336.6	2 369.3
猪/（元/头）	678.1	690.3	700.0
肉牛/（元/头）	8 680.1	8 836.3	8 960.0
肉羊/（元/头）	813.8	828.4	840.0
活禽/（元/只）	25.9	26.3	26.7
鲜奶成本/（元/kg）	3.3	3.4	3.4
鲜蛋成本/（元/斤）	3.1	2.7	2.4
水产品/（元/亩）	3 288.0	3 347.1	3 394.0
林产品/（元/m^3）	70.0	71.2	72.2

注：1 hm^2=15 亩，1 斤=0.5 kg。

3.2.4　调节服务

3.2.4.1　土壤保持

（1）功能定义

土壤保持功能是生态系统（如森林、草地等）通过林冠层、枯落物、根系等各个层次消减雨水的侵蚀能量，增加土壤抗蚀性从而减轻土壤侵蚀，减少土壤流失，保持土壤的功能，主要与气候、土壤、地形和植被有关。

（2）功能量评估方法

以土壤保持量，即潜在土壤侵蚀量与实际土壤侵蚀量的差值，作为生态系统土壤保持功能的评价指标。

土壤侵蚀量 USLE：

$$\mathrm{USLE}=R\times K\times \mathrm{LS}\times C\times P \tag{3-5}$$

土壤保持量 SC：

$$\mathrm{SC}=R\times K\times \mathrm{LS}\times (1-C\times P) \tag{3-6}$$

① R：降雨侵蚀力因子

$$\overline{R}=\sum_{k=1}^{24}\overline{R}_{半月k} \qquad \overline{R}=\frac{1}{N}\sum_{i=1}^{N}\alpha\sum_{j=1}^{m}P_{dij}^{\beta}$$
$$\alpha=21.239\beta^{-7.3967} \qquad \beta=0.6243+\frac{27.346}{\overline{P}_{d12}} \qquad \overline{P}_{d12}=\frac{1}{n}\sum_{i=1}^{n}P_{di} \tag{3-7}$$

式中，$\overline{R}$ 为多年平均年降雨侵蚀力，MJ·mm/（hm^2·h·a）；$\overline{R}_{半月k}$ 为第 k 半月的多年平均降雨侵蚀力，MJ·mm/（hm^2·h）；P_{dij} 为第 i 年第 k 半月第 j 日大于等于 12 mm 的日雨量，mm；α、β 为回归系数；$\overline{P}_{d12}$ 为日雨量大于等于 12 mm 的日平均值，mm；P_{dl} 为统计时段内第 l 日大于等于 12 mm 的日雨量，mm；k 为 1 年 24 个半月，k=1，2，…，24；i 为年数，i=1，2，…，N；j 为第 i 年第 k 半月日雨量大于等于 12 mm 的日数，j=1，2，…，m；l 为统计时段内所有日雨量大于等于 12 mm 的日数，l=1，2，…，n。

② K：土壤可蚀性因子

$$\begin{aligned}K_0=&\{0.2+0.3\exp[-0.0256m_s(1-m_{\mathrm{silt}}/100)]\}\times\left[m_{\mathrm{silt}}/(m_c+m_{\mathrm{silt}})^{0.3}\right]\\&\times\{1-0.25\mathrm{org}C/[\mathrm{org}C+\exp(3.72-2.95\,\mathrm{orgC})]\}\\&\times\{1-0.7(1-m_s/100)\}/\{(1-m_s/100)+\exp[-5.51+22.9(1-m_s/100)]\}\end{aligned} \tag{3-8}$$

$$K=(-0.01383+0.51575\times K_0)\times 0.1317 \tag{3-9}$$

式中，K 为土壤可蚀性因子，t·hm²·h/（hm²·MJ·mm）；m_s 为土壤砂粒百分含量；m_{silt} 为土壤粉粒百分含量；m_c 为土壤黏粒百分含量；org$C$ 为有机碳百分含量。

③ LS：坡长-坡度因子

$$S=\begin{cases}10.8\sin\theta & \theta<5^\circ\\ 16.8\sin\theta-0.5 & 5^\circ\leqslant\theta<10^\circ\\ 21.91\sin\theta-0.96 & \theta\geqslant10^\circ\end{cases} \tag{3-10}$$

$$L=\left(\frac{\lambda}{22.13}\right)^m$$
$$m=\beta/1+\beta \qquad \beta=\left(\sin\theta/0.089\right)\Big/\left[3.0\times\left(\sin\theta\right)^{0.8}+0.56\right] \tag{3-11}$$

式中，θ 为坡度，°；λ为坡长，m。

④ C：植被覆盖与管理因子

采用蔡崇法建立的覆盖度与 C 值的关系来计算 C 值。计算公式为

$$f_c=\frac{\text{NDVI}-\text{NDVI}_{\min}}{\text{NDVI}_{\max}-\text{NDVI}_{\min}} \tag{3-12}$$

$$C=\begin{cases}1 & f_c\leqslant0.1\\ 0.650\,8-0.343\,6\lg(f_c) & 0.1<f_c<78.3\\ 0 & f_c\geqslant78.3\end{cases} \tag{3-13}$$

式中，f_c 为植被覆盖度，%；C 为植被覆盖与管理因子；NDVI 为归一化植被指数；$\text{NDVI}_{\max}$、$\text{NDVI}_{\min}$ 分别为研究区 NDVI 的最大值和最小值。

⑤ P：水土保持措施因子

按照生态系统类型赋值法确定 P 值，如表 3-5 所示。

表 3-5　P 值

	森林	灌丛	园地	水田	旱地	水域	城乡建设用地	裸地	草地
P	1	1	0.69	0.15	0.352	0	0.01	1	1

（3）价值量评估方法

生态系统土壤保持价值运用机会成本法、替代工程法从减少土地废弃、保持土壤肥力（N、P、K 及有机质）和减轻泥沙淤积灾害 3 个方面来评价植被对土壤保持的经济价值。土壤保持避免了土地废弃，同时能够保持土壤中的 N、P、K 及有机质，保持土壤肥力。此外按照我国主要流域的泥沙运动规律，全国土壤侵蚀流失的泥沙 24%淤积于水库、河流、湖泊中，需要清淤作业消除影响。

$$V_{1d} = \mathrm{SC} \times P_t / (10^4 \rho \cdot h) \tag{3-14}$$

式中，V_{1d}为减少土地废弃的经济价值，元/a；ρ为土壤容重，t/m^3，取 1.25 t/m^3；h为土壤层厚度，取 0.3 m；P_t为土地废弃的机会成本，采用 2014—2016 年延庆区单位国土面积农林牧渔总产值、水资源及可再生生物质能源之和计算，分别为 1.22 元/m^2、1.21 元/m^2、1.11 元/m^2。

$$V_{1n} = 24\% \times \mathrm{SC} \times C_f / \rho \tag{3-15}$$

式中，V_{1n}为土壤保持减少泥沙淤积的经济效益，元/a；C_f为水库工程清淤费用，元/m^3；ρ为土壤容重，t/m^3，取 1.25 t/m^3。

$$V_{1f} = \sum_i \mathrm{SC} \times C_i \times R_i \times P_i / 10\,000\text{（}i = N\text{、}P\text{、}K\text{、有机质）} \tag{3-16}$$

式中，V_{1f}为保持土壤肥力的经济效益，元/a；C_i为土壤中 N、P、K 及有机质的纯含量，根据《中国土种志》中延庆区 4 种典型土种剖面，取表层土 N、P、K 及有机质含量的平均值，分别为 0.17%、0.08%、2.17%、3.5%；R_i为 N、P、K 元素转换成相应肥料（尿素、过磷酸钙、氯化钾）的比率，分别取 2.17%、8.33%、2.22%；P_i为化肥价格，元，参考全国化肥网及北京市场价格。

（4）评估参数及数据来源

气象数据来源于延庆区气象局，NDVI 来自遥感解译，生态系统分类数据采用延庆区第二次土地调查更新数据；水土流失实地监测数据主要来自延庆区水土保持试验站和相关文献（李志梅，2014；时宇，2015），对通用水土流失方程中的参数进行校验。水库工程清淤费用，参考《森林生态系统服务功能评估规范》（LY/T 1721—2008），2002 年为 12.6 元/t，根据价格指数分别折算到 2014 年、2015 年、2016 年为 17.6 元/t、17.9 元/t、18.2 元/t；化肥价格参考全国化肥网及北京市场价格，2015 年尿素为 2 379 元/t、过磷酸钙为 2 950 元/t、氯化钾为 2 250 元/t；有机质价格根据北京市薪柴价格换算，薪柴转换为有机质的比例为 2∶1，2015 年北京市薪柴市场价格约 450 元/t，因此经换算有机质价格为 900 元/t。2014 年、2016 年化肥价格通过北京市价格指数折算得到。

3.2.4.2 防风固沙

（1）功能名称

防风固沙是生态系统（如森林、草地等）减少土壤流失和风沙危害的功能，是生态系统提供的重要调节服务之一，主要与风速、降雨、温度、土壤、地形和植被等因素密切相关。

（2）功能量评估方法

评价在没有生态系统防护的条件下可能扬沙量，然后分析在生态系统防护条件下扬沙量，即当前的实际扬沙量。计算生态系统可能扬沙量和实际扬沙量的差值即为生态系统固沙量。

潜在风蚀量：

$$\begin{aligned} S_L &= \frac{2\cdot z}{S^2} Q_{\max} \cdot \mathrm{e}^{-(z/s)^2} \\ S &= 150.71\,(\mathrm{WF} \times \mathrm{EF} \times \mathrm{SCF} \times K' \times C)^{-0.3711} \\ Q_{\max} &= 109.8\,(\mathrm{WF} \times \mathrm{EF} \times \mathrm{SCF} \times K' \times C) \end{aligned} \tag{3-17}$$

防风固沙量：

$$\begin{aligned} \mathrm{SR} &= \frac{2\cdot z}{S^2} Q_{\max} \cdot \mathrm{e}^{-(z/s)^2} \\ S &= 150.71\,[\mathrm{WF} \times \mathrm{EF} \times \mathrm{SCF} \times K' \times (1-C)]^{-0.3711} \\ Q_{\max} &= 109.8[\mathrm{WF} \times \mathrm{EF} \times \mathrm{SCF} \times K' \times (1-C)] \end{aligned} \tag{3-18}$$

式中，S_L 为潜在风蚀量，kg/m^2；SR 为防风固沙量，kg/m^2；S 为区域侵蚀系数；$Q_{\max}$ 为风蚀最大转移量，kg/m。

① WF：气象因子

$$\begin{aligned} \mathrm{WF} &= \mathrm{wf} \times \frac{\rho}{\mathrm{g}} \times \mathrm{SW} \times \mathrm{SD} \\ \mathrm{wf} &= \frac{\sum_{i=1}^{N} u_2 (u_2 - u_1)^2}{500} \times N_d \\ \mathrm{SW} &= \frac{\mathrm{ET}_0 - (R+I)(R_d / N_d)}{\mathrm{ET}_0} \\ \mathrm{ET}_0 &= \frac{0.408\Delta(R_n - G) + \gamma \dfrac{900}{T+273} U_2 (\mathrm{e}_s - \mathrm{e}_a)}{\Delta + \gamma(1+0.34U_2)} \end{aligned} \tag{3-19}$$

式中，WF 为气象因子；wf 为风场强度因子；ρ 为空气密度，kg/m^3；g 为重力加速度，m/s^2；SW 为土壤湿度因子；SD 为雪盖因子，无积雪覆盖天数/研究总天数；u_2 为监测风速，m/s，以气象站月监测风速值采用空间插值法获得风速栅格图层，为减小误差，需剔除高山气象站风速数据；u_1 为起沙风速，取 5 m/s；R 为降水量；I 为灌溉量，本次取 0；R_d 为降水天数；N_d 为计算周期天数；ET_0 为潜在蒸发量；Δ 为饱和水汽压曲线斜率，kPa/℃；R_n 为净辐射，MJ/（m^2·d）；G 为土壤热通量，MJ/（m^2·d）；γ 为干湿表常数，kPa/℃；T 为平均温度，℃；U_2 为 2 m 高处风速，m/s；e_s 为饱和水汽压，kPa；e_a 为实际水汽压，kPa。

② EF：土壤可蚀性因子

$$EF = \frac{29.09 + 0.31sa + 0.17si + 0.33(sa/cl) - 2.59OM - 0.95CaCO_3}{100} \quad (3\text{-}20)$$

式中，EF 为土壤可蚀因子；sa 为土壤粗砂含量，%；si 为土壤粉砂含量，%；cl 为土壤黏粒含量，%；OM 为有机质含量，%；$CaCO_3$ 为碳酸钙含量，单位为 0%，本次计算未予考虑，其值取 0。

③ SCF：土壤结皮因子

$$SCF = \frac{1}{1 + 0.006\,6(cl)^2 + 0.021(OM)^2} \quad (3\text{-}21)$$

式中，SCF 为土壤结皮因子；cl 为土壤黏粒含量，%；OM 为有机质含量，%。

④ C：植被覆盖因子

$$C = e^{a_i(FC)} \quad (3\text{-}22)$$

式中，FC 为植被覆盖度，%；a_i 为不同植被类型的系数，分别为：林地–0.153 5、草地–0.115 1、裸地–0.076 8、农田–0.043 8。

⑤ K'：地表粗糙度因子

$$K' = \cos\alpha \quad (3\text{-}23)$$

式中，α为地形坡度，以 ArcGIS 软件中的 Slope 工具实现。

（3）价值量评估方法

风沙扬起后，在输送途径中会因重力作用沉降堆积，覆盖表土后形成沙化层，使之失去利用价值；风沙侵蚀后还将减少土壤肥力。因此，采用治理沙化土壤的成本和减少风蚀土壤肥力损失 2 个方面评估防风固沙功能的价值量。

$$V_{2c} = SR \times A \div \rho \div h \times c \times 10^{-3} \quad (3\text{-}24)$$

式中，V_{2c} 为防风固沙价值中治理沙化土壤的价值，元/a；SR 为固沙量，kg/（m^2·a）；A 为生态系统面积，m^2；ρ 为沙砾堆积密度，取 1.4 t/m^3；h 为土壤沙化标准覆沙厚度，取 0.1 m；c 为治沙工程的平均成本，元/m^2。

$$V_{2f} = \sum_i SR \times C_i \times R_i \times P_i / 10\,000\ (i = \text{N、P、K、有机质}) \quad (3\text{-}25)$$

式中，V_{2f} 为防风固沙价值中保持土壤肥力的价值，元/a；SR 为固沙量，单位换算为 t/a；C_i 为土壤中 N、P、K 及有机质的纯含量；R_i 为 N、P、K 元素转换成相应肥料（尿素、过磷酸钙、氯化钾）的比率；P_i 为化肥价格，元；相关参数与土壤保持服务价值相同。

（4）评估参数及数据来源

气象数据来源于延庆区气象局，NDVI 来自遥感解译，生态系统分类数据采用延庆区第二次土地调查更新数据。治沙成本根据京津风沙源治理工程退耕还林、造林营林、草地治理等补助资金政策标准，约 3.82 元/m^2，经过价格折算到 2014 年、2015 年、2016 年分别为 4.46 元/m^2、4.54 元/m^2、4.60 元/m^2。

3.2.4.3　水源涵养

（1）功能定义

水源涵养是生态系统（如森林、草地等）通过其特有的结构，与水相互作用，对降水进行截留、渗透、蓄积，并通过蒸散发，实现对水流、水循环的调控，主要表现在缓和地表径流、补充地下水、减缓河流流量的季节波动、滞洪补枯、保证水质等方面。以水源涵养量作为生态系统水源涵养功能的评价指标。

（2）功能量评估方法

①森林生态系统水源涵养量采用两种方法计算：

方法一：林冠截留量法，公式如下：

$$W_f = P_0 \times A \times (1-h) \times 10 \tag{3-26}$$

式中，W_f 为森林生态系统水源涵养量，m^3/a；P_0 为计算区年总降雨总量，mm，A 为生态系统面积，hm^2；h 为林冠截留率，根据已有文献，延庆区取 0.16。

方法二：综合蓄水法，公式如下：

$$W_f = C + L + S \tag{3-27}$$

$$C = \sum_{i=1}^{n} \alpha_i \times R \times A_i \times 10^3 \tag{3-28}$$

$$L = \sum_{i=1}^{n} \beta_i \times A_i \times 10^2 \tag{3-29}$$

$$S = \sum_{i=1}^{n} \gamma_i \times D \times A_i \times 10^6 \tag{3-30}$$

式中，W_f 为森林生态系统水源涵养量，m^3/a；C 为林冠层截留降水量，m^3；α_i 为林冠截留率，取 0.16；R 为降水量，mm；A_i 表示 i 类森林生态系统面积，km^2；L 为枯枝落叶层持水量，m^3；β_i 为枯枝落叶层最大持水量，t/hm^2；S 为土壤层蓄水量，m^3；γ_i 为表示土壤非毛管孔隙度；D 表示土壤层厚度，m。

②草地生态系统采用降水储存量法，即用草地生态系统的蓄水效应来衡量其涵养水分

的功能，公式如下：

$$W_g = A \times P \times R_g \tag{3-31}$$

$$P = P_0 \times K \tag{3-32}$$

$$R_g = -0.318\,7 f_c + 0.364\,03 \tag{3-33}$$

式中，W_g 为草地生态系统水源涵养量，m^3/a；A 为草地生态系统面积，km^2；P 为计算区年均产流降雨量，mm；P_0 为计算区年总降雨总量，mm；K 为计算区产流降雨量占降雨总量的比例，取 0.5；R_g 为与裸地比较生态系统减少径流的效益系数，参考《中国草地生态系统水源涵养服务时空变化》中的公式计算；f_c 为草地植被覆盖度，0～1。

③农田生态系统采用农作物截留水法和土壤蓄水能力法计算，公式如下：

$$W_c = C_c + S_c \tag{3-34}$$

$$C_c = \alpha_c \times R \times A_c \times 10^3 \tag{3-35}$$

$$S_c = \gamma_c \times D \times A_c \times 10^6 \tag{3-36}$$

式中，W_c 为农田生态系统水源涵养量，m^3/a；C_c 为农作物截留降水量，m^3；α_c 为农作物截留率；R 为降水量，mm；A_c 为农田生态系统面积，km^2；S_c 为农田土壤层蓄水量，m^3；γ_c 为农田土壤非毛管孔隙度；D 为土层厚度，m。

延庆区水源涵养总量 W（m^3/a）为森林和草地水源涵养量之和：

$$W = W_f + W_g + W_c \tag{3-37}$$

（3）价值量评估方法

生态系统水源涵养的价值主要表现在增加蓄水上，因此可以采用替代工程法，以水库的建设成本来定量评价生态系统水源涵养的总价值。

$$V_3 = W \times c \tag{3-38}$$

式中，V_3 为水源涵养总价值量，元/a；W 为区域内总的水源涵养量，m^3；c 为建设单位库容的工程成本，元/m^3。

（4）评估参数及数据来源

降水数据来自延庆区气象局；植被覆盖度数据来自遥感解译；林冠截留率参考《中国东部森林样带典型森林水源涵养功能》中北京站的研究结果，取 0.16；森林枯枝落叶层最大持水量、土壤非毛管孔隙度、农田土壤非毛管孔隙度参考《北京九龙山 8 种林分的枯落物及土壤水源涵养功能》《北京山区典型土地利用方式对土壤理化性质及可蚀性的影响》，分别取 29.72 t/hm^2、9.8%、5.88%；产流降雨量占总降雨量的比例 K，根据延庆区水土保持公报中坡地径流场雨量观测数据，取 0.5；森林、农田土壤层厚参考延庆森林资源二类清查小班数据中的土壤层厚度；水库建设成本参考《森林生态系统服务功能评估规范》（LY/T 1721—2008），通过价格指数分别折算到 2014 年、2015 年、2016 年为 7.99 元/m^3、8.12 元/m^3、8.23 元/m^3。

3.2.4.4　洪水调蓄

（1）功能定义

洪水调蓄是湿地生态系统（湖泊、水库、沼泽等）通过暂时蓄积洪峰水量，而后缓慢泻出，削减并滞后洪峰，从而减轻河流水系洪水威胁的作用，是湿地生态系统提供的最具价值的调节服务之一。以可调蓄水量（湖泊）、防洪库容（水库）和洪水期地表滞水量（沼泽）表征湿地生态系统的洪水调蓄能力，即湿地调节洪水的潜在能力。

（2）功能量评估方法

延庆区主要湿地类型为沼泽湿地和库塘湿地。沼泽湿地洪水调蓄能力则通过洪水期平均最大淹没深度，结合沼泽面积，计算沼泽土壤和地表滞水量。水库洪水调蓄能力则根据水库防洪库容与总库容的关系构建模型，由总库容估算水库防洪库容。

①沼泽湿地

沼泽湿地的洪水调蓄功能体现在其滞留地表水和土壤的蓄水能力，这两项服务与湿地的面积和沼泽的水深存在直接的关系。根据欧阳志云等《中国湖库洪水调蓄功能评价》研究测算，同时参考《2014 年全国生态系统生产总值（GEP）核算研究报告》，全国单位面积沼泽土壤的蓄水能力约为 1.0×10^{6} m^3/km^2，洪水期平均最大淹没深度为 0.3 m，公式如下：

$$W_S = 1.0\times10^{6}\times S + 0.3\times10^{6}\times S \tag{3-39}$$

式中，W_S 为沼泽湿地的洪水调蓄能力，m^3；S 为沼泽面积，km^2。

②库塘湿地

库塘湿地的洪水调蓄功能通过实际洪水调蓄库容来计算，其中小型、大中型水库根据延庆区水库设计的防洪库容计算；坑塘水面则参考欧阳志云等的《中国湖库洪水调蓄功能评价》，实际洪水调蓄库容按其总库容的 35%进行计算。

$$W_R = 0.35\times C_t \tag{3-40}$$

式中，W_R 为水库防洪库容，m^3/a；C_t 为水库总库容，m^3。

（3）价值量评估方法

湿地的洪水调蓄功能与水库相当，因此湿地生态系统洪水调蓄价值采用替代工程法，以水库的建设成本来定量评价湿地生态系统的洪水调蓄功能。

$$V_4 = c\times(W_s + W_R) \tag{3-41}$$

式中，V_4 为生态系统洪水调蓄价值，元；c 为建设单位库容的造价，元/m^3。

（4）评估参数及数据来源

沼泽湿地面积根据延庆区第二次土地调查更新数据，取内陆滩涂类型面积统计；水库总库容量、防洪库容量主要来自《延庆区“十三五”时期水务发展规划报告》《北京市水资源公报》；坑塘的蓄水容积来自水务局；水库建设成本参考《森林生态系统服务功能评估规范》（LY/T 1721—2008），通过价格指数分别折算到 2014 年、2015 年、2016 年分别为 7.99 元/m^3、8.12 元/m^3、8.23 元/m^3。

3.2.4.5 大气环境净化

（1）功能定义

大气环境净化是指生态系统具有一定的自净能力，人类生产生活排放的废气进入周边环境后，生态系统通过一系列物理、化学和生物因素的共同作用，使环境介质中污染物浓度降低的过程。

（2）功能量评估方法

生态系统的大气环境净化主要包括：吸收硫化物、氮氧化物和工业粉尘等物质，过滤空气，维持大气成分的平衡，使得空气得到净化。

根据《2015 年延庆区环境状况公报》，2015 年延庆区大气环境质量基本稳定，超标污染物主要为 $PM_{2.5}$ 和 PM_{10}，分别超过国家标准 74.0%和 15.3%，SO_2、NO_2 均达到国家标准。由于缺少大气环境容量模拟数据，这里参考已有相关文献，采用单位面积生态系统对颗粒物（$PM_{2.5}$、PM_{10}）、SO_2、NO_2 的吸收量与延庆区各类生态系统面积的乘积，作为生态系统大气环境净化的功能量，公式如下：

$$Q_j = \sum_{i=1}^{n} P_{ij} \times A_i \qquad Q_a = \sum_{j=1}^{m} Q_j \tag{3-42}$$

式中，Q_a 为生态系统大气环境净化总量，t；Q_j 为生态系统对 j 种大气污染物的净化量；P_{ij} 为第 i 类生态系统第 j 种大气污染物的单位面积净化量，t/（$km^2 \cdot a$）；A_i 为第 i 类生态系统类型面积，km^2。

（3）价值量评估方法

采用大气环境净化量与各类大气污染物的治理成本计算，公式如下：

$$V_5 = \sum_{i=1}^{3} c_i \times Q_j \tag{3-43}$$

式中，V_5 为生态系统大气环境净化的价值，元/a；c_i 为 i 种大气污染物的单位治理成本；Q_j 分别为生态系统每年吸收颗粒物（$PM_{2.5}$、PM_{10}）、SO_2、NO_2 量，t。

（4）评估参数及数据来源

根据北京市等地区大气环境净化的相关文献研究成果，综合得到生态系统对各类污染物的吸收能力，如表 3-6 所示。单位治理成本参考《中国环境经济核算技术指南》，并依据价格指数折算到 2015 年，二氧化硫治理成本为 1 170 元/t，氮氧化物治理成本为 3 363 元/t。根据《排污费收费标准及计算方法》，一次 $PM_{2.5}$、PM_{10} 的污染物当量值为 2.18 kg、4 kg，单位当量收费标准为 0.6 元/单位当量，这里将 $PM_{2.5}$、PM_{10} 污染物当量值取平均，得到颗粒物治理成本为 1 850 元/t。2014 年、2016 年单位治理成本根据北京市价格指数折算得到（表 3-7）。

表 3-6　不同生态系统对大气污染物吸收能力　单位：t/（$km^2 \cdot a$）

生态系统类型	滞尘量	吸收 SO_2	吸收 NO_x
森林	1	22.64	0.82
草地	0.03	1.13	0.06
农田	0.058 5	5.045	0.33

表 3-7　2014—2016 年延庆区 $PM_{2.5}$、PM_{10}、SO_2、NO_x 单位治理成本　单位：元/t

年份	$PM_{2.5}$、PM_{10}	SO_2	NO_x
2014	1 817.29	1 149.31	3 303.54
2015	1 850.00	1 170.00	3 363.00
2016	1 875.90	1 186.38	3 410.08

3.2.4.6　水质净化

（1）功能定义

水质净化指污染物质进入陆地生态系统和天然水体后，通过一系列物理、化学和生物因素的共同作用，使污染物质浓度降低的过程，森林、草地、河流、湖泊、沼泽都具有一定的自净能力。

（2）功能量评估方法

湿地生态系统的水质净化功能主要可包括吸收化学需氧量、总氮、总磷。根据《延庆区环境状况公报》，2015 年延庆区 80%河流、67%的水库水质达到水体功能水质标准要求，总体来看，延庆区河流、水库等污染物排放量整体未超过水体自净能力。结合延庆区水体功能定位，采用水体自净能力估算其功能量，计算公式如下：

$$Q_j = P_j \times A_w$$
$$Q_w = \sum_{j=1}^{m} Q_j \tag{3-44}$$

式中，Q_w 为湿地生态系统水质净化总量，t；Q_j 为湿地生态系统对 j 种水污染物的净化量，t；P_j 为湿地生态系统对第 j 种水污染物的单位面积净化量，t/（km^2·a）；A_w 为第 w 类生态系统类型面积，km^2。

（3）价值量评估方法

采用湿地生态系统单位面积化学需氧量、总氮、总磷吸收量，分别乘以单位化学需氧量、总氮、总磷的治理成本，核算水质净化价值。

$$V_6 = \sum_{j=1}^{3} c_j \times Q_j \tag{3-45}$$

式中，V_6 为生态系统水质净化的价值，元/a；c_j 为治理水体污染物的成本；Q_j 为湿地生态系统对 j 种水污染物的净化量。

（4）评估参数及数据来源

根据《北京汉石桥湿地水质分析与净化价值评价》《国家级重点生态功能区县生态系统生产总值核算研究》等相关文献数据，湿地生态系统单位面积化学需氧量、总氮、总磷平均吸收量分别为 110.43 t/km^2、22.81 t/km^2、5.97 t/km^2，治理成本参考《中国环境经济核算技术指南》《2014 年全国生态系统生产总值（GEP）核算报告》，根据价格指数进行折算，如表 3-8 所示。

表 3-8 2014—2016 年延庆区化学需氧量、总氮、总磷单位面积治理成本　　单位：元/kg

年份	化学需氧量	总氮	总磷
2014 年	21.45	7.88	2.75
2015 年	21.84	8.02	2.80
2016 年	22.15	8.13	2.84

3.2.4.7 固碳

（1）功能定义

碳固是指生态系统中植物通过光合作用将大气中的二氧化碳转化为碳水化合物，并以有机碳的形式固定在植物体内或土壤中，即存留于生态系统中的碳。生态系统固碳主要通过 CO_2 的排放或清除（碳汇）来进行计算。

（2）功能量评估方法

方法一：根据光合作用方程，植物每生产 1 g 干物质能固定 1.63 g 二氧化碳，释放 1.19 g

氧气。因此，生态系统固碳量计算公式如下：

$$CO_2 = NPP \times 1.63 \tag{3-46}$$

式中，CO_2 为固碳量，g C/a；NPP 为净初级生产力，g C/a。

方法二：对于森林、灌丛、草地、荒漠生态系统，主要分析由于生物量生产总量（包括地上和地下部分）的增长，造成的年度碳库量变化。具体计算公式如下所示：

$$CO_2 = NPP \times CF_i \times 44/12 \tag{3-47}$$

式中，CO_2 同式（3-46）；NPP 为净初级生产力；CF_i 为森林、灌丛、草地、城镇等生态系统物种干物质碳比例。其中城镇生态系统生物量变化主要来自树木、灌木和多年生草本植物（如草坪草和花园植物）的总和。

对于湿地生态系统，其碳汇功能主要体现在湿地土壤碳库的年沉积量，在多数湿地中，一次生产总量的 90%的碳通过衰减重新回到大气层（Cicerone & Oremland，1998），未衰减的物质沉在水体底部，并累积在先前沉积的物质上。根据此原理湿地部分 CO_2 吸收量计算公式如下：

$$CO_2 = NPP \times CF_{湿地} \times 0.1 \times 44/12 \tag{3-48}$$

式中，CO_2 同式（3-46）；NPP 为净初级生产力；$CF_{湿地}$为湿地区域干物质碳比例。

（3）价值量评估方法

二氧化碳成本主要有工业减排成本法、碳税法、碳交易价格法、碳社会成本法四种核算方法，这里主要采用美国环保署的碳社会成本法。计算公式如下所示：

$$V_c = CO_2 \times CP \tag{3-49}$$

式中，V_c 为生态系统碳汇服务价值；CP 为碳价格；CO_2 同式（3-46）。

（4）评估参数及数据来源

NPP 数据主要根据 CASA 模型进行反演，并结合文献、实地监测进行精度验证。森林生态系统生物量含碳率（CF_i）主要参考《中国 2008 年温室气体清单研究》中有关林木生物量与生产力研究结果；其他生态系统生物量含碳率参考《2006 年 IPCC 国家温室气体清单指南》及相关文献确定；二氧化碳成本采用美国环保局研究得到的碳社会成本，经汇率折算和价格指数折算后，2014 年、2015 年、2016 年分别为 766.19 元/t、779.98 元/t、790.90 元/t。

3.2.4.8 释氧

（1）功能定义

生态系统内的植物吸收 CO_2 的同时并释放 O_2，不仅对于全球的碳循环有着显著的影响，也起到调节大气组分的作用。生态系统的释氧功能主要通过光合作用进行，大部分情况下与固碳功能同步进行。

（2）功能量评估方法

根据植物的光合作用基本原理，植物每固定 1 g CO_2，就会释放 0.73 g O_2。以此为基础，从生态系统的净初级生产力物质量可以测算出生态系统释放 O_2 的物质量。对于森林、灌丛、草地、荒漠生态系统，按照如下方法计算。

$$\mathrm{OR} = \mathrm{NPP} \times 1.19 \tag{3-50}$$

式中，OR 为生态系统释氧量，g C/a；NPP 为净初级生产力，g C/a。

（3）价值量评估方法

采用植被净初级生产力（NPP）与造氧价格来评价生态系统氧气供给价值。

$$V_{\mathrm{O_2}} = \mathrm{OR} \times C_y \tag{3-51}$$

式中，$V_{\mathrm{O_2}}$ 为植被产氧的价值；C_y 为制氧成本，元/t；OR 同式（3-50）。

（4）评估参数及数据来源

NPP 数据主要根据 CASA 模型进行反演，并结合文献、实地监测进行精度验证。O_2 价格参考《森林生态系统服务功能评估规范》（LY/T 1721—2008）中推荐的氧气价格，并根据价格指数折算到 2014 年、2015 年、2016 年，分别为 1 226.92 元/t、1 249.0 元/t、1 266.49 元/t。

3.2.4.9 气候调节

（1）功能定义

生态系统中植物的蒸腾作用和水面蒸发使生态系统不断地与大气之间进行热量和水分交换，调节气温、增加大气湿度，为人类带来利益。

（2）功能量评估方法

采用生态系统蒸腾蒸发总消耗的能量作为气候调节的功能量。

$$Q_c = Q_p + Q_w \tag{3-52}$$

式中，Q_c 为生态系统蒸腾蒸发消耗的总能量，kW·h；Q_p 为生态系统植被蒸腾消耗的能量，kW·h；Q_w 为生态系统水面蒸发消耗的能量，kW·h。

植被蒸腾：森林、灌丛、草地生态系统植被蒸腾消耗的能量。

$$Q_p = \sum \text{GPP} \times S_i \times d \times 10^6 / 3\,600 \times R \tag{3-53}$$

式中，Q_p 为生态系统植被蒸腾消耗的能量，kW·h；GPP 为不同生态系统类型单位面积蒸腾消耗热量，kJ/（m^2·d）；S_i 为第 i 种生态系统类型面积，km^2；R 为空调能效比，3.0；d 为空调开放天数，这里取 90 d；i 为研究区不同生态系统类型（森林、灌丛、草地）。

水面蒸发：水体蒸发消耗的能量。

$$Q_w = Eq \times \gamma \tag{3-54}$$

式中，Q_w 为水面蒸发消耗能量，kW·h；Eq 为水面蒸发量，m^3；γ 为单位体积水体蒸发耗电量，kW·h，取 125 kW·h/m^3。

（3）价值量评估方法

采用替代工程法对生态系统气候调节功能的价值量进行评价，即采用空调等效降温和加湿器等效增湿需要的耗电的价格来评价。

$$V_c = Q_c \times p \tag{3-55}$$

式中，V_c 为生态系统气候调节的价值，元/a；Q_c 为生态系统降温增湿消耗的总能量，kW·h/a；p 为电价，元/（kW·h）。

（4）评估参数及来源

蒸发量数据来自延庆区统计年鉴，并根据已有文献研究，自然水体的蒸发量需在蒸发皿观测值的基础上乘以折减系数，这里取 0.8；内陆滩涂的蒸发量参考《张掖黑河湿地国家级自然保护区气候调节功能价值评估》中河滩、沙地、盐碱滩等的蒸发强度，取 73.85 mm；森林、灌丛、草地等生态系统单位面积蒸腾消耗热量参考《北京市绿地的蒸腾降温功能及其经济价值评估》确定，分别为 7.04×10^7 kJ/（km^2·d）、3.92×10^7 kJ/（km^2·d）、2.56×10^7 kJ/（km^2·d），农田生态系统单位面积蒸腾消耗热量取灌丛、草地二者平均值；电价取 0.5 元/（kW·h）。

3.2.4.10　病虫害控制

（1）功能定义

大规模单一植物物种的栽培，容易诱发特定害虫的猖獗，而复杂的群落通过提高物种多样性水平增加天敌而降低植食性昆虫的种群数量，达到病虫害控制的目的，即为生态系统病虫害控制功能。

（2）功能量评估方法

生态系统通过食物链控制病虫害的传播，通常用受到影响的物种数量或者减少人类疾病、牲畜疾病的概率来表征。因此，采用自愈的面积作为生态系统病虫害控制功能量。

林业病虫害除人工防治外，发生病虫害的区域主要依靠生态系统的病虫害控制达到自愈，这些自愈面积可作为生态系统病虫害控制功能量。

$$W_{\mathrm{pc}} = \mathrm{NF}_a \times (\mathrm{MF}_r - \mathrm{NF}_r) \tag{3-56}$$

式中，W_{pc} 为病虫害控制功能量，km^2；NF_a 为天然林面积，km^2；MF_r 为人工林病虫害发生率，%；NF_r 为天然林病虫害发生率，%。

（3）价值量评估方法

林业病虫害控制可以用发生病虫害后自愈的面积和人工防治病虫害的成本来核算其价值。

$$E_b = \mathrm{NF}_a \times (\mathrm{MF}_r - \mathrm{NF}_r) \times P_b \tag{3-57}$$

式中，E_b 为病虫害控制功能价值，万元；NF_a 为天然林面积，km^2；MF_r 为人工林病虫害发生率或非综合防治农田病虫害发生率，%；NF_r 为天然林病虫害发生率或综合防治农田病虫害发生率，%；P_b 为单位面积病虫害防治的费用，万元/km^2。

（4）评估参数及数据来源

天然林面积来自延庆区森林资源二类清查报告；发生病虫害和人工防治病虫害的林业面积、病虫害防控成本等数据来自延庆区林业保护站，每年林业有害生物发生与防治面积约为 13 万亩，其中天然林病虫害发生率为 1.5%，人工林病虫害发生率为 15%；山区林地病虫害防控成本在每亩 60 元，平原地区林地病虫害防控成本约为每亩 70 元。由于延庆区天然林主要位于山区，因此取病虫害防控成本为 60 元/亩。

3.2.4.11 生命维护和栖息地保护

（1）功能定义

生态系统为生物物种提供生存与繁衍的场所，对重要珍稀、濒危野生动植物起到生命维护和栖息地保护功能。

（2）价值量评估方法

$$V_h = K_{1i} \times K_{2i} \times S_i \times A_i \tag{3-58}$$

式中，V_h 为生命维护和栖息地保护价值；K_{1i} 为 i 类森林自然度调整系数；K_{2i} 为 i 类森林生态区位调整系数；S_i 为单位面积物种保育价值，元/km^2；A_i 为森林面积，km^2。

（3）评估参数及数据来源

单位面积物种保育价值主要参考《自然资源（森林）资产评价技术规范》（LY/T 2735—

2016），根据 Shannon-Wiener 指数计算。结合延庆区森林资源二类清查小班数据，根据优势树种分布情况计算 Shannon-Wiener 指数为 3.65，因此 2015 年单位面积物种保育价值为 2 670 000 元/（km^2·a），2014 年和 2016 年根据价格指数进行折算。调整系数主要区分自然保护区内和自然保护区外森林两种，参考《自然资源（森林）资产评价技术规范》（LY/T 2735—2016），自然保护区内的森林自然度调整系数取 5，非自然保护区内森林自然度调整系数取 1；自然保护区内的森林生态区位调整系数取 2，非自然保护区内森林生态区位调整系数取 1。

3.2.5　文化服务

（1）功能定义

生态系统文化服务功能是指源于生态系统组分和过程的文学艺术灵感、知识、教育和景观美学等生态文化功能。

（2）价值量评估方法

①方法一：改进的旅行费用法

延庆区自然景观游憩价值采用改进的旅行费用法，即旅行费用区间分析法（TCIA）核算。自然景观的使用价值被看作一种替代价值，为游客旅行费用与消费者剩余之和。

$$\mathrm{UV} = (\mathrm{STC} + \mathrm{SCS}) / \mathrm{SN} \times \mathrm{TN} \tag{3-59}$$

式中，UV 为总游憩价值；STC 为样本游客的旅行费用之和；SCS 为样本游客消费者剩余之和；SN 为样本游客数；TN 为当年景区接待游客总数；N 为样本游客数；n 为划分的费用区间个数。

样本游客的旅行费用和消费者剩余的具体计算方法如下：

首先，根据问卷调查数据，计算单个游客的旅行费用，公式如下：

$$\mathrm{TC} = [\mathrm{EX} + 2 \times \mathrm{TR} + (0.33 \times 2 \times D \times Y / 30)] / (u+1) + 0.33 \times (N'-1) \times Y / 30 \tag{3-60}$$

式中，TC 为单个游客单次旅行费用；EX 为游客额外花费；TR 为单程交通费用；D 为游客从出发地到景区的天数；Y 为游客个人月收入；N' 为游客在景区过的夜数；u 为游客本次旅游除该景区外，到达其他旅游地的数目。

其次，按照旅行费用将游客划分为不同的集合，使每一集合中的游客有相同或相近的旅行费用。设总样本数为 N，按旅行费用将游客分配在不同区间，$[C_0, C_1]$，$[C_1, C_2]$，…，$[C_i, C_{i+1}]$…，$[C_{n-1}, C_n]$，$[C_n, +\infty]$，共 $n+1$ 个集合，每个集合的游客数分别为 N_0，N_1，… N_i，…N_n，$N = \sum N_i$（$0 \leqslant i \leqslant n$）。设第 i 个集合的每个游客都愿意在旅行费用等于 C_i 时进行一次旅游，在旅行费用为 C_i 时样本游客的旅游需求为 $M_i = \sum N_j$（$i \leqslant j \leqslant n$）；取 $P_i = M_i / N$，为在费用等于 C_i 时 N 个游客中愿意进行旅游的比例；假设这 N 个游客具有相同的旅游需求，

可认为在费用 C_i 下每一个游客进行一次旅游的概率等于 P_i；令 $Q_i=P_i$，定义 Q_i 是每个游客在费用 C_i 时的意愿旅游需求。

最后，建立回归模型。对旅行费用 C_i 和游客意愿旅游需求 Q_i 进行回归拟合，得到游客个人的意愿需求曲线。

最后，将游客个人意愿需求曲线进行积分，得到消费者剩余，计算公式如下：

$$\mathrm{CS}_i = \int_{C_i}^{\infty} f(C_i)\,\mathrm{d}C_i \tag{3-61}$$

$$\mathrm{SCS} = \sum_{i=1}^{n} (\mathrm{CS}_i \times N_i) \tag{3-62}$$

式中，CS_i 为第 i 个费用区间内单个游客消费者剩余；$f(C_i)$ 为已建立的游客个人意愿需求曲线函数；SCS 为样本游客总消费者剩余；N_i 为第 i 个费用区间内的调查游客样本数。

样本游客的旅行费用之和计算公式如下：

$$\mathrm{STC} = \sum_{i=1}^{n} (C_i \times N_i) \tag{3-63}$$

式中，C_i 为第 i 个费用区间内单个游客的旅行费用，这里取费用区间平均值；N_i 为第 i 个费用区间内的调查游客样本数。

最后将 SCS、STC 代入式（3-59）即可得到自然景观总游憩价值。

②方法二：支付意愿调查法

对公众来说，还有许多自然景观如城市绿地公园，在游览过程中不产生实际花费，但仍具有较高的自然游憩价值，这里采用支付意愿调查法进行核算。通过问卷调查，获取人均支付意愿，结合延庆区常住人口数，即可近似估算城市绿地公园的自然游憩价值（专栏 3-1）。

专栏 3-1　北京市延庆区生态公益林支付意愿调查样表

1. 延庆区属于北京的生态涵养区，是否了解？

○ 是

○ 否

2. 您对生态公益林的了解程度？（单选题 *必答）

○ 我从事森林资源保护相关工作

○ 我经常参加森林相关的旅游活动

○ 听说过或有一些了解

○ 不了解

3. 您对森林的喜欢程度？（单选题 *必答）

○ 非常喜欢

○ 比较喜欢

○ 一般

○ 不喜欢

4. 您是否愿意到有森林的地方旅游？（单选题 *必答）

○ 愿意

○ 不愿意

5. 为了保护延庆区森林资源永续存在，并且世代子孙得以利用，同时为北京提供重要的生态屏障，您愿意为它们支付一定的费用吗？（单选题 *必答）

○ 愿意

○ 不愿意（将自动跳转到第 16 题）

6. 您愿意每年最多支付多少元来保护这些资源？（为了增加数据的可信度以减少偏差，请您设想这是一次真实的支付，是出自内心的真实想法，根据收入情况合理安排支出）(单选题 *必答）

○1　○2　○3　○4　○5　○6　○7　○8　○9　○10　○20　○30　○40　○50　○60
○70　○80　○90　○100　○200　○300　○400　○500　○600　○700　○800
○900　○1000　○ 大于 1 000

7. 不愿意支付的原因是什么？（多选题 *必答）

○ 本人经济收入有限，无能力支付其他;

○ 对生态公益林保护不感兴趣;

○ 本人远离生态公益林，难以享用其资源;

○ 本人不想享用资源，也不想为别人或者子孙后代享用其资源而出资保护;

○ 门票中已经包含相关费用，不愿再支付更多

○ 此类支付应由政府或旅游开发者出资，而不应由个人支付;

○ 担心支付的费用无法落实到实际保护工作上;

○ 其他__________________（请说明原因）。

……

（3）数据来源

自然景观类景区旅游接待人数来自延庆区旅游委，旅游次数、游览时间、各项旅游花费、游客月收入、支付意愿等数据来自实地问卷调查，近似作为 2016 年数据；2014 年、2015 年人均游憩价值、人均支付意愿通过价格指数折算得到。

3.2.6 服务价值空间化

结合第二次全国土地调查更新数据和各项服务价值结果，分别计算不同类型生态系统单位面积价值，在此基础上将产品供给、洪水调蓄、气候调节、大气环境净化、水质净化、病虫害控制、文化等服务价值落到具体空间斑块，空间分辨率为 2 m。其中不同生态系统类型单位面积产品供给价值细化到各乡镇尺度，洪水调蓄价值细化到不同水库、坑塘，文化服务价值落到具体的自然景观。

3.2.7 数据来源

生态系统生产总值核算所需数据主要来自遥感解译、地面监测、实地调研等，主要包括遥感影像、生态系统类型数据、数字高程（DEM）、气象、水文、土壤、统计等数据资料，具体数据及来源如表 3-9 所示。

表 3-9 延庆区生态系统生产总值（GEP）账户核算数据来源

数据名称	空间分辨率	时间	来源
高分一号遥感影像	2～8 m	2014—2016 年	环保部卫星环境应用中心
Landsat8 TM、LandsatETM7 遥感影像	30 m	2014—2016 年	地理空间数据云
DEM	30 m	—	地理空间数据云
北京市生态系统分类数据	30 m	2014—2016 年	环保部卫星环境应用中心
延庆区生态系统分类数据	2 m	2014—2016 年	第二次全国土地调查更新数据
NPP	30 m	2014—2016 年	遥感解译
NDVI	30 m	2014—2016 年	遥感解译
土壤类型数据	—	—	中科院南京土壤研究所
延庆区森林资源二类清查数据	—	2015 年	延庆区园林局
气象数据	站点	2014—2016 年	延庆区气象局
水文数据	站点	2014—2016 年	延庆区水务局
统计年鉴	延庆区	2013—2016 年	延庆区统计局
延庆区 A 级自然景区年收入与接待人数	延庆区	2014—2016 年	延庆区旅游委
各类农、畜、水产品投入成本数据	延庆区	2016 年	延庆区农业局、种植中心

3.3　生态环境退化成本账户

延庆区生态环境退化成本账户主要包括 3 项内容，分别是大气环境退化成本账户、水环境退化成本账户和生态退化成本账户，详细核算思路与方法如下所述。

3.3.1　基本思路

延庆区生态环境退化成本核算的基本思路如图 3-5 所示。首先，结合生态环境核算的国内外经验和延庆区生态环境特征，确定延庆区生态环境退化成本核算方法和主要指标；其次，开展各项指标的实物量统计，并确定污染物的单位治理成本和生态系统单位面积服务价值，进行各项指标价值量核算；最后，汇总得到延庆区生态环境退化成本，并开展分要素、分乡镇和各主体功能区的结果分析。

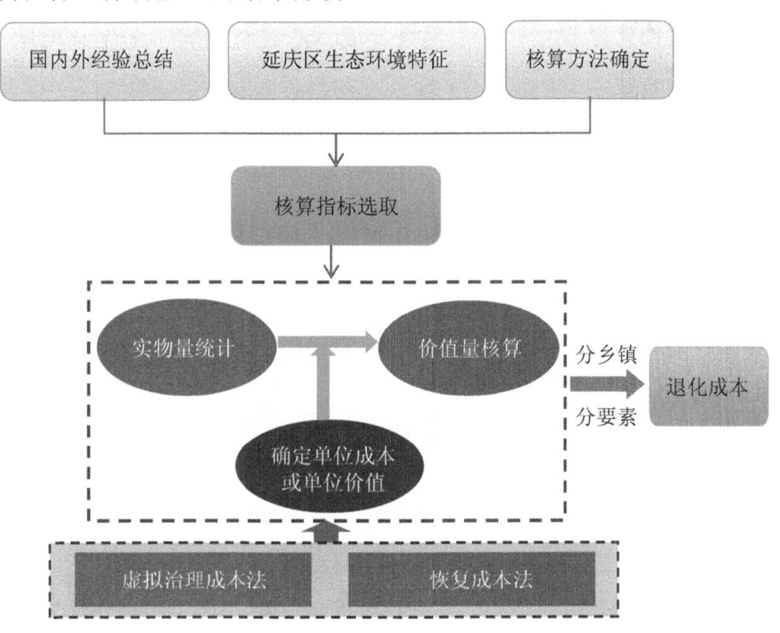

图 3-5　延庆区生态环境退化成本核算基本思路

3.3.2　核算指标与方法

根据《中国环境经济核算技术指南》（於方等，2009），选取生态环境退化成本核算指标和方法如表 3-10 所示。

表 3-10 北京市延庆区生态环境退化成本核算指标与方法

类别	核算指标	核算方法
大气环境退化成本	SO_2、NO_x、烟粉尘	虚拟治理成本法
水环境退化成本	化学需氧量、氨氮	虚拟治理成本法
生态破坏成本	森林、草地、湿地	恢复成本法

其中大气环境退化成本主要选取 SO_2、NO_x、烟粉尘 3 项指标，按工业源、生活源、机动车源等分别核算；水环境退化成本主要选取化学需氧量、氨氮 2 项指标，按工业源、生活源、畜禽养殖源等分别核算，大气和水环境退化成本均采用虚拟治理成本法核算，即目前排放到环境中的污染物按照现行的治理技术和水平全部治理所需要的虚拟支出，通过单位污染物治理成本乘以污染物排放量计算获得。

生态破坏成本主要依据生态系统类型转移矩阵，选取森林、草地、湿地等生态用地转出为非生态用地面积作为核算指标，采用恢复成本法进行核算，即生态用地转出面积乘以单位面积生态用地恢复成本。根据调查，延庆区森林单位面积恢复成本为 12 000 万元/km^2，草地单位面积恢复成本为 298 万元/km^2，湿地单位面积恢复成本为 6 000 万元/km^2。

生态环境退化总成本为大气环境退化成本、水环境退化成本、生态破坏成本三者之和。

3.3.3 大气环境退化成本

延庆区大气环境退化成本核算主要包括 SO_2、NO_x、烟粉尘 3 项污染物指标。核算污染来源包括生活、工业、机动车 3 类；核算空间尺度包括延庆区、各主体功能区、各乡镇。

（1）延庆区大气环境退化成本

延庆区大气环境退化成本采用虚拟治理成本法核算，计算公式如下：

$$\mathrm{Cost}_a = \sum \mathrm{POL}_{ai} \times C_{ai} \tag{3-64}$$

式中，Cost_a 为大气环境退化成本，万元；POL_{ai} 为 i 种大气污染物排放量，t；i 主要包括 SO_2、NO_x、烟粉尘三类污染物；C_{ai} 为 i 种大气污染物的单位虚拟治理成本，万元/t。其中，工业行业大气污染物的单位虚拟治理成本由延庆区环境统计数据中实际治理成本以及大气污染物去除量计算获得；生活源、机动车源大气污染物单位虚拟治理成本参考延庆区工业行业平均单位虚拟治理成本计算。

（2）分地区大气环境退化成本

分乡镇大气环境退化成本核算与上述公式相似，其中 C_{ai} 主要参考延庆区工业行业平均单位虚拟治理成本计算；各乡镇工业源大气污染物排放量来自延庆区环境统计数据，各乡镇生活源、机动车源污染物排放量根据各乡镇常住人口比例进行分解。

3.3.4　水环境退化成本

延庆区水环境退化成本核算主要包括化学需氧量、氨氮 2 项污染物指标。核算污染来源包括生活、工业、畜禽养殖 3 类；核算空间尺度包括延庆区、各主体功能区、各乡镇。

（1）延庆区水环境退化成本

延庆区水环境退化成本计算公式如下：

$$\text{Cost}_w = \sum \text{POL}_{wi} \times C_{wi} \times R \tag{3-65}$$

式中，Cost_w 为水环境退化成本，万元；POL_{wi} 为 i 种水污染物排放量，t；其中生活源、工业源水污染物排放量来自延庆区环境统计数据，畜禽养殖源水污染物排放量按式（3-66）计算；i 为各类水污染物，主要包括化学需氧量、氨氮 2 项；C_{wi} 为 i 种水污染物的单位虚拟治理成本，万元/t，其中工业行业水污染物的单位虚拟治理成本主要来自延庆区环境统计数据，生活源、畜禽养殖源主要来自实地调查；R 为废水的污染物虚拟去除率，其中工业源、生活源废水的污染物虚拟去除率取 100%，延庆区畜禽养殖污染物的处理工艺为干清粪，因此污染物虚拟去除率也取 100%。

$$\text{WQ}_c = \sum D_i \times e_{ij} \tag{3-66}$$

式中，WQ_c 为畜禽养殖源水污染排放量；D_i 为第 i 种牲畜年末存栏量，来自延庆区统计年鉴，主要包括牛、猪、羊、家禽 4 类；e_i 为第 i 种牲畜 j 类污染物的排污系数，依据《第一次全国污染普查畜禽养殖业源产排污系数手册》确定，延庆区畜禽养殖污染处理工艺均为干清粪，因此各类牲畜排污系数均取干清粪工艺下的排污系数，如表 3-11 所示。

表 3-11　不同牲畜干清粪工艺下排污系数　　单位：g/（头·d）

污染物	牛	猪	羊	家禽
化学需氧量	315.54	25.71	12.05	0.36
氨氮	39.92	5.66	6.25	0.02

（2）分地区水环境退化成本

分乡镇水环境退化成本核算与上述公式相似，其中各乡镇工业源水污染物排放量主要来自延庆区环境统计数据，各乡镇生活源水污染物排放量根据各乡镇常住人口比例进行分解，各乡镇畜禽养殖源水污染物排放量仍按式（3-66）计算；各乡镇不同污染来源水污染物的单位虚拟治理成本 C_{wi} 按延庆区整体水平计算。

3.3.5 生态破坏成本

延庆区生态系统破坏成本主要采用恢复成本法计算，公式如下：

$$\text{Cost}_e = \sum A_i \times C_{ei} \tag{3-67}$$

式中，Cost_e 为生态系统破坏成本，万元；A_i 为 i 种生态系统非正常耗减的面积，这里采用自然生态系统转出面积计算，i 主要包括森林、草地、湿地 3 种类型；C_{ei} 为 i 种生态系统单位面积恢复成本，万元/km^2，其中森林生态系统单位面积恢复成本主要根据 2016 年北京市财政局与北京市园林绿化局联合下发的《关于调整本市森林植被恢复费征收标准引导节约集约利用森林的通知》中相关规定确定，为 12 000 万元/km^2；草地生态系统单位面积恢复成本主要参照 2011 年河北省物价局、河北省财政厅《关于制定我省草原植被恢复费收费标准的通知》确定，为 298 万元/km^2；湿地单位面积恢复成本主要来自延庆区园林局，为 6 000 万元/km^2。

3.3.6 数据来源

延庆区生态环境退化成本核算数据来源见表 3-12。

表 3-12 延庆区生态环境退化成本核算数据来源

数据名称	时间	来源
大气污染物排放量	2014—2016 年	延庆区环境统计数据
大气污染物虚拟治理成本	2015—2016 年	延庆区环境统计数据
水污染物排放量	2014—2016 年	延庆区环境统计数据
水污染物虚拟治理成本	2015—2016 年	延庆区环境统计数据
生态系统分类数据	2013—2016 年	延庆区土地利用变更调查数据

3.4 生态环境改善效益账户

3.4.1 基本思路

延庆区生态环境改善效益主要包括空气质量改善效益和生态系统改善效益两个方面。其中，空气质量改善效益的总体思路如图 3-6 所示。首先，结合生态环境核算的国内外经验和延庆区生态环境特征，确定延庆区空气质量改善效益核算方法和主要指标；其次，开展各项指标的实物量统计，并采用疾病成本法、人力资本法、市场价值法等确定大气污染损失；最后，通过大气污染损失减少量计算得到空气质量改善效益，并开展分要素、分乡镇和各主体功能区的结果分析。生态系统改善效益主要采用森林、草地、湿地等生态系统服务价值法进行核算。

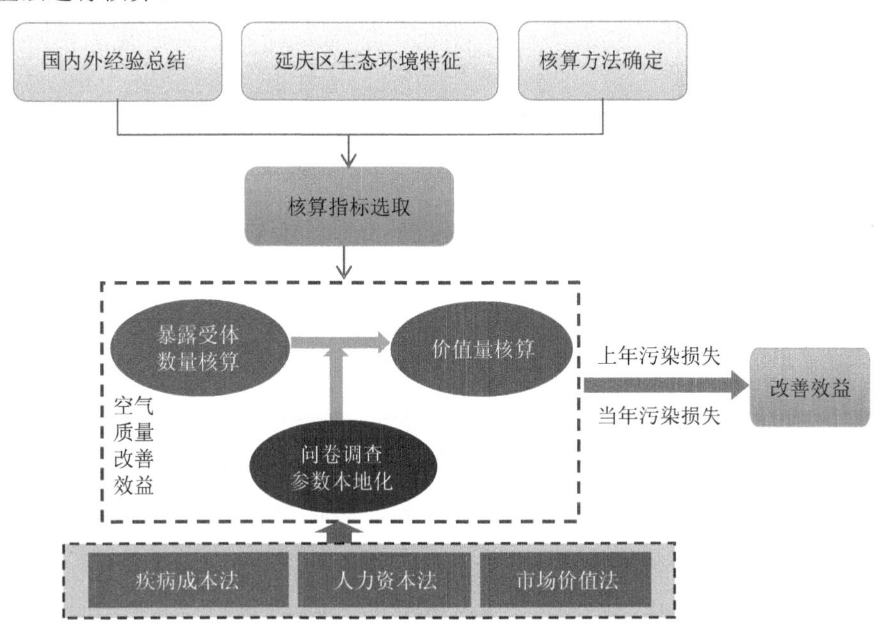

图 3-6 延庆区空气质量改善效益核算基本思路

3.4.2 核算指标与方法

结合国内外相关经验及延庆区空气质量特征，大气环境质量改善效益主要选取人体健康、农业、建筑材料、清洁 4 项指标，采用污染损失减少量法进行核算，即上一年大气污染损失与当年大气污染损失的差值，当差值大于 0 表示有净改善；污染损失则主要参考《中国环境经济核算技术指南》(於方等，2009)，采用疾病成本法、人力资本法、市场价值法等进行计算，其中空气质量改善对健康、清洁的影响数据主要采用问卷调查获取，健康损害暴露反应关系参数参考已有文献（Ostro，2004；黄德生，2013）确定。生态系统改善效益主要采用单位面积生态系统服务价值法计算，即森林、草地、湿地净增加面积与单位面积服务价值量的乘积，不同生态系统单位面积服务价值来自 GEP 账户核算结果。

生态环境改善总效益为空气质量改善效益与生态系统改善效益之和（表 3-13）。

表 3-13 北京市延庆区生态环境改善效益核算指标与方法

类别	核算指标	核算方法
空气质量改善效益	人体健康、农业、建筑材料、清洁	损失减少法
生态系统改善效益	森林、草地、湿地	单位面积服务价值法

3.4.3 空气质量改善效益

空气质量改善效益核算的关键是大气环境污染损失核算。按大气污染危害终端来分，包括人体健康经济损失、农业（种植业）经济损失、建筑材料经济损失和清洁成本损失（含家庭清洁和社会清洁）。通过这几项损失叠加，可以得到大气污染的综合经济损失。环境质量改善可减少大气污染的综合经济损失，即为环境质量改善效益。本书的空气质量改善效益由 4 项组成，如下所述。

①大气污染造成的健康损失减少：物理终端包括因大气污染造成的城市居民全因过早死亡人数、呼吸和循环系统门诊住院人数和慢性支气管炎的发病人数；经济损失核算终端包括过早死亡、门诊住院和休工以及慢性支气管炎患者长期患病失能造成的经济损失。由于目前延庆区主要是颗粒物浓度超标，且细颗粒物粒径小，富含大量的有毒、有害物质且在大气中的停留时间长、输送距离远，因而对人体健康和大气环境质量的影响更大。所以选择 $PM_{2.5}$ 作为大气污染造成的健康损失核算的污染物质。

②大气污染造成的农业损失减少：危害终端为污染区相对于清洁对照区主要农作物产量的减产及其造成的经济损失。延庆地区农作物主要包括小麦、玉米等谷物和蔬菜等，还包括部分林产品。酸雨是造成农业减产和损失的主要大气污染物质，延庆区不是酸雨污染区，因此以 SO_2 作为大气污染造成的农业损失核算的污染物质。

③大气污染造成的建筑材料损失减少：主要核算对象为建筑物暴露的表面材料，危害终端为污染条件下材料使用寿命的减少及其造成的经济损失，评价材料包括水泥、砖、铝、油漆木材、大理石/花岗岩、陶瓷和马赛克、水磨石、涂料/油漆灰、瓦、镀锌钢、涂漆钢、涂漆钢防护网和镀锌钢防护网。酸性物质为建筑材料损失的主要大气污染物质，本书以 SO_2 作为大气污染造成的材料损失核算的污染物质。

④大气污染造成的清洁损失减少：危害终端为污染条件下居民家庭、社会公共设施清洁造成的经济损失，评价对象包括居民家庭居室、衣物、机动车清洁和社会公共交通（公交车和出租车）、市政道路、公共建筑（市政建筑、商贸服务等非居民家庭住宅）清洁；颗粒物沉降为清洁损失的主要大气污染物质，本书以易于沉降的 PM_{10} 作为大气污染造成的清洁损失核算的污染物质（表 3-14）。

表 3-14　延庆区空气质量改善效益各项指标及核算方法

	空气质量改善			
	健康	农业	建筑材料	清洁
污染因子	$PM_{2.5}$	SO_2、pH	SO_2、pH	PM_{10}
空间范围	延庆区及乡镇	延庆区及乡镇	延庆区及乡镇	延庆区及乡镇
核算对象	城市暴露人口	谷物和蔬菜等农作物	水泥、砖、花岗岩、水磨石、镀锌钢、防护栏等 13 种建筑用材料	家庭居室、衣物、机动车以及社会公共交通、道路、公共建筑清洁
实物量核算方法	剂量—反应关系法	剂量—反应关系法	剂量—反应关系法	剂量—反应关系法
价值量核算方法	疾病成本法、人力资本法	市场价值法	市场价值法	市场价值法

3.4.3.1　大气污染造成的健康经济损失

严重的空气污染会对人体健康造成很大伤害，主要表现为引起呼吸道疾病。在高浓度污染物的突然作用下，人体可发生急性中毒，甚至在短时间内死亡。长期接触低浓度污染物，会引起支气管炎、支气管哮喘、肺气肿和肺癌等病症。由此造成的劳动力损失、住院和门诊及护理费用等，可以称为大气污染健康经济损失。根据《中国环境经济核算技术指南》（於方等，2009）要求，本部分计算因空气质量改善导致的慢性死亡、急性死亡、呼吸道疾病住院、心血管疾病住院、慢性支气管炎的经济损失。

（一）健康终端的选取

大气污染对人群健康的影响非常复杂，表现为急性效应和慢性效应两类。在某种特定条件和环境下，由于大量污染物排出，污染物在有限的空间内无法扩散，或者发生某些毒物泄漏事故，使得空气中污染物浓度急剧增加，产生急性效应。急性危害在某些情况下表现为某种或某些毒物的急性中毒，也有一些情况，以加重原患呼吸系统疾病、心脏病患者的病情进而加速这些患者死亡的间接影响表现出来。低浓度的污染长期作用于人体，产生慢性效应，其特点是多因子、多介质、低剂量、长期作用。由于大气污染物的浓度一般比较低，其健康效应以长期慢性效应为主，主要表现为由于污染物与呼吸道黏膜表面接触引起的眼、鼻黏膜刺激，咳痰，哮喘，慢性支气管炎，肺气肿，肺癌及因生理机能障碍而加重心、脑血管等疾病。

选择大气污染健康效应终端的基本原则是能够敏感而准确地反映某种大气污染物对人群健康的不利效应。但实际上这样的健康效应终点的选择常常是比较困难和复杂的。首先，大气污染物的种类很多，对人体健康的危害机理和特点不尽相同。有些大气污染物，如 CO 对健康的危害机理比较清楚，主要是形成碳氧血红蛋白，使血红蛋白失去携氧能力而造成组织缺氧、危害健康，在选择健康效应终端时就比较清楚。有些污染物如可吸入颗粒物，一方面由于其上所附载的有毒害作用的成分不同，其危害机理也表现不同；另一方面颗粒物也可能与大气中的其他污染物协同作用，对健康造成的危害特征较为复杂，选择健康终端时就比较困难。因此，对大气污染健康效应终端的选择，必须根据评价和研究的目的以及实际情况确定选择终端的基本原则和条件。本书以评价大气污染的长期慢性健康效应的经济损失为主要目的，选择健康效应终端时应遵循以下几个原则：

（1）优先选择根据国际疾病分类（International Classification of Diseases，ICD-9、ICD-10）进行统计和分析的健康效应终端。在我国，这类资料主要包括县及县以上卫生机构统计的人群死亡率、医院住院人次和门诊、急诊人次。

（2）选择国内外研究文献中已知与大气污染物存在定量的剂量（暴露）－反应关系的健康效应终端。

（3）选择可与国外类似研究进行比较的健康效应终端。

（4）考虑获得可靠数据的可能性。

根据上述基本原则，本书选择与大气污染相关性较强的一些呼吸系统疾病和心脑血管系统疾病作为健康效应终端，主要包括死亡率、住院人次、门诊人次、未就诊人次和因病休工等可计量的指标。具体包括：①全死因死亡率（%）；②呼吸系统和脑血管疾病病人的住院率（%）及休工率（%）；③慢性支气管炎的发病率（%）。

（二）影响健康的空气污染因子及其阈值的确定

（1）空气污染评价因子

空气污染是指空气中大气污染物的浓度增加超过了环境自身的净化能力，以致对自然生态系统的平衡造成破坏，对人类的生存和健康产生危害的现象。空气中的污染物按其属性可分为三大类：生物性污染（各种空气传播的病原体）、物理性污染（噪声、电磁波等）和化学性污染。其中以化学性污染的种类最多、污染范围最广，是大气污染物中的重点。

根据其在大气中的形态，可把大气污染物分为气态污染物和颗粒物两类。气态污染物包括气体和蒸汽。气体是某些物质在常温、常压下所形成的气态形式。常见的气体污染物有 CO、SO_2、NO_x、NH_3 和 H_2S 等。蒸汽是某些固态或液态物质受热后，引起固体升华或液体蒸发而形成的气态物质，如汞蒸汽、苯、硫酸蒸汽等。蒸汽遇冷后，仍能逐渐恢复到原有的固体或液体状态。大气环境中颗粒状态的物质统称为大气颗粒物，包括固体颗粒和液体颗粒，与人体健康的关系非常密切，也是近年大气污染健康效应研究关注的焦点。影响人体健康的主要空气污染因子包括可吸入颗粒物、SO_2、NO_x、O_3、CO、铅以及多环芳烃（PAHs）和二噁英等有毒化学气体。

目前，我国城市空气污染的主要污染物是可吸入颗粒物（PM）、SO_2 和 NO_2，它们之间存在复杂的化学和生物相关性，但已有剂量—反应关系的研究多为单一污染物与健康终端的一一对应关系，因此，给健康污染损失评估带来很大的问题。目前学术界就这一问题有两种观点，一种是建议分别估算颗粒物和 SO_2 的健康危害损失，并取其高者作为最后的健康经济损失，以避免重复计算；另一种观点倾向于将这两种污染物的健康危害损失单独计算，然后相加。

目前我国大气环境质量监测指标包括 SO_2、TSP、PM_{10}、NO_2、CO、$PM_{2.5}$ 浓度。以往关于大气污染和剂量—反应关系的研究以 SO_2 和 PM_{10} 居多，但近年来 $PM_{2.5}$ 研究取代 PM_{10} 成为健康影响关注重点，因此，本书选取 $PM_{2.5}$ 作为空气污染健康影响因子。

（2）污染因子的健康效应阈值

污染的健康效应阈值是指污染物可能对人体产生健康影响的最小浓度值。毒理学的研究表明，人体对外源性化学物质的影响有一定的自我调节、适应和保护能力，只有人体接触的污染物达到一定的浓度，超过其自身调节能力时，才会出现机体的病理性变化，造成人体的健康损害。大量的流行病学研究结果也显示，大气污染达到一定浓度时，人群的相应发病和死亡率会出现变化。某种污染物导致出现人群健康不利效应出现时的污染物浓度，一般即指某种污染物（因子）产生人群健康影响的阈值。

但是，许多研究表明 PM_{10} 和臭氧没有明显的阈值，即剂量—健康危害函数可以延伸到最低污染水平，很少找到令人信服的存在阈值的证据。美国癌症协会的研究（Pope，1995）在美国观察到的 PM_{10} 对健康有影响的最低浓度为 15μg/m^3；根据 Pope 等的研究，WHO 2006 年最新的《空气质量准则》建议 PM_{10} 的基准值为 20μg/m^3；一些国际研究选择的 PM_{10} 健康效应阈值在 0～20 μg/m^3，$PM_{2.5}$ 的阈值则更低。综上，本研究选择空气质量一级标准的 15μg/m^3。

（三）剂量—反应关系

（1）基本概念和假设

大气污染对人体健康的影响用污染物与健康危害终端的剂量（暴露）—反应函数表示，即大气污染水平同暴露人口的健康危害终端之间呈统计学相关关系，在控制了其他干扰因素后，通过回归分析，估计出主要污染物单位浓度变化对暴露人口的健康危害终端的相关系数β。

大量的流行病学研究结果显示，环境污染物的浓度与人群相应的不良健康效应发生率之间存在一定的相关关系，并在一定条件下符合统计学规律，可以用统计学的方法进行定量的评价，在大量环境和健康统计数据的基础上建立某种大气污染物和相应健康效应的统计学定量关系。目前的研究认为，大气污染健康终端的相对危险度（RR）基本上符合一种污染物浓度的线性或对数线性的关系，即

线性关系：

$$\mathrm{RR}=\exp(\alpha+\beta C)/\exp(\alpha+\beta C_0)=\exp[\beta(C-C_0)] \tag{3-68}$$

当β比较小时，

$$\mathrm{RR}=1+\beta(C-C_0) \tag{3-69}$$

对数线性关系：

$$\begin{aligned}\mathrm{RR}&=\exp[\alpha+\gamma\ln C]/\exp[\alpha+\gamma\ln C_0]=\exp[\gamma(\ln C-\ln C_0)]\\&=\exp[\gamma\ln(C/C_0)]=\{\exp[\ln(C/C_0)]\}\gamma=(C/C_0)\gamma\end{aligned} \tag{3-70}$$

为了避免上式中出现 C_0=0 的情况，在分子分母上各加 1，即

$$\mathrm{RR}=[(C+1)/(C_0+1)]\gamma \tag{3-71}$$

式中，C 为某种大气污染物的当前浓度水平；C_0 为其基线（清洁）浓度水平（阈值）；RR 为大气污染条件下人群健康效应的相对危险度；在β比较小的情况下，即线性关系中，β表示大气污染物浓度每增高一个单位（1 mg/m^3 或 1 μg/m^3），相应的健康终端人群死亡率或患病率增高的比例，通常用%表示，在对数线性关系中，污染物变化 1 个单位引起健康终端变化的百分数不是常数，因此对数线性关系中该系数用γ表示。

经典的大气污染与健康剂量—反应关系模式见图 3-7，E 和 E_0 是污染条件和清洁条件下的人群健康效应。

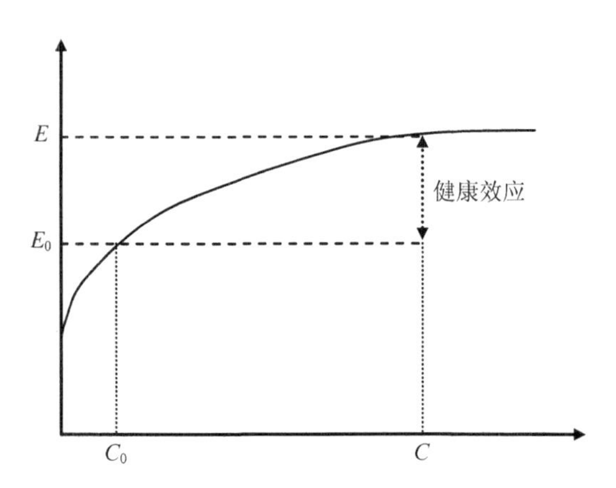

图 3-7 大气污染与人体健康效应的剂量—反应关系模型

（2）剂量（暴露）—反应关系模型的确定

1）剂量（暴露）—反应关系模型的建立方法

大气污染对健康影响的定量评价模型，一般要求推算出某种大气污染物与相应健康效应终点的直线相关系数，再计算随大气污染物浓度每增高一个单位（1 mg/m^3 或 1 μg/m^3），相应的健康终端人群死亡率或患病率增高的比例(%)，以此作为推算人群健康效应的基础。

大气污染健康效应的剂量（暴露）—反应关系模型建立一般可采用两种方法，一是环境流行病学的方法，在需要评价的地区进行环境流行病学调查研究，同时收集相应的大气污染监测数据和相关的各种健康效应终端的数据，以及其他危害人群健康的混杂因子，对数据进行统计学分析，获得两者之间剂量—反应关系的统计学模型及相关系数，作为效应评价的基础。这种方法又分为长期队列研究和时间序列研究；二是采用健康危险度评价的基本方法，收集国内外有关研究文献的数据资料，根据一定的统计学方法得到大气污染物与相关健康效应终点的剂量—反应关系模型。

2）剂量—反应关系的确定

在环境污染对死亡率的健康效应的研究中，国内外的研究人员对大气污染与全因死亡的暴露—反应关系都做了比较深入的研究，为了更充分地应用为数不多的国内和国际研究成果，本书选定全死因率作为评价终端。同时，选用呼吸系统和心血管疾病住院增长率和慢性支气管炎发病率作为患病评价终端。

①长期暴露与死亡率间的暴露—反应关系系数

研究表明，长期暴露对死亡率的影响是暴露浓度的函数，见图 3-8。系数β的确定根据已有的 PM_{10} 的方法确定。与中国的研究相比，美国的研究中 PM_{10} 浓度较低，而中国的研究中 PM_{10} 浓度较高，通常在 150 $\mu g/m^3$ 以上。中国有 600 多个城市，污染物浓度变化范围相当大，都采用低浓度的β值会高估健康危害，而都用高浓度的β值又将低估健康危害，因此全国使用统一的暴露—反应关系系数并不合适。为了充分考虑在估计中国大气污染对死亡率的长期影响时的不确定性，从而为政策制定者提供更多的信息，我们应用健康效应与污染物浓度的对数线性方程式，其中的有关参数用中国的剂量—反应关系来确定。

当 PM_{10} 污染物浓度 $C=100\ \mu g/m^3$ 时，$RR=\exp[0.001\,2\times(100-15)]=1.175\,9$，则

$$[(150+1)\div 16]^{\beta}=1.175\,9,\quad \beta=0.072\,17$$

即，

$$RR=[(C+1)\div 16]^{0.072\,17} \tag{3-72}$$

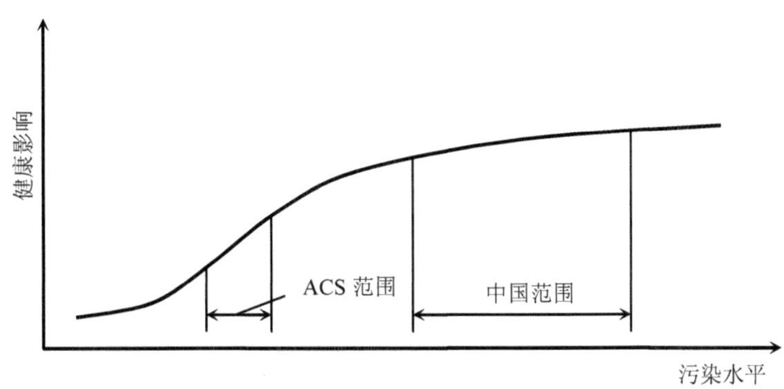

健康影响

ACS 范围

中国范围

污染水平

图 3-8 健康影响和空气污染水平之间的关系示意

②短期暴露与发病之间的暴露—反应关系系数

对于短期影响，采用 Aunan 和 Pan（2004）对中国研究的 Meta 分析的结果，见表 3-15。

表 3-15 与大气污染相关疾病发病的暴露—反应关系

健康终端	疾病	β	标准差
住院	呼吸系统疾病 RD	0.12	0.02
	心血管疾病 CVD	0.07	0.02
发病	慢性支气管炎 CBD	0.48	0.04

注：β 单位污染物浓度（$1\mu g/m^3$）变化引起健康危害变化的百分数，%。

本书采用京津冀地区的暴露—反应关系系数，如表 3-16 所示。

表 3-16 京津冀地区与大气污染相关疾病发病的暴露—反应关系

健康终端	暴露—反应系数均值（95%置信区间）	基准发生率
全因死亡率		
慢性效应死亡率	0.002 96（0.000 76，0.005 04）	各城市死亡率
急性效应死亡率	0.000 4（0.000 19，0.000 62）	
住院		
呼吸系统疾病	0.001 09（0，0.002 21）	0.010 22
心血管疾病	0.000 68（0.000 43，0.000 93）	0.005 46
门诊访问		
儿科（0～14 岁）	0.000 56（0.000 20，0.000 90）	0.153
内科（15 岁以上）	0.000 49（0.000 27，0.000 70）	0.411 05
慢性支气管炎	0.010 09（0.003 66，0.015 59）	0.006 94
急性支气管炎	0.007 9（0.002 7，0.013 0）	0.038
哮喘	0.002 1（0.001 45，0.002 74）	0.009 4

（四）大气污染健康经济损失的估算

（1）健康经济损失的评价方法

评估大气污染对人体健康危害的经济损失，西方发达国家倾向于使用支付意愿法（WTP），在非完全市场经济的发展中国家，研究方法通常采用疾病成本法和修正的人力资本法。它是基于收入的损失成本和直接的医疗成本进行估算的，对于因污染造成的过早死亡损失采用修正的人力资本法，患病成本采用疾病成本法。它所得的计算结果应是大气污染造成的健康损失的最低限值。

1）疾病成本法

疾病成本是指患者患病期间所有的与患病有关的直接费用和间接费用，包括门诊、急诊、住院的直接诊疗费和药费，未就诊患者的自我诊疗和药费，患者休工引起的收入损失（按日人均 GDP 折算），以及交通和陪护费用等间接费用。

就诊费用=就诊人次 ×（人均就诊直接费用+人均就诊间接费用）　（3-73）

住院费用=住院人次 ×（人均住院直接费用+人均住院间接费用）　（3-74）

未就诊费用=未就诊人次×人均自我治疗费用　（3-75）

2）修正的人力资本法

在经济学中，人力资本是指体现在劳动者身上的资本，主要包括劳动者的文化知识和技术水平以及健康状况。在人力资本法中，个人被视为经济资本单位，个人的收入被视为是人力投资的一种回报。环境经济学在应用人力资本法时，主要注重污染导致环境生命支持能力降低，对生命健康造成损害，表现为生病或过早死亡造成的收入损失。

我国在估算污染引起早死的经济损失时，往往应用人均 GDP 作为一个统计生命年对 GDP 贡献的价值，我们称为修正的人力资本法。这种方法与人力资本法的区别在于，从整个社会而不是从个体（不存在人力是健康的劳动力还是老人和残疾人的问题）角度，来考察人力生产要素对社会经济增长的贡献。从确切的含义角度讲人力资本法并不是一种真正的效益度量方法。之所以仍然应用人力资本法，是因为在中国现阶段，在估算污染引起早死的经济损失时，从整个社会而不是从个体角度，应用一个统计生命年的价值来考察人力生产要素对 GDP 增长的贡献有其实用性，有一定的现实意义。

污染引起的过早死亡损失了人力资源要素，因而减少了统计生命年间对 GDP 的贡献。因此，对整个社会经济而言，损失一个统计生命年就是损失了一个人均 GDP。修正的人力资本损失相当于损失的生命年中的人均 GDP 之和。

修正的人力资本损失计算中要解决三个问题：第一，人的过早死亡损失的生命年数是社会期望寿命与平均死亡年龄之差，而社会期望寿命随着时间的推移逐步增加，要对社会期望寿命进行合理的预测；第二，未来的社会 GDP 也需要进行预测；第三，健康损失计算的是现值，未来的社会 GDP 需要贴现，贴现率的选择对评价结果的影响较大。

污染引起早死的经济损失计算方程式：

$$C_{\mathrm{ed}} = P_{\mathrm{ed}} \cdot \sum_{i=1}^{t} \mathrm{GDP}_{\mathrm{pci}}^{\mathrm{pv}} \tag{3-76}$$

式中，C_{ed} 为污染引起早死的经济损失；P_{ed} 为污染引起早死人数；t 为污染引起早死平均损失的寿命年数；$\mathrm{GDP}_{\mathrm{pci}}^{\mathrm{pv}}$ 为第 i 年的人均 GDP 现值。

$$\mathrm{GDP}_{\mathrm{pci}}^{\mathrm{pv}}=\frac{\mathrm{GDP}_{\mathrm{pc0}}\cdot(1+\alpha)^{i}}{(1+r)^{i}} \tag{3-77}$$

式中，r 为社会贴现率；α 为人均 GDP 年增长率；$\mathrm{GDP}_{\mathrm{pc0}}$ 为基准年人均 GDP。

人均人力资本 HC_m 的计算公式见式（3-78）：

$$\mathrm{HC}_{m}=\frac{C_{\mathrm{ed}}}{P_{\mathrm{ed}}}=\mathrm{GDP}_{\mathrm{pc0}}\sum_{i=1}^{t}\frac{(1+\alpha)^{i}}{(1+r)^{i}} \tag{3-78}$$

①污染引起早死平均损失寿命年数（t）的确定。

损失寿命年是指一个人的死亡年龄与社会期望寿命的差。不同疾病的平均死亡年龄不同，城市和农村的期望寿命也有区别。大气污染与呼吸系统和循环系统疾病中的心脑血管疾病密切相关，同时我国污染主要集中在城市地区，因此本书着重考虑这类疾病对城市居民的寿命影响。

本书以人口普查中的城市人口数据结合寿命表计算出城市居民的年龄别平均期望寿命；然后以中国卫生统计中各年龄疾病别死亡率和人口数据计算出疾病别死亡人数构成，乘以年龄别平均期望寿命，求和后相除得出总人口的疾病别平均损失寿命年，中国呼吸系统疾病小计、心脑血管疾病死亡的总平均损失寿命年分别为 16.68 年、18.15 年和 18.03 年。本书采用的平均损失寿命年为 18 年。

②人均 GDP 增长率 α 的确定。

人均 GDP 的增长率 α，取决于 GDP 增长率和人口增长率。根据中国未来 15 年的经济预测，到 2020 年我国的 GDP 将是 2000 年 GDP 的 4 倍，年均增长率为 7.46%，人口增长率控制在 6‰左右，到 2010 年控制在 14 亿以内，则：

$$\alpha=\frac{\mathrm{IR}_{\mathrm{GDP}}-\mathrm{IR}_{\alpha}}{1+\mathrm{IR}_{\alpha}} \tag{3-79}$$

式中，$\mathrm{IR}_{\mathrm{GDP}}$ 为 GDP 增长率；IR_{α}为人口增长率。

③贴现率 r 的确定

当所评估的费用随时间的变化而发生变化时，对发生未来的费用进行贴现估算时要用到贴现率。社会贴现率是指费用效益分析中用来作为基准的资金收益率，是从动态和国民经济全局的角度评价经济费用的一个重要参数。由国家根据当前投资收益水平、资金机会成本、资金供求状况等因素，统一制定和发布。目前国家正在重新修订建设项目经济评估参数，参考有关部门的研究，建议社会贴现率取 8%。

（2）健康经济损失的计算模型

大气污染健康危害物理量和经济损失由 3 部分组成：①大气污染造成的全死因过早死亡人数和死亡损失（EC_{a1}），经济损失利用人力资本法评价；②大气污染造成的呼吸系统和心血管疾病病人的住院增加人次和休工天数及其经济损失（EC_{a2}），经济损失利用疾病成本法评价；③大气污染造成的慢性支气管炎的新发病人人数及其经济损失（EC_{a3}），经济损失利用患病失能法（DALY）评价。

1）大气污染造成的全死因过早死亡经济损失（EC_{a1}）

①大气污染造成的全死因过早死亡人数。

评估大气污染损失时，根据某一地区的大气环境污染水平、健康危害终端和剂量—反应函数，先求出该地区的健康结局基准值，大气污染对健康的危害即为扣除了健康结局基准值后的数值，如式（3-80）～式（3-82）所示。

$$P_{\mathrm{ed}} = 10^{-5}(f_p - f_t)P_e \tag{3-80}$$

$$f_p = f_t \times \mathrm{RR} \tag{3-81}$$

$$P_{\mathrm{ed}} = 10^{-5} \times [(\mathrm{RR} - 1) / \mathrm{RR}] f_p P_e \tag{3-82}$$

式中，P_{ed}为现状大气污染水平下造成的全死因过早死亡人数，万人；f_p为现状大气污染水平下全死因死亡率，1/10 万，中国卫生统计年鉴；f_t为清洁浓度水平下全死因死亡率（基准值），1/10 万；P_e为城市暴露人口，万人，中国城市统计年鉴；RR 为大气污染引起的全死因死亡相对危险归因比。

②大气污染造成的全死因过早死亡经济损失。

$$\mathrm{EC}_{a1} = P_{\mathrm{ed}} \cdot \mathrm{HC}_{\mathrm{mu}} = P_{\mathrm{ed}} \cdot \sum_{i=1}^{t} \mathrm{GDP}_{\mathrm{pci}}^{\mathrm{pv}} \tag{3-83}$$

式中，t 为大气污染引起的全死因早死的平均损失寿命年数，根据分年龄组的与大气污染相关疾病的死亡率，得到平均损失寿命年数为 18 年；$\mathrm{HC}_{\mathrm{mu}}$为城市人口的人均人力资本，万元/人；$\mathrm{GDP}_{\mathrm{pci}}^{\mathrm{pv}}$为第 i 年的城市人均 GDP，中国城市统计年鉴。

2）大气污染造成的相关疾病住院经济损失（EC_{a2}）

①大气污染造成的相关疾病住院增加人次和休工天数。

$$P_{\mathrm{eh}} = \sum_{i=1}^{n}(f_{pi} - f_{ti}) \tag{3-84}$$

$$f_{ti} = \frac{f_{pi}}{1 + \Delta c_i \cdot \beta_i / 100} \tag{3-85}$$

$$P_{\mathrm{eh}} = \sum_{i=1}^{n} f_{pi} \frac{\Delta c_i \cdot \beta_i / 100}{1 + \Delta c_i \cdot \beta_i / 100} \tag{3-86}$$

式中，n 为大气污染相关疾病，呼吸系统疾病和心血管疾病；f_{pi}为现状大气污染水平下的住院万人次；β_i为回归系数，即单位污染物浓度变化引起健康危害 i 变化的百分数，%；

Δc_i 为实际污染物浓度与健康危害污染物浓度阈值之差，μg/m³。

②大气污染造成的相关疾病住院和休工经济损失。

$$\mathrm{EC}_{a2} = P_{\mathrm{eh}} \cdot (C_h + \mathrm{WD} \cdot C_{\mathrm{wd}}) \tag{3-87}$$

式中，C_h 为疾病住院成本，包括直接住院成本和家人、护工陪护费用等间接住院成本，元/人次，根据针对北京市的问卷调查获得，因大气污染造成的人均住院日为 4.06 d；WD 为疾病休工天数，d/人次，根据针对北京市的问卷调查获得，因大气污染造成的人均休工为 2.04 d；C_h 为疾病休工成本，元/d，疾病休工成本=人均 GDP/365。

3）大气污染造成的慢性支气管炎发病失能经济损失（EC_{a3}）

国内外相关研究表明，慢性支气管炎是慢性阻塞性肺疾病（COPD）的一种，是一种最常见的慢性呼吸系统的疾病，患病人数多，病死率高。其病情呈渐进性发展，它不仅严重影响患者的劳动能力和生活质量，更为重要的是，它常发展为慢性肺源性心脏病。

国外研究人员认为慢性支气管炎对人体的伤害极大，病人患病之后将忍受终生的病痛折磨，且随着病情的发展，病人将最终丧失工作能力、无法享受人生的乐趣，因此，在评价慢性支气管炎的经济损失通常以患病失能法来取代一般疾病采用的疾病成本法，相关研究表明，患上慢性支气管炎的失能（DALY）权重为 40%，即以平均人力资本的 40%作为患病失能损失，经济损失的计算模型见式（3-88）。

$$\mathrm{EC}_{a1} = \gamma \cdot P_{\mathrm{eb}} \cdot \mathrm{HC}_{\mathrm{mu}} = \gamma \cdot P_{\mathrm{eb}} \cdot \sum_{i=1}^{t} \mathrm{GDP}_{\mathrm{pci}}^{\mathrm{pv}} \tag{3-88}$$

式中，t 为大气污染引起的慢性支气管炎早死的平均损失寿命年数，根据分年龄组的 COPD 死亡率，得到慢性支气管炎平均损失寿命年数为 23 年；γ 为慢性支气管炎失能损失系数，北京地区为 0.32。

本书主要采用问卷调查获得的参数系数，如表 3-17 所示。问卷调查中没有的，采用全国的经验系数。

表 3-17 健康损失相关参数系数

城市	VSL/（万元/人）	慢性支气管炎/（万元/例）	咽炎/（元/例）	急性支气管炎/（元/例）	肺炎/（元/例）	哮喘/（元/例）	脑血管疾病/（元/例）	心血管疾病/（元/例）	门诊/（元/例）	住院/[元/(例·天)]
北京市	168	53.8	694.2	2 882.7	4 727.4	790.0	912.9	787.6	572.8	162.0

3.4.3.2　大气污染造成的农业经济损失

空气污染对农作物会造成一定影响，特别是酸雨和 SO_2 污染会导致农作物减产甚至是死亡，进而造成农业经济损失。根据国家技术指南要求，本部分通过剂量—暴露反应关系，对水稻、小麦、棉花、大豆等粮食和经济作物及油菜、胡萝卜、番茄等蔬菜的损失进行核算。由于北京市现阶段不存在酸雨问题，故只对 SO_2 造成的影响进行核算。

（一）基本思路与危害终端

环境质量是农作物生产的重要生产要素，环境质量的恶化将导致农作物产量的减少，农作物产量减少的经济价值可以用市场价值法来计量，以此作为环境质量恶化造成的农作物经济损失。

酸雨和 SO_2 污染对农作物的终端危害主要是：相对于清洁对照区，污染区各种农作物产量的减产百分数。

（二）影响农业生产的空气污染因子

（1）空气污染因子

据有关报道，空气中的污染物，如酸雨、SO_2、臭氧、VOCs 和 NO_2 等都会对农作物的生长产生影响。在欧洲和美国进行的几项研究中，建立了酸沉降和臭氧对农业系统所造成危害之间的关系。但如前所述，由于缺乏系统的监测数据，本书研究中没有包含臭氧造成的损失。此外，针对 VOCs 和 NO_2 与农作物减产之间的剂量—反应关系开展的研究也很少。北京市不存在酸雨问题，因此，本书仅将 SO_2 作为空气污染和农作物减产研究的标志污染物。

SO_2 对农作物的伤害分为急性和慢性伤害两种。SO_2 与农作物接触，叶片在短时间内出现的可见伤害，称为急性伤害，这种伤害一般在污染物浓度较高的情况下出现。当农作物长期与低浓度的 SO_2 接触时，出现叶绿素或色素变化，破坏细胞的正常活动，导致细胞死亡，以可见伤害症状或叶片过早脱落等形式表现，称为慢性伤害。

此外，虽然中国某些地区的土壤酸化问题已相当严重，但考虑到酸沉降的间接作用机理还不清楚，本书没有包括酸沉降引起的土壤间接伤害损失。

（2）污染因子的阈值

中国在“六五”到“八五”期间将其列为国家重点科研课题，研究了酸性污染物对农作物、森林和材料影响的剂量反应关系。对 SO_2 污染对农作物产量的影响进行了盆栽实验，盆栽实验模拟按当时华南地区天然酸雨中 SO_4^{2-}和 NO_3^-含量的重量比（SO_4^{2-} ∶ NO_3^-=9 ∶ 1）与 Ca^{2+}、Mg^{2+}、K^+、Na^+和 Cl^-离子含量配置。各种农作物在实验过程中的处理次数及每次处理量是根据广西南宁 1955—1985 年逐月平均降雨量、各月降雨量大于 10 mm（中雨）的平均日数、结合各农作物生育期所处的月份来确定，模拟酸雨量与上述农作物生育期接受的自然降雨量相一致。

酸雨和 SO_2 对农作物的减产阈值剂量定义为在农作物减产 5%时的污染物剂量。酸雨剂量是以 H^+、SO_4^{2-}和 NO_3^-离子浓度为基础的。通过上述盆栽实验，采用 Irving 提出的方法，计算减产阈值和降雨强度。实验结果表明，我国南方硫酸型酸雨引起受试的几种农作物减产 5%的阈值为 pH 3.6，而酸雨与 0.1×10^{-6} SO_2 复合污染农作物减产 5%的阈值为 pH 4.6。pH 5.6 与 0.1×10^{-6} SO_2 复合污染与 SO_2 单独存在的影响是一致的。酸雨与 SO_2 复合污染对农作物减产的影响并不是两者之和，如白菜暴露于 pH 5.6 与 0.1×10^{-6} SO_2 时减产 1.8%，暴露于 pH 4.6 时减产 2.4%，在 pH 4.6 与 0.1×10^{-6} SO_2 联合作用下，减产却达到 7.9%。因此酸雨与 SO_2 复合污染对农作物减产的影响是一种协同效应。

（三）剂量—反应关系

通过盆栽实验结果，可以转化出不同 SO_2 浓度和 pH 的减产率，得到 SO_2 浓度和 pH 对农作物减产的剂量—反应关系见表 3-18，用于计算 SO_2 污染对农作物减产影响。

表 3-18　SO_2 对农作物产量影响的剂量—反应关系

农作物	减产百分数/%		
	SO_2 污染/（mg/m^3）	酸雨污染（pH）	SO_2 和酸雨复合污染
水稻	$10.96X_1$		$2.92+17.93X_1-0.182X_2$
小麦	$26.91X_1$	$27.59-4.93X_2$	$24.61+30.17X_1-4.3949X_2$
大麦	$35.83X_1$	$24.13-4.31X_2$	$24.90+45.08X_1-4.4466X_2$
棉花	$25.16X_1$	$22.67-4.05X_2$	$29.06+28.31X_1-5.1886X_2$
大豆	$28.78X_1$	$15.32-2.73X_2$	$26.32+31.91X_1-4.7X_2$
油菜	$50.80X_1$	$47.39-8.46X_2$	$34.57+43.92X_1-6.1724X_2$
胡萝卜	$53.96X_1$	$49.63-8.86X_2$	$29.16+41.71X_1-5.2064X_2$
番茄	$37.40X_1$	$22.52-4.02X_2$	$16.64+36.52X_1-2.9711X_2$
菜豆	$68.99X_1$	$79.90-14.27X_2$	$42.40+75.74X_1-7.5712X_2$
蔬菜	$53.45X_1$	$48.1-9.05X_2$	$29.4+51.32X_1-5.25X_2$

注：①X_1 为 SO_2 浓度，X_2 为酸雨的 pH；②当 SO_2 浓度或 pH 超过阈值时，分别使用表中左、中列中的关系式；当 SO_2 浓度和 pH 同时超过其阈值时，使用右列中的关系式；③蔬菜的剂量—反应关系根据胡萝卜、番茄、菜豆三种蔬菜的剂量反应关系推导得出。

根据剂量—反应关系对酸雨区 SO_2 浓度和 pH 的关系式适用范围：当$[SO_2]\geqslant0.04$ mg/m^3 且$[pH]\leqslant5.0$ 时，农作物处于酸雨和 SO_2 复合污染之下；当$[SO_2]\geqslant0.04$ mg/m^3 且$[pH]>5.0$ 时，属于 SO_2 单一污染；当$[SO_2]<0.04$ mg/m^3 且$[pH]\leqslant5.0$ 时，农作物损失来源于酸雨单一污染。

（四）计算模型与参数来源

$$C_{ac}=\sum_{i=1}^{n}a_iP_iS_iQ_{0i}/100 \quad (3\text{-}89)$$

式中，C_{ac}为大气污染引起农作物减产的经济损失，万元；P_i为农作物 i 的市场价格，元/kg；S_i为农作物 i 的种植面积，万 hm^2；Q_{0i}为对照清洁区农作物 i 的单位面积产量，kg/hm^2；a_i为大气污染引起农作物 i 减产的百分数（剂量反应关系），%；n 为农作物种类，n=6，1 代表水稻，2 代表小麦，3 代表大豆，4 代表棉花，5 代表油菜，6 代表蔬菜。

（五）大气污染农业经济损失估算的不确定性

（1）剂量—反应关系的不确定性

由于酸雨和 SO_2 对农作物的剂量—反应关系来源于我国 20 世纪后期的研究，当时的酸雨是属于硫酸型的酸雨，进入 21 世纪后我国的酸雨性质逐渐发生了变化，逐渐向硫酸-硝酸性转变，原来的酸雨和 SO_2 对农作物的剂量—反应关系也会发生变化，必然会给计算带来不确定性。

（2）对应点（清洁区）的农作物单位面积产量

农业污染损失测算模型中要求采用对应点（清洁区）的农作物单位面积产量来计算对应的农作物的污染损失，但大部分地区并没有相应的统计数据或试验数据，这一数据在现有情况下很难直接获得，只能采用其他受大气污染较小区域的农作物单位面积产量，但也面临着地区差异、土地肥力等因素的影响存在很多不确定因素。估算农业污染损失时，如有清洁对照区的农作物单位面积产量，则利用该数据，如果没有，则利用现有状况下各地区的农作物平均单位面积产量来计算。

（3）环境监测带来的不确定性

我国的例行环境质量监测点主要在城市，计算中农村地区的酸雨和 SO_2 浓度借用城市的环境监测数据，将给计算带来偏差，也是不可忽视的。

3.4.3.3　大气污染造成的材料经济损失

空气污染对室外建筑材料会造成一定影响，特别是酸雨和 SO_2 污染会腐蚀建筑外墙及各种金属材料，进而造成经济损失。根据国家技术指南要求，本部分通过剂量—暴露反应关系，对水泥、砖、铝、油漆木材、大理石/花岗岩、陶瓷和马赛克、水磨石/水泥、油漆灰、瓦、镀锌钢、涂漆钢、涂漆钢防护网、镀锌防护网的损失进行核算。由于北京市现阶段不存在酸雨问题，故只对 SO_2 造成的影响进行核算。

（一）污染因子、计算范围与危害终端

（1）污染因子

暴露在户外大气中的各种材料受到自然和大气污染两类因素的影响。自然因素如日光、风雨、气温等因素对材料造成的破坏是不可避免的。这部分损失值通常称为背景值。大气污染因素如酸雨和 SO_2 等污染进一步加剧了材料的损坏。即下面的计算在大气 SO_2 和酸雨两种污染因素对材料造成的经济损失。

中国国家空气质量标准设定了三档 SO_2 日空气质量标准：第一级 0.05 mg/m^3，第二级 0.15 mg/m^3，第三级 0.25 mg/m^3。魏复盛和王文兴的研究表明：①当 5.6＜pH＜7 时，雨水表现出非常弱的酸性，对生态环境没有危害，对材料有轻微影响；②当 5.0＜pH＜5.6 时，雨水表现出弱酸性，对生态环境没有危害，对材料有影响；③当 4.5＜pH＜5.0 时，雨水为酸性，对材料有破坏作用，对生态环境没有急性危害，但对生态脆弱地区有长期影响；④当 4.0＜pH＜4.5 时，雨水表现出强酸性，对生态环境有长期潜在危害，对材料有较严重的破坏作用；⑤当 pH＜4.0 时，雨水表现极强酸性，会对生态环境造成直接和间接伤害，严重破坏材料。

根据国家 SO_2 标准和以上酸雨与材料破坏作用之间的研究，建议 SO_2 和酸雨的材料损害阈值分别取：$[pH]_0=5.6$，即 $[H^+]_0=10^{-5.6}$ mol/L；$[SO_2]_0=0.015$ mg/m^3。

（2）计算范围

暴露在户外的材料种类繁多，并且不断增加和变化。本研究中只包括量大面广且已有剂量—反应函数可利用的那些材料。这些材料包括建筑材料、交通工具、文物古迹等。根据国家科技攻关酸雨课题的研究和某些材料损失案例研究的结果，材料损失主要表现为建筑材料的损失。文物古迹属于历史遗迹，文物古迹的损失计算涉及估值的问题较多，因而，本书主要考虑建筑物的损失。

山西的研究表明，北方地区由于是非酸雨区，同时气候也比较干燥，二氧化硫污染的材料损失很小，因此本书建议重点计算南方酸雨区的材料损失。

（3）危害终端

污染对建筑物和材料的损害包括褪色、保护涂层脱落、刻纹细节的损失和结构缺陷，影响材料的使用寿命，其损失计算的终端危害为：污染条件下材料寿命的减少年数。

（二）计算程序和计算模型

材料经济损失计算的程序见图 3-9。根据酸雨相关课题研究，图中清洁对照区的污染物环境为 SO_2 浓度=0，雨水 pH=5.6。计算清洁对照区维修或更换周期是因为除了 SO_2 和酸雨之外其他因素也对材料腐蚀有贡献。

（1）计算一次维修或更换的总费用

首先通过调查，获得材料统计清单，得到各种材料的总存量及其分布，维修频率或更

换频率及其费用。通过计算可以得到各种材料一次维修的或更换的单价。单价乘以存量得到总费用。计算公式：

$$EC_{0i} = d_i \cdot S_i \tag{3-90}$$

式中，EC_{0i} 为 i 种材料一次维修或更换的费用，10^4 元；d_i 为材料 i 一次维修或更换的单价，10^4 元/10^4 m^2；S_i 为材料 i 的存量，10^4 m^2。

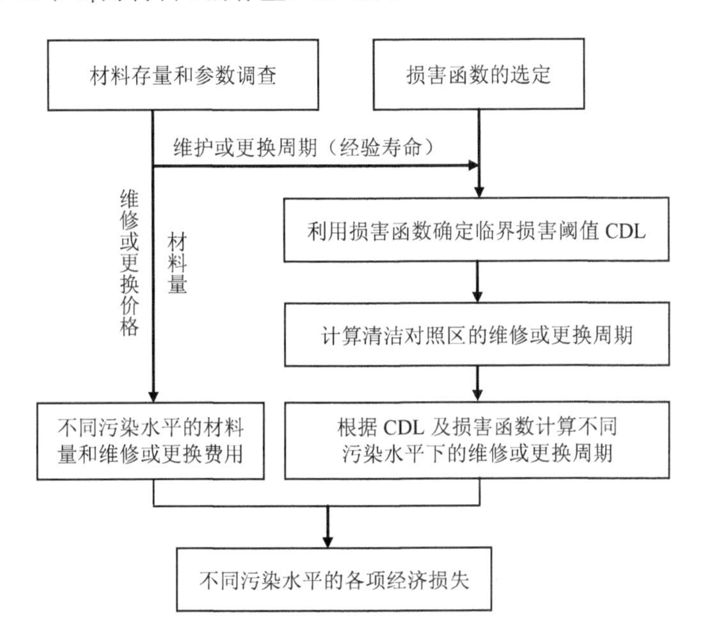

图 3-9　材料经济损失计算的程序

（2）计算材料的临界损伤阈值

$$CDL_i = Y_{pai} \cdot L_{pai} \tag{3-91}$$

式中，CDL_i 为 i 种材料的临界损伤阈值，μm；Y_{pa} 为材料调查条件下的腐蚀速度，μm/a，从剂量—反应关系中获得；L_{pa} 为材料调查获得的材料经验寿命，a。

（3）计算对照清洁区的材料寿命

$$L_{0i} = CDL_i / Y_{0i} \tag{3-92}$$

式中，L_{0i} 为对照清洁区 i 种材料的寿命，a；Y_{0i} 为对照清洁区 i 种材料的腐蚀速度，μm/a。

（4）计算污染条件下的材料寿命

$$L_{pi} = CDL_i / Y_{pi} \tag{3-93}$$

式中，L_{pi} 为污染条件下的 i 种材料的寿命，a；Y_{pi} 为污染条件下的 i 种材料的腐蚀速度，μm/a。

（5）计算酸雨和二氧化硫污染的材料损失

$$\mathrm{EC}_{\mathrm{mp}i} = (1/L_{pi} - 1/L_{0i}) \times \mathrm{EC}_{m0i} \tag{3-94}$$

$$\mathrm{EC}_{m} = \sum_{i} \mathrm{EC}_{\mathrm{mp}i} \tag{3-95}$$

式中，EC_{mpi}为酸雨和SO_2造成第i种材料的经济损失；EC_m为酸雨和SO_2造成所有材料的经济损失。

计算酸沉降对材料的危害的关键在于酸沉降对材料损害的剂量—反应关系和材料存量及其维修或更换费用和周期的调查。

（三）剂量—反应关系

（1）剂量—反应关系的实验方法——材料腐蚀的挂片室内模拟实验和现场暴露实验

在国家酸雨重点科学研究课题中，进行了酸雨对各种材料腐蚀的挂片室内模拟实验和现场暴露实验。室内模拟实验以降水酸度和SO_2浓度为变动因素，其他因素固定不变：温度为25℃，相对湿度为80%，风速为0.6 m/s，O_3浓度为20 μg/L，暴露时间为500 h，分成42个循环周期，每个循环周期为12 h：雨0.5 h，光4 h，露3.5 h，光4 h；合计光照时间336 h，喷雨时间21 h，结露时间143 h，润湿时间250 h。室内模拟实验结果再经过现场暴露实验的校正获得推荐的剂量—反应关系。

（2）剂量—反应关系

国内外的研究表明酸沉降对材料的危害与气候因素密切相关，考虑国家重点科学研究课题是中国实地实验和调查的结果，更符合中国的实际情况，本研究主要采用该课题提供的剂量—反应关系，但是由于这项课题研究材料种类不全，因此，还同时参考ECON报告（ECON，2000）基于欧洲研究推荐的剂量—反应关系，提出本研究使用的暴露—反应函数，如表3-19所示。

表3-19 建筑物暴露材料损失计算的剂量—反应关系

序号	材料	腐蚀速度Y/（μm/a）
1	水泥	如果[SO_2]＜15 μg/m^3，则取50 a，否则取40 a
2	砖	如果[SO_2]＜15 μg/m^3，则取70 a，否则取65 a
3	铝	Y=0.14+0.98[SO_2]+0.04×10^4[H^+]
4	油漆木材	Y=5.61+2.84[SO_2]+0.74×10^4[H^+]
5	大理石/花岗岩	Y= 14.53+23.81[SO_2]+3.80×10^4[H^+]
6	陶瓷和马赛克	如果[SO_2]＜15 μg/m^3；则取70 a，否则取65 a
7	水磨石/水泥	如果[SO_2]＜15 μg/m^3，则取50 a，否则取40 a
8	油漆灰	Y=5.61+2.84[SO_2]+0.74×10^4[H^+]

序号	材料	腐蚀速度 Y/（μm/a）
9	瓦	如果$[SO_2]$<15 μg/m^3，则取 45 a，否则取 40 a
10	镀锌钢	$Y=0.43+4.47[SO_2]+0.95\times10^{4}[H^+]$
11	涂漆钢	$Y=5.61+2.84[SO_2]+0.74\times10^{4}[H^+]$
12	涂漆钢防护网	$Y=5.61+2.84[SO_2]+0.74\times10^{4}[H^+]$
13	镀锌防护网	$Y=0.43+4.47[SO_2]+0.95\times10^{4}[H^+]$

（四）暴露材料存量和其他系数

（1）暴露材料存量系数

材料存量是计算酸雨和二氧化硫污染造成材料经济损失的不可或缺的重要信息。计算材料存量 S_i 时有两种方法，一种是利用单位建筑面积的材料暴露量，如式（3-96）所示，另一种是利用人均建筑物材料暴露量，如式（3-97）所示。

$$S_i = \lambda_i \times M \tag{3-96}$$

$$S_i = K_i \times P \tag{3-97}$$

式中，λ_i 为单位建筑面积中材料 i 所占比例，%；K_i 为材料 i 的人均占有量，m^2/人；M 为总建筑面积，万 m^2；P 为人口。

从北京附近材料调查的结果来看，利用单位建筑面积的材料暴露量计算材料存量得到的结果精确度更高。但由于现有的统计资料缺乏城市建筑面积的数据，而城市人口的统计数据容易获取，因此，本书推荐后一种方法，即以人均建筑物暴露材料量乘以城市人口来计算城市建筑物暴露材料存量。具体取值见表 3-20。

表 3-20 计算采用的人均占有建筑暴露材料存量 单位：m^2/人

编号	材料	东部	其他
1	水泥	7.25	18.34
2	砖	18.51	10.83
3	铝	10.03	3.20
4	油漆木材	1.24	0.56
5	大理石/花岗岩	9.14	0.47
6	陶瓷和马赛克	40.97	7.76
7	水磨石	22.51	15.17
8	涂料/油漆灰	4.61	18.26
9	瓦	2.36	3.28
10	镀锌钢	0.29	0.00
11	涂漆钢	6.69	0.28
12	涂漆钢防护网	13.82	13.82
13	镀锌防护网	9.21	9.21

（2）材料损失估算的其他系数

在酸雨课题的研究中，调查了各种材料的使用寿命，通过相应的剂量—反应关系计算得到了一系列材料的临界损伤阈值，见表3-21，表中也列出了材料维护或更换的价格，经物价指数修正后的数据，仅供参考。

表3-21 建筑物暴露材料损失计算的有关参数

材料	材料的临界损伤阈值（CDL）/μm	价格（P）/（元/m^2）
水泥		22
砖		65
铝	10	200
油漆木材	13	20
大理石/花岗岩	160	200
陶瓷和马赛克		48
水磨石/水泥		26
涂料/油漆灰	13	15
瓦		8
镀锌钢	7.3	16
涂漆钢	13	16
涂漆钢防护网	13	16
镀锌防护网	7.3	16

（五）大气污染材料损害经济损失估算的不确定性

建筑物暴露材料种类和存量参数的局限性将带来较大的不确定性。由于各地经济水平的差异较大，建筑物材料存量结构和材料种类也相差较多，而目前只有有限调查数据可以参考。由此可以看出建筑物暴露材料种类和存量的调查，针对不同经济发展水平和城市规模获取具有代表性的材料存量参数，仍是目前材料损失计算的重要环节。

3.4.3.4 大气污染造成的清洁劳务成本

空气污染的一个直接表象是空气变脏，导致与之直接或间接接触的建筑物、生产设备和人们衣物、身体等的脏污速度加快，进而导致所需清洁人力、物力和清洁频率的增加，从而形成大气污染引起的清洁和劳务费用的增加。大气污染涉及的污染物很多，如SO_2、CO_2、NO_x等均可包括在内，但与清洁问题相关的大气污染物则主要是各种颗粒物，即常说的“尘”。大气中各种颗粒物浓度的升高对人们日常生活产生的影响主要表现为个人卫生、衣物清洗、居室卫生、生产和作业设备（如各种车辆）、道路清扫以及建筑物等额外增加的清洁费用，造成个人、家庭以及社会因污染引起的清洁费用支出和劳务支出的增加。

根据要求，本部分对这几项进行核算。

（一）污染因子与危害终端

（1）污染因子及分类范围

根据粒径大小和重力作用下沉降的速度不同，空气中的颗粒物可大致分成两类：

①飘尘，粒径小于 10 μm，能在空气中长期飘浮。

②降尘，粒径大于 10 μm，在重力作用下可以降落。

在核算大气污染造成的清洁成本增加时，用降尘量，即每月每平方千米面积上降落尘埃的吨数来判断大气的清洁度比较合适。目前中国尚没有统一的降尘分级标准，本书结合《环境空气质量标准》和目前的环境状况，提出核算大气污染引起清洁费用增加的城市大气清洁度的级别，具体对应关系如表 3-22 所示。

表 3-22　清洁对照城市、轻污染城市与重污染城市的划分

大气清洁度	TSP 浓度年均值/（mg/m^3）	PM_{10} 浓度年均值/（mg/m^3）	降尘量/[t/（km^2·月）]	区域性质定位
优	0～0.08	＜0.04	0～6	清洁城市
良	0.08～0.20	0.04～0.1	6～12	较清洁
轻度污染	0.20～0.3	0.1～0.15	12～20	轻污染城市
重污染	＞0.3	＞0.15	＞20	重污染城市

（2）危害终端

如前所述，大气污染对个人卫生、衣物清洗、居室卫生、车辆、道路清扫以及建筑物造成影响，产生额外清洁费用。大气污染引起的生活清洁成本终端即为个人、家庭以及社会因污染引起的清洁费用支出和劳务支出的增加。

当核算该项额外支出时，即找到降尘量增加所引起的个人以及社会清洁费用和劳务支出增加，需要建立污染物浓度与清洁劳务费用之间的剂量—反应关系。

由于常规统计数据无法将上述危害终端的相关清洁和劳务费用分离出来，不能为污染物浓度与清洁劳务费用之间的剂量—反应关系的建立提供必要的基础数据以及如建筑物外立面等物理存量参数，使该项污染损失的核算难以展开。因此，在试点调查中拟通过专项调查获得必要的技术参数，使最终的污染损失核算更加全面完整。从便于调查开展的角度出发，将损失估算内容分成以下两部分：

①家庭清洁费用成本问卷调查，主要针对大气污染造成的居室清洁和个人清洁费用的增加；

②社会劳务成本抽样统计调查，主要针对大气污染造成的车辆、建筑等公共设施清洁和劳务费用的增加。

两部分调查均在重污染城市、轻污染城市和清洁对照城市开展，以便比较和计算费用的增加，如果调查数据质量理想，还可以建立污染物浓度与清洁劳务费用之间的剂量—反应关系。

（二）家庭清洁费用增加的核算

（1）核算思路

大气污染引起的家庭清洁增加费用是指随着大气中污染物浓度的升高，将会加快人们日常生活（如个人卫生、衣物清洗、居室卫生、洗车等）的脏污速度，导致清洁所需的人力、物力和频率的增加，从而造成家庭清洁费用的增加。本书主要解决计算全国及不同城市地区大气污染引起的家庭清洁增加费用时，所需要的技术参数、计算模型等问题。

从费用支出内容看，家庭清洁费用主要包括居室清洁费用、个人清洁费用和衣物清洁费用等，部分家庭还将涉及私家车的清洁费用。

从费用支出方式看，家庭清洁可选择自我服务和社会服务两种方式。前者涉及的主要费用支出是水费、电费、清洁剂等费用；后者涉及的主要费用支出则包括支付小时工或其他专业清洁人员的费用以及在专业服务场所（如洗车场所）的消费支出。

从费用支出的影响因素看，除大气污染因素外，教育程度、职业、收入、居室面积等人口和社会经济变量也都可能影响家庭清洁费用支出。

在原国家环境保护总局与国家统计局联合开展的试点省市绿色国民经济核算与环境污染损失调查工作中，针对大气污染引起的家庭清洁增加费用共调查了 23 项内容，可划分为水费、电费、洗涤剂费以及社会服务费等 4 类。

（2）核算模型

本节分别针对因污染增加的水费、电费、洗涤剂费以及社会服务费给出了核算模型，其中，相关技术参数根据专项调查获得，仅供参考使用。

1）城市家庭家用洗衣机电费估算

$$C_1 = R_m \cdot (365/f_m) \cdot N_m \cdot (P_m/1\,000) \cdot (T_m/60) \cdot P_e \cdot H \tag{3-98}$$

式中，C_1 为城市家庭家用洗衣机电费，万元；R_m 为洗衣机平均使用比例，%；f_m 为平均每户洗衣机洗衣频率，d/（次·台）；N_m 为平均每户的洗衣机台数，台/户；P_m 为洗衣机平均功率，kW·h；T_m 为洗衣机平均洗衣时间，min/次；P_e 为电价，元/（kW·h）；H 为城市家庭户数，万户。

其中，洗衣机平均使用比例、洗衣频率、洗衣机台数、洗衣机功率、平均洗衣时间等参数通过调查获得，电价根据当地实际情况确定，城市家庭户数来源于中国城市建设统计年鉴。通过问卷调查，2015 年延庆区居民洗衣机平均使用比例为 86.67%，平均每户新增洗衣机洗衣频率为 0.1/d/（次·台），平均每户的洗衣机台数为 0.9 台，洗衣机平均功率为 454.81 kW·h，洗衣机平均洗衣时间为 42.3 min/次，电价为 0.488 元/（kW·h）。

2）城市家庭清洗用水水费估算

$$C_2=(E_w \cdot 12) \cdot R_c \cdot H \tag{3-99}$$

式中，C_2为城市家庭清洗用水水费，万元；E_w为平均每户每月水费，元/（月·户）；R_c为平均每户清洗用水占生活用水量的比例，根据北京市的专项调查，该比例为0.67。

其中，平均每户每月水费通过问卷调查获得，2014年平均每户每月水费为19.9元/（月·户），2015年平均每户每月水费为19.8元/（月·户），其他符号意义同上。

3）城市家庭洗涤剂费用估算

$$C_3=E_c \cdot 12 \cdot H \tag{3-100}$$

式中，C_3为城市家庭洗涤剂费用，万元；E_c为平均每户每月洗涤费用，元/（月·户）。

每月洗涤费用通过问卷调查获得，延庆区平均每户每月清洁洗涤剂费用为1.84元/（月·户），其他符号意义同上。

4）家庭的社会服务费用估算

家庭社会服务费用包括衣物送洗衣店清洗、雇人上门清洁服务、在外洗浴以及洗车费用等，下面分别介绍其估算方法。

①在外洗衣费用

$$C_{4l}=R_l \cdot (365/f_l) \cdot E_l \cdot H \tag{3-101}$$

式中，C_{4l}为洗衣店洗衣费用，万元；R_l为洗衣店洗衣比例，%；f_l为洗衣店洗衣频率，d/次；E_l为每户平均洗衣店费用，元/（次·户）。

其中，洗衣店洗衣比例、洗衣店洗衣频率、洗衣店费用通过问卷调查获得，2015年延庆区送洗衣店平均费用为177.57元/（月·户），送洗衣店家庭比例为0.29，城市总户数根据中国城市建设统计年鉴获得。

②请人打扫费用

$$C_{4s}=R_s \cdot (E_s \cdot 12) \cdot H \tag{3-102}$$

式中，C_{4s}为请人打扫费用，万元；R_s为城市家庭请人打扫家庭占家庭总数的比例，%；E_s为平均每月请人打扫卫生费用，元/（月·户）。

其中，每月请人打扫卫生的家庭比例、每月请人打扫卫生费用通过问卷调查获得，2015年北京市请专业保洁人员保洁家庭占比为0.08，保洁人员每月费用为735.4元/月，其他符号意义同上。

③洗车费用

$$C_{4v}=R_v \cdot R_{vo} \cdot (E_v \cdot 12) \cdot H \tag{3-103}$$

式中，C_{4v}为在外洗车费用，万元；R_v为有车家庭比例，%；R_{vo}为在外洗车比例，%；E_v为在外洗车费用，元/（月·户）。

有车家庭比例、在外洗车比例、在外洗车费用通过问卷调查获得，2015年延庆区有车家庭比例为0.69，每月新增洗车次数2.39次，有车家庭在外洗车比例为0.78，在外洗车费用31.23元/次，自己洗车费用3.17元/次，其他符号意义同上。

5）家庭清洁增加费用合计

根据上述计算公式，分别计算各调查城市清洁用水费、电费、洗涤剂费以及社会服务费，将各部分累加求和，即为各城市家庭用清洁劳务费用。这里需要注意的是，家庭成员的劳务费用没有计算在内。

（三）社会清洁费用和劳务成本

（1）核算思路

大气污染也会导致长年暴露于室外的各种基础设施和室外作业设备设施的脏污，包括道路、建筑、车辆等。本部分主要针对大气污染造成的车辆、建筑等公共设施清洁和劳务费用的增加。

从费用支出的内容看，车辆和建筑的清洁主要包括两部分：一部分是溶剂（水或其他溶剂）和清洁剂的材料费，另一部分是清洁人员的劳动报酬。二者共同构成了本项调查的主要调查项目。

从费用支出主体看，车辆和建筑的所有者（或使用管理者）负有清洁的责任。

从费用支出的影响因素看，除大气污染程度外，车辆和建筑暴露于大气中的面积、暴露时间程度、车辆和建筑本身的性质都会影响清洁费用支出。

按照上述思路，需要展开专项调查，获得核算所需要的技术参数。从调查实施便利的角度出发，按调查对象对危害终端进行分类建模和污染损失估算：①城市公交部门——调查车辆清洁费用；②城市环境卫生作业单位——调查公用设施（主要指道路）的清洁费用；③城市机关团体、学校、企事业单位、居民小区和商业服务业部门——调查建筑清洁费用。

在原国家环境保护总局与国家统计局联合开展的试点省市绿色国民经济核算与环境污染损失调查工作中，分别针对道路、公共交通车辆和出租车以及建筑物开展了污染造成的劳务与清洁费用增加专项问卷调查。

（2）核算模型

本节分别针对因污染增加的公交车辆、出租车辆、道路和建筑清洁费用给出了核算模型。

1）公交车辆清洁费用增加的估算

$$C_b = \Delta C_b \cdot Q_b \tag{3-104}$$

式中，C_b 为污染城市公交车辆增加的总清洁费用，万元；ΔC_b 为污染城市平均每台车增加的清洁和劳务费用，元/（台·a）；Q_b 为污染城市公交车辆标准运营车数，万标台。

根据本次问卷调查，延庆区平均每台车增加的清洁和劳务费用为 29 元/（台·次），每年多出的洗车频率为 58.68 次/a；2014 年公交车辆标准运营车数为 329 标台，2015 年公交车辆标准运营车数为 319 标台，2016 年为 314 标台。

2）出租车辆清洁费用增加的估算

$$C_t = \Delta C_t \cdot Q_t \tag{3-105}$$

式中，C_t 为污染城市出租车辆增加的总清洁费用，万元；ΔC_t 为污染城市平均每辆出租车增加的清洁和劳务费用，元/（辆·a），ΔC_t＝出租车基准清洁费用×出租车清洁费用增加系数×出租车清洗次数；Q_t 为污染城市出租车辆标准运营车数，万辆。

根据本次问卷调查，延庆区平均每台车增加的清洁和劳务费用 26.10 元/（台·次），每年多出的洗车频率 38.64 次/a；2014 年出租车辆标准运营车数 785 标台，2015 年出租车辆标准运营车数 768 标台，2016 年为 761 标台。

3）道路清扫费用增加的估算

$$C_s = \Delta C_s \cdot L_s \tag{3-106}$$

式中，C_s 为污染城市道路增加的总清洁费用，万元；ΔC_s 为污染城市单位道路面积平均增加的清洁和劳务费用，元/m^2；L 为城市道路总面积，万 m^2。

其中，城市道路总面积来源于统计年鉴或者延庆区提供的统计资料，单位道路面积平均增加的清洁和劳务费用通过统计调查获得。根据调查，城市道路的清洁劳务费用主要与城市的经济发展水平和污染程度有关。根据对北京、天津、邯郸、秦皇岛、抚顺、沈阳、淮南、黄山、佛山、潮州、惠州、韶关和广州等 13 个城市 130 个有效样本点数据的整理分析，得到了不同经济水平城市的道路基准清洁费用，见表 3-23，不同大气污染水平城市的道路清洁费用增加系数同公交车。

表 3-23　城市道路基准清洁费用与清洁费用增加系数

基准清洁费用			清洁费用增加系数		
城市经济水平分级	城市人均 GDP/元	基准清洁费用/（元/m^2）	城市污染水平分级	PM_{10} 浓度年均值/（mg/m^3）	清洁费用增加系数
落后	＞35 000	2.8	清洁城市	＜0.04	0.00
欠发达	35 000～25 000	2.3	较清洁	0.04～0.1	0.10
较发达	25 000～15 000	1.8	轻污染城市	0.1～0.15	0.25
发达	＜15 000	1.3	重污染城市	＞0.15	0.45

根据本次问卷调查，延庆区基准清洁费用 2.3 元/m^2，2014—2016 年清洁费用增加系数为 0.2。

4）建筑清洁费用增加的估算

$$C_c = \sum_{i=1}^{n} \Delta C_{ci} \cdot S_i \tag{3-107}$$

式中，C_c 为污染城市建筑物暴露面积增加的总清洁费用，万元；ΔC_{ci} 为污染城市 i 种材料的单位建筑物暴露面积平均增加的清洁费用，元/m^2；S_i 为 i 种建筑材料的暴露面积，万 m^2；n 为建筑材料种类，共包括玻璃、水泥、砖、铝、塑钢、油漆木材、大理石/花岗岩、陶瓷和马赛克、水磨石以及涂料/油漆灰等 10 种建筑材料。

建筑物暴露面积主要与城市规模和经济发展水平有关，在原国家环保总局与国家统计局联合开展的试点省市绿色国民经济核算与环境污染损失调查工作中，针对建筑物材料存量开展了专项调查，结合原有调查数据对建成区建筑暴露材料存量进行了修正（表 3-24）。

表 3-24 计算采用的人均占有建筑暴露材料存量 单位：m^2/人

材料	东部	其他
水泥	7.25	18.34
砖	18.51	10.83
铝	10.03	3.2
油漆木材	1.24	0.56
大理石/花岗岩	9.14	0.47
陶瓷和马赛克	40.97	7.76
水磨石	22.51	15.17
涂料/油漆灰	4.61	18.26
瓦	2.36	3.28
镀锌钢	0.29	0
涂漆钢	6.69	0.28
涂漆钢防护网	13.82	13.82
镀锌防护网	9.21	9.21

说明：“东部”是指东中西部三大区域划分里的东部，包括北京、天津、河北、辽宁、上海、江苏、浙江、福建、山东、广东和海南等地。

根据本次问卷调查，延庆区近年外立面增加费用为 9.12 元/（m^2·a），地面增加费用为 82.26 元/（m^2·a）。

3.4.4 生态系统改善效益

延庆区生态系统改善效益核算如式（3-108）所示。

$$B_{eco} = \sum A_i \times V_i \tag{3-108}$$

式中，B_{eco}为生态系统改善效益，万元；A_i为 i 种生态系统面积，km^2；V_i为 i 种生态系统单位面积服务价值，万元/km^2，来自 GEP 账户。

3.4.5 数据来源

延庆区生态环境改善效益核算所需数据主要包括人口、家庭、农作物、建筑面积、道路面积、公共交通数量等暴露受体统计数据、暴露—反应参数、生态系统类型等数据等，数据来源如表 3-25 所示。

表 3-25 延庆区生态环境改善效益核算数据来源

数据名称	时间/a	来源
大气污染物（SO_2、PM_{10}、$PM_{2.5}$等）年均浓度数据	2013—2016	北京市环境状况公报
健康卫生相关数据（全死因死亡率、呼吸系统疾病和心血管疾病就诊人次、住院人次等数据）	2013—2016	卫生统计年鉴
健康损害暴露反应关系相关参数	—	WHO 和张世秋等对京津冀地区的修正研究
各区、各乡镇人口	2013—2016	北京市及延庆区统计年鉴
人均 GDP	2013—2016	北京市及延庆区统计年鉴
农作物播种面积	2013—2016	北京市及延庆区统计年鉴
公交车和出租车运营台数	2013—2016	北京市及延庆区统计年鉴
农作物损失、室外建筑材料损失的剂量反应参数	—	国家环境经济核算体系（绿色 GDP 2.0）
人均就诊、住院、陪护等费用	—	问卷调查
家庭、衣物、公共交通、道路、建筑清洁成本	—	问卷调查

3.5 跨区域比较分析

依据本研究所建立的核算基本框架和技术方法，通过收集相关数据资料，开展北京市生态涵养区其他 4 个区县的环境经济（绿色 GDP）核算，以便进行延庆区与北京市生态涵养区其他区县的比较分析。其中，其他区县的生态系统生产总值（GEP）主要采用价值当量法，同时结合生态区位因素、生态系统质量因素等进行综合核算，详见式（3-109）和式（3-110）；生态环境退化成本、生态环境改善效益核算数据基础、技术方法和参数与延庆区相同，在此不再赘述。以下重点介绍其他区县的生态系统生产总值（GEP）账户的核算方法。

根据延庆区不同生态系统类型单位面积价值量核算结果，结合各区县生态系统类型面积，综合考虑生态区位因素和生态系统质量因素，推算北京市其他生态涵养区的生态系统生产总值（GEP）。计算公式如下：

$$G_j=A_i \times V_i \times R_j \tag{3-109}$$

$$R_j=0.6 \times K_j+0.4 \times Q_j \tag{3-110}$$

式中，G_j 为 j 区县生态系统生产总值（GEP），亿元；A_i 为某区县第 i 类生态系统面积，km^2；采用遥感解译的生态系统类型数据，空间分辨率为 30 m；V_i 为第 i 类生态系统单位面积价值量，亿元/km^2；K_j 为 j 区县生态区位调整系数参考《自然资源（森林）资产评价技术规范》（LY/T 2735—2016），根据北京市各区县生态系统服务重要性、敏感性评价结果确定；Q_j 为 j 区县生态系统质量调整系数，根据北京市 NPP 分级评价结果确定；R_j 取生态区位调整系数和生态系统质量调整系数的加权平均，如表 3-26 所示。

表 3-26　北京市各区县生态区位、生态系统质量调整系数

区县名称	Q	K	R
东城区	0.64	0.61	0.62
西城区	0.64	0.60	0.61
朝阳区	0.67	0.60	0.62
丰台区	0.70	0.62	0.64
石景山区	0.65	0.65	0.65
海淀区	0.77	0.64	0.68
房山区	0.89	0.71	0.77
通州区	0.81	0.64	0.69
顺义区	0.81	0.65	0.70
昌平区	0.91	0.72	0.78
大兴区	0.79	0.64	0.69
门头沟区	1.01	0.87	0.91
怀柔区	1.06	0.92	0.96
平谷区	1.01	0.87	0.91
密云区	1.02	0.93	0.96
延庆区	1.00	1.00	1.00

3.6　生态补偿标准测算

（1）自然保护区生态补偿

采用生态系统服务价值法、机会成本法分别计算自然保护区生态补偿资金。

根据 GEP 核算结果，采用单位面积价值量与面积的乘积近似计算自然保护区的生态系统服务价值量，公式如下：

$$P_{n1}=A_i \times V_i \quad (3\text{-}111)$$

式中，P_{n1} 为自然保护区生态系统服务总价值；A_i 为自然保护区内 i 类生态系统的面积，km^2；V_i 为第 i 类生态系统类型的单位面积服务价值量。

由于缺少资料，这里将延庆区人均 GDP 与北京市人均 GDP 的差值，近似作为延庆区因生态保护而放弃发展的机会成本，公式如下：

$$P_{n2}=(G_{yq}-G_{bj}) \times \text{Population} \quad (3\text{-}112)$$

式中，P_{n2} 为自然保护区放弃发展的机会成本；G_{yq} 为延庆区人均 GDP；G_{bj} 为北京市人均 GDP；Polulation 为延庆区自然保护区所在乡镇常住人口数，经估算约占延庆区总人口的 40%。

（2）水源地生态补偿

根据延庆区水务局资料，白河堡水库每年向密云水库供水，因此采用基于水量、水质及生态系统服务价值 3 种方法测算生态补偿资金标准。

$$P_1=Q \times r \quad (3\text{-}113)$$

$$P_2=Q \times c \quad (3\text{-}114)$$

$$P_3=A_m \times V_w \times k \quad (3\text{-}115)$$

式中，P_1 为基于水量的生态补偿资金；Q 为延庆区白河堡水库向密云区密云水库的年供水量，m^3；r 为生态用水价格，参考北京市水价标准取 9 元/m^3；P_2 为基于水质的生态补偿资金；c 为保持水体水质的单位投入成本，参考《首都跨界水源地生态补偿机制研究》，取 8.54 元/m^3；A_m 为通过遥感解译获得的密云水库面积，km^2；V_w 为单位湿地面积生态系统服务价值；k 为调整系数，为白河堡水库向密云水库年供水量与密云水库当年蓄水量的比值。

（3）生态公益林生态补偿

采用支付意愿调查法进行测算，对北京市各区县普通居民进行生态公益林支付意愿问卷调查，获得支付意愿比例和人均支付意愿，最后乘以北京市常住人口数，获得生态公益林的生态补偿资金标准。

$$P_f = Z \times q \times p \qquad (3\text{-}116)$$

式中，P_f为生态公益林生态补偿资金；Z为人均支付意愿；q为北京市居民中愿意对保护公益林进行支付的居民人数比例；p为北京市常住人口数。

第 4 章　生态系统生产总值（GEP）账户分析

4.1　产品供给服务及其变化

4.1.1　现状、结构与地区差异

2014—2016 年，延庆区产品供给服务总价值逐渐增加，分别为 12.5 亿元、12.6 亿元、12.8 亿元，不同类型产品的实物量和价值量如表 4-1 所示。

表 4-1　2014—2016 年延庆区生态系统产品供给服务实物量与价值量

服务类型	具体指标	实物量			价值量/万元		
		2014 年	2015 年	2016 年	2014 年	2015 年	2016 年
农业产品	粮食/t	62 991.2	105 209	99 545.8	18 375.6	25 486.7	22 861.3
	油料/t	166.8	74.4	79.4			
	药材/t	453.4	1 360.3	330.6			
	蔬菜/t	71 978.2	63 126.3	63 863.3			
	鲜果/t	18 013.6	19 252.7	17 957.1			
	干果/t	1 783.6	2 833.8	2 775.2			
	饲料/亩	9 561	6 555	6 043			
	花卉/亩	16 903	6 208	8 417			
	草坪/亩	460	192	334			
林业产品	木材/m^3	19 922.6	21 527.9	27 844.0	8 206.0	9 023.3	11 834.1
畜牧业产品	猪/头	117 774	114 705	109 699	41 799.3	36 422.0	41 784.0
	牛/头	6 627	5 914	4 905			
	羊/只	31 621	40 971	53 571			
	家禽/万只	769.4	742.2	299.6			
	鲜蛋/t	37 652	38 004.8	37 639.4			
	鲜奶/t	62 530	59 194.5	47 146.6			

服务类型	具体指标	实物量			价值量/万元		
		2014 年	2015 年	2016 年	2014 年	2015 年	2016 年
水产品	鱼类/t	3 133	3 014	2 327	2 641.3	2 644.8	1 954.6
水资源	工业用水/万 t	189.7	218.8	222.5	51 571.9	50 494.4	47 904.3
	生活用水/万 t	1 186.3	1 168.5	1 195.9			
	农业用水/万 t	3 118.3	2 680.5	2 359.8			
	生态用水/万 t	1 499.6	1 802.4	1 810.3			
可再生生物质能源	薪柴/t	40 000	35 000	35 000	2 271.0	2 027.2	2 066.1
	沼气/m^3	3 793 000	3 141 000	3 208 000			
总计					124 865.1	126 098.4	128 404.4

从产品供给服务价值构成看，水资源、畜牧产品所占比重较高，2014—2016 年二者占产品供给价值的比重分别为 37%～41%、29%～33%，其次是农产品、林产品，水产品价值相对较低（图 4-1）。

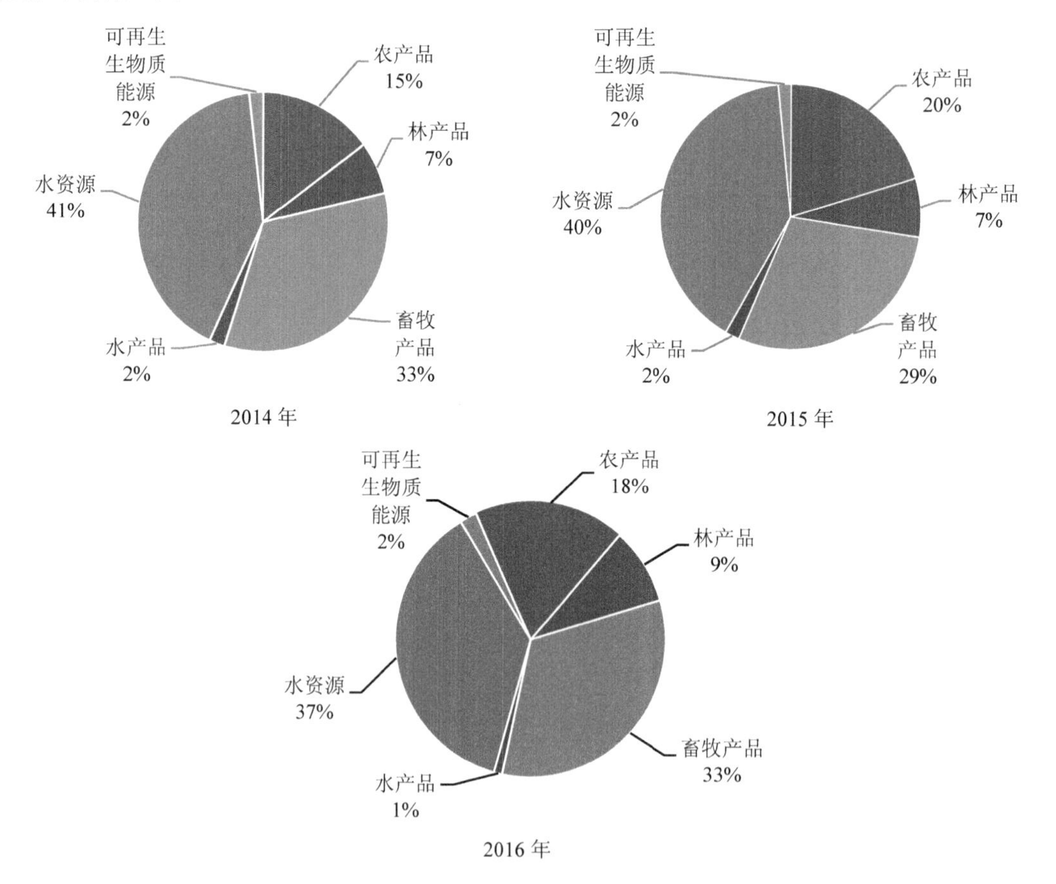

图 4-1 2014—2016 年延庆区不同产品的供给价值比例

将农业产品、畜牧业产品、可再生生物质能源归为农田生态系统；林业产品为森林生态系统；水产品、水资源归为湿地生态系统。从不同生态系统类型看，延庆区农田生态系统产品供给价值最高，2014—2016 年价值量分别为 6.2 亿元、6.4 亿元、6.7 亿元，占产品总价值的比例在 50%～52%且略有上升；其次为湿地、森林生态系统，占产品总价值的比例分别为 39%～43%、7%～9%。从单位面积产品供给价值量看，2014—2016 年森林平均为 7.12 万元/km^2，农田平均为 158.45 万元/km^2，湿地平均为 1 982.17 万元/km^2（图 4-2）。

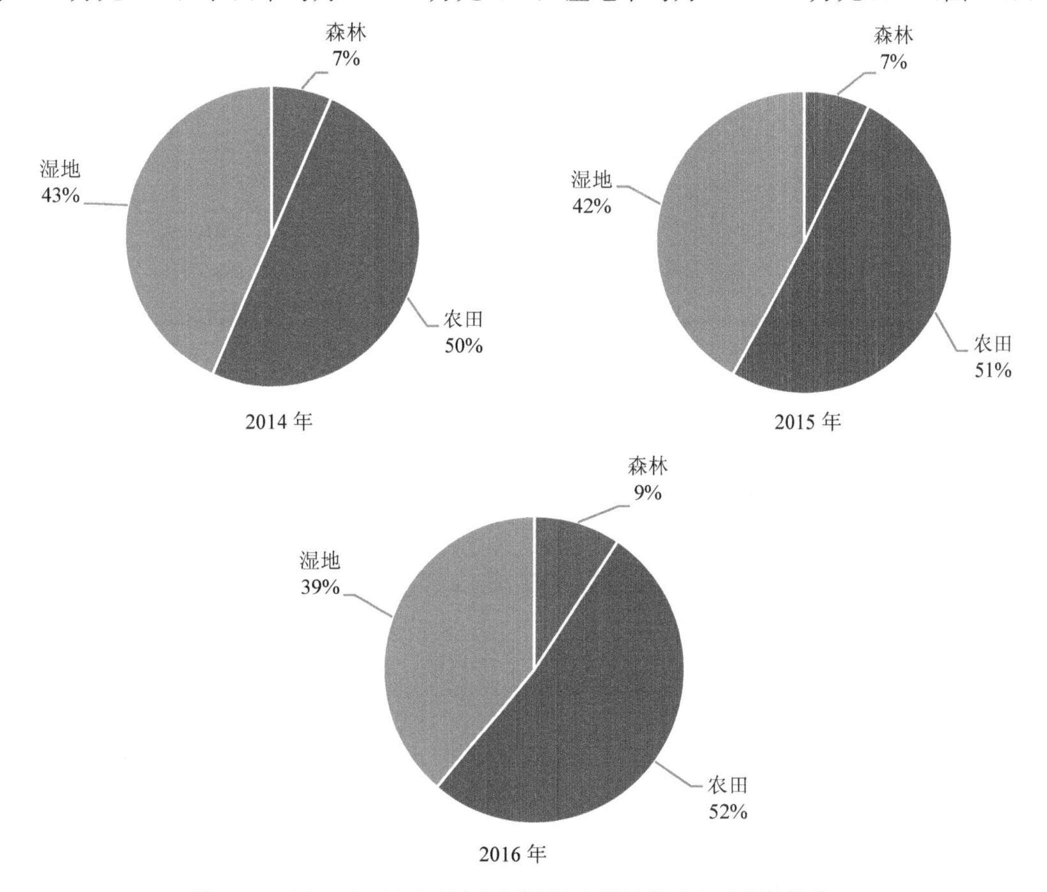

图 4-2　2014—2016 年延庆区不同生态系统类型产品供给价值

基于生态系统类型面积和各乡镇产品供给价值结果，计算延庆区各乡镇不同生态系统类型单位面积产品供给价值，得出延庆区产品供给价值的空间分布情况，如图 4-3 所示，2014—2016 年单位面积产品供给价值空间格局较为稳定，较高的区域主要位于水库、坑塘、河流等湿地生态系统，以及平原地区的农田生态系统，而山区森林生态系统单位面积产品供给价值相对较低。

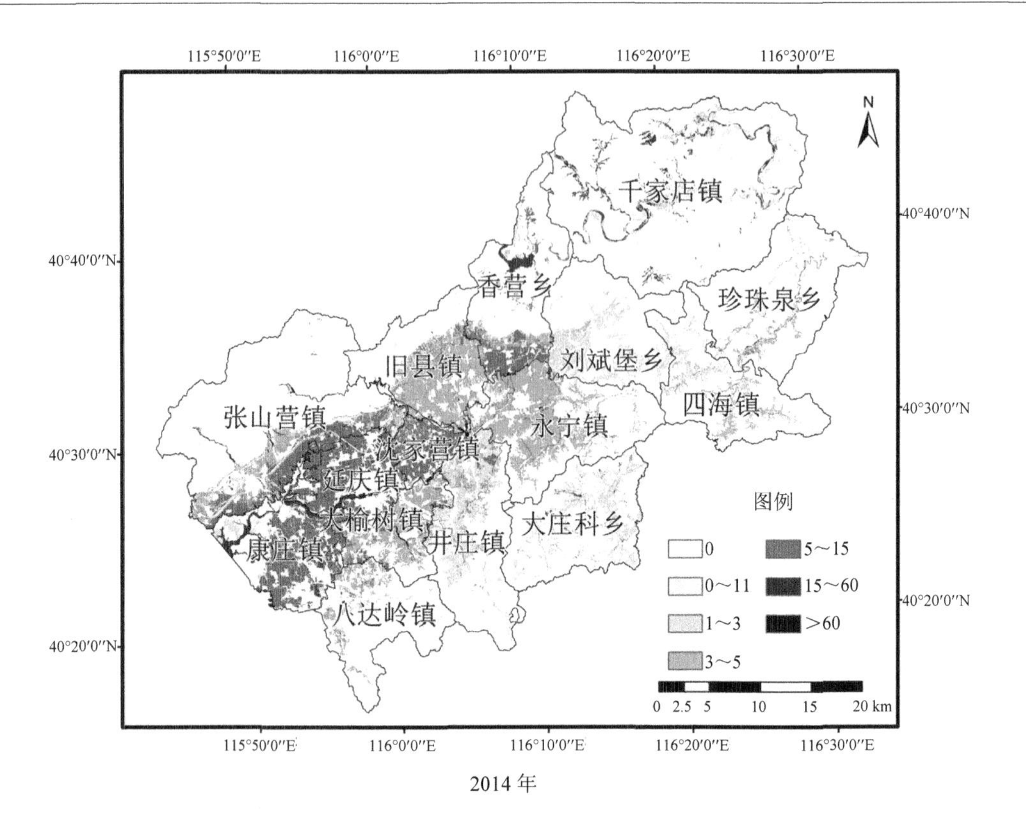
115°50′0″E
116°0′0″E
116°10′0″E
116°20′0″E
116°30′0″E
N
千家店镇
香营乡
珍珠泉乡
旧县镇
刘斌堡乡
四海镇
张山营镇
永宁镇
沈家营镇
延庆镇
大榆树镇
康庄镇
井庄镇
大庄科乡
八达岭镇
图例
0
0~11
1~3
3~5
5~15
15~60
>60
0 2.5 5 10 15 20 km
40°40′0″N
40°30′0″N
40°20′0″N

2014 年

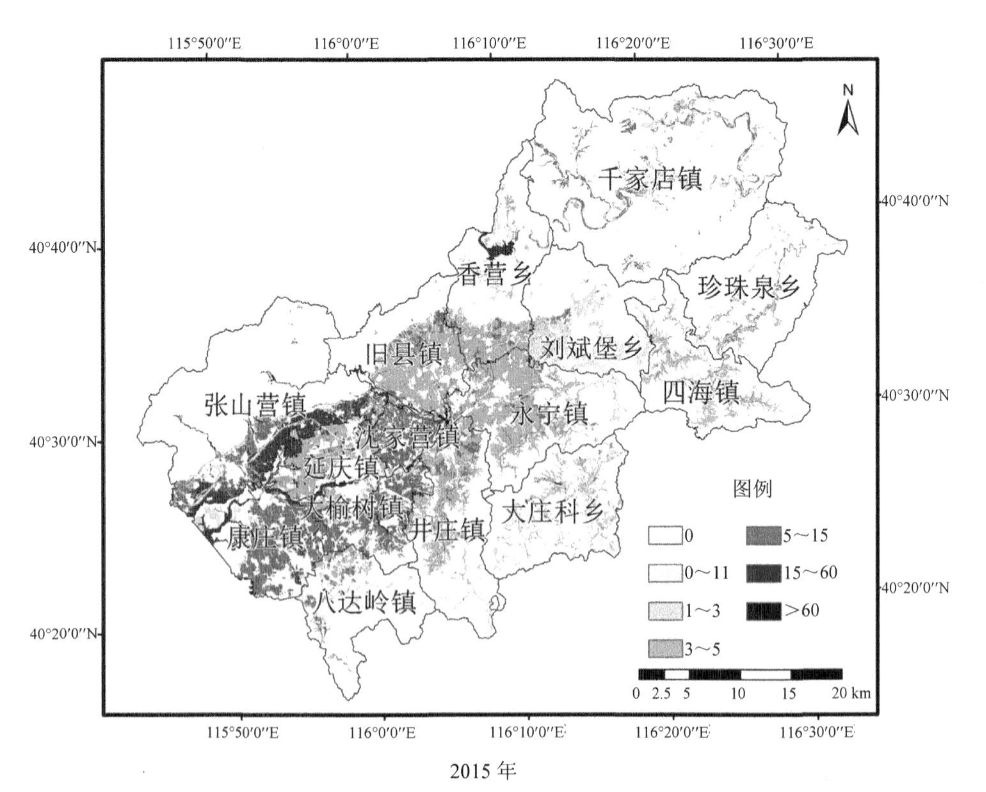
115°50′0″E
116°0′0″E
116°10′0″E
116°20′0″E
116°30′0″E
N
千家店镇
香营乡
珍珠泉乡
旧县镇
刘斌堡乡
四海镇
张山营镇
永宁镇
沈家营镇
延庆镇
大榆树镇
康庄镇
井庄镇
大庄科乡
八达岭镇
图例
0
0~11
1~3
3~5
5~15
15~60
>60
0 2.5 5 10 15 20 km
40°40′0″N
40°30′0″N
40°20′0″N

2015 年

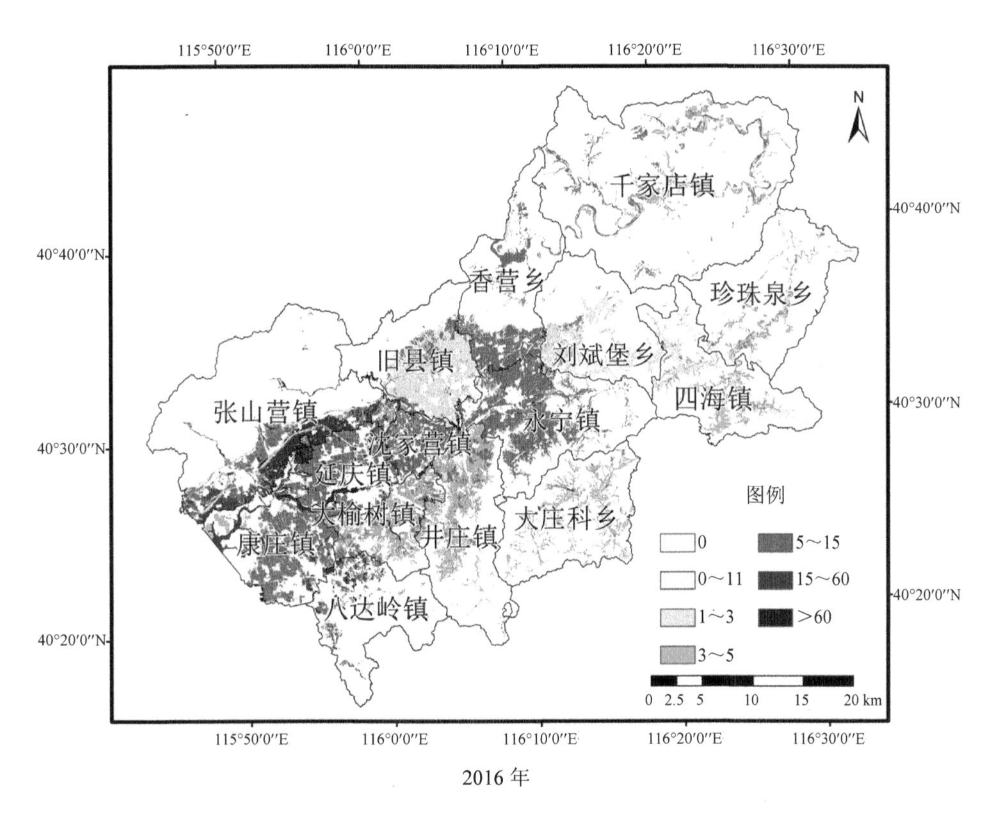

图 4-3　2014—2016 年延庆区产品供给价值量空间分布

从各主体功能分区看，城镇发展区产品供给总价值最高，2014—2016 年先保持稳定后略有增加，分为 5.6 亿元、5.6 亿元、6.0 亿元；其次为生态保护区，2014—2016 年逐渐增加，分别为 3.0 亿元、3.5 亿元、3.9 亿元；生态保护区最低，2014—2016 年略有增加，分别为 2.3 亿元、2.3 亿元、2.3 亿元（图 4-4）。

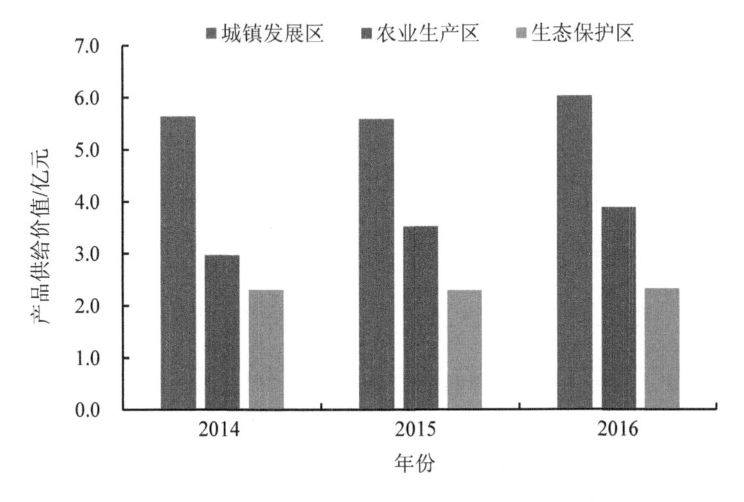

图 4-4　2014—2016 年延庆区各主体功能分区产品供给价值

从各乡镇看，农业生产区的张山营镇，城镇发展区的延庆镇、康庄镇等乡镇产品供给价值较高，生态保护区的珍珠泉乡最低。而从不同生态系统类型、不同乡镇单位面积产品供给价值看，延庆区不同生态系统类型单位面积产品供给价值从高到低依次为湿地>耕地>园地>林地，其中康庄镇、延庆镇、沈家营镇的林地单位面积产品供给价值较高；大庄科乡、张山营镇的耕地单位面积产品供给价值较高；康庄镇、延庆镇的园地单位面积产品供给价值较高；八达岭镇、延庆镇的湿地单位面积水资源供给价值量较高；延庆镇的水库湿地单位面积水产品供给价值最高；珍珠泉乡的坑塘湿地单位面积水产品供给价值最高。

延庆区各乡镇产品供给价值差异见图 4-5，各乡镇不同生态系统类型单位面积产品供给价值见表 4-2。

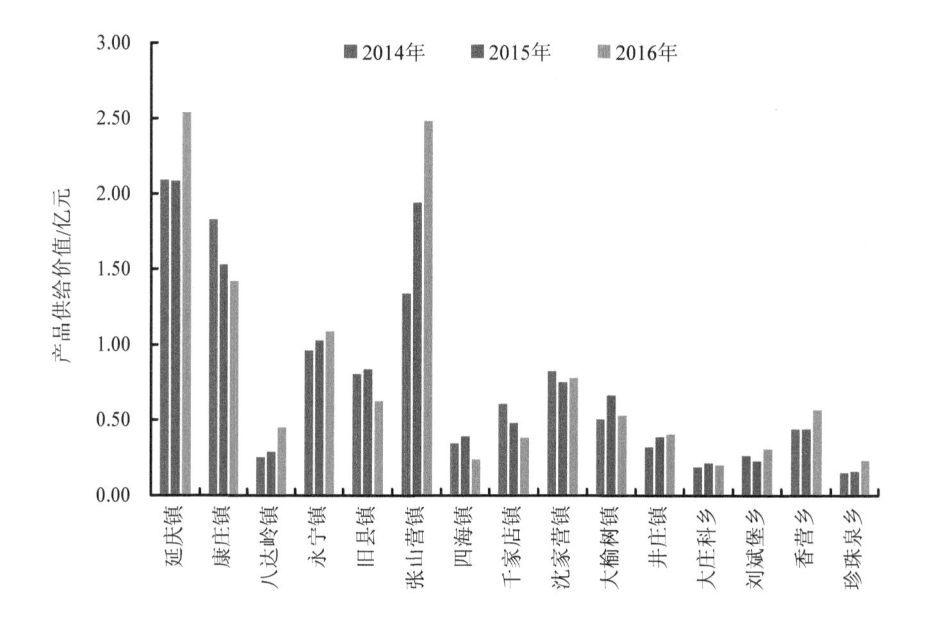

图 4-5　2014—2016 年延庆区各乡镇产品供给价值差异

表 4-2　2014—2016 年延庆区各乡镇不同生态系统类型单位面积产品供给价值　　单位：万元/km²

乡镇	林地	耕地	园地	湿地	水库	坑塘	河流
康庄镇	114.6	176.7	353.0	874.7	69.1	1 110.1	0.0
旧县镇	23.0	73.6	72.0	2 016.3	20.9	282.9	0.0
永宁镇	15.9	114.7	94.7	2 882.1	—	688.7	15.2
八达岭镇	4.0	200.5	44.2	7 931.6	—	0.0	0.0
张山营镇	21.2	412.5	62.7	1 609.4	466.1	619.0	0.0
四海镇	20.2	63.1	23.5	947.5	—	0.0	0.0
千家店镇	1.8	271.2	9.9	324.6	—	612.3	0.0

乡镇	林地	耕地	园地	湿地	水库	坑塘	河流
沈家营镇	65.3	270.4	265.6	4 549.1	0.0	966.1	0.0
大榆树镇	21.6	114.6	147.2	3 223.2	—	0.0	0.0
井庄镇	11.1	69.6	45.2	1 624.6	—	289.5	0.0
延庆镇	68.8	145.0	345.2	7 788.6	15 112.4	435.5	0.0
香营乡	3.7	153.7	51.7	291.9	94.7	0.0	0.0
珍珠泉乡	7.8	108.3	14.6	390.6	—	11 838.2	3.7
大庄科乡	11.7	553.7	7.6	1 667.5	—	0.0	0.0
刘斌堡乡	8.7	59.0	96.1	1 569.3	0.0	0.0	0.0
延庆区	11.7	191.8	73.6	1 612.2	93.1	461.5	1.5

4.1.2　变化量及其原因分析

2014—2016 年，延庆区生态系统产品供给服务价值量较为稳定，略有增加趋势，三年累计增加 0.35 亿元，其中 2014—2015 年增加 0.12 亿元，2015—2016 年增加 0.23 亿元。

从不同服务类型看，各类产品供给服务价值变化较为剧烈，其中农业产品供给服务价值呈先增加后减少的趋势；畜牧产品供给服务价值呈先减少后增加的趋势；林业产品供给服务价值呈持续增加趋势；水资源供给服务价值呈减少趋势；可再生生物质能源价值总体变化不大，略有下降，主要原因是各类产品实物量的增减变化。从 2014—2016 年累计变化看，农业产品、林业产品二者的供给价值增加带来的正向贡献程度较高，贡献率分别为 126.74%、102.51%；水资源供给服务价值减少带来的负向贡献率较高，为–112.32%；其余类型变化的贡献率较低。其中，2014—2015 年，农业产品供给服务价值增加较为明显，正向贡献程度最高，其增加量对产品供给服务总价值的贡献率达 576.59%；畜牧业产品供给服务价值减少较为明显，负向贡献程度最高，其减少量对产品供给服务总价值的贡献率为–436.01%；林业产品供给服务价值增加带来的贡献率为 66.27%；水资源供给服务价值减少带来的贡献率为–87.37%。2015—2016 年，畜牧业产品供给服务价值增加较为明显，正向贡献程度最高，贡献率为 232.52%；林业产品供给服务价值也有增加，贡献率为 121.89%；农业产品、水资源的供给价值均有减少，其负向贡献率分别为–113.85%、–112.32%。

从不同生态系统类型看，2014—2016 年农田生态系统产品供给服务价值的增加对延庆区整体产品供给服务价值增加的贡献程度最大，其次是森林生态系统，二者贡献率分别为 119.08%、102.51%，主要原因是农业产品、林业产品的实物量累计有所增加；湿地生态系统的贡献为负，贡献率为–123.02%，主要原因是湿地水产品、水资源供给实物量出现减少。分阶段看，2014—2015 年和 2015—2016 年两个时期的总体变化趋势与 2014—2016 年累计变化趋势相同，即森林和农田生态系统为正贡献，湿地生态系统为负贡献。不同之处是，农田生态系统在2014—2015年的正向贡献程度最大，贡献率为120.81%；森林生态系统在2015—2016年的正向贡献程度最大，贡献率为121.89%；湿地生态系统在2015—2016年的负向贡献程度最大，贡献率为–142.25%。

从不同主体功能区看，2014—2016年累计农业生产区的产品供给服务价值增加带来的贡献程度最大，贡献率为68.98%，主要原因是该区域畜牧业产品、林业产品、农业产品供给实物量增加明显。分阶段看，2014—2015年变化趋势与2014—2016年累计变化趋势类似，也是农业生产区的正向程度最大，贡献率为111.68%，主要原因是农业、林业、畜牧业、水产品实物量增加；城镇发展区和生态保护区均为减少趋势，贡献为负，主要原因是畜牧业产品、林业产品实物量减少。2015—2016年不同分区产品供给服务价值均呈增加趋势，其中城镇发展区的贡献最大，贡献率为52.79%，主要原因是农业产品、畜牧业产品实物量增加；其次是农业生产区的增加贡献，贡献率为43.08%，主要原因是畜牧产品、林业产品、农业产品实物量增加。

从不同乡镇看，2014—2016年累计张山营镇产品供给服务价值增加带来的正向贡献最大，贡献率为85.71%，主要原因是畜牧产品、林业产品实物量增加；康庄镇的负向贡献最大，贡献率为–30.59%，主要原因是畜牧产品、水产品实物量减少。分阶段看，2014—2015年，仍是张山营镇的正向贡献最大，康庄镇的负向贡献最大，贡献率分别为119.60%、–59.77%。2015—2016年，仍为张山营镇的正向贡献最大，但比上一时期有所下降，贡献率为65.16%；旧县镇的负向贡献最大，贡献率为–25.88%，主要原因是畜牧产品实物量减少。

2014—2016年不同时期延庆区产品供给服务价值变化量及贡献率见表4-3。

表4-3 2014—2016年不同时期延庆区产品供给服务价值变化量及贡献率

地区/类型		2014—2015年		2015—2016年		2014—2016年	
		变化量/亿元	贡献率/%	变化量/亿元	贡献率/%	变化量/亿元	贡献率/%
延庆区整体		0.12	—	0.23	—	0.35	—
分服务类型	农业产品	0.71	576.59	–0.26	–113.85	0.45	126.74
	林业产品	0.08	66.27	0.28	121.89	0.36	102.51
	畜牧业产品	–0.54	–436.01	0.54	232.52	0.00	–0.43
	水产品	0.00	0.28	–0.07	–29.93	–0.07	–19.40
	水资源	–0.11	–87.37	–0.26	–112.32	–0.37	–103.63
	可再生生物质能源	–0.02	–19.77	0.00	1.69	–0.02	–5.79
分生态系统	森林	0.08	66.27	0.28	121.89	0.36	102.51
	湿地	–0.11	–87.07	–0.33	–142.25	–0.44	–123.02
	农田	0.15	120.81	0.27	32.86	0.42	119.08

地区/类型		2014—2015 年		2015—2016 年		2014—2016 年	
		变化量/亿元	贡献率/%	变化量/亿元	贡献率/%	变化量/亿元	贡献率/%
分主体功能区	城镇发展区	–0.05	–9.43	0.44	52.79	0.39	29.30
	农业生产区	0.56	111.68	0.36	43.08	0.92	68.98
	生态保护区	–0.01	–2.26	0.03	4.14	0.02	1.72
分乡镇	康庄镇	–0.30	–59.77	–0.11	–12.89	–0.41	–30.59
	旧县镇	0.03	6.65	–0.21	–25.58	–0.18	–13.41
	永宁镇	0.07	13.31	0.06	7.32	0.13	9.58
	八达岭镇	0.03	6.83	0.16	19.62	0.20	14.79
	张山营镇	0.60	119.60	0.54	65.16	1.14	85.71
	四海镇	0.05	9.16	–0.15	–18.27	–0.11	–7.91
	千家店镇	–0.13	–25.08	–0.10	–11.89	–0.22	–16.87
	沈家营镇	–0.07	–14.57	0.03	3.49	–0.04	–3.33
	大榆树镇	0.16	31.54	–0.13	–15.93	0.03	1.99
	井庄镇	0.07	13.49	0.02	2.14	0.09	6.42
	延庆镇	–0.01	–1.34	0.45	54.65	0.45	33.52
	香营乡	0.00	0.24	0.13	15.34	0.13	9.64
	珍珠泉乡	0.01	1.89	0.07	8.68	0.08	6.12
	大庄科乡	0.03	5.25	–0.01	–1.45	0.01	1.08
	刘斌堡乡	–0.04	–7.21	0.08	9.58	0.04	3.24

注：由于部分产品供给服务无法核算到乡镇，这里不同主体功能区、不同乡镇的贡献率为其对应变化量与各乡镇变化量之和的比值。

4.2 调节服务及其变化

4.2.1 现状、结构与地区差异

生态系统调节服务主要包括土壤保持、防风固沙、水源涵养、洪水调蓄、大气环境净化、水质净化、固碳释氧、气候调节、病虫害控制、生命维护和栖息地保护 10 项，2014—2016 年延庆区调节服务总价值分别为 294.37 亿元、301.49 亿元、306.73 亿元，各项服务的实物量与价值量如表 4-4 所示。

表 4-4 2014—2016 年延庆区生态系统调节服务实物量与价值量

服务类型	指标	实物量				价值量/亿元		
		2014 年	2015 年	2016 年	单位	2014 年	2015 年	2016 年
土壤保持	减少土地废弃	0.23	0.23	0.23	亿 t	0.75	0.74	0.68
	减少泥沙淤积	0.04	0.04	0.04	亿 t	0.78	0.79	0.80
	保持土壤肥力	0.02	0.02	0.02	亿 t	38.55	38.98	39.19
	小计					40.09	40.52	40.66
防风固沙	减少土地沙化	352.38	301.79	290.74	万 t	1.12	0.98	0.96
	保持土壤肥力	33.09	28.34	27.30	万 t	5.86	5.11	4.99
	小计					6.98	6.09	5.94
水源涵养	水源涵养量	1.39	1.93	2.18	亿 m^3	11.11	15.70	17.94
洪水调蓄	水库调蓄量	1.00	1.00	1.00	亿 m^3	8.05	8.18	8.30
	坑塘调蓄量	44.23	44.49	44.19	万 m^3	0.04	0.04	0.04
	沼泽调蓄量	0.01	0.01	0.01	万 m^3	0.11	0.11	0.11
	小计					8.19	8.32	8.44
大气环境净化	净化 SO_2 量	3.27	3.27	3.27	万 t	0.38	0.38	0.39
	净化 NO_x 量	0.12	0.12	0.12	万 t	0.041	0.042	0.042
	净化粉尘量	0.14	0.14	0.14	万 t	0.025	0.026	0.026
	小计					0.44	0.45	0.46
水质净化	净化 COD 量	0.34	0.34	0.34	万 t	0.73	0.75	0.76
	净化总氮量	0.07	0.07	0.07	万 t	0.06	0.06	0.06
	净化总磷量	0.02	0.02	0.02	万 t	0.01	0.01	0.01
	小计	0.43	0.43	0.43	万 t	0.80	0.81	0.82
固碳释氧	固碳量	197.03	193.81	195.09	万 t	15.10	15.12	15.43
	释氧量	143.84	141.49	142.42	万 t	17.65	17.67	18.04
	小计					32.74	32.79	33.47
气候调节	森林蒸腾降温增湿	65.88	65.87	65.88	亿 kW·h	32.94	33.53	34.00
	草地蒸腾降温增湿	0.59	0.58	0.58	亿 kW·h	0.29	0.30	0.30
	湿地蒸发降温增湿	27.15	26.35	25.27	亿 kW·h	13.58	13.41	13.04
	农田蒸腾降温增湿	10.83	10.83	10.80	亿 kW·h	5.42	5.51	5.58
	小计	104.44	103.64	102.53	亿 kW·h	52.2	52.75	52.92
病虫害控制	森林病虫害控制	79.15	79.15	79.15	km^2	0.07	0.07	0.07
生命维护和栖息地保护	物种保育	—				141.7	144.0	146.0
合计						294.37	301.49	306.73

从调节服务价值构成看，延庆区生命维护和栖息地保护价值最高，2014—2016 年占调节服务总价值的比例分别为 48.1%、47.8%、47.6%；其次为气候调节、土壤保持、固碳释氧，2014—2016 年比例平均约为 17.5%、13.4%、11.0%。其余调节服务价值量相对较低（图 4-6）。

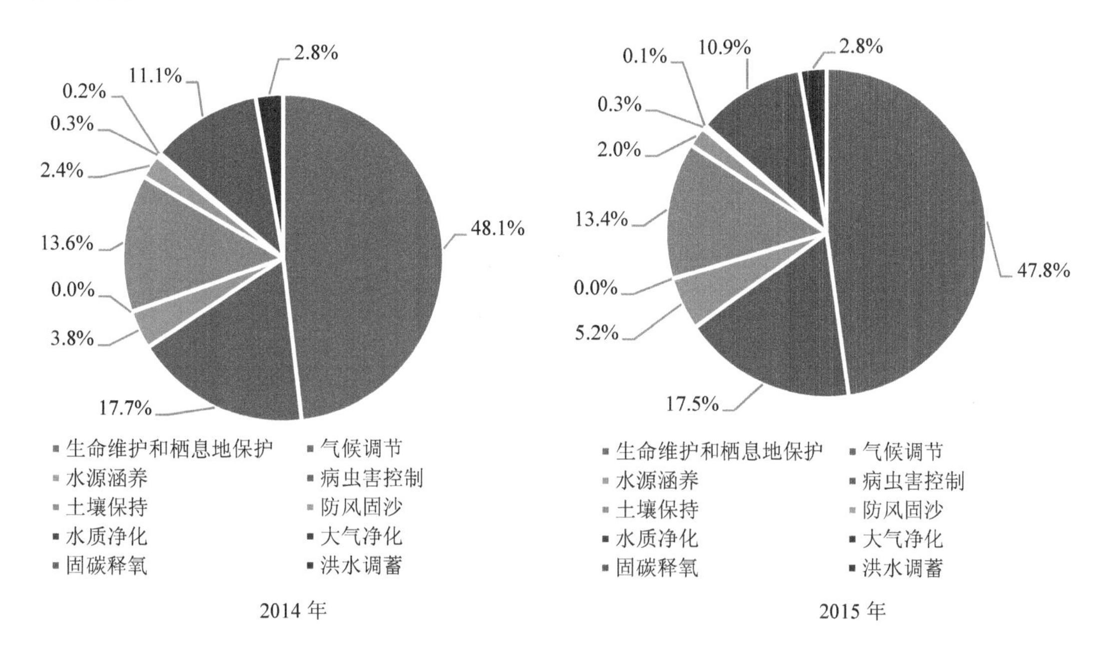

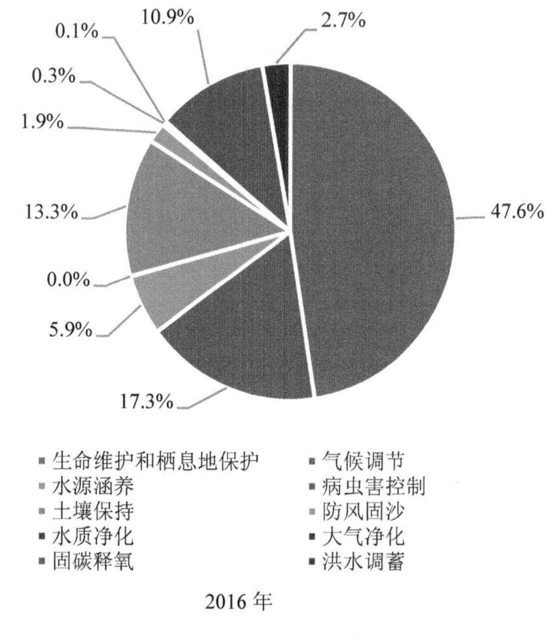

图 4-6　2014—2016 年延庆区调节服务价值构成比例

从不同生态系统类型看，森林生态系统调节服务价值最高，2014—2016 年分别为 252.2 亿元、259.2 亿元、264.1 亿元，占延庆区调节服务总价值的比例分别为 85.7%、86.0%、86.1%；其次为湿地生态系统，2014—2016 年其调节服务价值分别为 23.0 亿元、23.0 亿元、22.8 亿元，比例分别为 7.8%、7.6%、7.4%（图 4-7）。

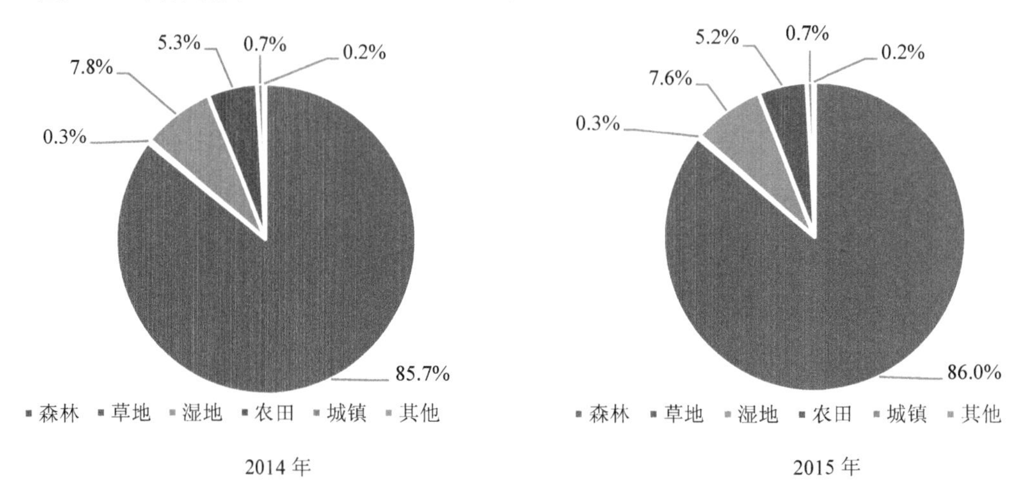

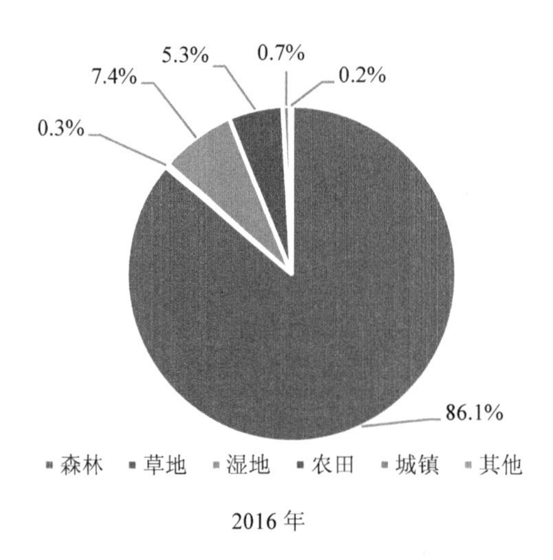

图 4-7 2014—2016 年延庆区不同生态系统类型调节服务价值比例

结合生态系统类型数据，将洪水调蓄、大气环境净化、水质净化、病虫害控制、气候调节服务价值进行空间化，如图 4-8 所示。从空间上看，延庆区调节服务价值较高的区域主要位于延庆区湿地生态系统和山区森林生态系统，中部平原地区相对较低。各项生态系统调节服务的具体情况如各小节所述。

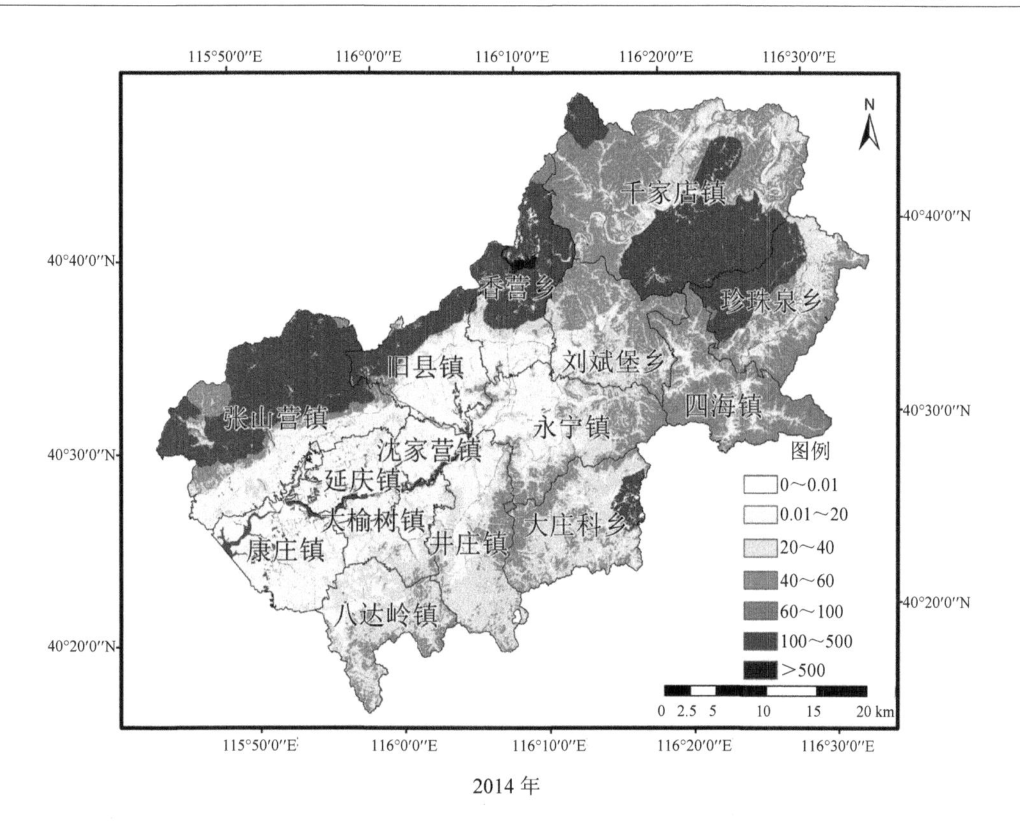

115°50′0″E
116°0′0″E
116°10′0″E
116°20′0″E
116°30′0″E
40°40′0″N
40°30′0″N
40°20′0″N
N
千家店镇
香营乡
珍珠泉乡
旧县镇
刘斌堡乡
张山营镇
四海镇
永宁镇
沈家营镇
延庆镇
大榆树镇
大庄科乡
康庄镇
井庄镇
八达岭镇
图例
0～0.01
0.01～20
20～40
40～60
60～100
100～500
>500
0 2.5 5 10 15 20 km

2014 年

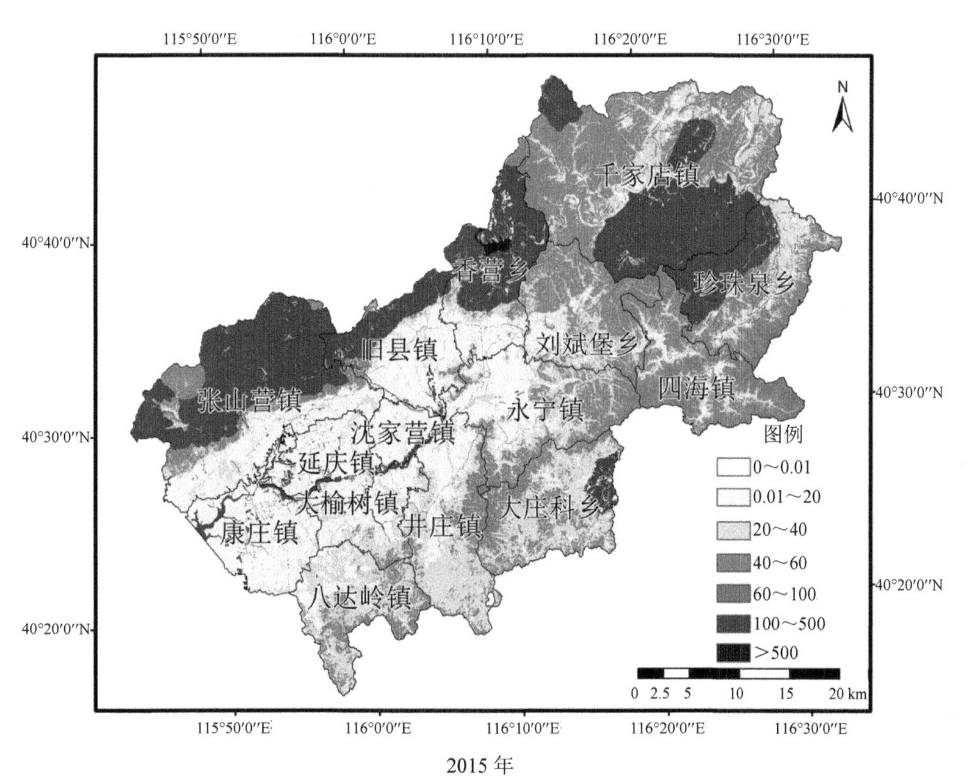

115°50′0″E
116°0′0″E
116°10′0″E
116°20′0″E
116°30′0″E
40°40′0″N
40°30′0″N
40°20′0″N
N
千家店镇
香营乡
珍珠泉乡
旧县镇
刘斌堡乡
张山营镇
四海镇
永宁镇
沈家营镇
延庆镇
大榆树镇
大庄科乡
康庄镇
井庄镇
八达岭镇
图例
0～0.01
0.01～20
20～40
40～60
60～100
100～500
>500
0 2.5 5 10 15 20 km

2015 年

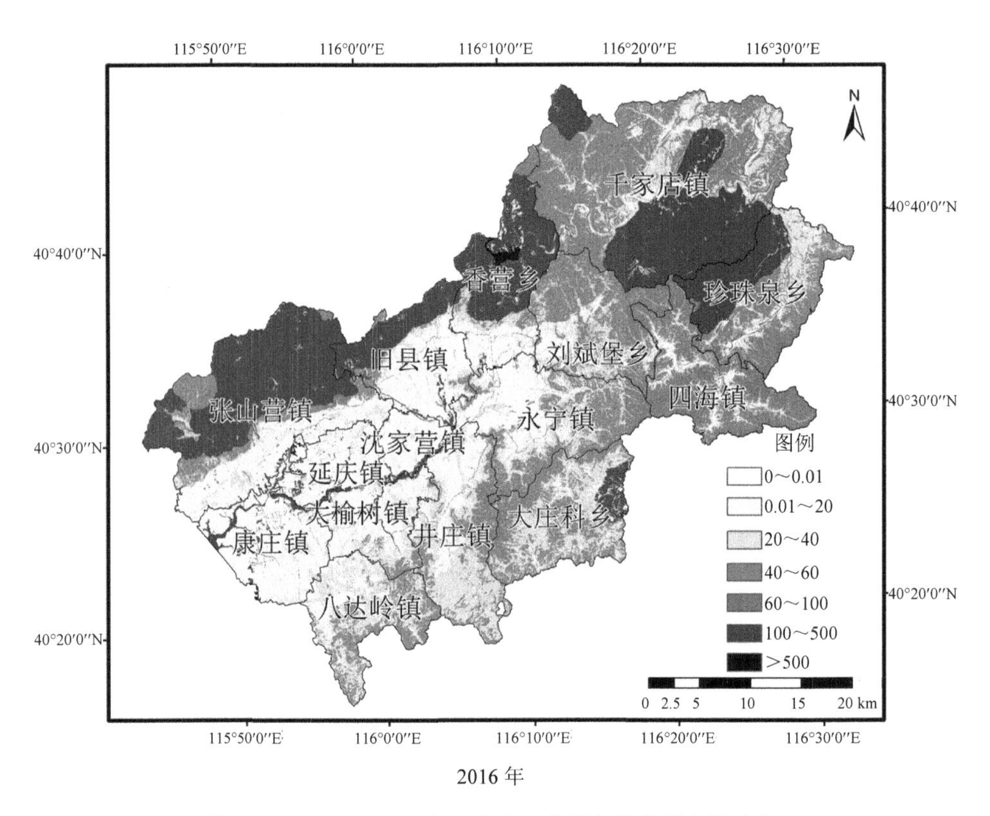

图 4-8　2014—2016 年延庆区调节服务价值量空间分布

从不同主体功能区（图 4-9）和不同乡镇（图 4-10）看，2014—2016 年生态保护区调节服务价值最高，分别为 179.72 亿元、184.25 亿元、187.20 亿元；其次为农业生产区、城镇发展区，2014—2016 年农业生产区调节服务价值分别为 78.22 亿元、80.14 亿元、81.68 亿元；城镇发展区调节服务价值分别为 36.43 亿元、37.11 亿元、37.85 亿元。生态保护区的千家店镇、农业生产区的张山营镇调节服务价值较高，2014—2016 年千家店镇调节服务价值分别为 71.36 亿元、72.82 亿元、73.76 亿元；张山营镇调节服务价值分别为 60.33 亿元、61.74 亿元、62.87 亿元。

4.2.1.1　土壤保持

2014—2016 年，延庆区土壤保持总量较为稳定，均为 0.23 亿 t；土壤保持价值量分别为 40.09 亿元、40.52 亿元、40.66 亿元，其中因生态系统土壤保持功能而减少的土地废弃价值分别为 0.75 亿元、0.74 亿元、0.68 亿元；减少泥沙淤积功能量均为 0.04 亿 t，价值量分别为 0.78 亿元、0.79 亿元、0.80 亿元；保持土壤肥力功能量均为 0.02 亿 t，价值量分别为 38.55 亿元、38.98 亿元、39.19 亿元，平均约占土壤保持总价值的 96.3%。

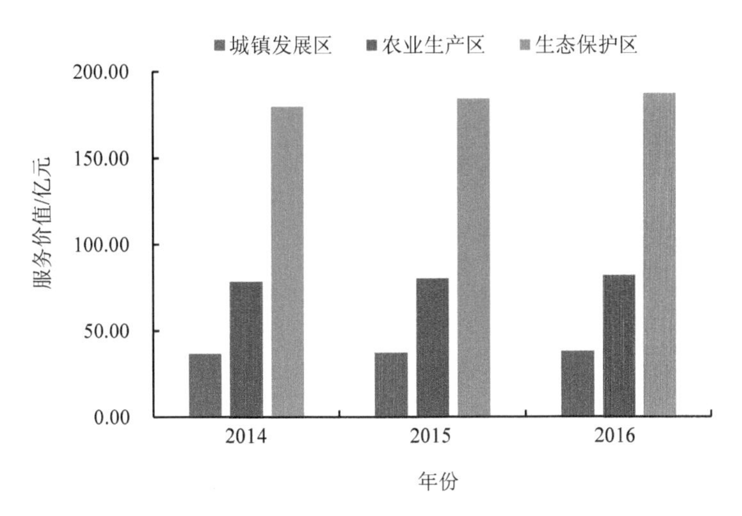

图 4-9　2014—2016 年延庆区各主体功能分区调节服务价值

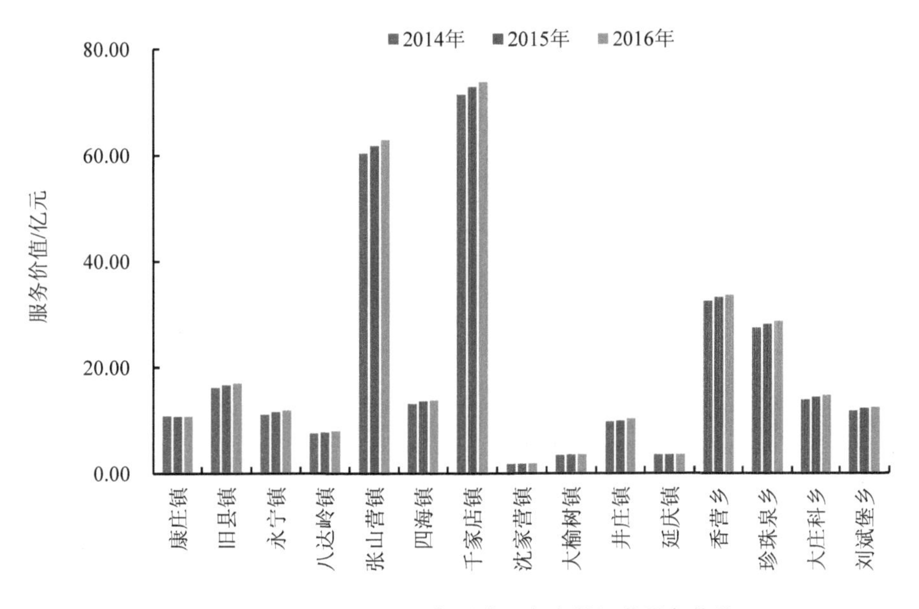

图 4-10　2014—2016 年延庆区各乡镇调节服务价值

从不同生态系统类型来看，森林生态系统土壤保持价值量最高，2014—2016 年分别为 37.2 亿元、37.6 亿元、37.7 亿元，平均占延庆区土壤保持总价值的 92.8%，农田、草地、湿地、城镇、裸地等类型土壤保持价值量均较低。从单位面积土壤保持价值量看，森林生态系统最高，2014—2016 年平均为 0.03 亿元/km^2，草地、湿地、其他相对较低，2014—2016 年平均都约为 0.01 亿元/km^2，农田、城镇等人工生态系统最低，2014—2016 年平均分别为 0.005 亿元/km^2、0.003 亿元/km^2（图 4-11）。

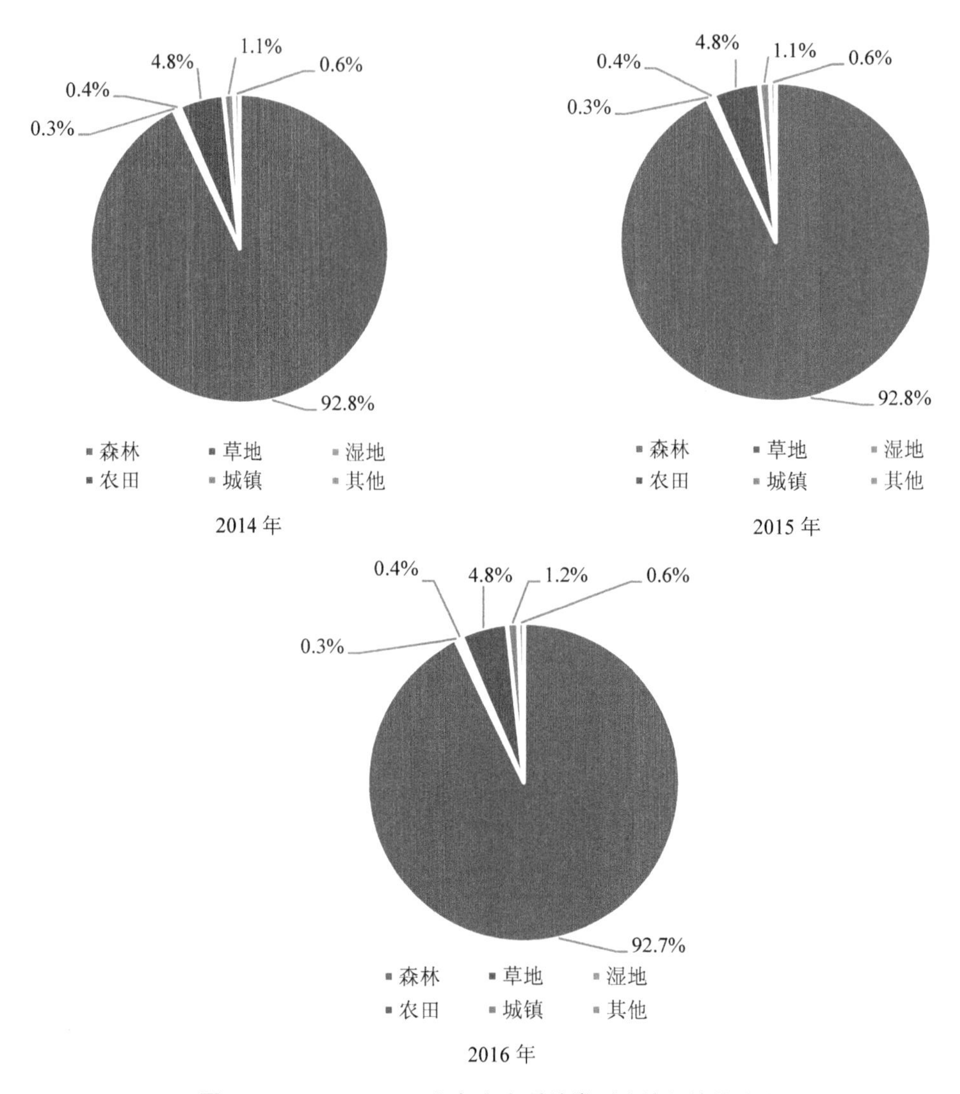

图 4-11　2014—2016 年各生态系统类型土壤保持价值占比

从空间上看，土壤保持价值量较高的区域主要位于西北部和东北部地区。各主体功能分区和各乡镇土壤保持价值差异明显，其中生态保护区土壤保持价值最高，2014—2016 年分别为 27.38 亿元、27.65 亿元、27.70 亿元；其次是农业生产区，2014—2016 年分别为 9.13 亿元、9.26 亿元、9.30 亿元；城镇发展区最低，2014—2016 年分别为 3.58 亿元、3.61 亿元、3.65 亿元。生态保护区的千家店镇，农业生产区的张山营镇等土壤保持价值量较高，其他区域相对较低（图 4-12～图 4-14）。

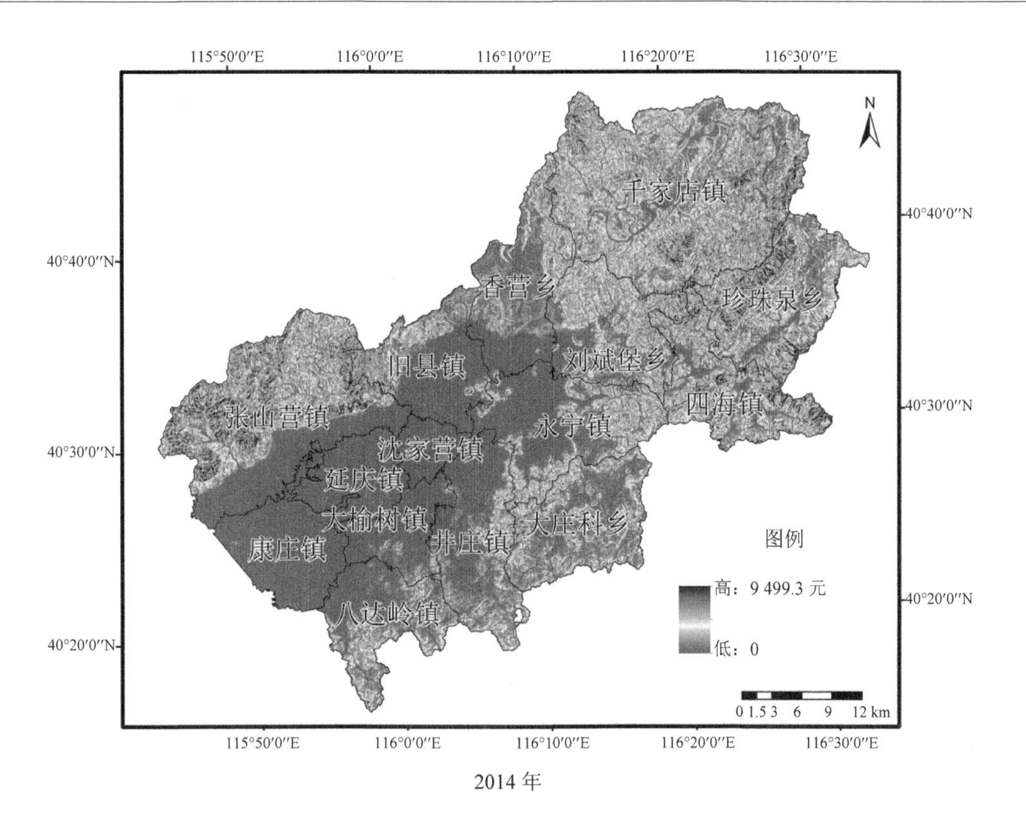
115°50′0″E
116°0′0″E
116°10′0″E
116°20′0″E
116°30′0″E
40°40′0″N
40°30′0″N
40°20′0″N
N
千家店镇
香营乡
珍珠泉乡
旧县镇
刘斌堡乡
四海镇
张山营镇
永宁镇
沈家营镇
延庆镇
大榆树镇
大庄科乡
康庄镇
井庄镇
八达岭镇
图例
高：9 499.3 元
低：0
0 1.5 3 6 9 12 km

2014 年

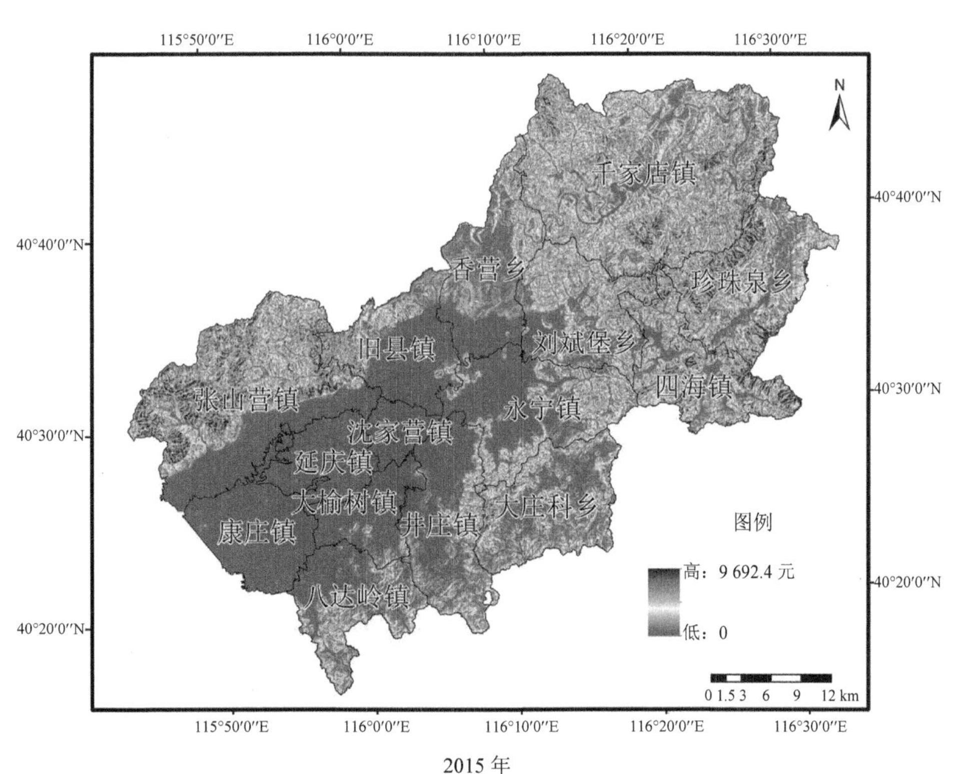
115°50′0″E
116°0′0″E
116°10′0″E
116°20′0″E
116°30′0″E
40°40′0″N
40°30′0″N
40°20′0″N
N
千家店镇
香营乡
珍珠泉乡
旧县镇
刘斌堡乡
四海镇
张山营镇
永宁镇
沈家营镇
延庆镇
大榆树镇
大庄科乡
康庄镇
井庄镇
八达岭镇
图例
高：9 692.4 元
低：0
0 1.5 3 6 9 12 km

2015 年

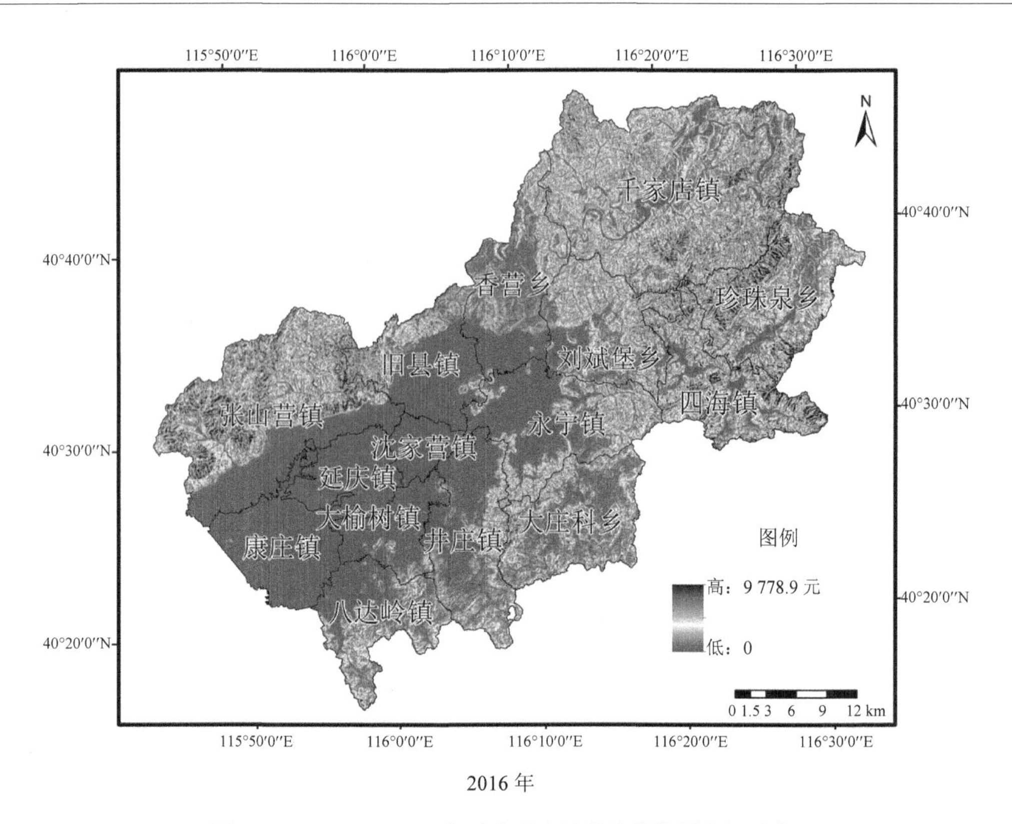

2016 年

图 4-12　2014—2016 年延庆区土壤保持价值量空间分布

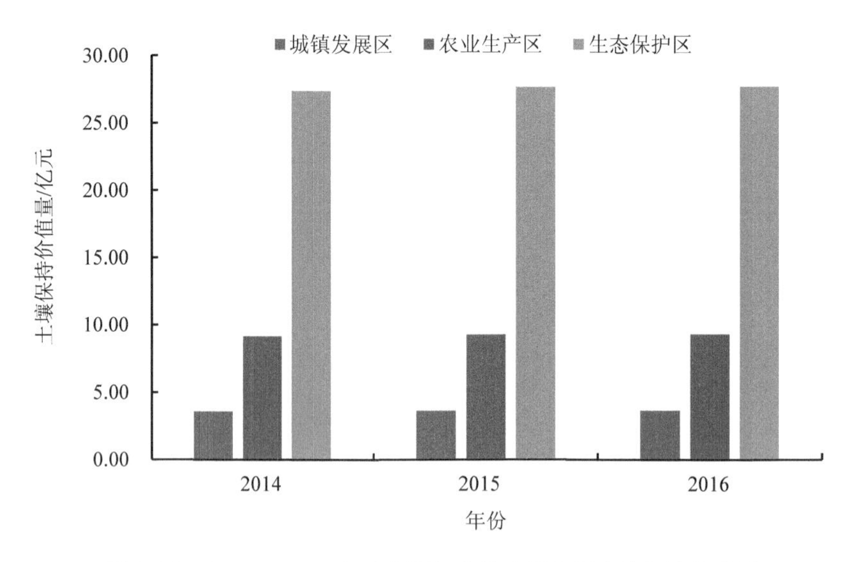

图 4-13　2014—2016 年延庆区各主体功能分区土壤保持价值量

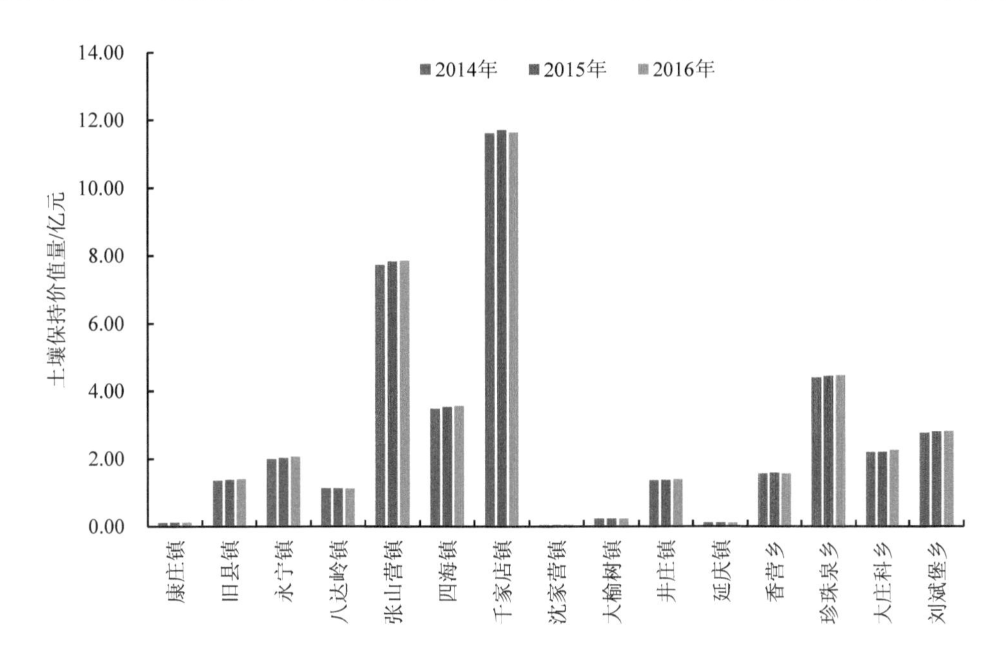

图 4-14　2014—2016 年延庆区各乡镇土壤保持价值量

4.2.1.2　防风固沙

2014—2016 年，延庆区防风固沙总量分别为 352.38 万 t、301.79 万 t、290.74 万 t，由生态系统防风固沙功能减少的土地沙化价值量分别为 1.12 亿元、0.98 亿元、0.96 亿元，保持土壤肥力价值分别为 5.86 亿元、5.11 亿元、4.99 亿元，防风固沙总价值分别为 6.98 亿元、6.09 亿元、5.94 亿元。2014—2016 年防风固沙功能量与价值量略有降低，主要受气象因子变化影响较大。

从不同生态系统类型看，森林生态系统防风固沙价值最高，2014—2016 年分别为 5.48 亿元、4.8 亿元、4.67 亿元，占延庆区防风固沙价值量的比例分别为 78.5%、78.9%、78.6%；其次为农田生态系统，2014—2016 年防风固沙价值分别为 1.30 亿元、1.10 亿元、1.09 亿元，比例分别为 18.6%、18.0%、18.3%；草地、湿地、城镇、其他等防风固沙量较低。从单位面积防风固沙价值看，森林生态系统最高，2014—2016 年平均为 0.004 亿元/km^2；其次为草地、农田、其他，2014—2016 年平均都为 0.003 亿元/km^2；湿地、城镇最低，2014—2016 年平均都为 0.000 3 亿元/km^2（图 4-15）。

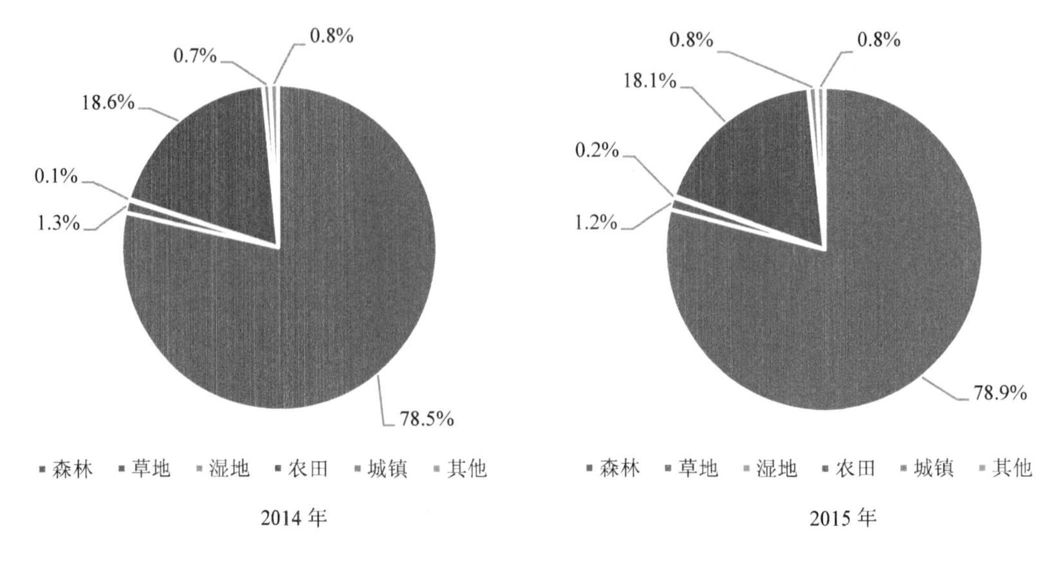

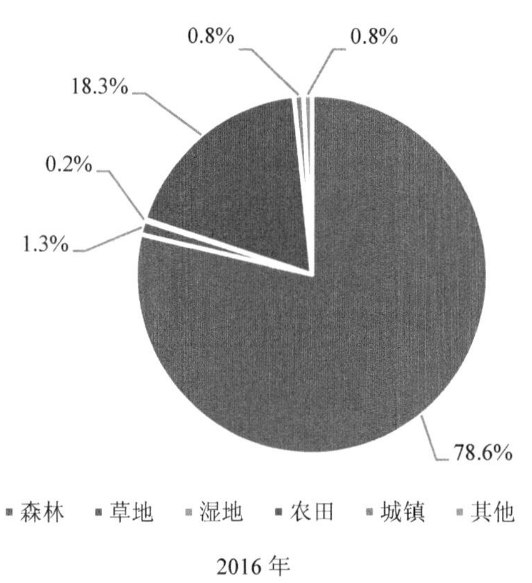

图 4-15　2014—2016 年延庆区各生态系统类型防风固沙价值量占比

从空间上看，防风固沙价值量较高的区域主要位于延庆区西北部、东部和东南部等森林生态系统类型区。各主体功能分区和各乡镇防风固沙价值量差异明显，其中生态保护区防风固沙价值最高，2014—2016 年分别为 4.43 亿元、3.78 亿元、3.65 亿元，农业生产区、城镇发展区防风固沙价值相近，2014—2016 年农业生产区分别为 1.38 亿元、1.24 亿元、1.26 亿元，城镇发展区分别为 1.17 亿元、1.06 亿元、1.03 亿元。生态保护区的千家店镇以及农业生产区的张山营镇等森林生态系统较多的区域防风固沙价值量较高，其他区域则较低（图 4-16～图 4-18）。

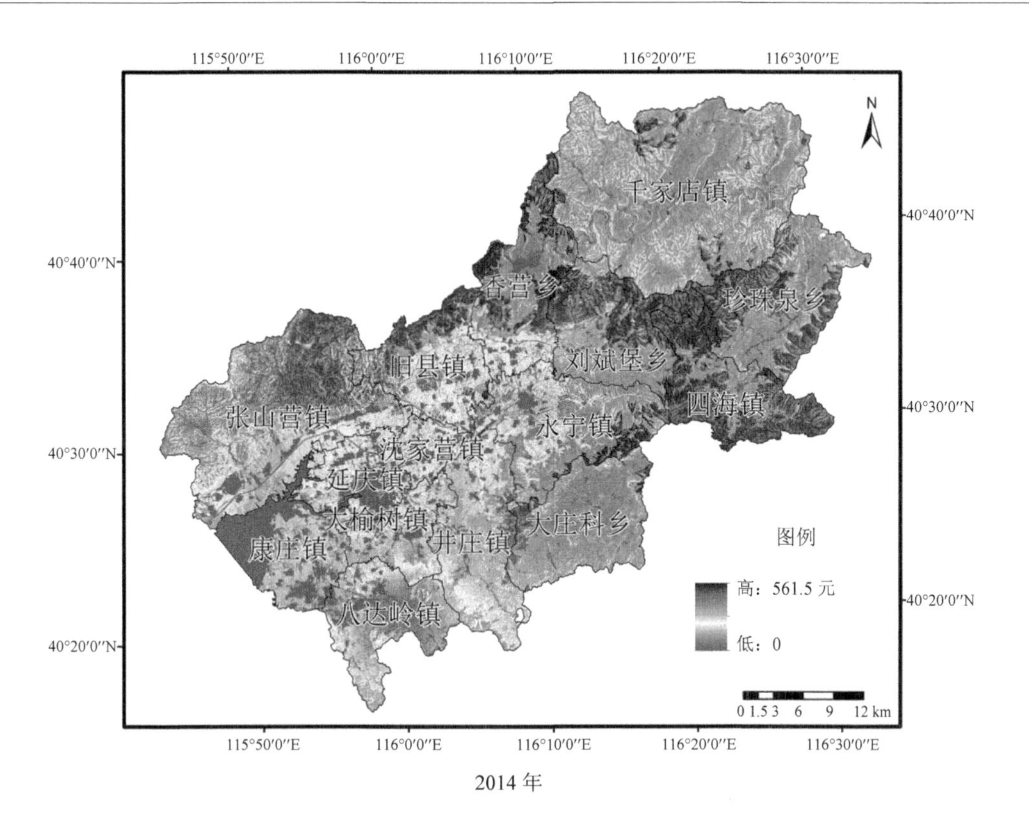
115°50′0″E
116°0′0″E
116°10′0″E
116°20′0″E
116°30′0″E
40°40′0″N
40°30′0″N
40°20′0″N
N
千家店镇
香营乡
珍珠泉乡
刘斌堡乡
旧县镇
四海镇
张山营镇
永宁镇
沈家营镇
延庆镇
大榆树镇
大庄科乡
康庄镇
井庄镇
八达岭镇
图例
高：561.5 元
低：0
0 1.5 3 6 9 12 km

2014 年

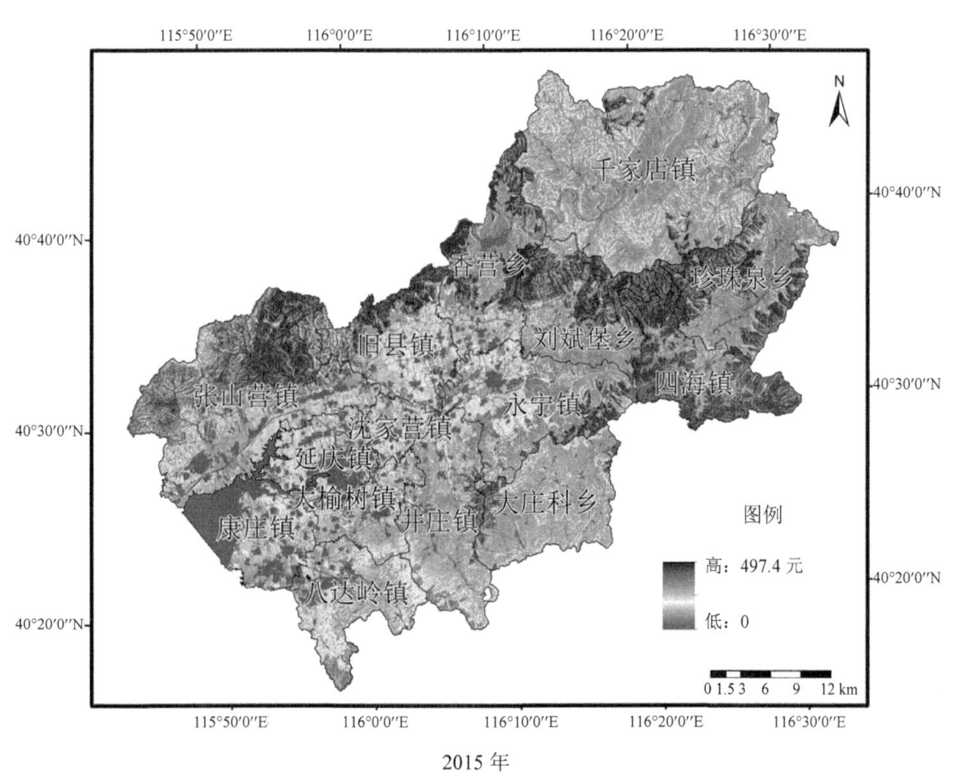
115°50′0″E
116°0′0″E
116°10′0″E
116°20′0″E
116°30′0″E
40°40′0″N
40°30′0″N
40°20′0″N
N
千家店镇
香营乡
珍珠泉乡
刘斌堡乡
旧县镇
四海镇
张山营镇
永宁镇
沈家营镇
延庆镇
大榆树镇
大庄科乡
康庄镇
井庄镇
八达岭镇
图例
高：497.4 元
低：0
0 1.5 3 6 9 12 km

2015 年

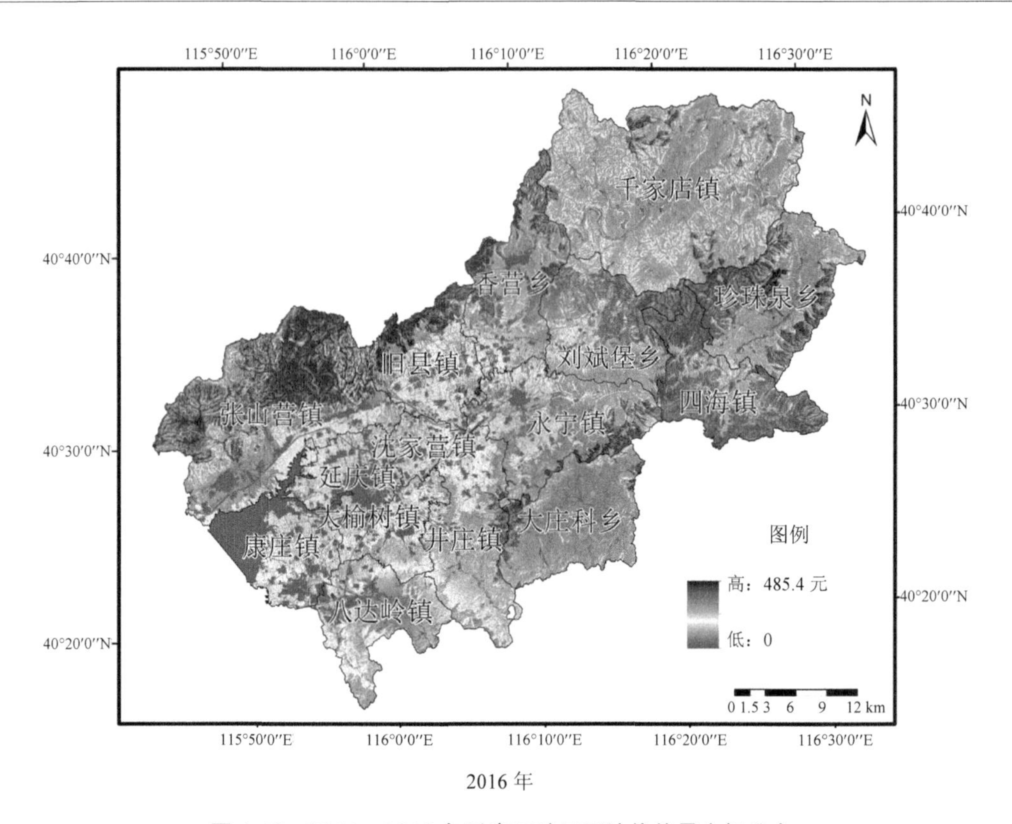

2016 年

图 4-16　2014—2016 年延庆区防风固沙价值量空间分布

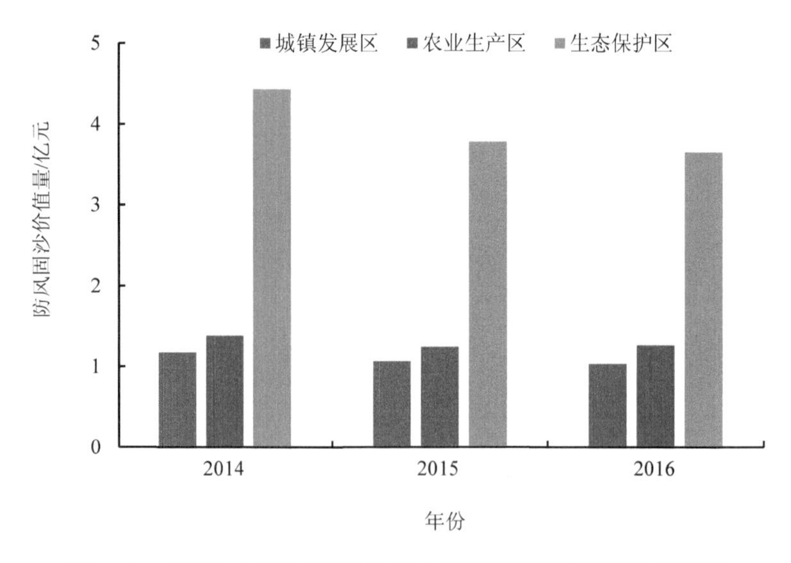

图 4-17　2014—2016 年延庆区各主体功能分区防风固沙价值量

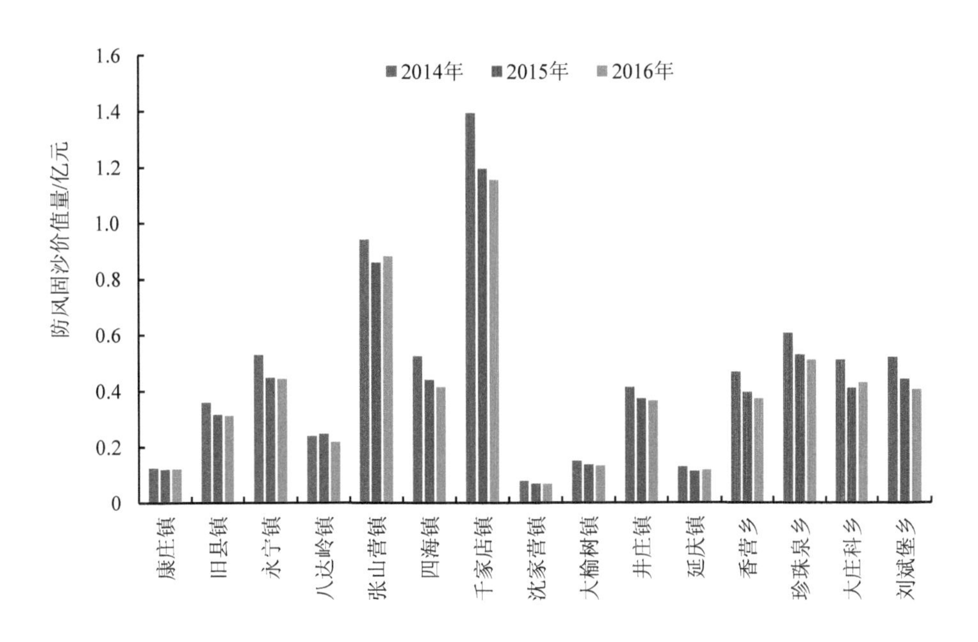

图 4-18　2014—2016 年延庆区各乡镇防风固沙价值量

4.2.1.3　水源涵养

2014—2016 年，延庆区主要生态系统水源涵养量分别为 1.39 亿 m^3、1.93 亿 m^3、2.17 亿 m^3，水源涵养价值量分别为 11.11 亿元、15.70 亿元、17.94 亿元，呈逐年增加趋势，这主要与 2014—2016 年来降水量增加有关。

从不同生态系统类型看，森林生态系统水源涵养量及价值最高，2014—2016 年水源涵养量分别为 1.20 亿 m^3、1.70 亿 m^3、1.93 亿 m^3，价值量分别为 9.61 亿元、13.83 亿元、15.90 亿元，占延庆区水源涵养总价值的比例分别为 86.5%、88.2%、88.7%；其次为农田生态系统，2014—2016 年水源涵养量分别为 0.18 亿 m^3、0.22 亿 m^3、0.23 亿 m^3，价值量分别为 1.45 亿元、1.77 亿元、1.93 亿元，占比分别为 13.1%、11.3%、10.8%；草地生态系统最低，2014—2016 年水源涵养量分别为 66.2 万 m^3、130.0 万 m^3、140.7 万 m^3，价值量分别为 0.05 亿元、0.11 亿元、0.12 亿元。从单位面积水源涵养价值量看，森林生态系统最高，2014—2016 年平均为 0.01 亿元/km^2，草地、农田较低，2014—2016 年平均分别为 0.003 亿元/km^2、0.004 亿元/km^2（图 4-19）。

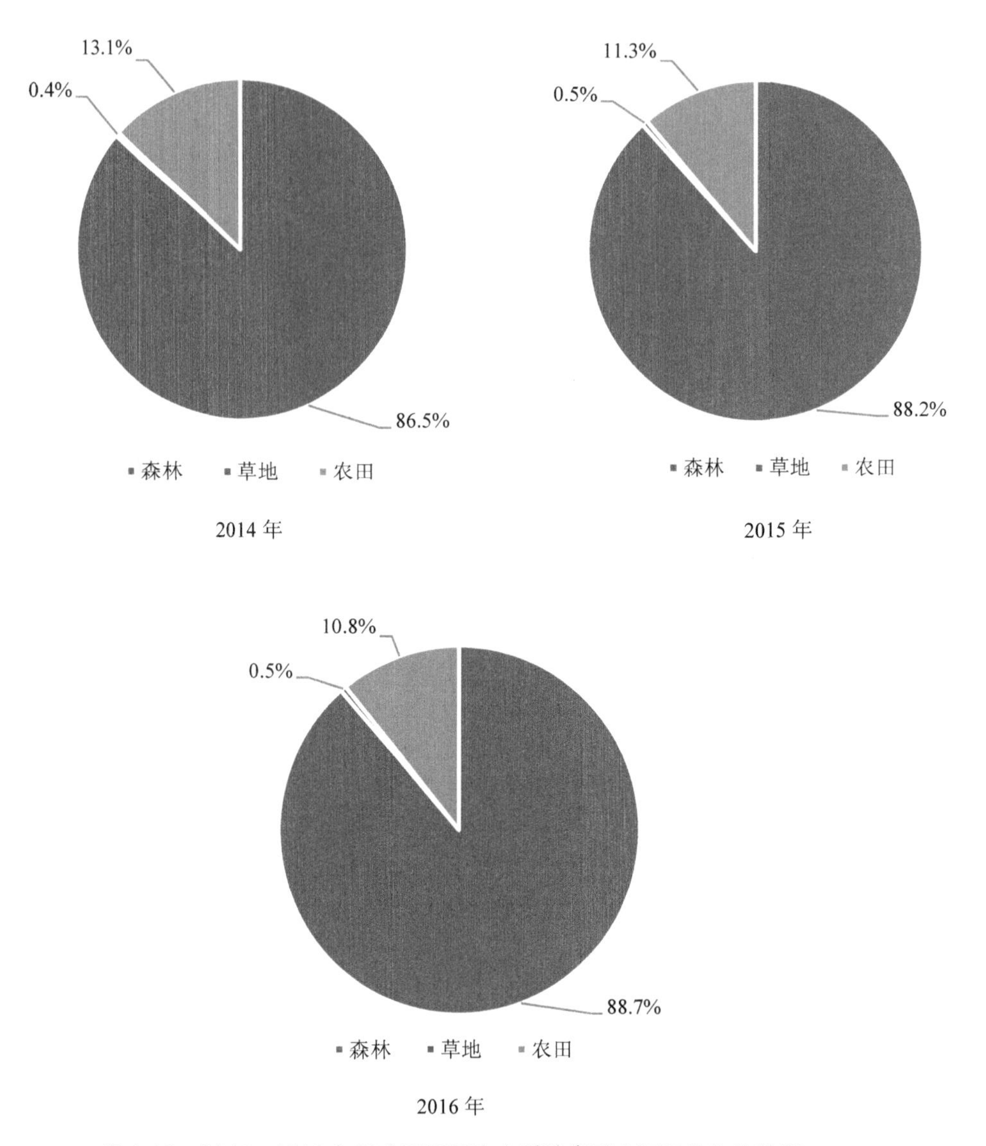

图 4-19　2014—2016 年延庆区不同生态系统类型水源涵养价值比例

从空间上看，水源涵养较高的区域主要位于延庆区西北部、东北部、东南部山区。从各主体功能分区和各乡镇看，生态保护区水源涵养价值最高，2014—2016 年分别为 7.09 亿元、10.28 亿元、11.78 亿元，其次为农业生产区，2014—2016 年分别为 2.13 亿元、2.83 亿元、3.16 亿元；城镇发展区最低，2014—2016 年分别为 1.89 亿元、2.59 亿元、3.00 亿元。生态保护区中的千家店镇、农业生产区中的张山营镇水源涵养价值较高（图 1-20～图 1-22）。

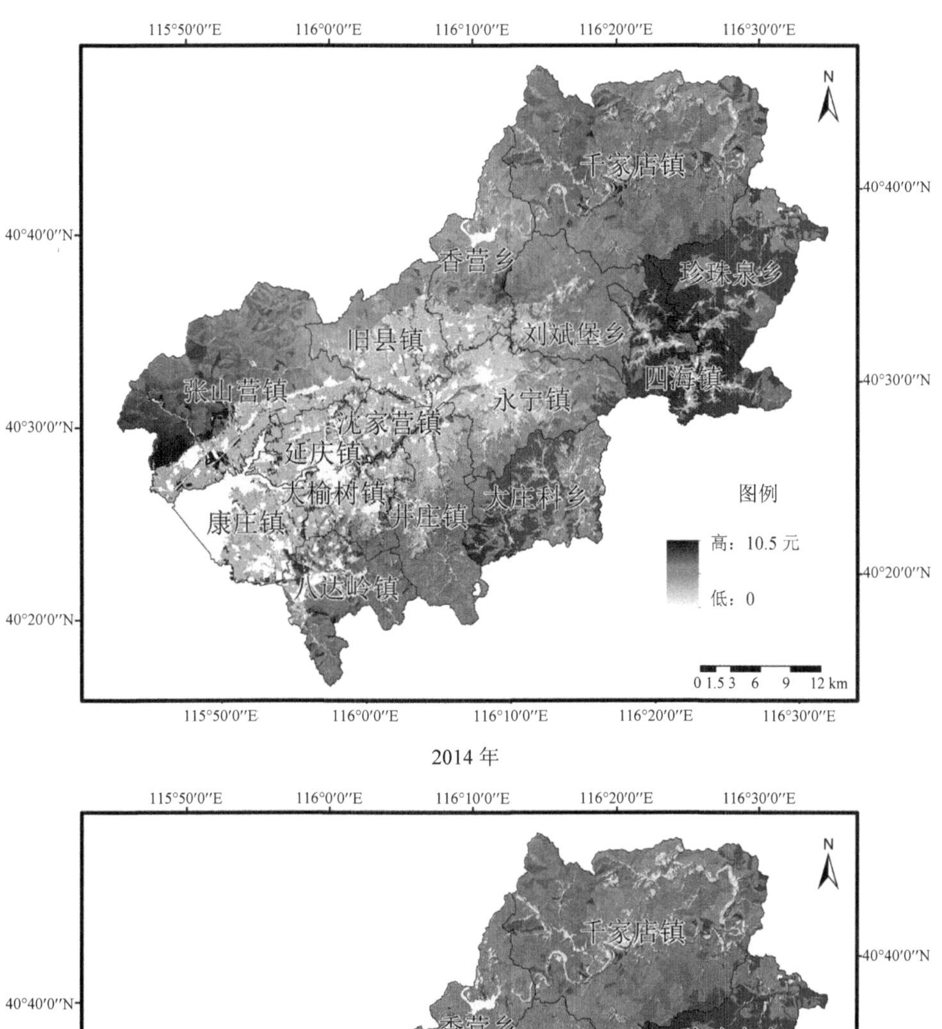
115°50′0″E
116°0′0″E
116°10′0″E
116°20′0″E
116°30′0″E
40°40′0″N
40°30′0″N
40°20′0″N
N
千家店镇
香营乡
珍珠泉乡
旧县镇
刘斌堡乡
四海镇
张山营镇
永宁镇
沈家营镇
延庆镇
大榆树镇
井庄镇
大庄科乡
康庄镇
八达岭镇
图例
高：10.5 元
低：0
0 1.5 3 6 9 12 km

2014 年

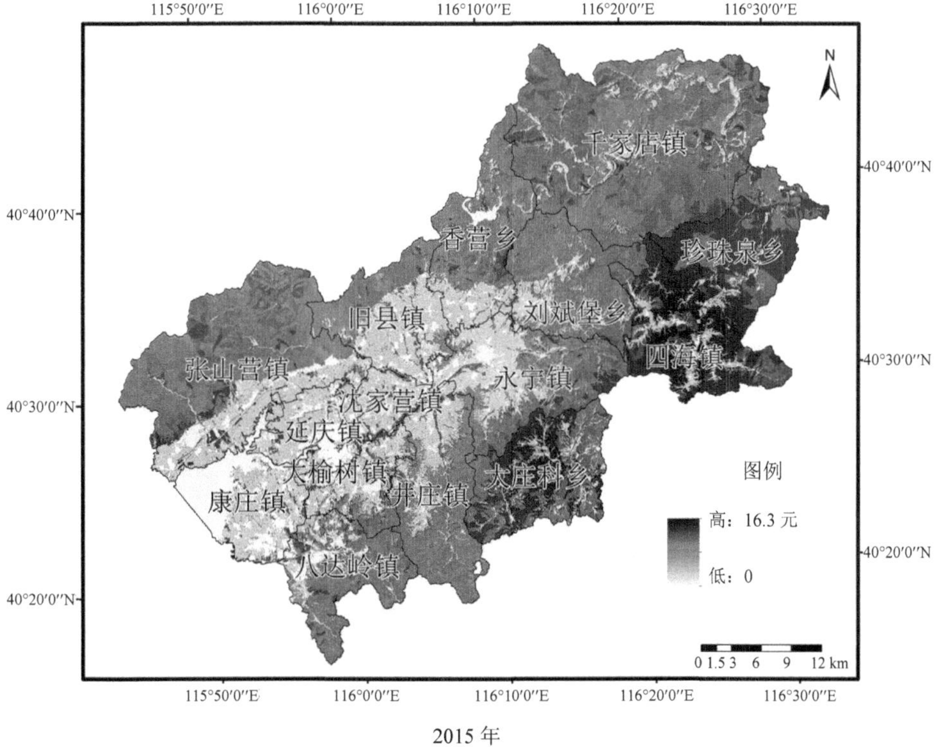
115°50′0″E
116°0′0″E
116°10′0″E
116°20′0″E
116°30′0″E
40°40′0″N
40°30′0″N
40°20′0″N
N
千家店镇
香营乡
珍珠泉乡
旧县镇
刘斌堡乡
四海镇
张山营镇
永宁镇
沈家营镇
延庆镇
大榆树镇
井庄镇
大庄科乡
康庄镇
八达岭镇
图例
高：16.3 元
低：0
0 1.5 3 6 9 12 km

2015 年

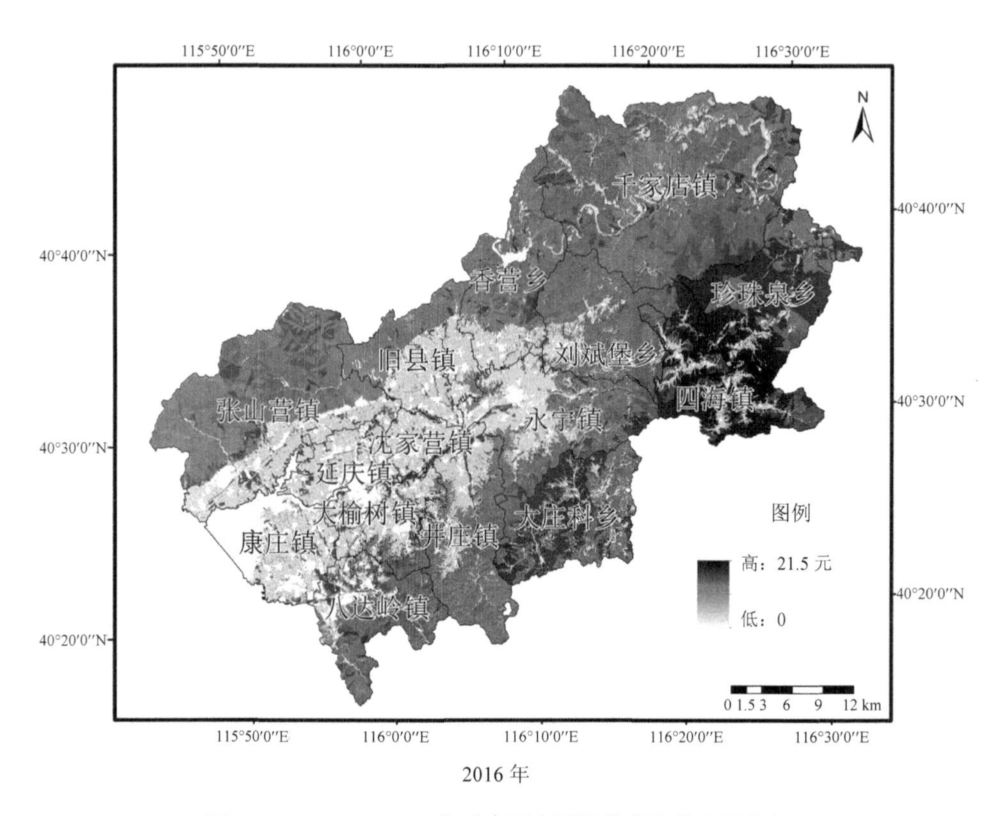

2016 年

图 4-20 2014—2016 年延庆区水源涵养价值量空间分布

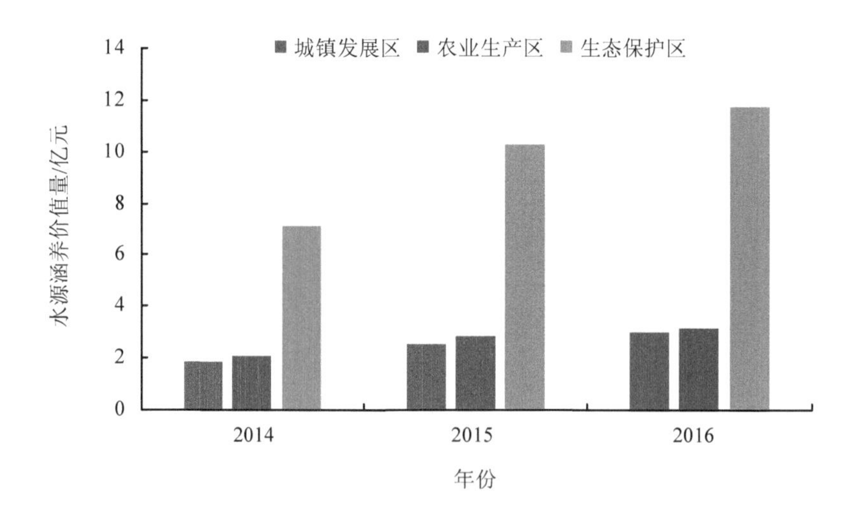

图 4-21 2014—2016 年延庆区各主体功能分区水源涵养价值量

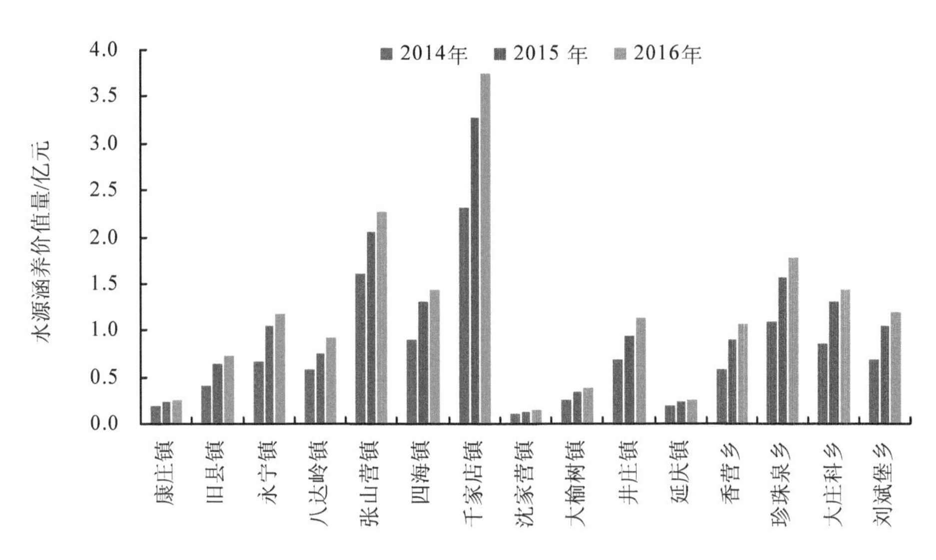

图 4-22 2014—2016 年延庆区各乡镇水源涵养价值量

4.2.1.4 洪水调蓄

延庆区湿地生态系统主要包括库塘湿地、沼泽湿地。

（1）库塘湿地

延庆区库塘湿地主要包括水库水面和坑塘水面两类。

①主要水库

根据《延庆区“十三五”时期水务发展规划报告》《北京市水资源公报》，延庆区主要水库共 5 座，分别为官厅水库（延庆境内）、白河堡水库、古城水库、佛峪口水库和玉渡山水库（表 4-7）。其中官厅水库总设计库容为 41.6 亿 m^3，常年水面面积为 130 km^2，延庆境内面积约为 26.67 km^2，占总面积的 20.52%，据此估计官厅水库（延庆境内）总库容量可近似为 8.54 亿 m^3。但考虑到自 2001 年以来，官厅水库的年末蓄水量不足 3 亿 m^3，2014—2016 年年末蓄水量分别为 2.69 亿 m^3、3.31 亿 m^3、4.69 亿 m^3，平均为 3.5 亿 m^3，仅为设计总库容的 8.4%，而白河堡水库、古城水库、佛峪口水库年末蓄水量占总库容的比例平均为 58%，据此推算官厅水库（延庆境内）的总库容约为（3.5 亿/0.58×20.52%）m^3，即 1.24 亿 m^3，更符合延庆实际。

综上所述，2014—2016 年延庆区 5 座主要水库的洪水调蓄总量为 1.0 亿 m^3，主要水库洪水调蓄总价值分别为 8.05 亿元、8.18 亿元、8.30 亿元。

表 4-5 延庆区主要库塘湿地洪水调蓄价值

水库名称	水面面积/ km^2	总库容/ 万 m^3	洪水调蓄量/ 亿 m^3	价值量/亿元		
				2014 年	2015 年	2016 年
白河堡水库	2.67	9 060	0.54	4.35	4.42	4.48
官厅水库（延庆）*	26.67	12 372.8	0.43	3.46	3.52	3.56
古城水库	0.34	852	0.02	0.17	0.18	0.18
佛峪口水库	0.08	205	0.005	0.04	0.04	0.04
玉渡山水库	—	59.3	0.005	0.04	0.04	0.04
总计	—	22 549.05	1.00	8.05	8.18	8.30

注：* 官厅水库（延庆）年末蓄水量、总库容为根据水面面积占比近似推算。

②坑塘水面

采用水务局提供的塘坝蓄水容积进行坑塘湿地洪水调蓄价值估算。2014—2016 年延庆区主要坑塘的洪水调蓄量较低，分别为 44.23 万 m^3、44.49 万 m^3、44.19 万 m^3；洪水调蓄价值分别为 353.4 万元、361.1 万元、363.7 万元。

（2）沼泽湿地

延庆区沼泽湿地主要为内陆滩涂类型。根据沼泽湿地洪水调蓄计算公式得到，2014—2016 年延庆区沼泽湿地的洪水调蓄量均为 0.01 亿 m^3，洪水调蓄价值量均为 0.11 亿元。

（3）洪水调蓄总价值

综上所述，2014—2016 年延庆区湿地生态系统洪水调蓄总价值分别为 8.19 亿元、8.32 亿元、8.44 亿元，其中库塘湿地洪水调蓄价值分别为 8.09 亿元、8.22 亿元、8.34 亿元，沼泽湿地洪水调蓄价值变化不大，均为 0.11 亿元。从单位面积洪水调蓄价值看，水库湿地最高，2014—2016 年平均为 0.65 亿元/km^2，其次为内陆滩涂、坑塘湿地，2014—2016 年平均为 0.03 亿元/km^2、0.01 亿元/km^2。

从各主体功能分区（图 4-23）和各乡镇（图 4-24）看，湿地资源丰富的生态保护区洪水调蓄价值最高，2014—2016 年分别为 4.45 亿元、4.52 亿元、4.58 亿元；其次为城镇发展区，2014—2016 年分别为 3.48 亿元、3.54 亿元、3.58 亿元，农业生产区最低。生态保护区的香营乡、城镇发展区的康庄镇洪水调蓄价值较高。

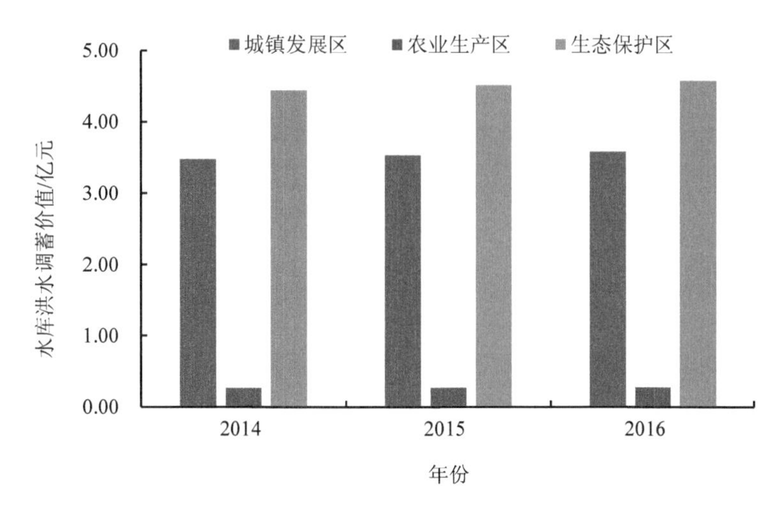

图 4-23　2014—2016 年延庆区各主体功能分区水库洪水调蓄价值

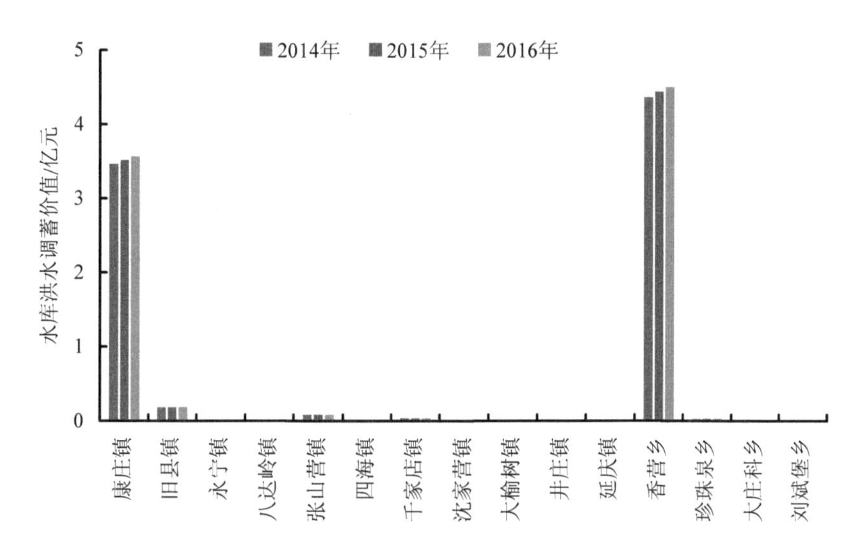

图 4-24　2014—2016 年延庆区各乡镇水库洪水调蓄价值

4.2.1.5　大气环境净化

2014—2016 年，延庆区生态系统大气环境净化总量较为稳定，均为 3.54 万 t，其中滞尘量约 0.14 万 t，净化 SO_2 量约 3.27 万 t，净化 NO_x 量约 0.12 万 t；大气环境净化总价值分别为 0.44 亿元、0.45 亿元、0.46 亿元，其中滞尘价值均为 0.03 亿元，净化 SO_2 价值分别为 0.38 亿元、0.38 亿元、0.39 亿元，净化 NO_x 价值均为 0.04 亿元。

从不同生态系统类型看，森林生态系统大气环境净化价值最高，2014—2016 年分别为 0.41 亿元、0.42 亿元、0.43 亿元，占延庆区大气环境净化价值的 93.60%；其次为农田生态系统，2014—2016 年分别为 0.028 亿元、0.029 亿元、0.029 亿元，占延庆区大气环境净化价值的 6.3%；草地生态系统大气环境净化价值最低，2014—2016 年分别为 4.26 万元、4.33 万元、4.33 万元，占延庆区大气环境净化价值的 0.1%。从单位面积大气环境净化价值看，森林生态系统最高，2014—2016 年平均为 3.11 万元/km^2，农田生态系统、草地生态系统相对较低，2014—2016 年平均分别为 0.71 万元/km^2、0.16 万元/km^2（图 4-25）。

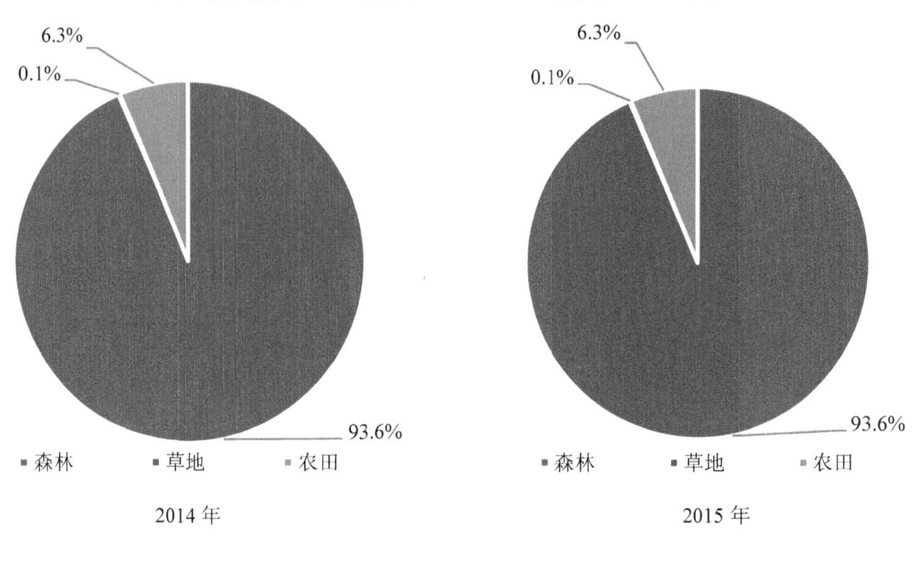

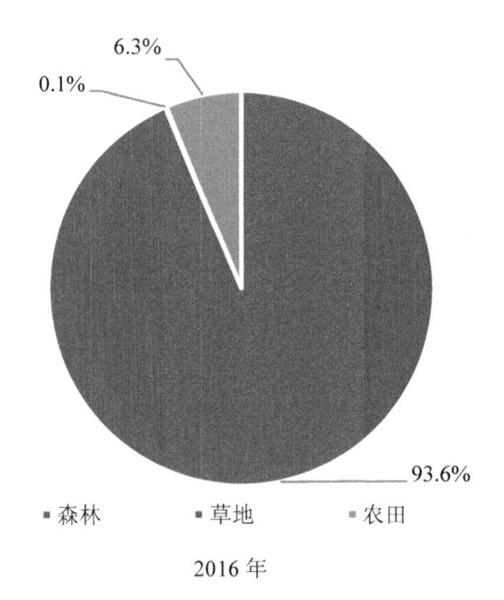

图 4-25　2014—2016 年延庆区各生态系统类型大气环境净化价值占比

从各主体功能分区和各乡镇看，生态保护区大气环境净化价值最高，2014—2016 年分别为 0.29 亿元、0.30 亿元、0.30 亿元，其次为农业生产区和城镇发展区，2014—2016 年大气环境净化价值基本稳定，分别为 0.08 亿元、0.07 亿元；生态保护区的千家店镇、珍珠泉乡，农业生产区的张山营镇等森林生态系统类型较多的区域大气环境净化价值量较高。

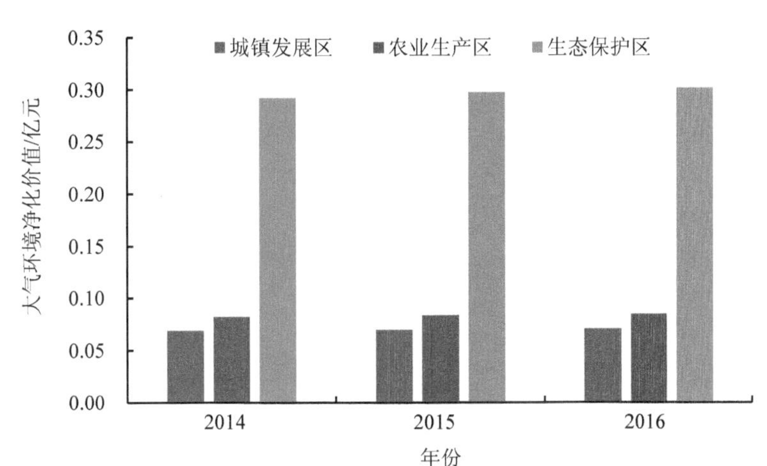

图 4-26　2014—2016 年延庆区各主体功能分区大气环境净化价值

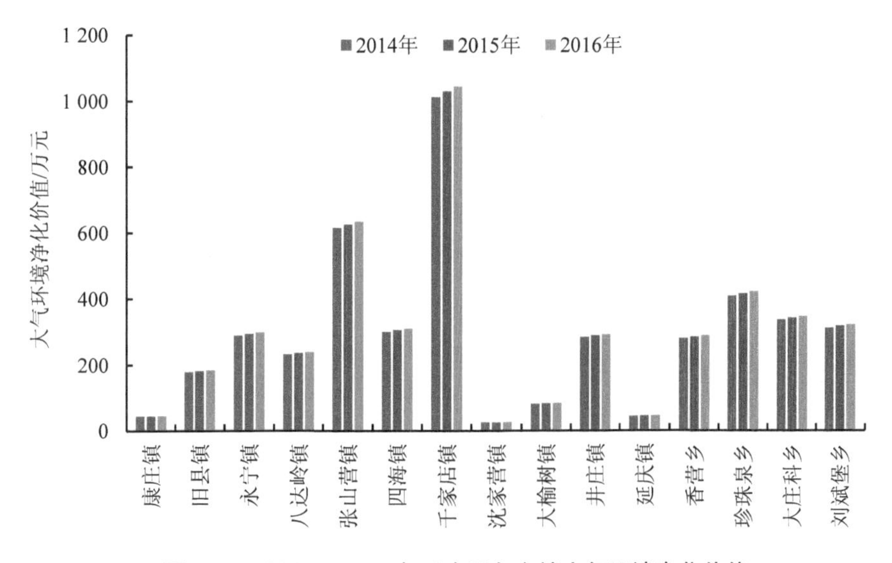

图 4-27　2014—2016 年延庆区各乡镇大气环境净化价值

4.2.1.6　水质净化

2014—2016 年，延庆区湿地生态系统水质净化总量较为稳定，均约为 0.43 万 t，其中化学需氧量净化量约为 0.34 万 t，总氮净化量为 0.07 万 t，总磷净化量为 0.02 万 t；湿地水质净化总价值分别为 0.80 亿元、0.81 亿元、0.82 亿元，其中净化化学需氧量价值分别为 0.73 亿元、0.75 亿元、0.76 亿元，净化总氮价值均为 0.06 亿元，净化总磷价值均为 0.01 亿元。2014—2016 年单位面积湿地水质净化价值平均为 0.026 亿元/km^2。

从各主体功能分区（图 4-28）和各乡镇（图 4-29）看，城镇发展区湿地水质净化价值最高，2014—2016 年分别为 0.34 亿元、0.34 亿元、0.35 亿元；其次为生态保护区，2014—2016 年分别为 0.32 亿元、0.32 亿元、0.33 亿元；农业生产区最低，三年均为 0.14 亿元。城镇发展区的康庄镇、生态保护区的香营乡等湿地类型较多的区域水质净化价值较高。

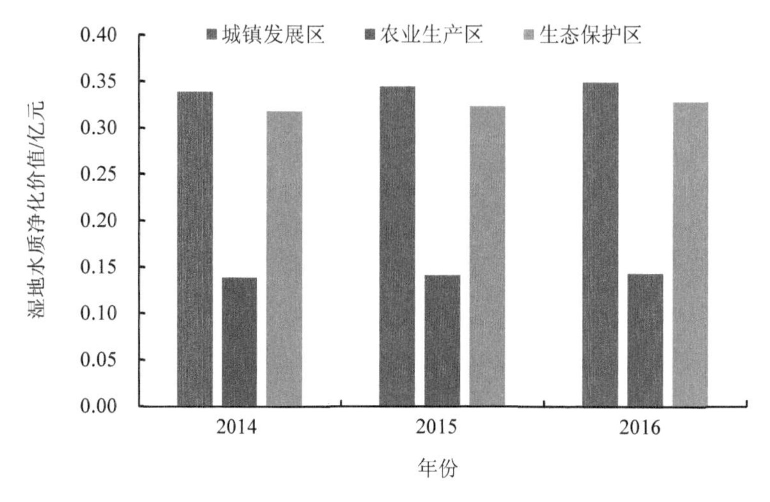

图 4-28 2014—2016 年延庆区各主体功能分区湿地水质净化价值

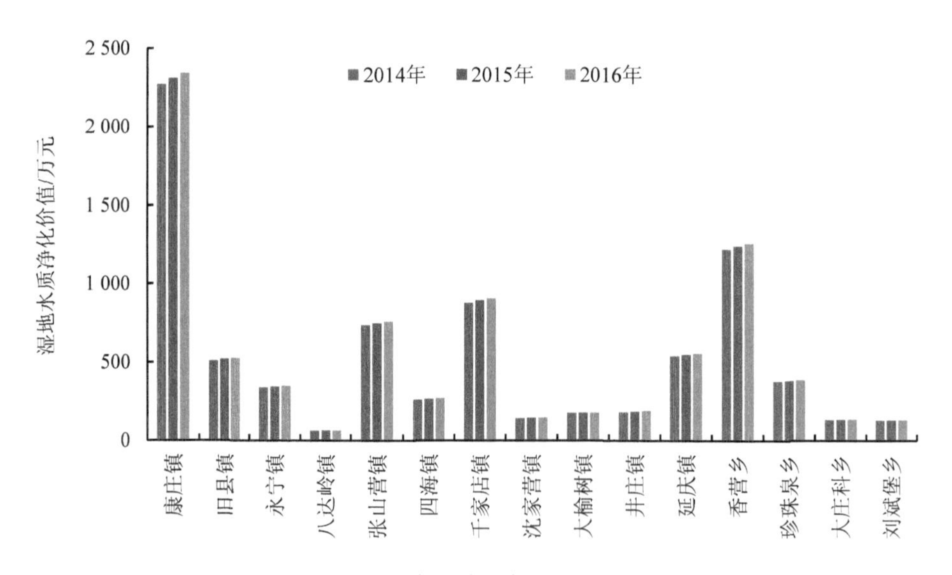

图 4-29 2014—2016 年延庆区各乡镇湿地水质净化价值

4.2.1.7 病虫害控制

根据《延庆县森林资源二类调查报告》，2014 年延庆区天然林面积为 586.30 km^2，按照计算公式得到，延庆区天然林病虫害控制面积约为 79.15 km^2。由于延庆区天然林主要位于山区，因此病虫害防治成本按 60 元/亩计算，得到延庆区天然林病虫害控制价值为 712.0 万元，单位面积天然林病虫害控制价值为 1.21 万元/km^2。由于缺少 2015—2016 年天然林面积数据，仍用 2014 年数据代替。

从各主体功能分区（图 4-30）和各乡镇（图 4-31）看，生态保护区天然林病虫害控制价值最高，为 595.63 万元，其次为农业生产区、城镇发展区，天然林病虫害控制价值分别为 160.39 万元、74.65 万元。生态保护区的千家店镇、珍珠泉乡，农业生产区的张山营镇等森林资源丰富的区域天然林病虫害控制价值较高，分别为 230.82 万元、94.68 万元、140.40 万元。

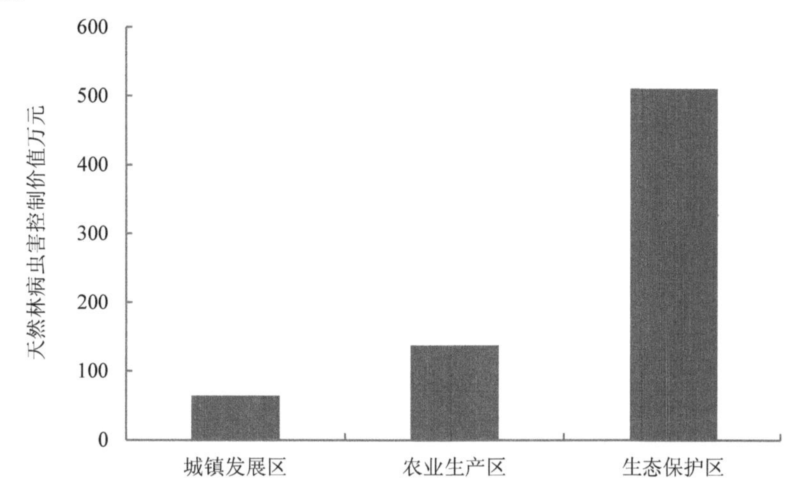

图 4-30 2014—2016 年各主体功能分区天然林病虫害控制价值

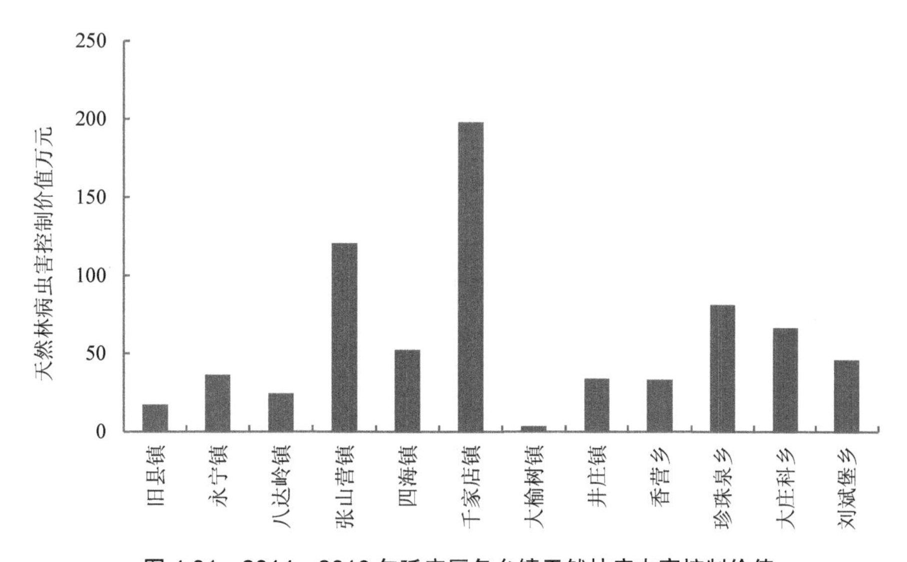

图 4-31 2014—2016 年延庆区各乡镇天然林病虫害控制价值

4.2.1.8 固碳释氧

2014—2016 年，延庆区生态系统固碳量分别为 197.03 万 t、193.81 万 t、195.09 万 t，固碳价值分别为 15.1 亿元、15.12 亿元、15.43 亿元；生态系统释放氧气量分别为 143.84 万 t、141.49 万 t、142.42 万 t，释氧价值分别为 17.65 亿元、17.67 亿元、18.04 亿元；固碳释氧总价值分别为 32.74 亿元、32.79 亿元、33.47 亿元。

从不同生态系统类型看，森林生态系统固碳释氧价值最高，2014—2016 年分别为 24.75 亿元、25.01 亿元、25.27 亿元，占延庆区固碳释氧总价值的比例分别为 75.6%、76.3%、75.5%；其次为农田生态系统，2014—2016 年分别为 5.56 亿元、5.38 亿元、5.67 亿元，占比分别为 17.0%、16.4%、16.9%；草地、湿地、城镇、其他等类型固碳释氧价值较低。从单位面积价值看，森林生态系统最高，2014—2016 年平均为 0.02 亿元/km^2，草地、湿地、农田、城镇、其他等类型均为 0.01 亿元/km^2（图 4-32）。

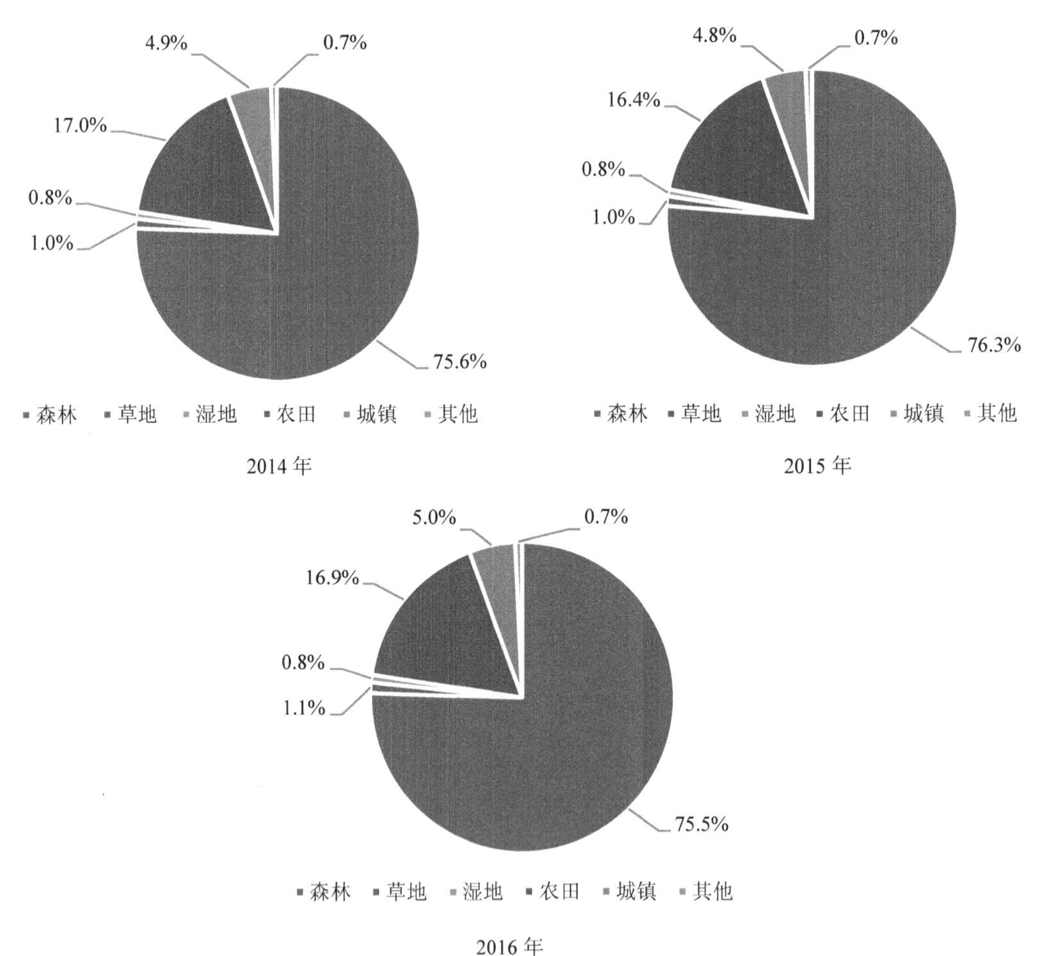

图 4-32 2014—2016 年延庆区不同生态系统类型固碳释氧价值占比

从空间上看，固碳释氧价值较高的区域主要分布于延庆区西北部、东部和东南部等森林生态系统类型区域（图 4-33）。各主体功能分区（图 4-34）和各乡镇（图 4-35）固碳释氧价值差异显著，其中生态保护区最高，2014—2016 年分别为 20.01 亿元、19.88 亿元、19.89 亿元，农业生产区、城镇发展区相对较低，2014—2016 年农业生产区固碳释氧价值分别为 6.15 亿元、6.48 亿元、6.88 亿元，城镇发展区固碳释氧价值分别为 6.58 亿元、6.42 亿元、6.69 亿元。生态保护区的千家店镇、农业生产区的张山营镇等山区森林资源丰富的地区固碳释氧价值较高，城镇发展区的康庄镇、延庆镇、大榆树镇等平原地区固碳释氧价值较低。

4.2.1.9　气候调节

2014—2016 年，延庆区生态系统气候调节功能量分别为 104.44 亿 kW·h、103.64 亿 kW·h、102.53 亿 kW·h，价值量分别为 52.22 亿元、52.75 亿元、52.92 亿元。

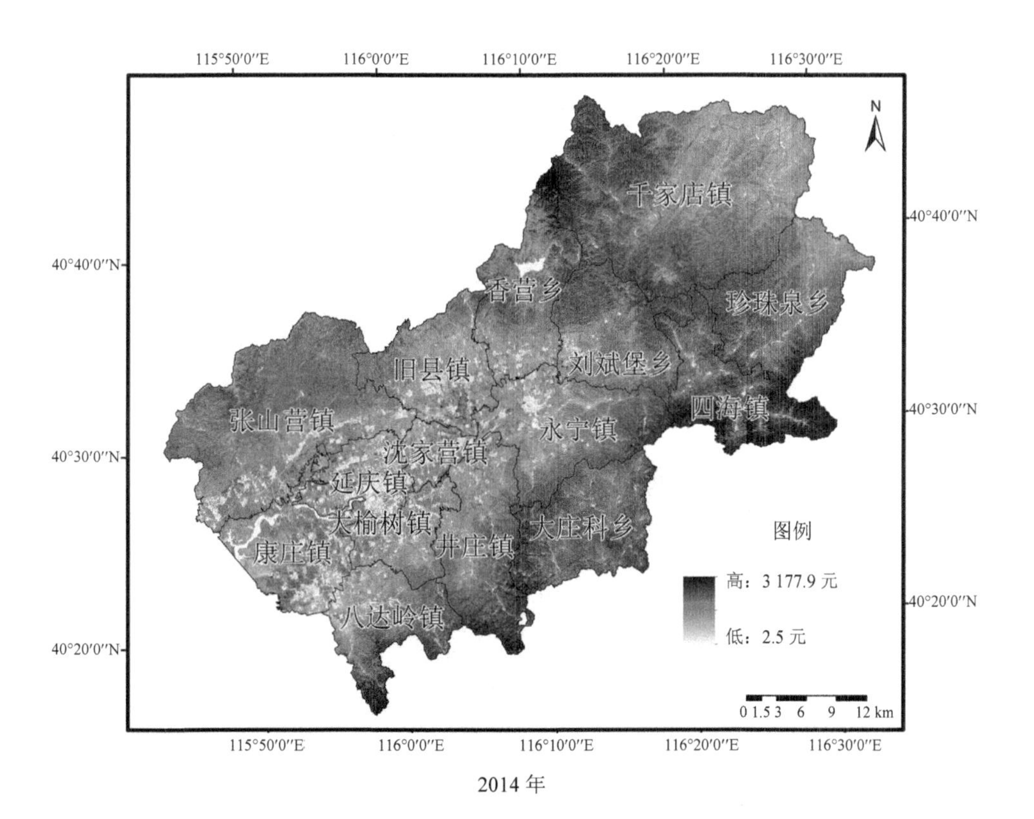

2014 年

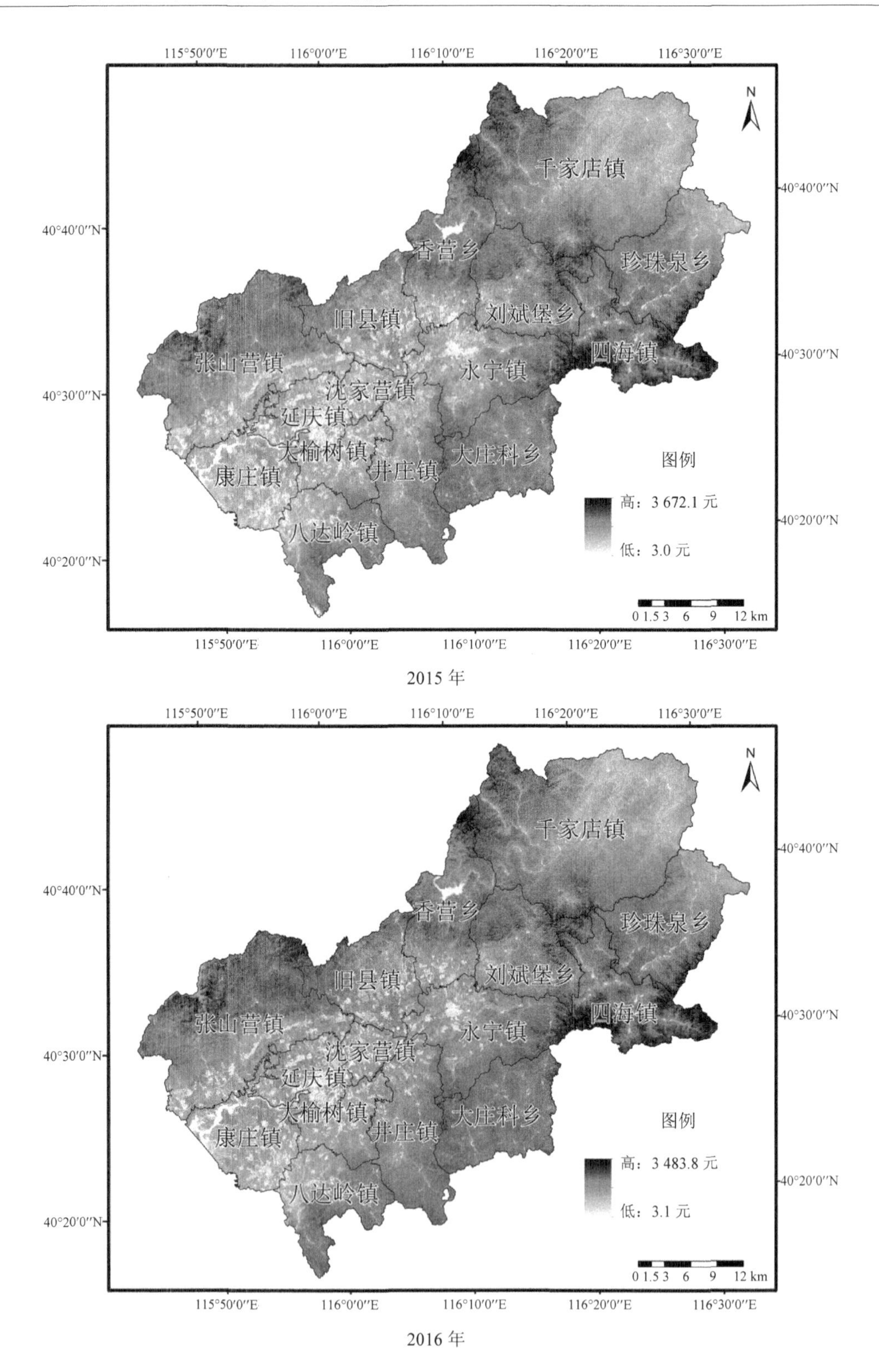

图 4-33　2014—2016 年延庆区固碳释氧价值量分布

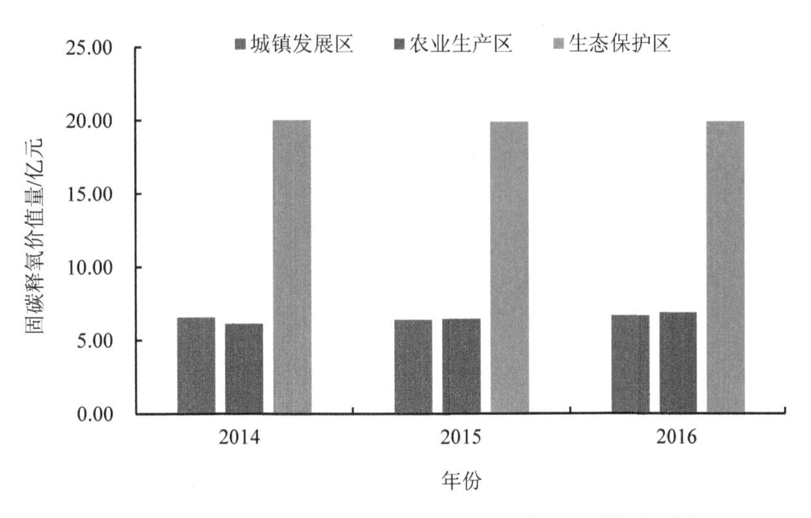

图 4-34 2014—2016 年延庆区各主体功能分区固碳释氧价值量

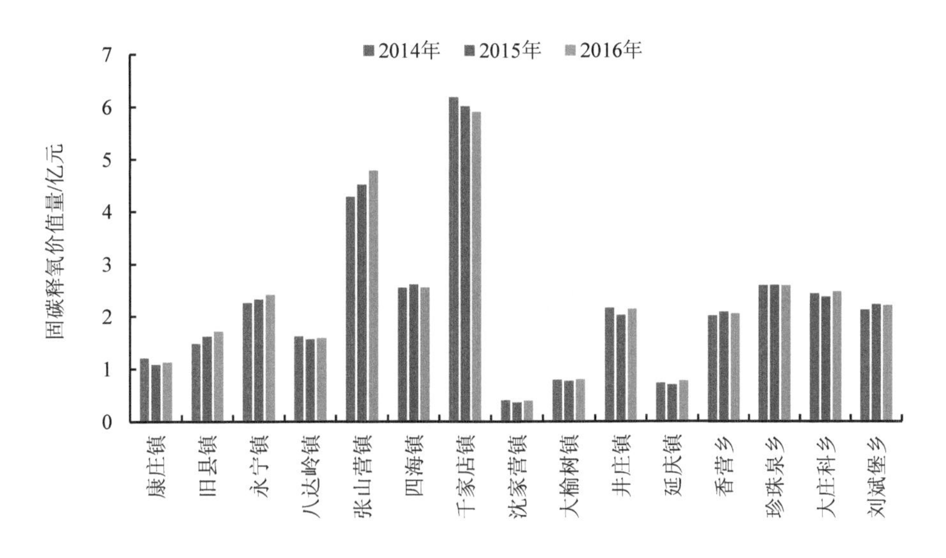

图 4-35 2014—2016 年延庆区各乡镇固碳释氧价值量

从不同生态系统类型看，森林生态系统气候调节价值量最高，2014—2016 年分别为 32.94 亿元、33.53 亿元、34.00 亿元，分别占延庆区气候调节总价值的 63.1%、63.6%、64.3%；其次为湿地生态系统，2014—2016 年分别为 13.58 亿元、13.41 亿元、13.04 亿元，占比分别为 26.0%、25.4%、24.6%；农田生态系统气候调节价值较低，2014—2016 年分别为 5.42 亿元、5.51 亿元、5.58 亿元，占比分别为 10.4%、10.4%、10.5%；草地生态系统气候调节价值量最低，2014—2016 年仅占延庆区气候调节总价值的 0.6%。从单位面积气候调节价值看，湿地生态系统最高，2014—2016 年平均为 0.43 亿元/km^2，其次为森林生态系统，2014—2016 年平均为 0.02 亿元/km^2；农田生态系统、草地生态系统相对较低，2014—2016

年平均为 0.01 亿元/km^2（图 4-36）。

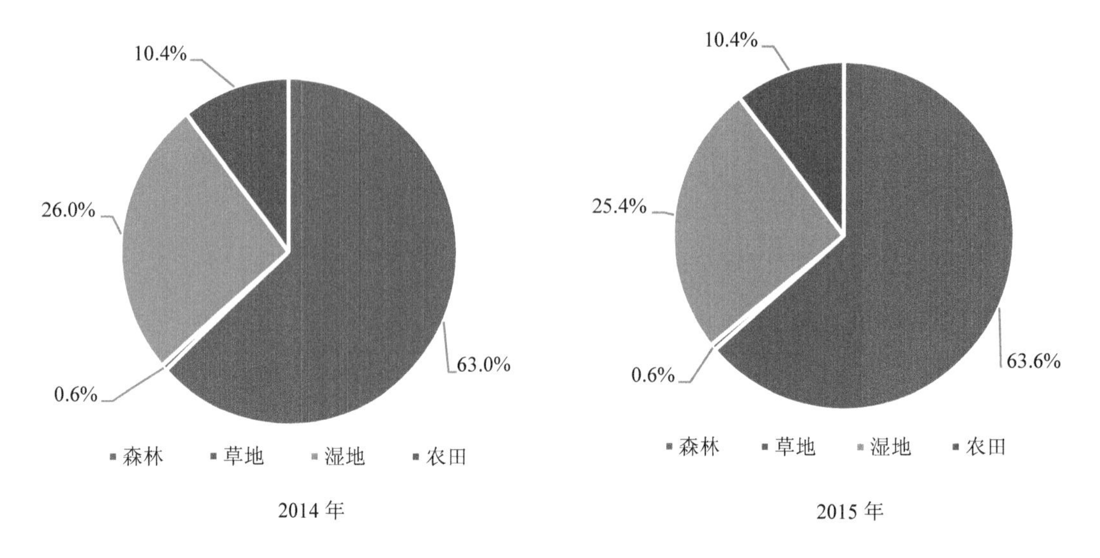

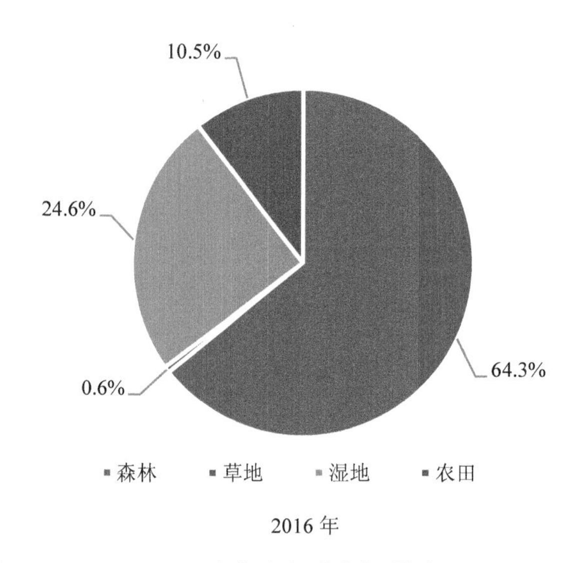

图 4-36 2014—2016 年各生态系统类型气候调节价值占比

从各主体功能分区（图 4-37）和各乡镇（图 4-38）看，生态保护区气候调节价值最高，2014—2016 年分别为 29.73 亿元、30.12 亿元、30.34 亿元；其次为城镇发展区，2014—2016 年分别为 13.21 亿元、13.25 亿元、13.17 亿元；农业生产区气候调节价值最低，2014—2016 年分别为 9.28 亿元、9.37 亿元、9.41 亿元。生态保护区的千家店镇、农业生产区的张山营镇、城镇发展区的康庄镇等森林、湿地生态系统较多的区域气候调节价值较高。

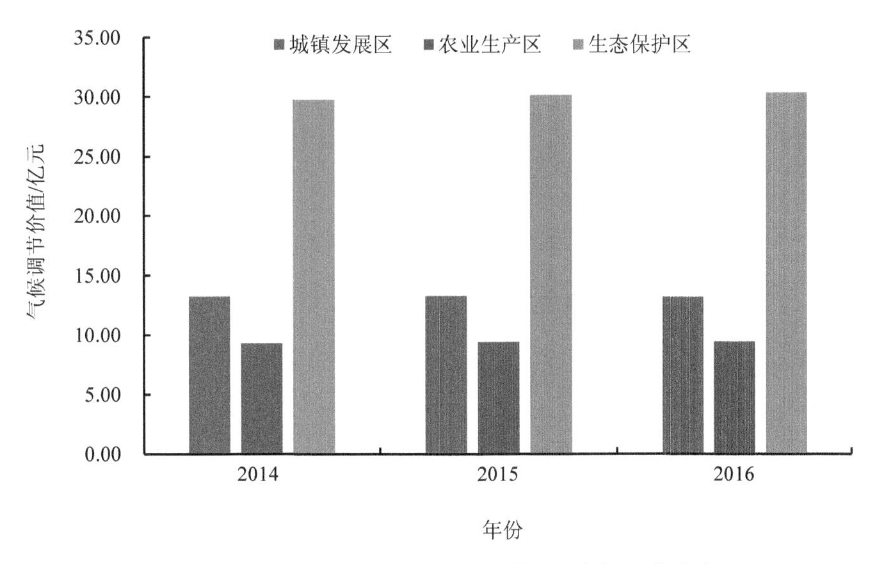

图 4-37　2014—2016 年各主体功能分区气候调节价值

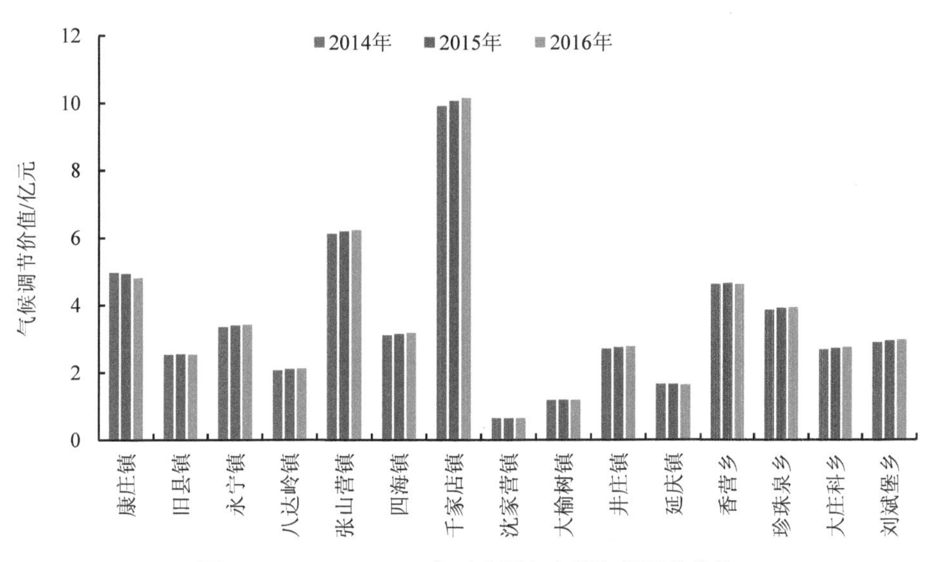

图 4-38　2014—2016 年延庆区各乡镇气候调节价值

4.2.1.10　生命维护和栖息地保护

2014—2016 年，延庆区自然保护区内森林面积约占森林总面积的 33.1%；森林生态系统的生命维护和栖息地保护价值分别为 141.7 亿元、144.0 亿元、146.0 亿元，其中自然保护区内的森林生命维护和栖息地保护价值分别为 117.9 亿元、119.8 亿元、121.5 亿元，比例约为 83.2%；自然保护区范围外的森林生命维护和栖息地保护价值分别为 23.8 亿元、24.2 亿元、24.5 亿元。

从各主体功能分区（图 4-39）和各乡镇（图 4-40）看，生态保护区生命维护和栖息地保护价值最高，2014—2016 年分别为 85.96 亿元、87.34 亿元、88.56 亿元；其次为农业生产区，2014—2016 年分别为 49.65 亿元、50.44 亿元、51.14 亿元；城镇发展区最低，2014—2016 年分别为 6.11 亿元、6.21 亿元、6.30 亿元。生态保护区的千家店镇、农业生产区的张山营镇生命维护和栖息地保护价值较高，二者占比均在 28%左右。

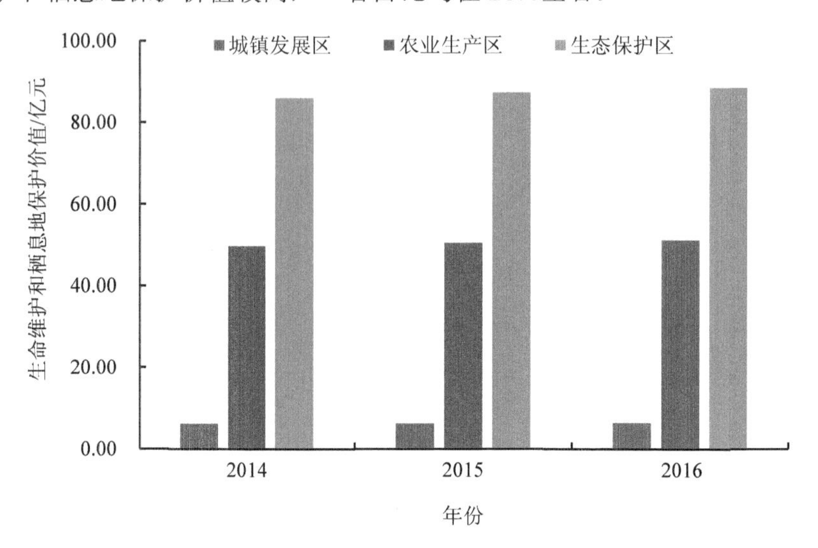

图 4-39　2014—2016 年各主体功能分区生命维护和栖息地保护价值

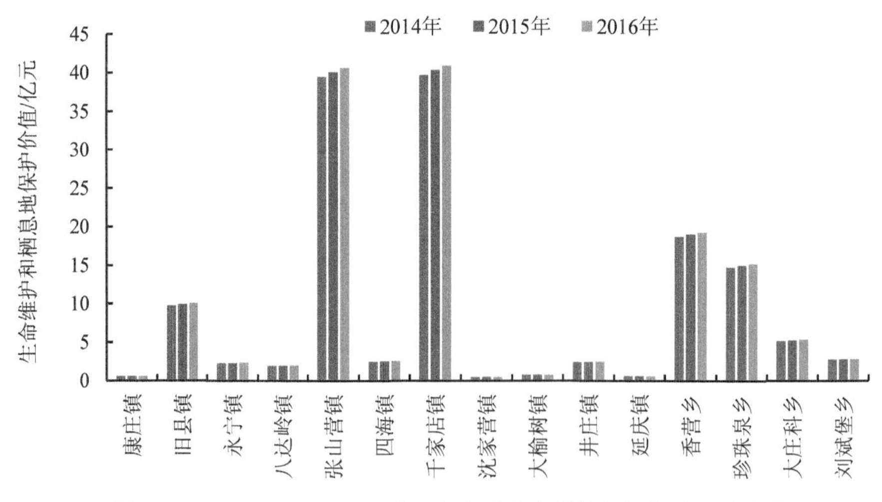

图 4-40　2014—2016 年延庆区各乡镇生命维护和栖息地保护价值

4.2.2　变化量及其原因分析

2014—2016 年，延庆区生态系统调节服务价值呈稳定增加趋势，3 年累计增加 12.36

亿元，其中2014—2015年增加7.12亿元，2015—2016年增加5.24亿元（表4-6）。

表4-6 2014—2016年不同时期延庆区调节服务价值变化量及贡献率

地区/类型		2014—2015年		2015—2016年		2014—2016年	
		变化量/亿元	贡献率/%	变化量/亿元	贡献率/%	变化量/亿元	贡献率/%
延庆区整体		7.12	—	5.24	—	12.36	—
分服务类型	土壤保持	0.43	6.01	0.14	2.69	0.57	4.60
	防风固沙	−0.89	−12.56	−0.14	−2.70	−1.04	−8.38
	水源涵养	4.60	64.52	2.24	42.76	6.84	55.30
	洪水调蓄	0.13	1.84	0.12	2.22	0.25	2.00
	大气环境净化	0.01	0.11	0.01	0.12	0.01	0.11
	水质净化	0.01	0.19	0.01	0.22	0.03	0.20
	病虫害控制	0.00	0.00	0.00	0.00	0.00	0.00
	固碳释氧	0.04	0.62	0.68	12.96	0.72	5.85
	气候调节	0.53	7.43	0.17	3.24	0.70	5.65
	生命维护和栖息地保护	2.27	31.83	2.02	38.49	4.28	34.66
分生态系统类型	森林	7.07	99.24	4.80	91.76	11.87	96.07
	草地	0.04	0.63	0.03	0.54	0.07	0.59
	湿地	−0.02	−0.23	−0.22	−4.24	−0.24	−1.93
	农田	0.05	0.72	0.53	10.17	0.58	4.72
	城镇	−0.02	−0.30	0.08	1.59	0.06	0.50
	裸地	0.00	−0.05	0.01	0.19	0.01	0.05
分主体功能区	城镇发展区	0.67	9.47	0.75	14.26	1.42	11.50
	农业生产区	1.92	26.91	1.54	29.43	3.46	27.98
	生态保护区	4.53	63.59	2.95	56.33	7.48	60.52
分乡镇	康庄镇	−0.07	−0.96	0.02	0.44	−0.05	−0.37
	旧县镇	0.51	7.11	0.36	6.93	0.87	7.04
	永宁镇	0.46	6.51	0.33	6.38	0.80	6.46
	八达岭镇	0.20	2.81	0.20	3.83	0.40	3.25
	张山营镇	1.42	19.89	1.13	21.50	2.54	20.57
	四海镇	0.52	7.26	0.17	3.16	0.68	5.52
	千家店镇	1.47	20.60	0.94	17.90	2.41	19.46
	沈家营镇	−0.01	−0.08	0.05	1.01	0.05	0.38
	大榆树镇	0.07	1.00	0.09	1.79	0.17	1.34
	井庄镇	0.14	2.01	0.39	7.47	0.53	4.32
	延庆镇	0.01	0.10	0.10	1.82	0.10	0.83
	香营乡	0.74	10.42	0.39	7.52	1.14	9.19
	珍珠泉乡	0.72	10.15	0.46	8.86	1.19	9.60
	大庄科乡	0.43	6.02	0.40	7.71	0.83	6.74
	刘斌堡乡	0.51	7.12	0.19	3.71	0.70	5.68

从不同生态系统服务类型看，仅防风固沙服务价值略有下降，主要原因是风速等气象因子的变化；其余调节服务价值均稳定并有所增加，其中水源涵养服务价值增加量最大，主要原因是近 3 年降水量增加。从 2014—2016 年累计变化看，水源涵养价值增加对延庆区调节服务总价值增加的贡献程度最大，贡献率为 55.3%，其中 2014—2015 年的贡献率最高，为 64.52%，2015—2016 年贡献率有所下降，为 42.76%。

从不同生态系统类型看，2014—2016 年森林生态系统调节服务价值增加量最大，贡献率最高，为 96.07%，主要原因是水源涵养、生命维护和栖息地保护服务价值增加明显；湿地生态系统调节服务价值略有降低，主要原因是蒸散发量降低导致其气候调节服务价值减少；草地、农田生态系统调节服务价值略有增加，主要原因是水源涵养服务价值增加。分不同阶段看，森林、草地生态系统的贡献率在 2014—2015 年最高，农田生态系统的贡献率则在 2015—2016 年贡献率较高；湿地生态系统的负向贡献率在 2015—2016 年较高。

从不同主体功能区看，不同时期均为生态保护区调节服务价值增加量最大，对延庆区调节服务总价值增加的贡献程度最高，其中 2014—2015 年生态保护区的贡献率为 63.59%，高于 2015—2016 年的 56.33%，2014—2016 年贡献率为 60.52%，主要原因是生态保护区水源涵养、生命维护和栖息地保护服务价值增加明显。

从不同乡镇看，2014—2016 年张山营镇、千家店镇、珍珠泉乡、香营乡等调节服务价值增加对延庆区调节服务总价值的贡献程度较高，贡献率分别为 20.57%、19.46%、9.60%、9.19%。分阶段看，千家店镇在 2014—2015 年的贡献率最高，为 20.6%；张山营镇在 2015—2016 年贡献率最高，为 21.5%。

4.3 文化服务及其变化

4.3.1 现状、结构与地区差异

2014—2016 年，延庆区文化服务总价值分别为 13.21 亿元、13.81 亿元、16.07 亿元。其中 A 级自然景观价值最高，分别为 11.41 亿元、12.16 亿元、13.35 亿元；其次为农业观光园，分别为 1.56 亿元、1.40 亿元、2.47 亿元；城市绿地公园最低，分别为 0.24 亿元、0.25 亿元、0.26 亿元。

对自然景观按生态系统类型进行归类，将八达岭森林公园、莲花山森林公园、松山森林公园、玉渡山风景区作为森林生态系统，龙庆峡、野鸭湖湿地作为湿地生态系统；城市公园绿地作为城镇生态系统；百里山水画廊景区，34.6%的游客选择游览茶园、采摘园等农业景观，因此将其 34.6%游憩价值作为农田生态系统的文化服务价值，75.4%的游憩价值作为森林生态系统文化服务价值；农业观光园作为农田生态系统的文化服务价值。

从不同生态系统类型看，湿地生态系统文化服务价值最高，2014—2016 年分别为 8.10 亿元、8.53 亿元、8.90 亿元，分别占文化服务总价值的 61.3%、61.8%、55.4%；其次为森林、农田生态系统，2014—2016 年森林生态系统文化服务价值分别为 2.51 亿元、2.77 亿元、3.56 亿元，占比分别为 19.0%、20.1%、22.1%；农田生态系统文化服务价值分别为 2.37 亿元、2.25 亿元、3.36 亿元，占比分别为 17.9%、16.3%、20.9%。结合延庆区生态系统类型面积，近似估算各类型单位面积文化服务价值，其中湿地生态系统类型最高，近 3 年平均为 0.006 亿元/km^2；其次为森林、农田，近 3 年平均都为 0.002 亿元/km^2，城镇最低，近 3 年平均为 0.000 2 亿元/km^2（图 4-41）。

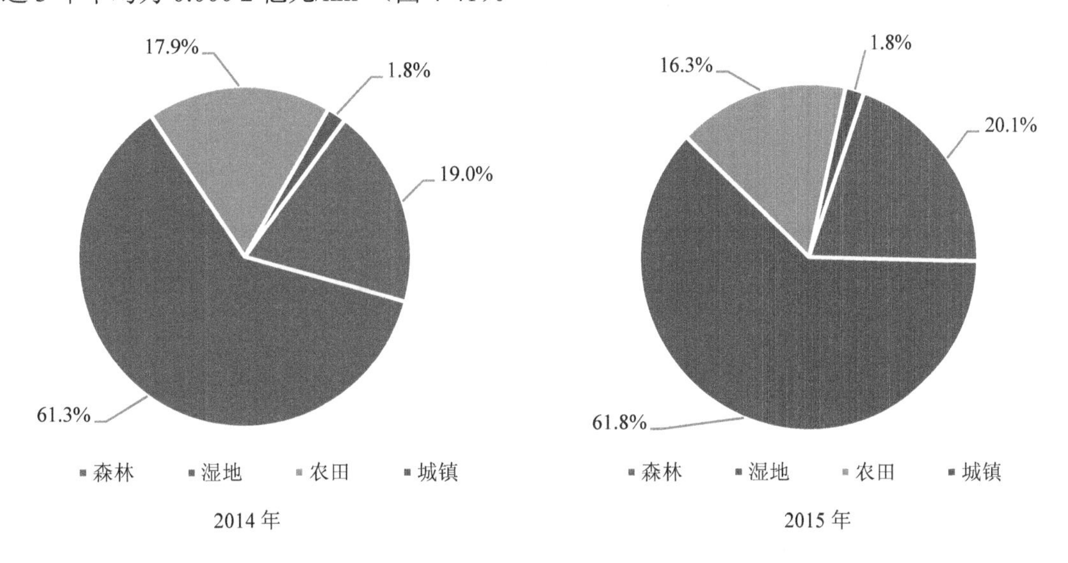

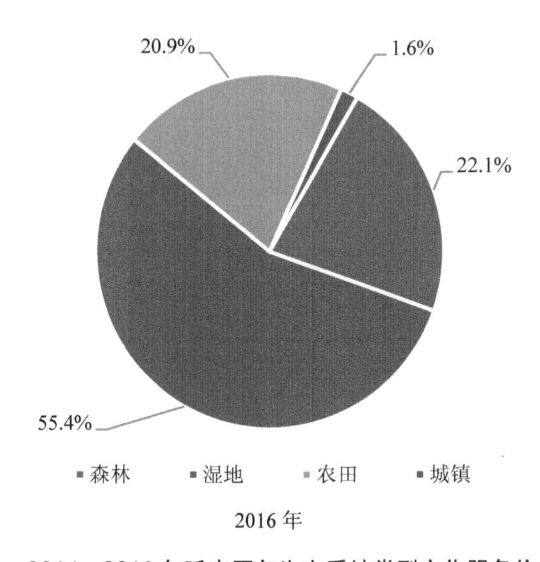

图 4-41　2014—2016 年延庆区各生态系统类型文化服务价值占比

进一步结合延庆区自然景观、农田生态系统的分布情况，以及文化服务价值核算结果，分别计算不同自然景观和各乡镇农业观光园的单位面积文化服务价值，得到延庆区文化服务价值空间分布情况，如图 4-42 所示。从空间上看，千家店镇的百里山水画廊、旧县镇的龙庆峡、康庄镇的野鸭湖湿地等自然景观单位面积文化服务价值最高，其次是张山营镇、八达岭镇的森林自然景观，而平原地区的农田生态系统文化服务价值相对较低，并呈现较明显的西北部高、东南部低的格局。

从各主体功能分区（图 4-43）和各乡镇（图 4-44）看，农业生产区文化服务价值最高，2014—2016 年分别为 8.03 亿元、8.64 亿元、10.37 亿元；其次为生态保护区，2014—2016 年分别为 2.80 亿元、2.92 亿元、3.14 亿元；城镇发展区最低，2014—2016 年分别为 2.34 亿元、2.20 亿元、2.51 亿元。农业生产区中的旧县镇、生态保护区中的千家店镇文化服务价值较高，分别为龙庆峡、百里山水画廊所在地，二者文化服务价值较高，2014—2016 年平均分别占延庆区文化服务总价值的 49.3%、17.2%。

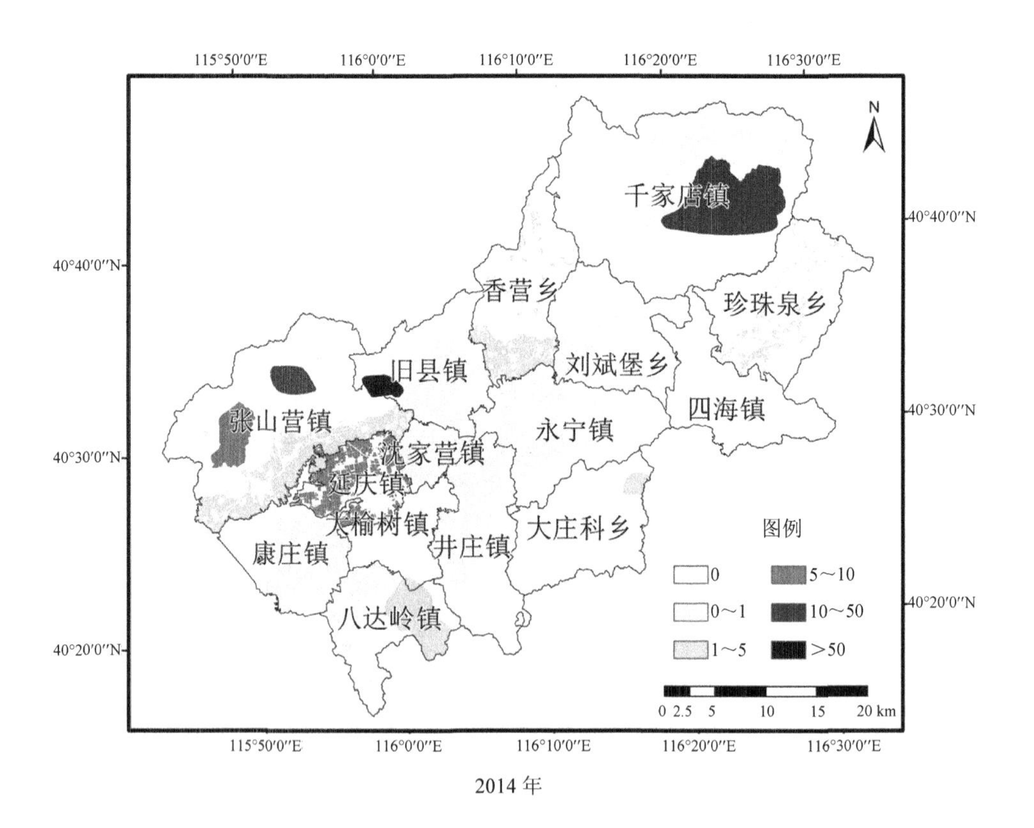

2014 年

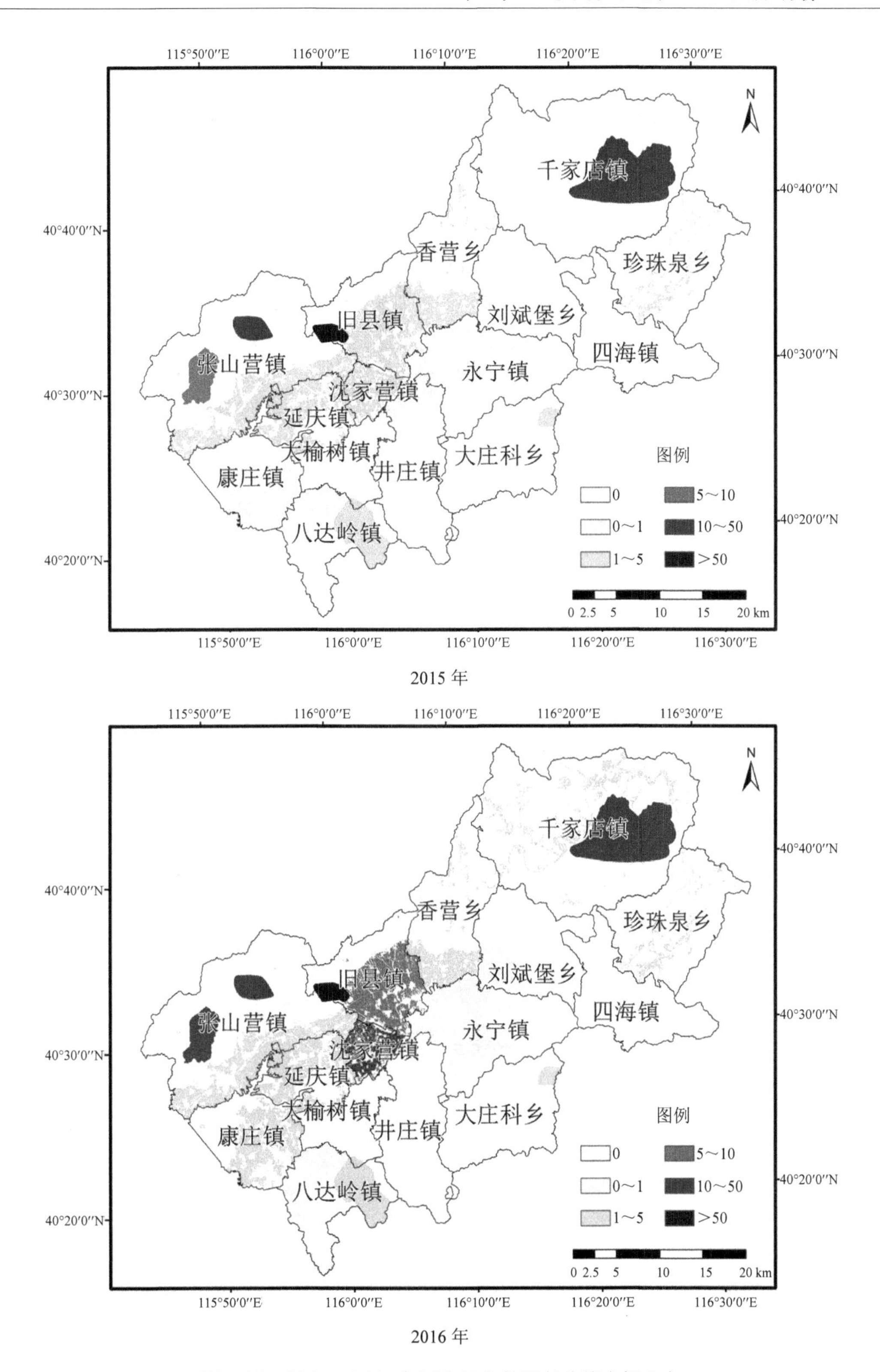

图 4-42　2014—2016 年延庆区文化服务价值空间分布

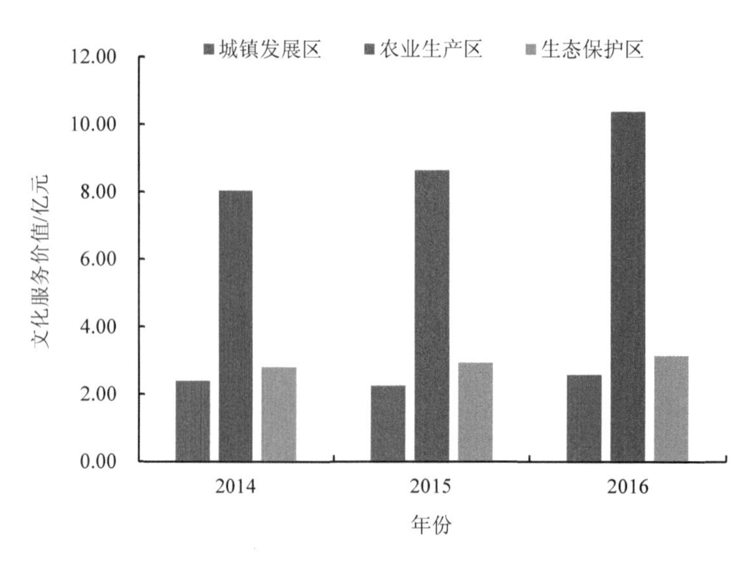

图 4-43　2014—2016 年延庆区各主体功能分区文化服务价值

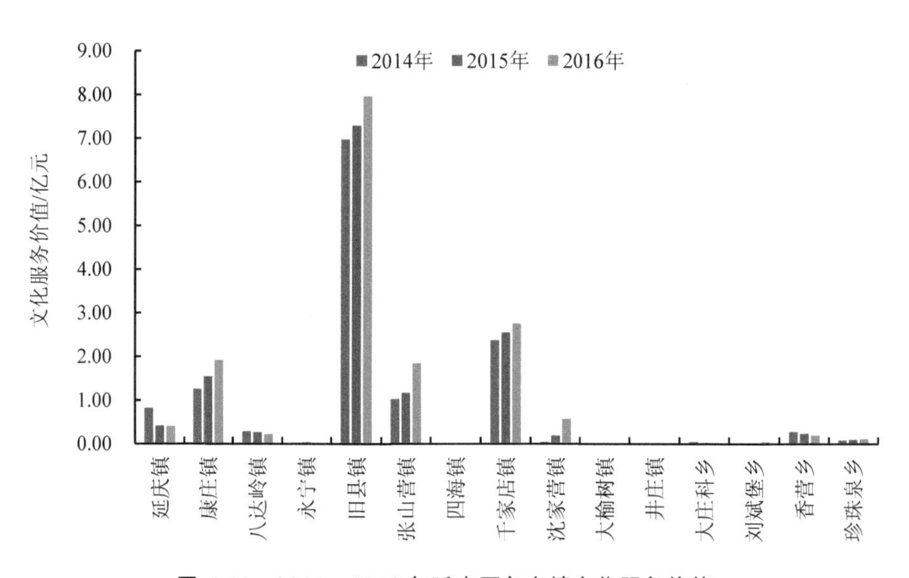

图 4-44　2014—2016 年延庆区各乡镇文化服务价值

4.3.1.1　A 级自然景观

延庆区 A 级自然景观主要包括龙庆峡、百里山水画廊、野鸭湖国家湿地公园、玉渡山风景区、八达岭国家森林公园、莲花山森林公园、松山森林公园，涵盖了森林、湿地等主要生态系统类型，如图 4-45 所示。核算表明，2014—2016 年 A 级自然景观文化服务总价值分别为 11.41 亿元、12.16 亿元、13.35 亿元。其中龙庆峡游憩价值最高，2014—2016 年分别为 6.91 亿元、7.09 亿元、7.11 亿元；其次为百里山水画廊，2014—2016 年分别为 2.33

亿元、2.48 亿元、2.57 亿元；野鸭湖湿地自然保护区略低，2014—2016 年分别为 1.18 亿元、1.44 亿元、1.79 亿元，其他自然景观游憩价值均低于 1.0 亿元。这里，松山森林公园、莲花山森林公园总游憩价值根据已调查的八达岭森林公园单个游客游憩价值乘以景区接待人数近似估算（表 4-7）。

表 4-7　2014—2016 年延庆区主要 A 级自然景观游憩价值

名称	2014 年	2015 年	2016 年	所在乡镇
八达岭森林公园	0.26	0.24	0.19	八达岭镇
百里山水画廊	2.33	2.48	2.57	千家店镇
龙庆峡	6.91	7.09	7.11	旧县镇
野鸭湖湿地自然保护区	1.18	1.44	1.79	康庄镇
玉渡山风景区	0.41	0.54	1.20	张山营镇
松山森林公园	0.27	0.35	0.46	张山营镇
莲花山森林公园	0.04	0.02	0.02	大庄科乡
合计	11.41	12.16	13.35	—

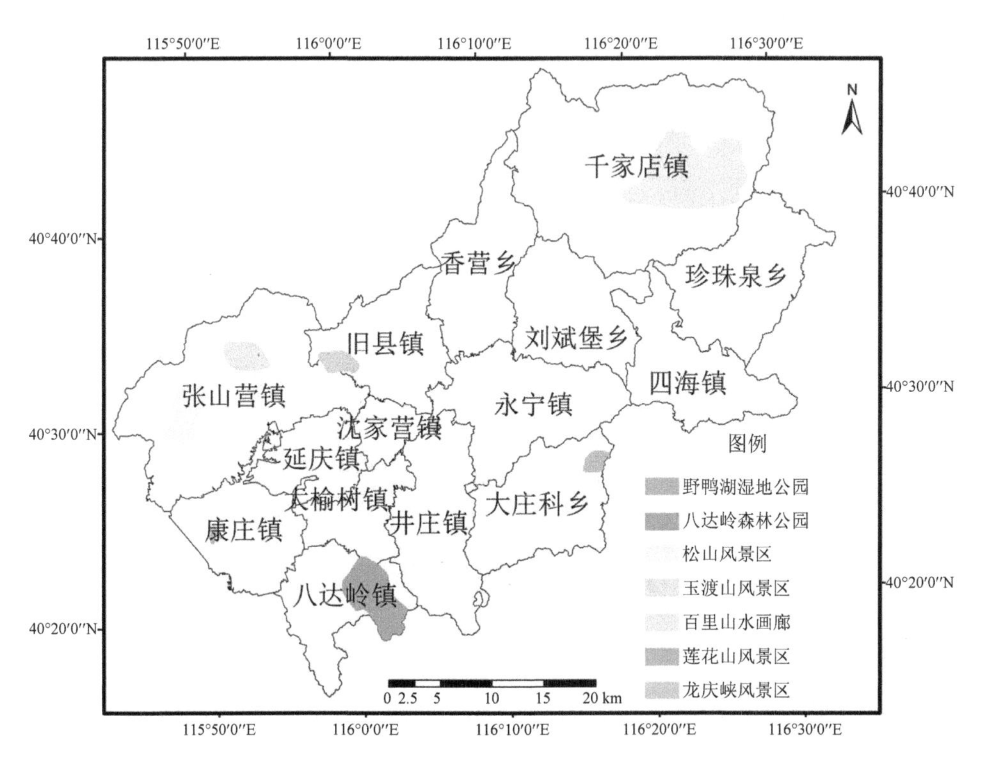

图 4-45　延庆区主要 A 级自然景观分布

从各主体功能分区（图 4-46）和各乡镇（图 4-47）看，农业生产区 A 级自然景观的文化服务价值最高，2014—2016 年分别为 7.59 亿元、7.98 亿元、8.77 亿元；其次为生态保护区，2014—2016 年分别为 2.37 亿元、2.50 亿元、2.59 亿元；城镇发展区最低，2014—2016 年分别为 1.44 亿元、1.68 亿元、1.98 亿元。农业生产区的旧县镇 A 级自然景观文化服务价值最高，主要为龙庆峡所在地。

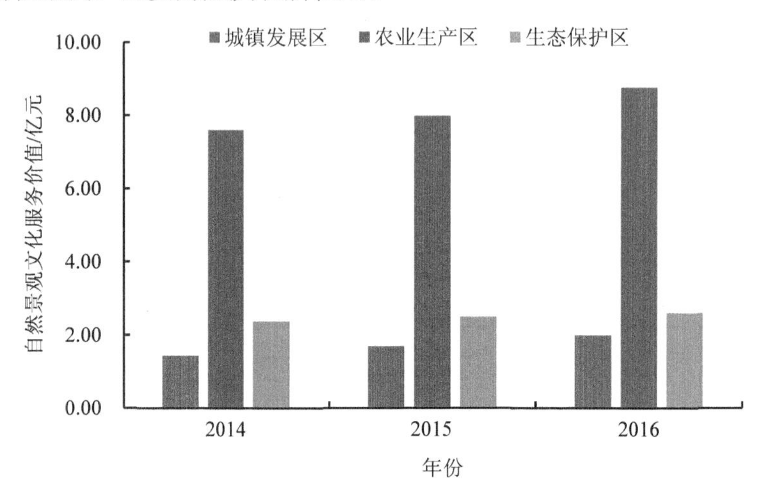

图 4-46　2014—2016 年延庆区各主体功能分区自然景观文化服务价值

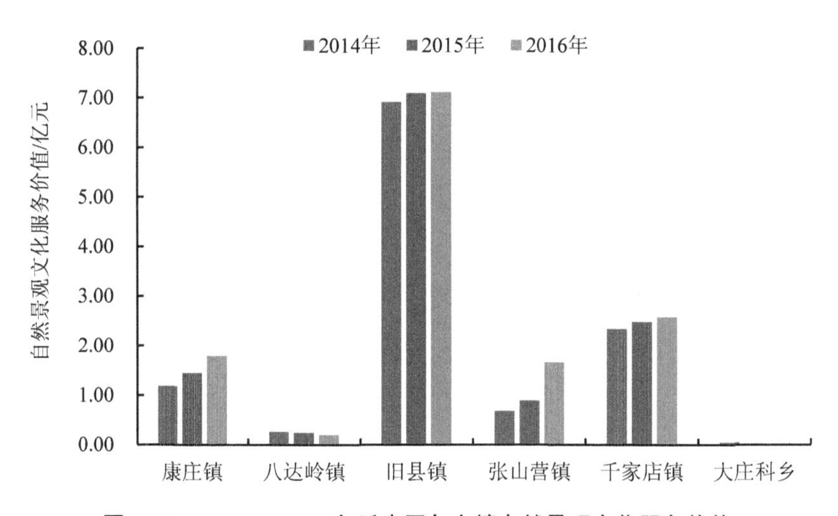

图 4-47　2014—2016 年延庆区各乡镇自然景观文化服务价值

4.3.1.2　农业观光园

根据问卷调查，百里山水画廊景区中约有 34.6%的游客选择游览茶园、采摘园等农业景观，据此推算延庆区农业观光园的人均游憩价值约为 0.03 万元。结合延庆区及各乡镇农业观光园接待人数，按公式核算得到，2014—2016 年延庆区农业观光园文化服务总价值分别为 1.56 亿元、1.40 亿元、2.47 亿元。

从各主体功能分区（图 4-48）和各乡镇（图 4-49）看，2014 年城镇发展区农业观光园文化服务价值最高，为 0.80 亿元，其次为农业生产区和生态保护区，价值量分别为 0.39 亿元、0.37 亿元；2015—2016 年，农业生产区价值量逐渐增加并变为最高，分别为 0.61 亿元、1.55 亿元；城镇发展区价值量逐渐减少，分别为 0.42 亿元、0.43 亿元；生态保护区略有增加，分别为 0.37 亿元、0.49 亿元。2014—2015 年城镇发展区的延庆镇农业观光园文化服务价值最高，其次为农业生产区的张山营镇、生态保护区的千家店镇；2016 年农业生产区的旧县镇、沈家营镇较高。

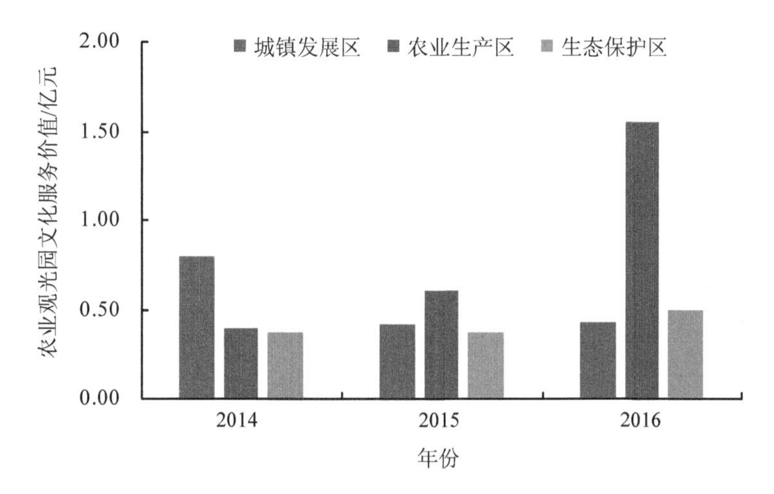

图 4-48　2014—2016 年延庆区各主体功能分区农业观光园文化服务价值

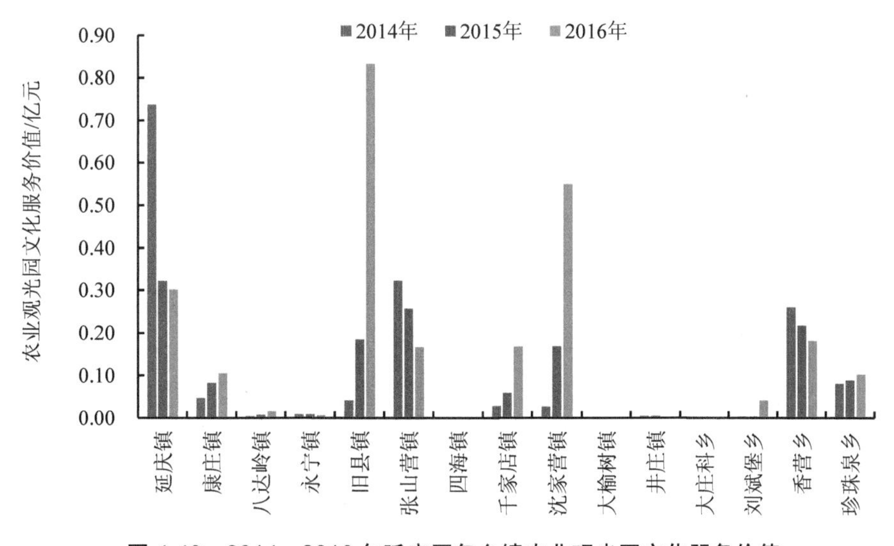

图 4-49　2014—2016 年延庆区各乡镇农业观光园文化服务价值

4.3.1.3 城市公园绿地

采用支付意愿法计算城市公园绿地文化服务价值，具体包括夏都公园、妫水公园、香水苑公园、三里河湿地生态公园、江水泉公园等，共发放并收回有效调查问卷 107 份。调查显示，63.55%的被访者愿意支付，2016 年人均支付意愿为 125.37 元/a，通过价格指数折算得到 2014 年、2015 年人均支付意愿分别为 121.45 元/a、123.64 元/a。结合延庆区常住人口核算得到，2014—2016 年城市公园绿地文化服务价值分别为 0.24 亿元、0.25 亿元、0.26 亿元。

从各主体功能分区（图 4-50）和各乡镇（图 4-51）看，城镇发展区城市公园绿地文化服务价值最高，2014—2016 年分别为 0.14 亿元、0.14 亿元、0.15 亿元；其次为农业生产区和生态保护区，2014—2016 年二者均为 0.05 亿元。城镇发展区的延庆镇城市公园绿地文化服务价值最高，2014—2016 年分别为 805.6 万元、817.41 万元、858.72 万元。

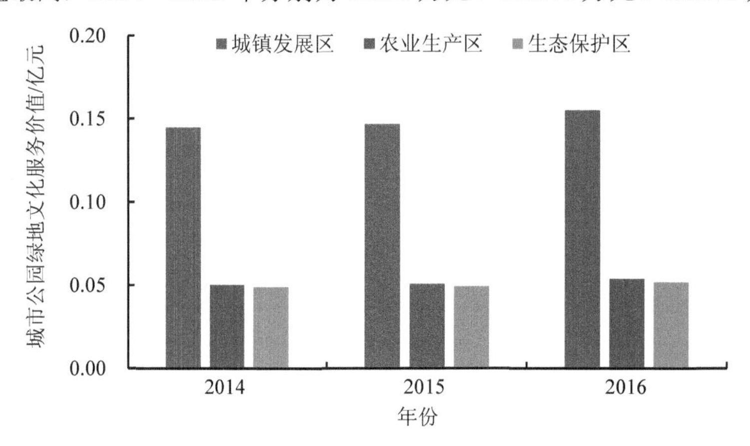

图 4-50 2014—2016 年延庆区各主体功能分区城市公园绿地文化服务价值

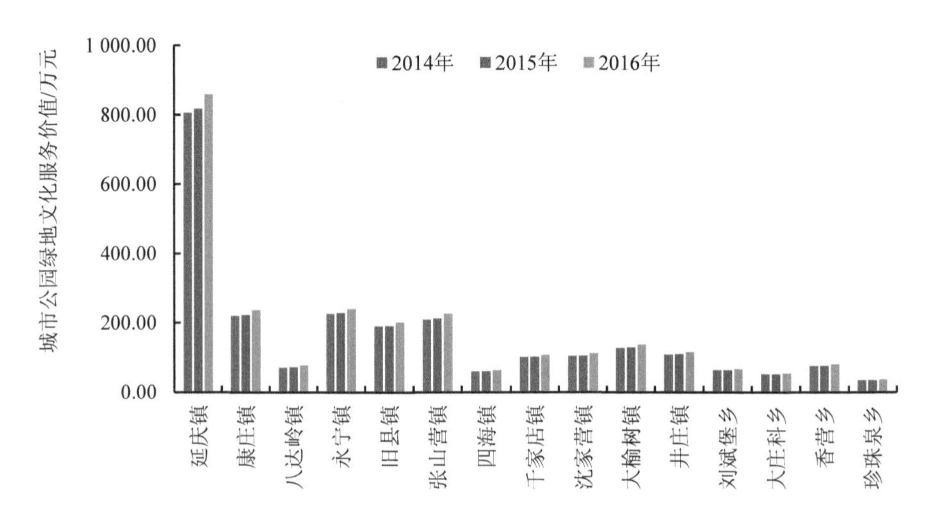

图 4-51 2014—2016 年延庆区各乡镇城市公园绿地文化服务价值

4.3.2　变化量及其原因分析

2014—2016 年延庆区生态系统文化服务价值呈稳定增加趋势，累计增加 2.86 亿元，其中 2015—2016 年增加明显，共增加 2.27 亿元，2014—2015 年增加 0.59 亿元（表 4-8）。

表 4-8　2014—2016 年延庆区不同时期文化服务价值变化量及贡献率

地区/类型		2014—2015 年		2015—2016 年		2014—2016 年	
		变化量/亿元	贡献率/%	变化量/亿元	贡献率/%	变化量/亿元	贡献率/%
延庆区整体		0.59	—	2.27	—	2.86	—
分类型	A 级自然景观	0.75	126.97	1.18	52.23	1.94	67.73
	农业观光园	−0.16	−27.45	1.07	47.16	0.91	31.69
	城市公园绿地	0.00	0.47	0.01	0.61	0.02	0.58
分生态系统类型	森林	0.27	44.96	0.78	34.54	1.05	36.70
	湿地	0.44	73.46	0.37	16.24	0.80	28.11
	农田	−0.11	−18.89	1.10	48.61	0.99	34.61
	城镇	0.00	0.47	0.01	0.61	0.02	0.58
分主体功能区	城镇发展区	−0.13	−22.25	0.31	13.76	0.18	6.29
	农业生产区	0.60	101.44	1.74	76.57	2.34	81.73
	生态保护区	0.12	20.81	0.22	9.67	0.34	11.98
分乡镇	康庄镇	0.30	50.24	0.37	16.19	0.67	23.25
	旧县镇	0.32	53.28	0.67	29.73	0.99	34.61
	永宁镇	0.00	0.10	0.00	−0.07	0.00	−0.03
	八达岭镇	−0.02	−2.84	−0.04	−1.69	−0.06	−1.93
	张山营镇	0.14	24.25	0.68	29.98	0.82	28.79
	四海镇	0.00	0.01	0.00	0.01	0.00	0.01
	千家店镇	0.18	29.70	0.20	9.03	0.38	13.32
	沈家营镇	0.14	23.90	0.38	16.86	0.52	18.32
	大榆树镇	0.00	0.02	0.00	0.04	0.00	0.04
	井庄镇	0.00	0.03	0.00	−0.15	0.00	−0.11
	延庆镇	−0.41	−69.78	−0.02	−0.71	−0.43	−15.04
	香营乡	−0.04	−7.19	−0.04	−1.54	−0.08	−2.72
	珍珠泉乡	0.01	1.32	0.01	0.64	0.02	0.78
	大庄科乡	−0.02	−3.09	0.00	−0.03	−0.02	−0.66
	刘斌堡乡	0.00	0.03	0.04	1.70	0.04	1.36

从不同类型看，A 级自然景观文化服务价值持续增加，2014—2016 年累计增加 1.94 亿元，主要原因是近三年旅游接待人数、旅游花费等有所上升；农业观光园文化服务价值

先减少后明显增加，主要原因是近 3 年旅游接待人数先减少后增加；城市绿地公园文化服务价值较稳定。近 3 年来，A 级自然景观文化服务价值增加对延庆区文化服务总价值的贡献程度最高，其中 2014—2015 年贡献率为 126.97%，2015—2016 年贡献率明显下降，为 52.23%，这一期间农业观光园的贡献率上升为 47.16%；从 2014—2016 年累计变化看，仍为 A 级自然景观贡献率最高，为 67.73%，其次为农业观光园，贡献率为 31.69%。

从不同生态系统类型看，2014—2016 年累计变化中，森林、湿地、农田不同生态系统对延庆区文化服务价值增加的贡献程度相当，但仍以森林生态系统的贡献率最高，为 36.7%。分阶段看，湿地生态系统在 2014—2015 年的贡献率最高，为 73.46%，主要原因是湿地类 A 级自然的文化服务价值增加明显；农田生态系统在 2015—2016 年的贡献率最高，为 48.61%，主要原因是农业观光园的文化服务价值增加明显。

从不同主体功能区看，2014—2016 年农业生产区文化服务价值增加明显，近 3 年累计增加 2.34 亿元，贡献率为 81.73%；其中 2014—2015 年增加较少，为 0.6 亿元，但贡献率最高，为 101.44%；2015—2016 年增加明显，为 1.74 亿元，贡献率为 76.57%。

从不同乡镇看，2014—2016 年累计变化中旧县镇、张山营镇文化服务价值增加明显，贡献率较高，分别为 34.61%、28.79%。分阶段看，2014—2015 年旧县镇、康庄镇文化服务价值增加明显，贡献率较高，分别为 53.28%、50.24%；2015—2016 年张山营镇、旧县镇文化服务价值增加明显，贡献率较高，分别为 29.98%、29.73%。以上各乡镇贡献率较高主要原因是其境内的 A 级自然景观文化服务价值增加明显。

4.4 GEP 综合分析

2014—2016 年，延庆区生态系统生产总值（GEP）分别为 320.06 亿元、327.90 亿元、335.63 亿元，单位地区生产总值 GEP（GEP/GDP）分别为 3.16 亿元、2.95 亿元、2.74 亿元。

2015 年延庆区 GDP 为 111.2 亿元，对北京市 GDP 的贡献为 0.48%；GEP 为 327.90 亿元，对北京市 GEP 的贡献为 18.18%，延庆区 GEP 即生态价值对北京市的贡献程度是 GDP 贡献程度的 37.6 倍，生态价值贡献十分突出。

从不同生态系统服务类型看，生态系统调节服务价值最高，2014—2016 年分别为 294.37 亿元、301.49 亿元、306.73 亿元，分别占延庆区生态系统生产总值（GEP）的 92.0%、91.9%、91.4%；生态系统产品供给服务和文化服务价值则相对较低，2014—2016 年产品供给服务价值分别为 12.49 亿元、12.61 亿元、12.84 亿元，占比分别为 3.9%、3.8%、3.8%，文化服务价值分别为 13.21 亿元、13.81 亿元、16.07 亿元，占比分别为 4.1%、4.2%、4.8%。在调节服务中，生命维护和栖息地保护价值最高，2014—2016 年分别为 141.72 亿元、144.0 亿元、146.0 亿元，占 GEP 比例分别为 44.3%、43.9%、43.5%，其次为气候调节、土壤保持、固碳释氧，2014—2016 年占 GEP 的比例平均分别为 16.1%、12.3%、10.1%。其余调节服务价值量相对较低（图 4-52）。

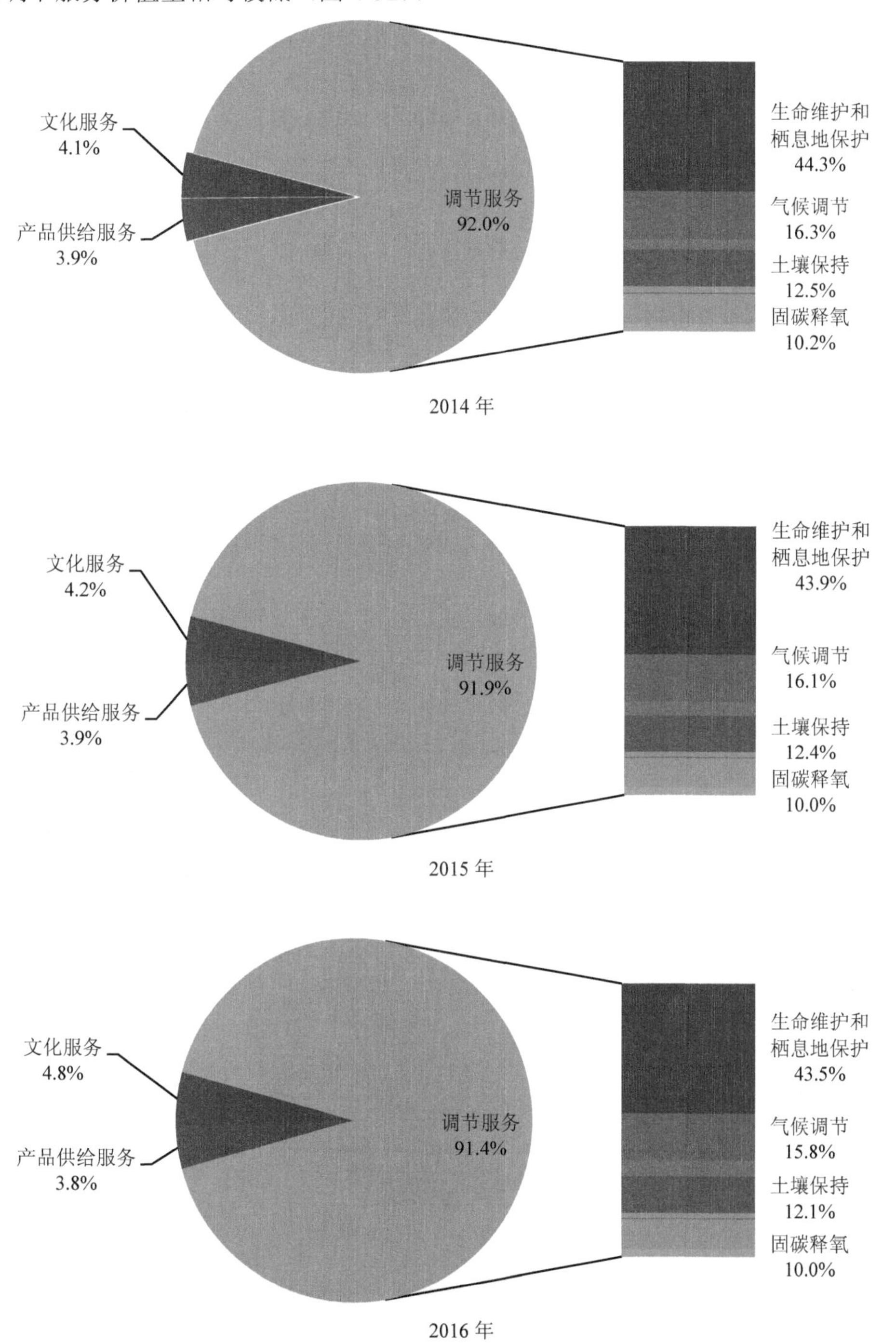

图 4-52　2014—2016 年不同生态系统服务类型价值占比

从不同生态系统类型看，森林生态系统提供的服务价值最高，2014—2016 年分别为 255.51 亿元、262.92 亿元、268.79 亿元，占 GEP 的比例分别为 79.8%、80.2%、80.1%；其次为湿地生态系统，2014—2016 年分别为 36.51 亿元、36.82 亿元、36.64 亿元，占 GEP 的比例分别为 11.4%、11.2%、10.9%；第三为农田生态系统，2014—2016 年分别为 24.25 亿元、24.34 亿元、26.25 亿元，占 GEP 的比例分别为 7.6%、7.4%、7.8%；草地、城镇、其他等提供的服务价值相对较低（图 4-53）。

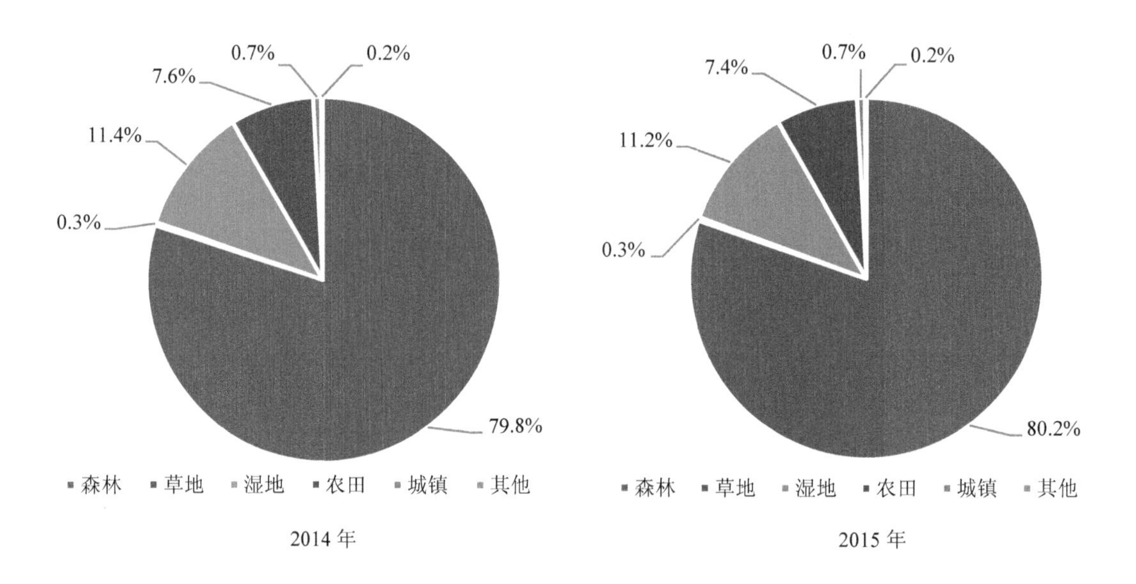

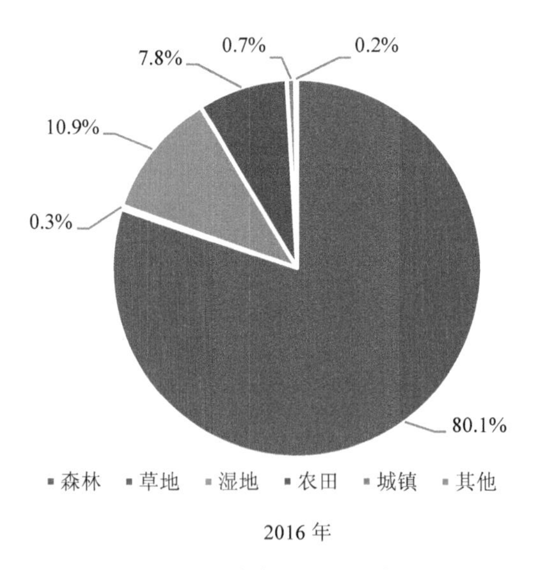

图 4-53 2014—2016 年各生态系统类型 GEP 占比

从单位面积价值量看，湿地生态系统单位面积价值量最高，2014—2016 年分别为 1.18 亿元/km^2、1.19 亿元/km^2、1.18 亿元/km^2；其次为森林生态系统，2014—2016 年单位面积价值量分别为 0.19 亿元/km^2、0.19 亿元/km^2、0.20 亿元/km^2；第三为农田生态系统，2014—2016 年分别为 0.06 亿元/km^2、0.06 亿元/km^2、0.07 亿元/km^2；草地、其他、城镇等类型单位面积价值量相对较低（图 4-54，表 4-9）。

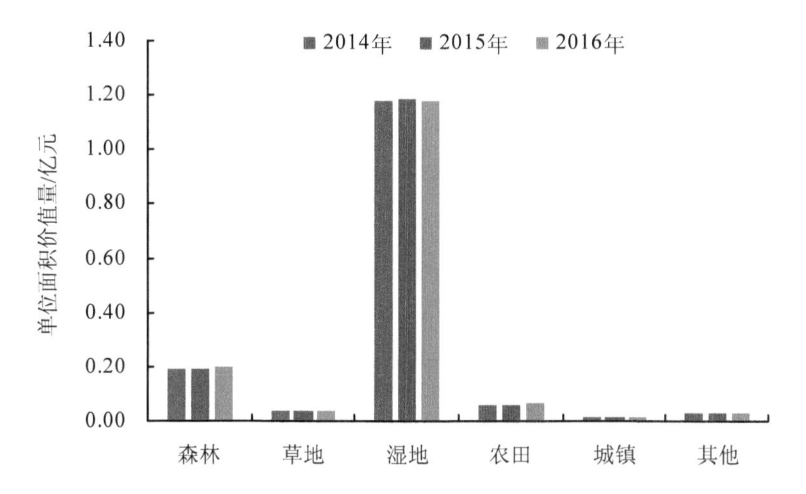

图 4-54　2014—2016 年延庆各生态系统类型单位面积价值量

表 4-9　2014—2016 年延庆区不同生态系统类型各项生态系统服务价值　　单位：亿元

指标	森林	草地	湿地	农田	城镇	其他	合计
2014 年							
产品供给	0.82		5.42	6.24	—	—	12.49
气候调节	32.94	0.29	13.58	5.42	—	—	52.22
水源涵养	9.61	0.05		1.45	—	—	11.11
病虫害控制	0.07	—	—	—	—	—	0.07
土壤保持	37.21	0.14	0.17	1.89	0.45	0.24	40.09
防风固沙	5.48	0.09	0.01	1.30	0.05	0.06	6.98
水质净化	—	—	0.80	—	—	—	0.80
大气净化	0.41	0.00		0.03	—	—	0.44
固碳释氧	24.75	0.35	0.25	5.56	1.61	0.23	32.74
洪水调蓄	—	—	8.19	—	—	—	8.19
生命维护和栖息地保护	141.72	—	—	—	—	—	141.72
文化服务	2.51	0.00	8.10	2.37	0.24	—	13.21
总计	255.51	0.91	36.51	24.25	2.36	0.53	320.07

指标	森林	草地	湿地	农田	城镇	其他	合计
2015 年							
产品供给	0.90	—	5.31	6.39	—	—	12.61
气候调节	33.53	0.30	13.41	5.51	—	—	52.75
水源涵养	13.83	0.11	—	1.77	—	—	15.70
病虫害控制	0.07	—	—	—	—	—	0.07
土壤保持	37.60	0.14	0.17	1.91	0.46	0.24	40.52
防风固沙	4.80	0.08	0.01	1.10	0.05	0.05	6.09
水质净化	—	—	0.81	—	—	—	0.81
大气净化	0.42	0.00	—	0.03	—	—	0.45
固碳释氧	25.01	0.34	0.25	5.38	1.58	0.23	32.79
洪水调蓄	—	—	8.32	—	—	—	8.32
生命维护和栖息地保护	144.0	—	—	—	—	—	144.0
文化服务	2.77	0.00	8.53	2.25	0.25	—	13.81
总计	262.92	0.96	36.82	24.34	2.34	0.52	327.90
2016 年							
产品供给	1.18	—	4.99	6.67	—	—	12.84
气候调节	34.00	0.30	13.04	5.58	—	—	52.92
水源涵养	15.90	0.12		1.93	—	—	17.94
病虫害控制	0.07	—	—	—	—	—	0.07
土壤保持	37.70	0.14	0.17	1.94	0.47	0.24	40.66
防风固沙	4.67	0.07	0.01	1.09	0.05	0.05	5.94
水质净化	—	—	0.82	—	—	—	0.82
大气净化	0.43	0.00	—	0.03	—	—	0.46
固碳释氧	25.27	0.36	0.27	5.67	1.66	0.24	33.47
洪水调蓄	—	—	8.44	—	—	—	8.44
生命维护和栖息地保护	146.0	—	—	—	—	—	146.0
文化服务	3.56	0.00	8.90	3.36	0.26	—	16.07
总计	268.80	0.99	36.64	26.25	2.44	0.53	335.64

注：“—”表示不适合评估。

对产品供给服务、调节服务、文化服务的空间化结果进行叠加，得到延庆区 GEP 空间分布情况，如图 4-55 所示。延庆区 GEP 较高的区域主要位于湿地生态系统、山区森林生态系统，平原地区农田生态系统等价值较低。

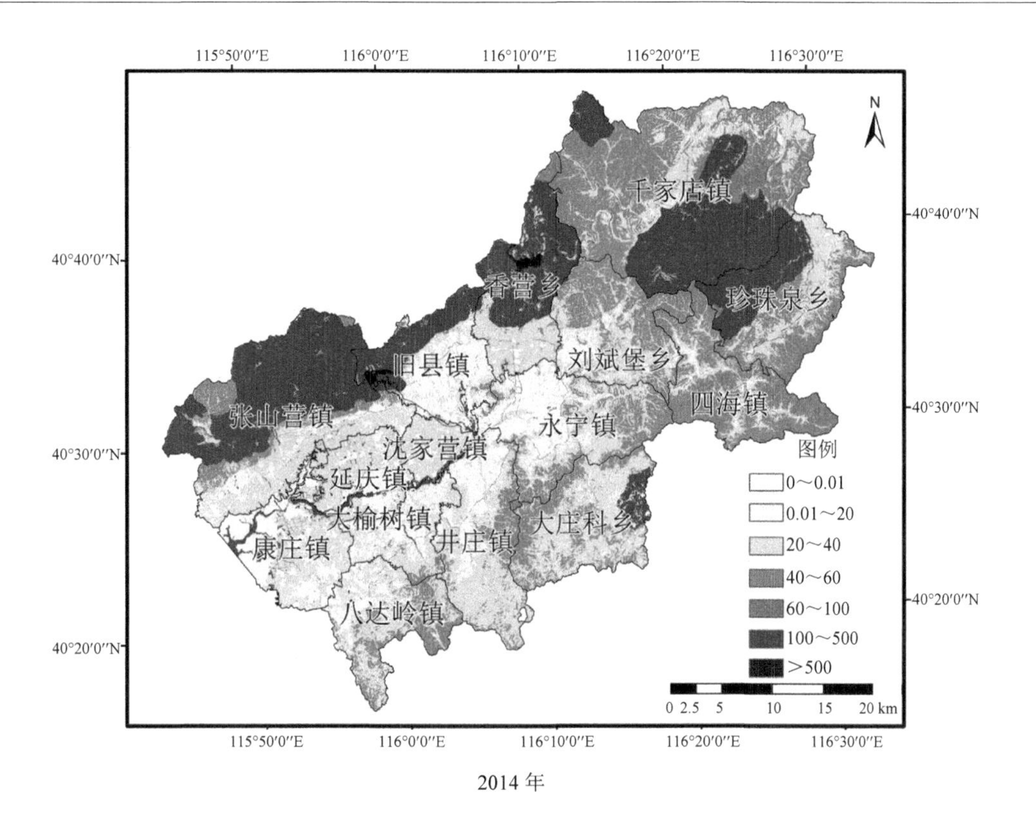

115°50′0″E
116°0′0″E
116°10′0″E
116°20′0″E
116°30′0″E
40°40′0″N
40°30′0″N
40°20′0″N
千家店镇
香营乡
珍珠泉乡
旧县镇
刘斌堡乡
四海镇
张山营镇
永宁镇
沈家营镇
延庆镇
大榆树镇
大庄科乡
井庄镇
康庄镇
八达岭镇
图例
0～0.01
0.01～20
20～40
40～60
60～100
100～500
>500
0 2.5 5 10 15 20 km

2014 年

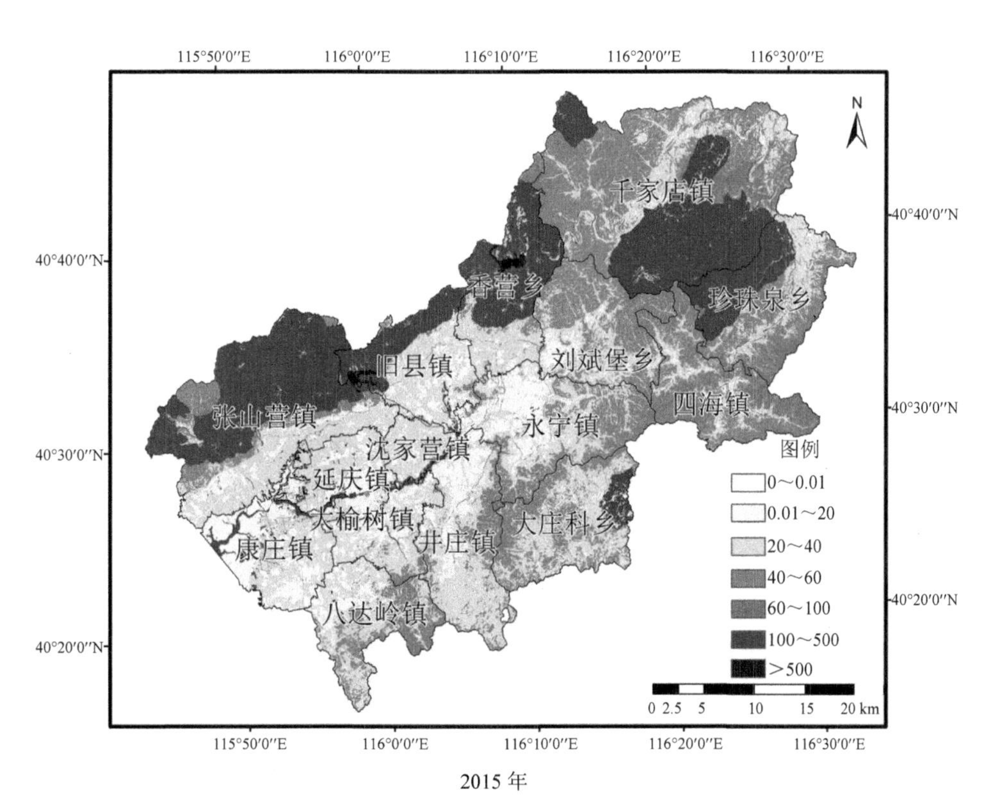

115°50′0″E
116°0′0″E
116°10′0″E
116°20′0″E
116°30′0″E
40°40′0″N
40°30′0″N
40°20′0″N
千家店镇
香营乡
珍珠泉乡
旧县镇
刘斌堡乡
四海镇
张山营镇
永宁镇
沈家营镇
延庆镇
大榆树镇
大庄科乡
井庄镇
康庄镇
八达岭镇
图例
0～0.01
0.01～20
20～40
40～60
60～100
100～500
>500
0 2.5 5 10 15 20 km

2015 年

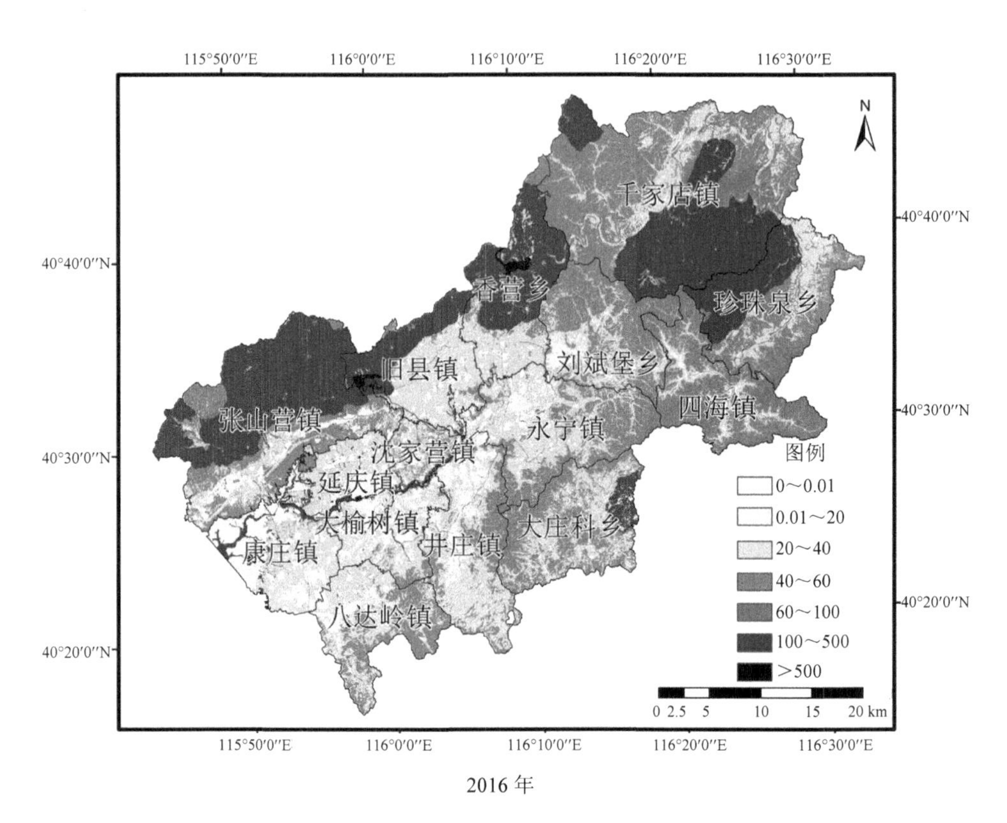

2016 年

图 4-55 2014—2016 年延庆区 GEP 空间分布

从各主体功能分区（图 4-56）和各乡镇（图 4-57）看，延庆区生态保护区 GEP 最高，2014—2016 年分别为 184.82 亿元、189.46 亿元、192.67 亿元，占延庆区 GEP 的比例分别为 58%、58%、57.5%；其次为农业生产区和城镇发展区，2014—2016 年农业生产区 GEP 分别为 89.22 亿元、92.30 亿元、95.94 亿元，分别占延庆区 GEP 的 28.0%、28.3%、28.6%；城镇发展区 GEP 分别为 44.45 亿元、44.94 亿元、46.44 亿元，分别占延庆区 GEP 的 14.0%、13.8%、13.9%。生态保护区的千家店镇、农业生产区的张山营镇 GEP 较高，农业生产区的沈家营镇最低。

4.5 GEP 变化及其原因分析

2014—2016 年，延庆区 GEP 呈逐年增加趋势，其中 2014—2015 年增加 7.84 亿元、2015—2016 年增加 7.73 亿元，3 年累计增加 15.57 亿元（表 4-10）。

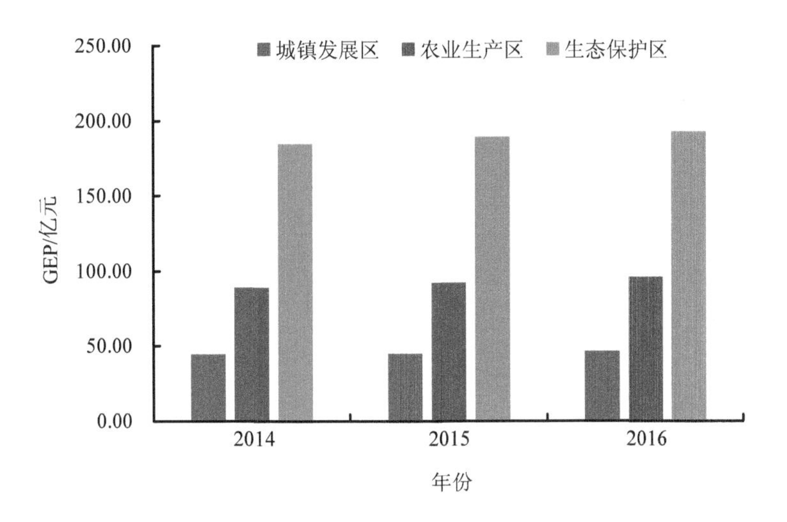

图 4-56　2014—2016 年延庆区各主体功能分区 GEP

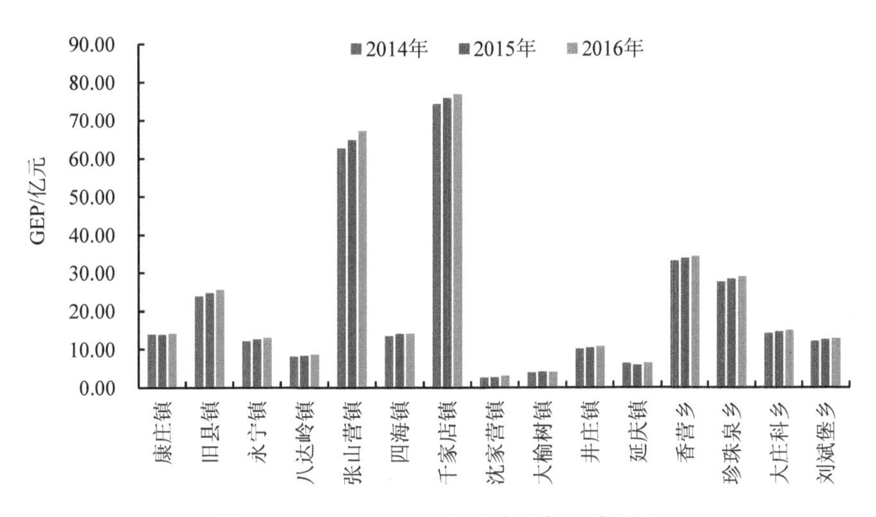

图 4-57　2014—2016 年延庆区各乡镇 GEP

表 4-10　2014—2016 年延庆区 GEP 变化量统计

地区/类型		2014—2015 年		2015—2016 年		2014—2016 年总变化	
		变化值/亿元	贡献率/%	变化值/亿元	贡献率/%	变化值/亿元	贡献率/%
延庆区整体		7.84	—	7.73	—	15.57	—
分服务类型	产品供给服务	0.12	1.57	0.23	2.92	0.35	2.24
	调节服务	7.12	90.85	5.24	67.74	12.36	79.38
	文化服务	0.59	7.57	2.27	29.34	2.86	18.38

地区/类型		2014—2015 年		2015—2016 年		2014—2016 年总变化	
		变化值/亿元	贡献率/%	变化值/亿元	贡献率/%	变化值/亿元	贡献率/%
分生态系统类型	森林	7.42	94.61	5.87	75.92	13.29	85.33
	草地	0.04	0.57	0.03	0.37	0.07	0.47
	湿地	0.31	3.99	–0.18	–2.35	0.13	0.84
	农田	0.09	1.12	1.91	24.68	2.00	12.82
	城镇	–0.02	–0.24	0.10	1.25	0.08	0.50
	裸地	0.00	–0.05	0.01	0.13	0.01	0.04
分主体功能区	城镇发展区	0.49	6.02	1.50	17.96	1.99	12.03
	农业生产区	3.08	37.49	3.64	43.61	6.72	40.58
	生态保护区	4.64	56.49	3.20	38.43	7.85	47.39
分乡镇	康庄镇	–0.07	–0.86	0.28	3.40	0.21	1.28
	旧县镇	0.86	10.42	0.83	9.90	1.68	10.16
	永宁镇	0.53	6.47	0.39	4.72	0.92	5.59
	八达岭镇	0.22	2.65	0.33	3.90	0.54	3.28
	张山营镇	2.16	26.31	2.35	28.14	4.51	27.23
	四海镇	0.56	6.86	0.01	0.17	0.58	3.49
	千家店镇	1.52	18.47	1.04	12.52	2.56	15.48
	沈家营镇	0.06	0.76	0.46	5.57	0.53	3.18
	大榆树镇	0.23	2.80	-0.04	-0.45	0.19	1.16
	井庄镇	0.21	2.57	0.41	4.86	0.62	3.73
	延庆镇	–0.41	–5.04	0.53	6.39	0.12	0.72
	香营乡	0.70	8.52	0.49	5.83	1.19	7.17
	珍珠泉乡	0.74	9.01	0.55	6.61	1.29	7.80
	大庄科乡	0.44	5.32	0.39	4.69	0.83	5.00
	刘斌堡乡	0.47	5.73	0.31	3.75	0.78	4.73

注：由于部分产品供给服务、文化服务无法核算到乡镇，这里不同主体功能区、不同乡镇的贡献率为其对应变化量与各乡镇变化量之和的比值。

从不同生态系统服务类型看，调节服务价值增加对延庆区 GEP 增加的贡献程度最大，2014—2015 年其贡献率为 90.85%，2015—2016 年贡献率有所下降，为 67.74%，2014—2016 年贡献率为 79.38%，调节服务价值贡献率最大的主要原因是水源涵养调节服务价值增加明显。2015—2016 年文化服务价值增加对 GEP 的贡献程度有较大提升，上升 22 个百分点，贡献率为 29.34%，主要原因是 A 级自然景观、农业观光园的接待人数和旅游花费明显增加；

产品供给服务价值增加对 GEP 增加的贡献程度相对较低，2015—2016 年其贡献率略有上升，但不足 3%。

从不同生态系统类型看，森林生态系统服务价值增加对延庆区 GEP 增加的贡献程度最大，2014—2015 年其贡献率为 94.61%，2015—2016 年贡献率有所下降，为 75.92%，2014—2016 年贡献率为 85.33%，森林生态系统贡献率最高的主要原因是水源涵养、生命维护和栖息地保护等调节服务价值增加明显；2015—2016 年湿地生态系统服务价值略有下降，贡献为负，主要原因是湿地产品供给价值、气候调节服务价值有所下降；2015—2016 年农田生态系统服务价值增加对 GEP 的贡献程度比 2014—2015 年提升较大，为 24.68%，主要原因是该时期是农田生态系统文化服务价值明显增加。

从不同主体功能区，2014—2015 年生态保护区 GEP 增加对延庆区 GEP 增加的贡献程度最大，贡献率为 56.49%，其次是农业生产区，贡献率为 37.49%；2015—2016 年农业生产区的贡献率有所上升，为 43.61%，生态保护区的贡献率下降，为 38.43%；城镇发展区 3 个时期的贡献率均较低，但 2015—2016 年贡献率上升，为 17.96%。

从不同乡镇看，三个时期张山营镇、千家店镇、旧县镇 GEP 增加对延庆区 GEP 增加的贡献程度较大，大部分乡镇 GEP 均呈增加趋势。2014—2015 年张山营镇、千家店镇、旧县镇的贡献率分别为 26.31%、18.47%、10.42%，康庄镇、延庆镇 GEP 减少，贡献率为负；2015—2016 年张山营镇、千家店镇、旧县镇的贡献率分别为 28.14%、12.52%、9.90%，大榆树镇 GEP 减少，贡献率为负；2014—2016 年张山营镇、千家店镇、旧县镇的贡献率分别为 27.23%、15.48%、10.16%。

4.6 GEP 提升潜力分析

4.6.1 产品供给服务价值

根据延庆区统计年鉴数据和政府工作报告，2014—2017 年延庆区不断削减低端种植养殖业，农业、畜牧业、渔业产值不断下降，林业产值不断上升；同时，着力培育“延庆·有机农业”品牌，有机农产品产值占农业总产值的比例不断上升，2017 年实现有机农产品产值 4.2 亿元，占当年农业总产值（5.0 亿元）的比例为 84%，与 2015 年的 20%相比，提高 64 个百分点，表明近年来延庆区农产品有机、绿色化程度不断提高（图 4-58）。

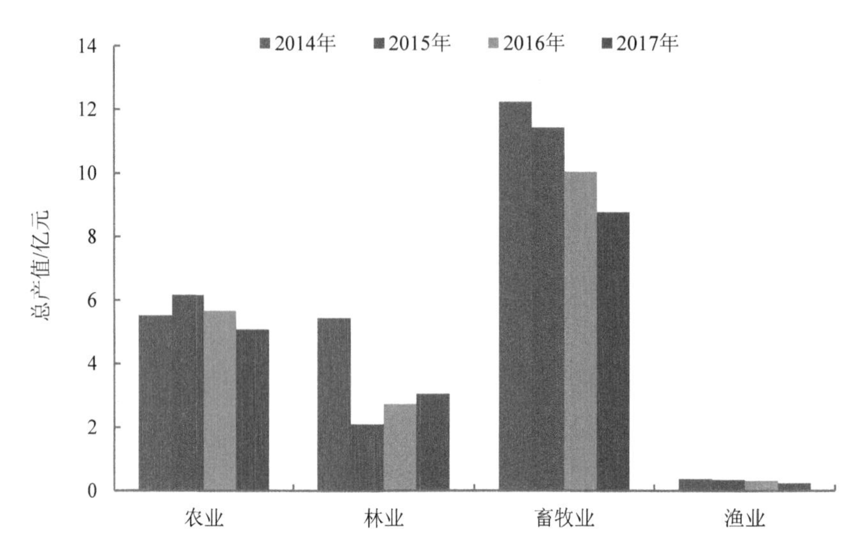

图 4-58 2014—2017 年延庆区农、林、畜牧、渔业总产值

根据北京市场调查，一般有机农产品比普通农产品价格高 30%～80%。同时，延庆区土壤环境状况良好，以 2016 年延庆区产品供给价值核算结果为例，假设全部为有机农产品，则农业产品供给价值将比原来提高 30%～80%，即由原来的 2.29 亿元提高到 2.98 亿～4.12 亿元，2016 年产品供给总价值将比原来提升 5.4%～14.3%，GEP 将比原来提升 0.21%～0.55%。

受延庆区生态涵养的功能定位，未来延庆区还将进一步缩减低端种植业养殖业，短期内农业产品的供给价值将有降低趋势，但随着延庆有机农业的深入培育和发展，延庆区有机农产品的比例将不断增加，加上未来世园会、冬奥会等的举办，“延庆 • 有机农业”品牌的影响力将不断扩大，有机农产品的价格和销量也将得到进一步增加，因此，未来延庆区农产品有机、绿色化程度和农业产品供给价值还将不断提高。假设未来有机农产品的销量增加 1 倍，则产品供给价值将比 2016 年提升 10.8%～28.6%，GEP 将比原来提升 0.42%～1.09%。

4.6.2 调节服务价值

根据 GEP 账户核算，延庆区生态系统调节服务价值占比较高，2016 年为 91.4%，其中森林生态系统具有较高的生命维护和栖息地保护、土壤保持、防风固沙、水源涵养、固碳释氧、气候调节等调节服务价值。森林生态系统单位面积调节服务价值约 0.19 亿元/km^2。

根据 2016—2017 年延庆区森林资源年度动态监测数据，森林面积分别为 1 164.54 km^2、1 171.0 km^2，森林覆盖率分别增长为 58.4%、58.7%，森林蓄积量分别为 217.9 万 m^3、

220.05 万 m^3，单面面积森林蓄积量稳定在 0.19 万 m^3/km^2，高于同期密云区的 0.16～0.17 万 m^3/km^2。通过分析 2014 年森林资源二类调查小班数据中地类面积统计结果（表 4-11）可知，未来延庆区森林面积增加可利用的潜在土地不多，除了乔木林地、疏林地、宜林地、未成林地、无立木林地、苗圃地、辅助林地、其他土地、水域、未利用地等之外，农地、灌木林地二者面积较大，但需确保延庆区 138.7 km^2 的永久基本农田不减少。综上，未来延庆区森林面积增加的潜在区域主要是永久基本农田以外的农地和其他灌木林地，假设二者总面积的 30%转为森林，即森林面积增加约 156.5 km^2。调节服务价值将在现有基础上提高 29.74 亿元，比原来提升 9.7%，GEP 将提升 8.9%。但由于植树造林所需时间长、短期内可能成效不显著。

表 4-11　2014 年延庆区森林资源二类调查小班数据地类面积　　单位：km^2

<table>
<tr><th>林地类型</th><th>地类</th><th>面积</th><th>小计</th></tr>
<tr><td rowspan="3">乔木林地</td><td>混交林</td><td>141.98</td><td rowspan="3">1 136.96</td></tr>
<tr><td>阔叶林</td><td>733.18</td></tr>
<tr><td>针叶林</td><td>261.80</td></tr>
<tr><td>灌木林地</td><td>其他灌木林地</td><td>417.92</td><td>417.92</td></tr>
<tr><td>疏林地</td><td>疏林地</td><td>0.03</td><td>0.03</td></tr>
<tr><td rowspan="2">未成林地</td><td>未成林封育地</td><td>0.02</td><td rowspan="2">16.13</td></tr>
<tr><td>未成林造林地</td><td>16.10</td></tr>
<tr><td>无立木林地</td><td>其他无立木林地</td><td>5.67</td><td>5.67</td></tr>
<tr><td>苗圃地</td><td>苗圃地</td><td>18.89</td><td>18.89</td></tr>
<tr><td>辅助林地</td><td>辅助生产林地</td><td>0.36</td><td>0.36</td></tr>
<tr><td rowspan="3">宜林地</td><td>宜林荒山荒地</td><td>3.95</td><td rowspan="3">10.68</td></tr>
<tr><td>宜林沙荒</td><td>6.50</td></tr>
<tr><td>其他宜林地</td><td>0.23</td></tr>
<tr><td>农地</td><td>农地</td><td>242.54</td><td>242.54</td></tr>
<tr><td>其他土地</td><td>其他土地</td><td>128.28</td><td>128.28</td></tr>
<tr><td>水域</td><td>水域</td><td>20.92</td><td>20.92</td></tr>
<tr><td>未利用地</td><td>未利用地</td><td>2.19</td><td>2.19</td></tr>
</table>

根据延庆区森林资源二类调查小班数据，分别统计不同地类、不同林龄森林的蓄积量、调节服务价值，如表 4-12 所示。

其中，延庆区森林资源以幼龄林为主，总面积约 524.5 km^2，比例为 51.6%，且千家店镇、张山营镇、珍珠泉乡、井庄镇等幼龄林较多；其次为中龄林，总面积约 293.19 km^2，比例约 28.8%，近熟林、成熟林、过熟林相对较少。单面面积蓄积量与林龄呈正相关，从幼龄林、中龄林、近熟林、成熟林到过熟林逐渐增加。幼龄林提供了 48.4%的调节服务价值，中龄林提供了 31.7%的调节服务价值；但近熟林、中龄林的单位面积调节服务价值较高。未来延庆区将通过森林抚育、更新改造，不断改善林分结构，假设目前幼龄林全部更新为中龄林或近熟林，调节服务价值量将增加 13.73 亿元，比原来提升 5.2%，GEP 将提升 4.1%。

表 4-12 延庆区不同林龄组面积、蓄积量、调节服务价值量

林龄组	面积/km^2	面积比例/%	蓄积量/万 m^3	单位面积蓄积量/（万 m^3/km^2）	调节服务价值/亿元	价值比例/%	单位面积调节服务价值/（万元/km^2）
幼龄林	524.50	51.6	53.61	0.10	79.36	48.4	1 513.10
中龄林	293.19	28.8	58.52	0.20	51.94	31.7	1 771.46
近熟林	101.10	9.9	31.16	0.31	17.94	10.9	1 774.83
成熟林	73.68	7.2	33.79	0.46	11.49	7.0	1 559.19
过熟林	24.68	2.4	35.50	1.44	3.15	1.9	1 276.63

从不同林地类型看，延庆区森林主要以阔叶林为主，总面积约 733.18 km^2，比例约 64.5%，其次为针叶林、混交林，比例分别为 23%、12.5%。阔叶林单位面积蓄积量最高，单位面积调节服务价值量也最高，其次为混交林、针叶林。假设未来延庆区针叶林、混交林分别减半，阔叶林面积比例提高到 82%，调节服务价值量将提高约 0.79 亿元，比原来提升 0.26%，GEP 将提升 0.24%（表 4-13）。

表 4-13 延庆区不同类型林地面积、蓄积量、调节服务价值量

森林类型	面积/km^2	面积比例/%	蓄积量/万 m^3	单位面积蓄积量/（万 m^3/km^2）	调节服务价值/亿元	价值比例/%	单位面积调节价值/（万元/km^2）
针叶林	261.80	23.0	26.35	0.10	39.34	22.6	1 502.64
阔叶林	733.18	64.5	165.55	0.23	113.25	65.1	1 544.59
混交林	141.98	12.5	20.68	0.15	21.44	12.3	1 509.99

4.6.3 文化服务价值

2014—2016 年，延庆区文化服务价值主要以 A 级自然景观为主，以 2016 年为例，A 级自然景观文化服务价值为 13.35 亿元，占文化服务总价值的 83%。但不同类型自然景观文化服务价值差异较大，其中龙庆峡最高，为 7.11 亿元，占 A 级景观文化服务价值的 53%左右；玉渡山、松山、莲花山等森林类型自然景观的文化服务价值均较低。不同自然景观的文化服务价值差异主要与当年接待游客数和旅游花费等有关。

根据问卷调查显示，延庆区各类 A 级自然景观接待游客的滞留天数低，多数为 1 d，滞留天数高于 1 d 的游客占比最高的为龙庆峡，但也不到 30%，八达岭国家森林公园仅

0.63%；游客的重访率较低，平均仅为 15%，重访率最高的为龙庆峡，但也仅为 17.63%；不愿再次游览的原因主要有路上耗时长、景区设施不完善等。由于游客滞留天数少、重访率低，加上交通、基础设施不完善等因素，导致延庆区 A 级自然景观游客人均旅游费用偏低，人均旅行费用最高的龙庆峡，仅为 627.2 元/人，仍低于九寨沟（1 200～2 000 元/人），因而其总旅游价值偏低。

未来，延庆区将抓住世园会、冬奥会举办的重要契机，着力发展冰雪运动、山地户外、森林康养、商务会赏、绿色蔬食等综合旅游产业，旅游接待人数将有大幅增加，假设各类 A 级自然景观的旅游接待人数增加 1 倍，人均总游憩价值增加 1 倍，则 A 级自然景观文化服务总价值将提升 3 倍，即约达到 53.4 亿元，延庆区文化服务总价值将提升 2.5 倍，GEP 将提升 11.93%（表 4-14、表 4-15）。

表 4-14 主要 A 级自然景观游客基本情况

单位：%

旅游者信息	调查结果	比例				
		八达岭国家森林公园	百里山水画廊	龙庆峡	野鸭湖国家湿地公园	玉渡山
客源地	北京市	98.75	94.79	85.9	91.74	97.25
	天津市	0.63	0.47	2.56	0.92	0.92
	河北省	0.62	4.74	10.9	7.34	1.83
	山西省	0	0	0.64	0	0
是否第一次游览	是	83.13	88.15	82.37	88.99	84.4
	否	16.87	11.85	17.63	11.01	15.6
游玩天数	1 d	99.37	74.88	70.83	90.83	82.57
	2 d	0.63	23.22	28.85	7.34	15.6
	3 d	0	1.9	0.32	1.83	1.83
游玩后行程	直接返回住处	86.87	79.15	68.59	84.4	88.07
	去延庆其他景点	0.63	2.37	4.81	1.83	3.67
	去延庆外的景点	12.5	18.48	26.6	13.76	8.26
是否愿意再次游览	是	98.75	75.83	90.38	85.32	89.91
	否	1.25	24.17	9.62	14.68	10.09
不愿再次游览的原因	景区设施不完善	0	7.84	3.33	18.75	18.18
	距离远，路上耗时久	0	39.22	13.33	0	18.18
	节假日人流拥挤	0	0	3.33	0	0
	花费太高	0	0	0	25	0
	没有时间	0	41.18	36.67	6.25	9.09
	去过一次就够了	100	52.94	66.67	43.75	54.55
	其他原因	0	0	0	12.5	0

表 4-15 不同自然景观的人均游憩价值 单位：元

景观名称	人均消费者剩余	人均旅行费用	人均总游憩价值
八达岭国家森林公园	201.2	424.4	625.5
百里山水画廊	206.8	587.0	793.8
龙庆峡	197.0	627.2	824.2
野鸭湖国家湿地公园	181.8	502.8	684.6
玉渡山	181.9	496.8	678.7

综上所述，通过初步预测估计，未来延庆区文化服务价值提升对延庆区整体 GEP 提升的贡献潜力最大；产品供给服务价值中主要是有机农产品价值提升具有较大潜力，但预计对 GEP 整体提升的贡献潜力不大；森林生态系统的调节服务价值具有一定的提升潜力，通过森林抚育、林分改造等，提高近熟林的比例，可以有效促进森林调节服务价值的不断提升（表 4-16）。

表 4-16 延庆区未来 GEP 提升潜力简单预测

服务类型	假设条件	对自身价值提升比例/%	对 GEP 提升比例/%
产品供给服务	现有农业产品全部转化为有机农产品，不考虑增加	5.4～14.3	0.21～0.55
	农业产品全部为有机农产品，且销量增加 1 倍	10.8～28.6	0.42～1.09
调节服务	森林面积增加约 156.5 km^2	9.9	9.1
	524.50 km^2 幼龄林全部转换为近熟林	5.2	4.1
	阔叶林面积比例提高到 80%	0.26	0.24
文化服务	假设各类 A 级自然景观的旅游接待人数增加 1 倍，人均总游憩价值增加 1 倍	250	11.93

4.7 本章小结

①2014—2016 年，延庆区生态系统生产总值（GEP）分别为 320.06 亿元、327.90 亿元、335.63 亿元，在空间上呈中部平原区低，北部、东南部山区高的总体格局。其中调节服务价值最高，分别为 294.37 亿元、301.49 亿元、306.73 亿元，分别占延庆区 GEP 的 92.0%、91.9%、91.4%；产品供给服务和文化服务价值则相对较低，占比分别在 3.8%～3.9%和 4.1%～4.8%。在调节服务价值中，生命维护和栖息地保护价值最高，2014—2016 年分别为 141.72 亿元、144.0 亿元、146.0 亿元，占 GEP 比例分别为 44.3%、43.9%、43.5%，

其次为气候调节、土壤保持、固碳释氧，2014—2016 年占 GEP 的比例平均分别为 16.1%、12.3%、10.1%，水源涵养、洪水调蓄、防风固沙、水质净化、大气净化、病虫害控制等价值量相对较低。

②从不同生态系统类型看，森林生态系统提供的服务价值最高，2014—2016 年分别为 255.51 亿元、262.92 亿元、268.79 亿元，占 GEP 的比例分别为 79.8%、80.2%、80.1%；其次为湿地、农田生态系统，占延庆区 GEP 的比例分别为 10.9%～11.4%、7.4%～7.8%；草地、城镇、其他等服务价值相对较低。从单位面积价值量看，湿地生态系统最高，2014—2016 年平均为 1.18 亿元/km^2；其次为森林、农田生态系统，2014—2016 年平均分别为 0.19 亿元/km^2、0.06 亿元/km^2；草地、其他、城镇等类型单位面积价值量相对较低。此外，核算表明，延庆区森林生态系统具有较高的生命维护和栖息地保护、土壤保持、防风固沙、水源涵养、固碳释氧、气候调节等调节服务价值，2014—2016 年平均占延庆区对应服务总价值的 100%、92.8%、78.7%、87.8%、75.8%、63.7%；湿地生态系统具有较高的洪水调蓄价值、气候调节价值；农田生态系统具有较高的产品供给价值，2014—2016 年平均占延庆区产品供给价值的 51.0%。

③从各主体功能分区看，延庆区生态保护区 GEP 最高，2014—2016 年分别为 184.82 亿元、189.46 亿元、192.67 亿元，占延庆区 GEP 的比例分别为 58%、58%、57.5%；其次为农业生产区和城镇发展区，占比在 28.0%～28.6%和 13.8%～14.0%。不同主体功能分区的主导生态系统服务有所不同，生态保护区的生命维护和栖息地保护、土壤保持、防风固沙、水源涵养、大气环境净化、病虫害控制、固碳释氧等调节服务价值均较高；农业生产区的文化服务价值、产品供给价值较高；城镇发展区的洪水调蓄、水质净化服务价值较高。

④从不同乡镇看，生态保护区的千家店镇、农业生产区的张山营镇 GEP 较高。其中，农业生产区的张山营镇、城镇发展区的康庄镇和延庆镇等具有相对较高的产品供给价值；城镇发展区的康庄镇、生态保护区的香营乡具有相对较高的洪水调蓄、水质净化等调节服务价值，这主要与湿地生态系统分布有关；生态保护区的千家店镇和农业生产区的张山营镇具有较高的生命维护和栖息地保护、土壤保持、防风固沙、水源涵养、大气环境净化、病虫害控制、气候调节、固碳释氧等调节服务价值，这主要与森林生态系统分布有关；农业生产区的旧县镇、生态保护区的千家店镇文化服务价值较高，分别为龙庆峡、百里山水画廊所在地。

⑤2014—2016 年延庆区 GEP 逐年增加，累计增加 15.57 亿元，其中调节服务价值增加带来的贡献程度最大，2014—2016 年贡献率为 79.4%，尤其以水源涵养服务价值增加的贡献率最大；从不同生态系统类型看，森林生态系统服务价值增加带来的贡献程度最大，2014—2016 年贡献率为 85.3%，主要原因是水源涵养等调节服务价值增加明显；从不同主

体功能区看，2014—2015 年生态保护区 GEP 增加的贡献程度最大，贡献率为 56.49%，其次是农业生产区、城镇发展区；2015—2016 年农业生产区的贡献率有所上升，为 43.61%，生态保护区的贡献率下降，为 38.43%；从不同乡镇看，张山营镇、千家店镇、旧县镇 GEP 增加带来的贡献程度较大。

⑥初步预测，未来延庆区文化服务价值提升对延庆区 GEP 提升的贡献潜力最大，提升比例为 11.9%；森林生态系统的调节服务价值具有一定的提升潜力，通过森林抚育、林分改造等，提高近熟林的比例，可以有效促进森林调节服务价值的不断提升，预计提升比例在 0.24%～9.1%；产品供给服务中有机农产品价值提升具有较大潜力，预计对 GEP 提升比例在 0.21%～1.09%。

第 5 章　生态环境退化成本账户分析

5.1　大气环境退化成本

5.1.1　大气环境退化实物量

从 SO_2 排放量角度看，最主要的排放源来自生活排放，其次是工业排放。其中，生活源排放呈现先小幅增加后大幅减少的变化趋势，而工业源排放则呈现逐年下降的变化趋势。从 NO_x 排放量角度看，最主要的排放源来自机动车排放，其次是工业排放，生活排放极少。其中，机动车源排放呈现先小幅增加后大幅减少的变化趋势，而工业源排放仍然呈现逐年减少的变化趋势。从烟粉尘排放角度看，主要的排放来自生活排放，其次是工业排放，机动车排放极少。其中生活源和工业源在 2016 年都大幅减少。

综上，2014—2016 年延庆区对工业废气排放控制较好，其 SO_2 和 NO_x 都呈现逐年减少，是延庆区大气环境退化成本不断降低的根本原因。而 2015—2016 年延庆区除继续加大对工业源排放管控外，还针对生活源和机动车源排放实施管控，排放量较 2015 年有所减少，其中在 SO_2 排放控制方面尤为突出。由于延庆区在 2015 年和 2016 年先后对工业源排放和生活源及机动车源排放的管控，减少大气污染排放（图 5-1）。

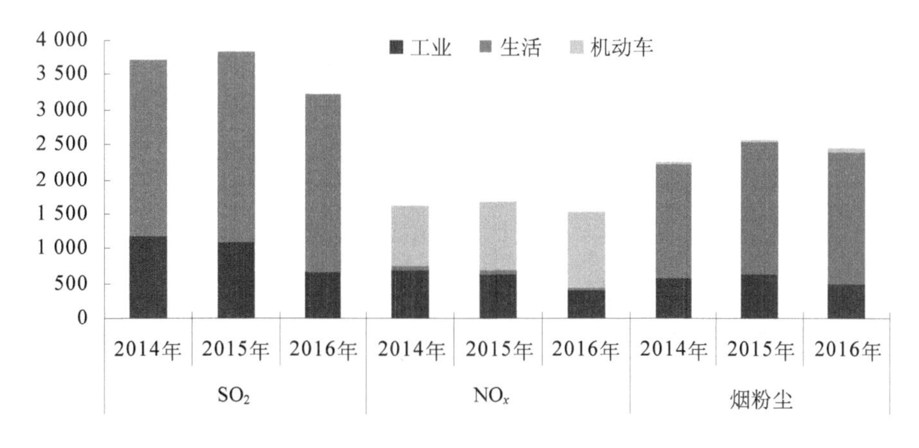

图 5-1　2014—2016 年延庆区 SO_2、NO_x、烟粉尘不同来源的排放量

5.1.2 延庆区整体退化成本

延庆区大气环境退化成本相对较低。2014—2016 年退化成本分别为 3 518.7 万元、3 608.2 万元和 3 214.3 万元，大气环境退化指数（退化成本占 GDP 的比重）分别为 0.35%、0.32%、0.26%。2016 年延庆区大气环境治理工作成效显著，大气环境退化成本明显低于 2014 年和 2015 年（图 5-2，表 5-1）。

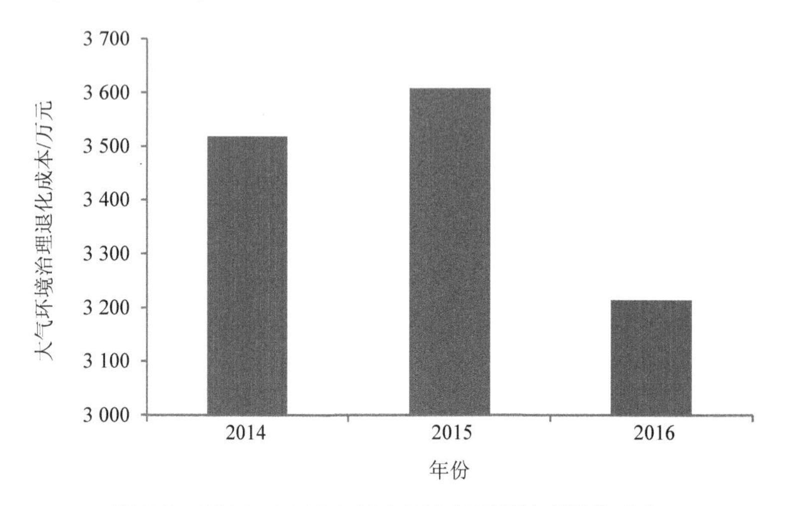

图 5-2 2014—2016 年延庆区大气环境治理退化成本

表 5-1 2014—2016 年延庆区大气环境治理退化成本 单位：万元

指标		退化成本			
		2014 年	2015 年	2016 年	总计
不同污染物治理退化成本	SO_2	1 152.5	1 186.3	995.8	3 334.6
	NO_x	2 186.1	2 243.0	2 048.1	6 477.2
	烟粉尘	180.0	178.8	170.39	529.2
	合计	3 518.6	3 608.1	3 214.3	10 341

大气环境退化成本主要以氮氧化物退化为主。以 2016 年退化成本为例，其中 SO_2、NO_x 和烟粉尘退化成本分别为 995.8 万元、2 048.1 万元、170.4 万元，占总成本的比例分别为 31.0%、63.7%和 5.3%，NO_x 约占 2/3，见图 5-3。退化指数分别为 0.08%、0.17%、0.01%。

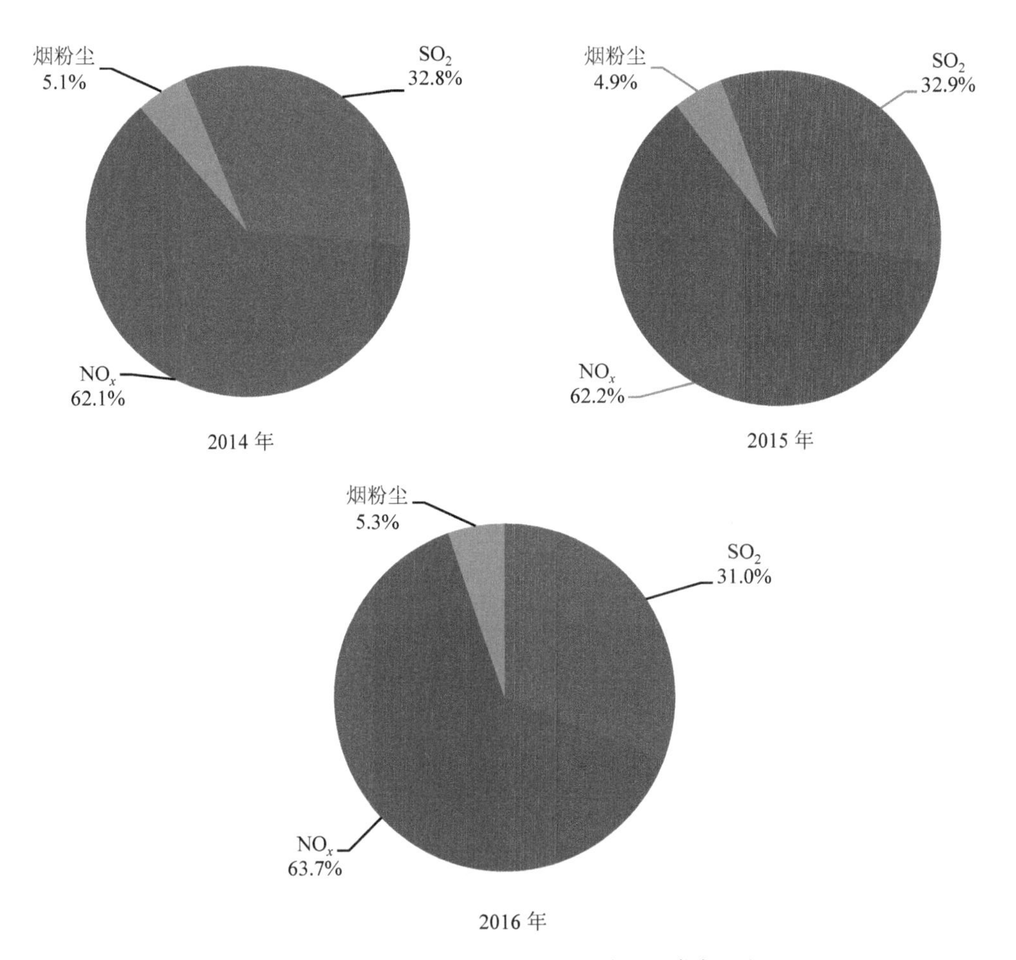

图 5-3　2014—2016 年各污染物大气环境退化成本所占百分比

5.1.3　不同污染来源退化成本

延庆区工业、生活、机动车大气环境污染退化成本比较平均，但以机动车更突出。2014—2016 年延庆区大气环境退化成本中，机动车来源的大气环境污染退化成本分别为 1 179.0 万元、1 306.9 万元、1 448.9 万元，占总成本比重在 33.5%～45.1%。由于 2016 年机动车保有量增速较快，其退化成本占比发生了较大幅度的上升。

其次是工业源，2014—2016 年退化成本分别为 1 349.2 万元、1 255.9 万元、722.4 万元，占比在 24%～38.3%，2016 年工业源的大气环境退化成本无论是实际数值还是占比发生了较大幅度的下降。

2014—2016 年生活源大气环境退化成本分别为 990.5 万元、1 045.5 万元、993 万元，占比在 28.1%～30.9%，见图 5-4。2016 年三种来源的大气环境退化指数分别为 0.06%、0.08%、0.12%。

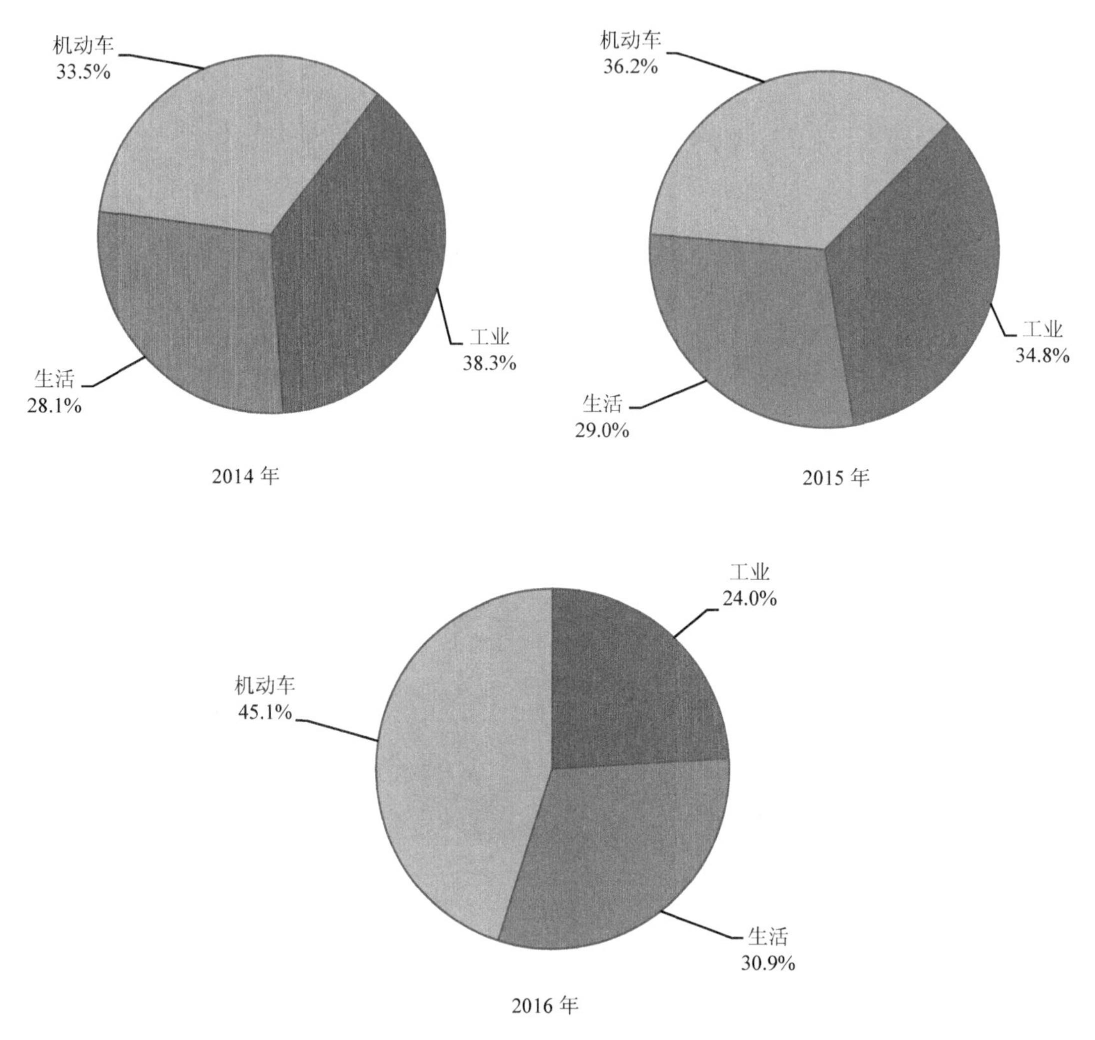

图5-4　2014—2016年不同来源大气环境退化成本所占百分比

5.1.4　不同主体功能区退化成本

延庆区三个主体功能区中，大气环境退化成本主要分布在城镇发展区。2014—2016年，该区成本分别为2 614万元、2 633万元、2 091万元，占比在65.1%～74.3%。从不同来源看，2014—2015年工业导致的环境退化成本最高，其次是机动车排放，生活排放导致的环境退化成本最低；2016年机动车导致的环境退化成本最高。从不同污染物来看，城镇发展区以NO_x的环境退化成本最高，占大气环境退化总成本的近一半。

农业生产区的大气环境退化成本远低于城镇发展区，2014—2016年分别为504万元、547万元、683万元，所占比重在14.3%～21.3%。从不同来源看，生活和机动车导致的环境退化成本较高，工业较低；从不同污染物来看，NO_x和SO_2退化成本远高于烟粉尘。

生态保护区大气环境退化成本最低，为 400 万元、428 万元、440 万元，占 11.4%～13.7%；主要来自生活和机动车，工业大气环境退化成本保持在 0；以 NO_x 和 SO_2 导致的退化成本为主。如表 5-2 所示。

表 5-2　2014—2016 年延庆区不同主体功能区大气环境退化成本　单位：万元

主体功能区		年份	城镇发展区	农业生产区	生态保护区	总计
不同污染物退化成本	SO_2	2014	798	194	160	1 153
		2015	809	208	169	1 186
		2016	651	187	157	996
	NO_x	2014	1 693	280	213	2 186
		2015	1 703	308	232	2 243
		2016	1 330	463	256	2 048
	烟粉尘	2014	123	30	27	180
		2015	121	31	27	179
		2016	110	33	27	170
不同来源退化成本	工业	2014	1 263	86	0	1 349
		2015	1 160	95	0	1 255
		2016	559	213	0	772
	生活	2014	586	204	200	990
		2015	622	215	209	1 046
		2016	591	205	197	993
	机动车	2014	765	214	200	1 179
		2015	851	237	219	1 307
		2016	942	265	242	1 449
合计		2014	2 614	505	400	3 519
		2015	2 633	547	428	3 608
		2016	2 091	683	440	3 214

5.1.5　不同乡镇退化成本

延庆区不同乡镇大气环境退化成本差异较大，以 2016 年为例，最大的是延庆镇，成本为 683.4 万元，占延庆区的 21.3%；其次是张山营镇，成本为 365.9 万元，占 11.4%；最小的乡镇是珍珠泉乡，成本为 29.5 万元，占 0.9%。大气环境退化成本最大的延庆镇是最小的珍珠泉乡的 23 倍。2016 年大气环境退化成本较低的 6 个乡镇都位于生态保护区，退化成本最高的 4 个乡镇中，延庆镇、康庄镇、香水园街道办事处位于城镇发展区，张山营镇位于农业生产区。

如图 5-5 所示，2014—2016 年，退化成本属于较低水平的八个乡镇包括珍珠泉乡、大庄科乡、四海镇、刘斌堡乡、香营乡、千家店镇、井庄镇、儒林街道办事处，它们的退化成本保持增长的趋势。18 个乡镇中，退化成本变动较大分别是张山营镇和延庆镇，主要原因是处理 NO_x 污染物的退化成本变化幅度大。其中，张山营镇的退化成本从 210.8 万元持续增长至 365.9 万元，NO_x 退化成本从 115.8 万元增至 271.6 万元；延庆镇的退化成本从 1 156.9 万元持续降低至 683.4 万元，NO_x 退化成本从 804.5 万元降至 407.6 万元。

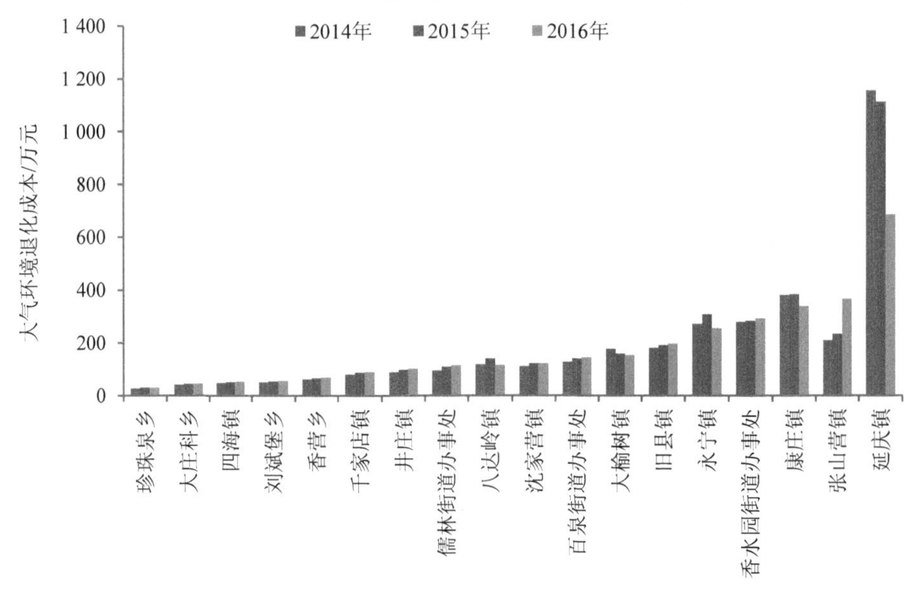

图 5-5　2014—2016 年不同乡镇大气环境退化成本

5.1.6　变化量及其原因分析

2014—2016 年，延庆区大气环境退化成本呈现先增后减的变化趋势。相比 2014 年，2016 年大气环境退化成本减少了 304.4 万元。由于同一地区不同年份之间各类大气污染物虚拟治理成本差异较小，因此延庆区大气环境退化成本的增减主要由各种大气污染物排放量增减变动引起的，2014—2016 年排放量也呈现先增后减的变化趋势。延庆区主要是受 SO_2 和 NO_x 排放减少所致，特别是前者。

其中受 SO_2 退化成本贡献最大，贡献了 51.5%；从不同污染来源看，工业源的贡献最大，抵消了机动车源和生活源大气环境退化成本增长的量；从不同主体功能分区看，城镇发展区对变化量的贡献最大，抵消了农业生产和生态保护区的增长量；从不同乡镇看，延庆镇镇贡献最大，贡献率达 141.9%，抵消了其他乡镇增长部分（表 5-3）。

表 5-3 2014—2016 年延庆区大气环境退化成本变化量统计

地区/排放源		2014—2015 年		2015—2016 年		2014—2016 年总变化	
		变化值/万元	贡献率/%	变化值/万元	贡献率/%	变化值/万元	贡献率/%
延庆区整体		89.5	—	−393.9	—	−304.4	—
分污染物	SO_2	33.8	37.80	−190.6	48.38	−156.7	51.49
	NO_x	56.9	63.55	−194.9	49.49	−138.0	45.35
	烟粉尘	−1.2	−1.35	−8.4	2.13	−9.6	3.16
分来源	工业	−93.4	−104.28	−483.5	122.74	−576.9	189.50
	生活	55.0	61.47	−52.5	13.32	2.5	−0.84
	机动车	127.8	142.81	142.0	−36.06	269.9	−88.66
分主体功能区	城镇发展区	18.6	20.74	−541.6	137.48	−523.0	171.81
	农业生产区	42.7	47.67	135.8	−34.47	178.5	−58.63
	生态保护区	28.3	31.59	11.8	−3.00	40.1	−13.18
分乡镇	康庄镇	0.8	0.84	−45.4	11.53	−44.7	14.68
	旧县镇	8.9	9.99	4.0	−1.01	12.9	−4.25
	永宁镇	35.8	40.02	−54.3	13.79	−18.5	6.08
	八达岭镇	21.4	23.85	−24.7	6.28	−3.4	1.11
	张山营镇	22.4	25.04	132.7	−33.67	155.1	−50.94
	四海镇	3.1	3.49	1.4	−0.36	4.5	−1.49
	千家店镇	6.2	6.90	2.2	−0.57	8.4	−2.77
	沈家营镇	11.3	12.64	−0.8	0.21	10.5	−3.44
	大榆树镇	−18.8	−20.98	−5.7	1.45	−24.5	8.04
	井庄镇	7.4	8.21	3.6	−0.90	10.9	−3.58
	延庆镇	−20.6	−22.99	−411.4	104.43	−432.0	141.90
	香营乡	3.8	4.23	2.2	−0.55	6.0	−1.96
	珍珠泉乡	2.0	2.24	0.6	−0.15	2.6	−0.85
	大庄科乡	2.8	3.15	0.6	−0.16	3.5	−1.13
	刘斌堡乡	3.0	3.37	1.3	−0.32	4.3	−1.40

5.2 水环境退化成本

5.2.1 水环境退化实物量

2014—2016 年，延庆区水环境退化实物量存在一定的变动，其中 2014—2016 年 COD 退化实物量分别为 3 494 t、3 347.46 t、3 894.84 t，呈现先降后增的变化趋势；2014—2016 年氨氮退化实物量分别为 666.71 t、671.56 t、704.66 t，呈现逐年上升的变化趋势。

从不同排放源看，畜禽养殖源是 COD 和氨氮排放的主要来源，且远远大于生活源排放和工业源排放。其中，2014—2016 年畜禽养殖源 COD 排放分别为 3 281.55 t、3 133.74 t、3 207.37 t，分别占各自年份 COD 排放总量的 94%、94%、82%，呈现下降趋势，在 2016 年出现大幅下降；2014—2016 年畜禽养殖源氨氮排放分别为 648.84 t、653.26 t、652.11 t，分别占各自年份氨氮排放总量的 97%、97%、93%，呈现下降趋势，在 2016 年出现大幅下降。其次，2014—2016 年生活源 COD 和氨氮排放分别为 172.04～601.78 t 和 16.04～48.39 t，分别占延庆区 COD 和氨氮排放的 5%～15%和 2%～7%，其中，COD 和氨氮排放呈现逐年上升的变化趋势。2014—2016 年工业源 COD 和氨氮排放分别为 40.41～85.69 t 和 1.83～4.16 t，分别约占延庆区 COD 和氨氮排放的 1%～2%和 1%，其中，COD 和氨氮排放皆呈现逐年上升的变化趋势（图 5-6）。

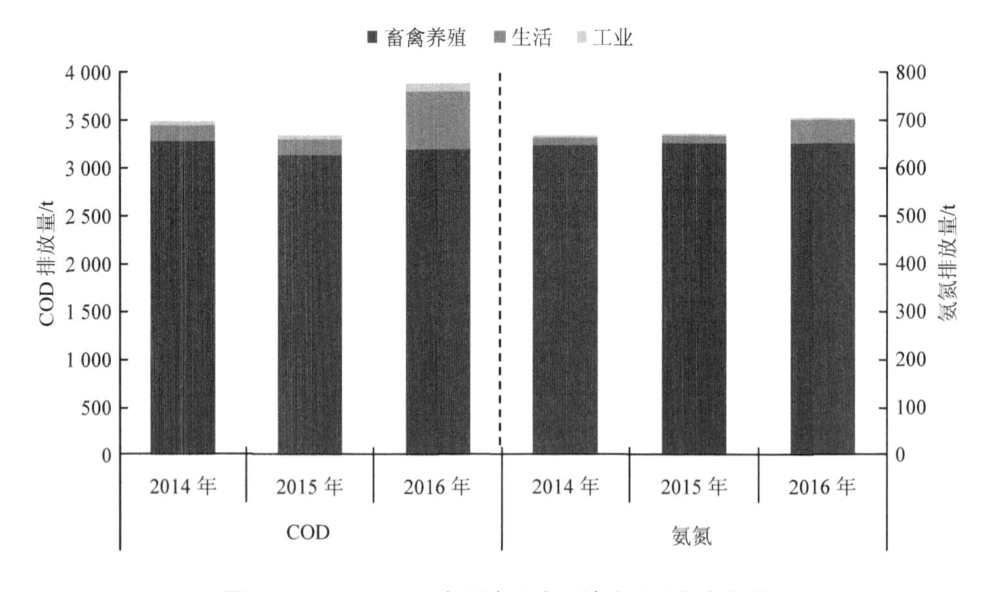

图 5-6 2014—2016 年延庆区水环境治理退化实物量

5.2.2　延庆区整体退化成本

2014—2016 年，延庆区水环境退化成本相对较低。3 年的退化成本分别为 3 053.96 万元、2 976.77 万元、3 014.84 万元，而水环境退化成本指数分别为 0.30%、0.27%、0.25%（退化成本占 GDP 的比重）。可以看出，水环境退化成本占 GDP 的比重呈现下降趋势（图 5-7）。

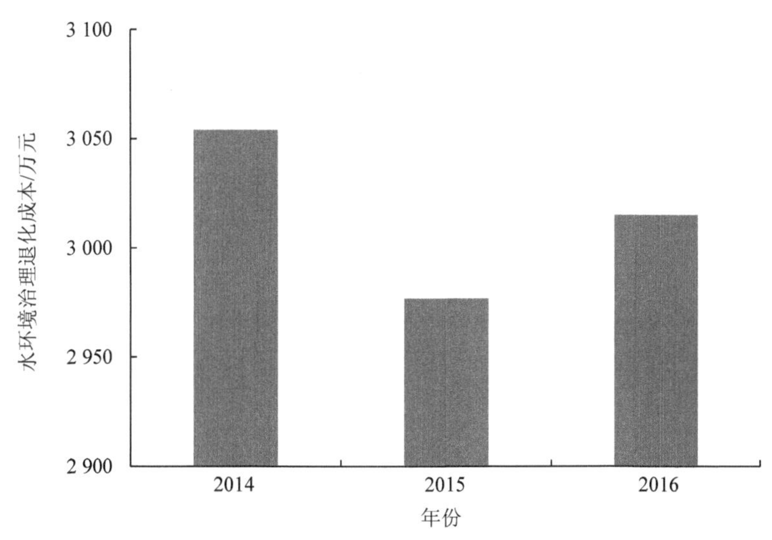

图 5-7　2014—2016 年延庆区水环境治理退化成本

从表 5-4 可知，延庆区水环境退化成本主要以 COD 退化为主。2014—2016 年 COD 退化成本分别为 2 997.42 万元、2 919.85 万元、2 958.48 万元，均占总成本的 98%以上。而氨氮退化成本占总成本不到 2%。

表 5-4　2014—2016 年延庆区水环境治理退化成本　　单位：万元

指标		2014 年	2015 年	2016 年	总计
不同污染物治理退化成本	COD	2 997.42	2 919.85	2 958.48	8 875.75
	氨氮	56.53	56.91	56.37	169.82
	合计	3 053.96	2 976.77	3 014.84	9 045.57

5.2.3　不同污染来源退化成本

2014—2016 年，延庆区水环境退化成本以畜禽养殖为主，且占水环境退化成本的比重变化不大。2014—2016 年畜禽养殖退化成本分别为 2 480.25 万元、2 371.23 万元、2 425.62

万元，占水环境退化成本的 80%～81%。另外，近 3 年工业污染的水环境退化成本分别为 250.25 万元、282.09 万元、438.13 万元，占比为 8%～15%；而生活污染的水环境退化成本分别为 323.42 万元、323.45 万元、151.09 万元，占比为 5%～11%。

从年度变化的角度看，工业水环境退化成本增长最多，从 2014 年的 250.25 万元增至 2016 年的 438.13 万元，上升了 187.88 万元；然而，生活源水环境退化成本下降最多，从 2014 年的 323.45 万元减至 2016 年的 151.09 万元，降低了 172.36 万元；其次是畜禽养殖，从 2014 年的 2 480.25 万元降至 2 425.62 万元，下降了 54.63 万元。从图 5-8 中可以看出，畜禽养殖水环境退化成本的比重 3 年来基本保持稳定；工业水环境退化成本 3 年来的比重则逐年上升，而生活水环境退化成本 3 年来的比重明显下降。其中，工业、生活水环境退化成本在 2016 年存在大幅变化，工业水环境退化成本占比从 9%上升至 15%，而生活水环境退化成本占比从 11%下降至 5%。

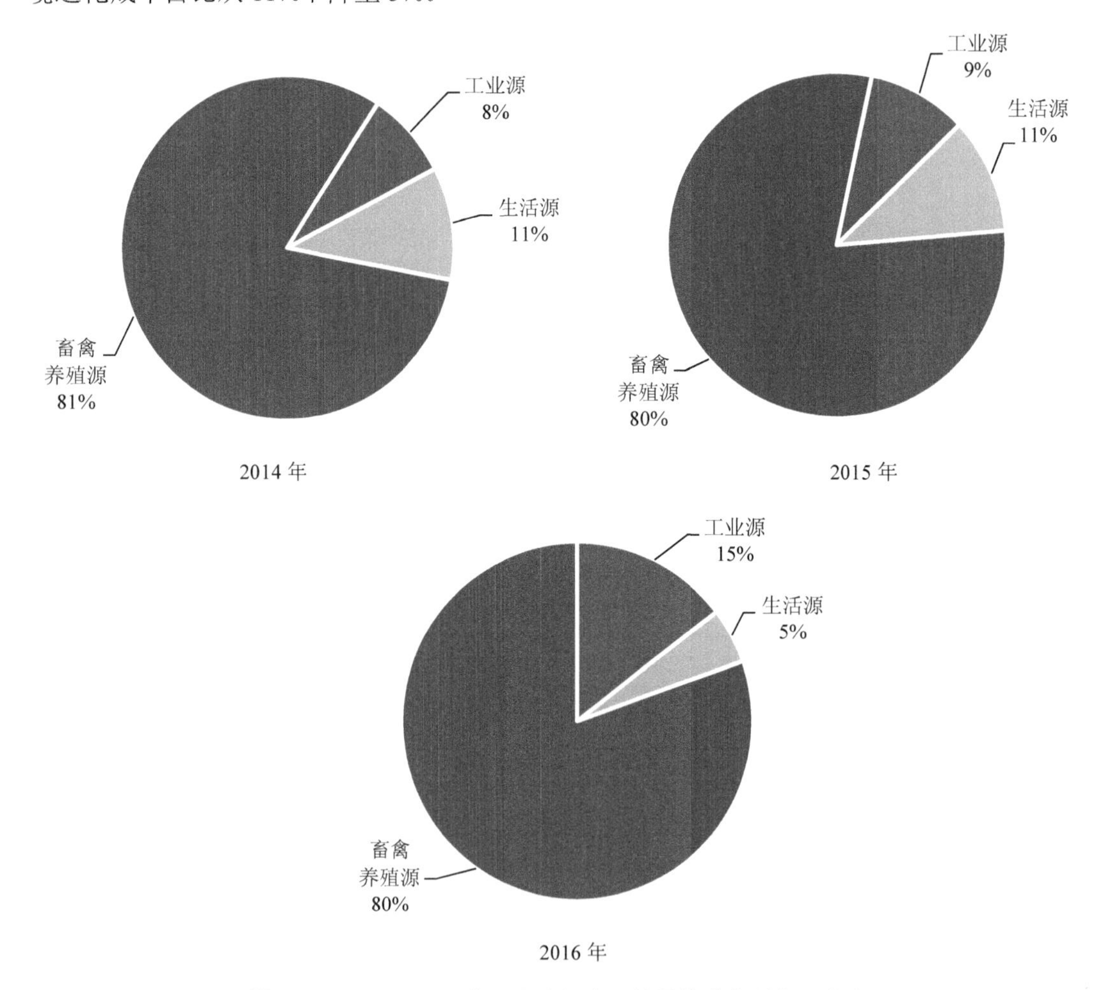

图 5-8　2014—2016 年不同来源水环境退化成本所占百分比

以 2016 年为例，深入分析畜禽养殖源中不同牲畜类型的水环境退化成本，结果表明，延庆区生猪养殖造成的 COD 退化成本最高，占比达到 60%，其次是大牲畜养殖退化成本，占比为 30%。生猪养殖造成的氨氮退化成本也最高，占比达到 65%，其次是大牲畜和山绵羊，占比分别为 18%、16%。从乡镇看，生猪养殖 COD 退化成本最高的为永宁镇，占延庆区生猪养殖 COD 退化成本的比例为 38.7%，其次是香营乡，比例为 14.3%，八达岭镇、沈家营镇、旧县镇、康庄镇、千家店镇也相对较高，比例在 4.8%～8.6%。生猪养殖氨氮退化成本与 COD 类似，也是永宁镇最高，其次为香营乡、八达岭镇、沈家营镇、旧县镇、康庄镇、千家店镇等（图 5-9）。

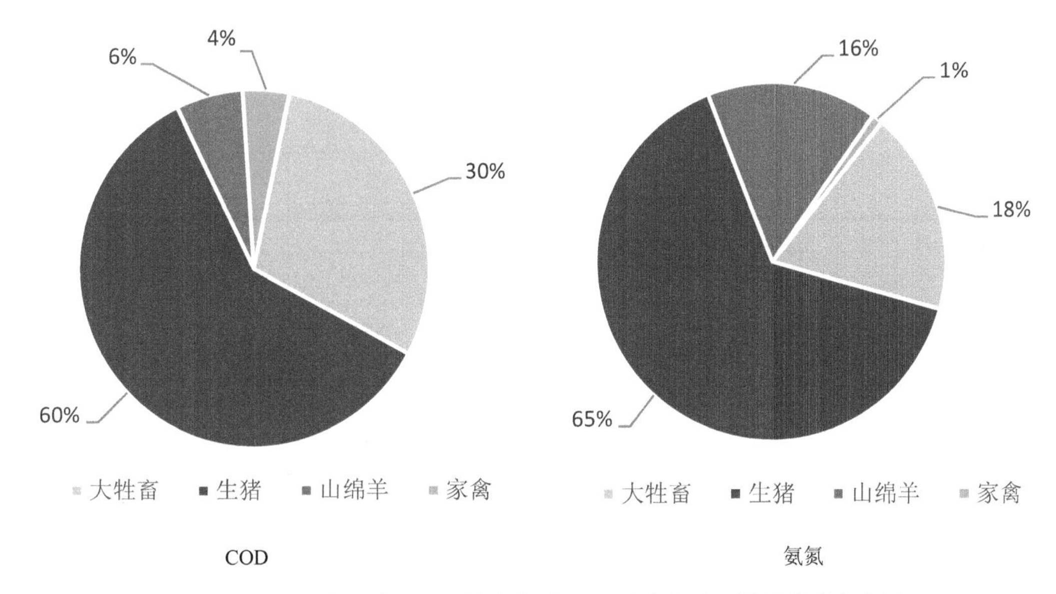

图 5-9 2016 年延庆区不同牲畜类型 COD 和氨氮水环境退化成本比例

5.2.4 不同主体功能区退化成本

2014—2016 年，水环境退化成本较高的区域主要为城镇发展区，其水环境退化成本近 3 年皆超过 1 500 万元，占延庆区的 56%左右。农业生产区和生态保护区的水环境退化成本较低，分别为 659.33 万～722.88 万元和 609.24 万～672.53 万元，共占延庆区的 44%左右。

从不同来源角度看，三大功能区的退化成本主要来源于畜禽养殖。其中，生态保护区的畜禽养殖水环境退化成本占比最高，高达 90.4%～95.1%；其次为农业生产区为 81.1%～90.2%；城镇发展区的畜禽养殖水环境退化成本占比最低，但也高达 71.2%～75.1%。另外，城镇发展区中的工业水环境退化成本也相对较高，占延庆区水环境退化成本的 14.8%～19.7%；而生态保护区 3 年来皆没有工业水环境退化成本。

从年度变化的角度看，城镇发展区的水环境退化成本呈现先减后增的变化趋势，而农业生产区和生态保护区的水环境退化成本呈现逐年递减的变化趋势。其中，城镇发展区工业源的水环境退化成本逐年上升，生活源的水环境退化成本存在下降趋势，而畜禽养殖源的水环境退化成本呈现先减后增的变化趋势。农业生产区和生态保护区不用排放源的水环境退化成本的变化趋势基本一致，生活源和畜禽养殖源的水环境退化成本存在下降趋势，而农业生产区工业源的水环境退化成本存在上升趋势、生态保护区工业源则没有退化成本（表 5-5）。

表 5-5 2014—2016 年延庆区各主体功能区水环境退化成本 单位：万元

主体功能区		年份	城镇发展区	农业生产区	生态保护区	总计
不同来源退化成本	工业	2014	245.94	4.31	0	250.25
		2015	277.78	4.31	0	282.09
		2016	344.76	93.37	0	438.13
	生活	2014	192.39	66.76	64.30	323.45
		2015	192.39	66.76	64.30	323.45
		2016	89.87	31.19	30.04	151.09
	畜禽养殖	2014	1 220.21	651.81	608.23	2 480.25
		2015	1 162.33	619.44	589.45	2 371.23
		2016	1 311.64	534.77	579.20	2 425.62
合计		2014	1 658.54	722.88	672.53	3 053.96
		2015	1 632.50	690.51	653.75	2 976.77
		2016	1 746.27	659.33	609.24	3 014.84

5.2.5 不同乡镇退化成本

延庆区不同乡镇水环境退化成本差异较大，水环境退化成本最大的是永宁镇，2014—2016 年的退化成本皆超过 600 万元，约占延庆区水环境退化成本的 21%。其次较大的还包括沈家营镇、旧县镇、乡营乡、康庄镇，水环境退化成本分别为 291.36 万～329.61 万元、316.6 万～373.89 万元、262.61 万～300.79 万元、299.83 万～395.94 万元；另外，八达岭镇在 2016 年的水退化成本显著增加，高达 443.6 万元。水环境退化成本较低的乡镇包括张山营镇、大庄科乡、珍珠泉乡、四海镇。

从年间变化的角度看，水环境退化成本增长最大的是八达岭镇，从 2014 年的 178.43

万元增至 2016 年的 443.6 万元，共上升了 265.16 万元。水环境退化成本减少最多的是康庄镇，从 2014 年的 395.94 万元减至 2016 年的 299.83 万元，共下降了 96.11 万元；其次为井庄镇，从 201.55 万元减至 115.87 万元，共下降了 85.68 万元（图 5-10）。

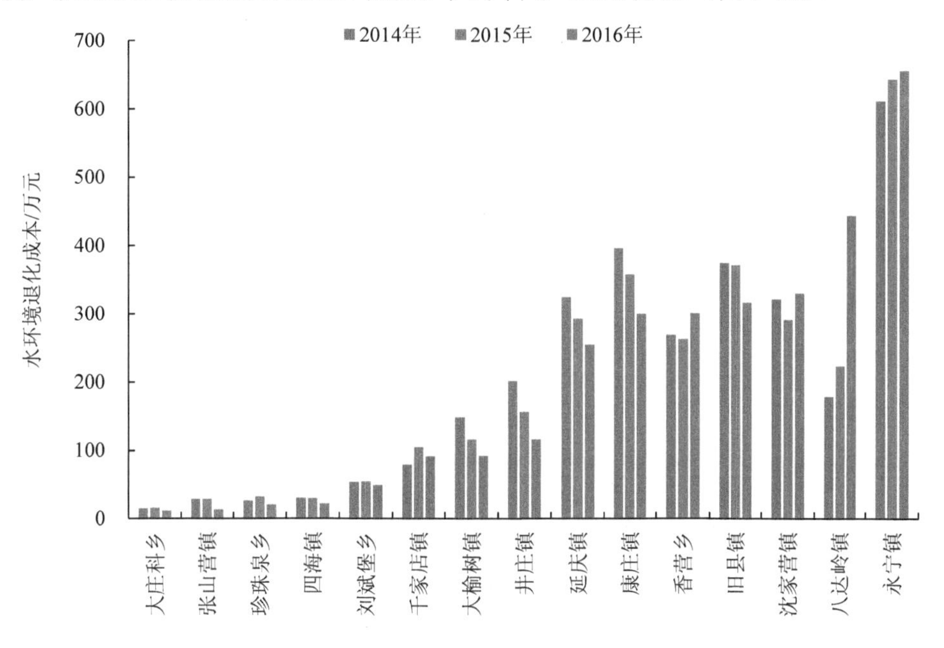

图 5-10　2014—2016 年不同乡镇水环境退化成本

5.2.6　变化量及其原因分析

由表 5-6 可知，2014—2016 年总的水环境退化成本变化为–39.11 万元。从不同污染物看，以污染物 COD 表征的水环境退化成本为主，下降了 38.95 万元，贡献了 99.58%；而污染物氨氮表征的水环境退化成本则仅贡献了 0.42%。从不同污染来源看，生活源的退化成本减少较多，下降了 172.36 万元，贡献了 440.69%，其次为农业源的退化成本，下降了 54.63 万元，贡献了 139.69%；而工业源的退化成本上升最大，3 年间增长达到 187.88 万元，对水环境退化成本减少的贡献为–480.38%，是水环境退化成本增长的主要来源。从不同主体功能分区看，农业生产区和生态保护区的退化成本则分别下降了 63.55 万元和 63.29 万元，分别贡献了 162.48%和 161.82%；而城镇发展区退化成本上升最多，达到 87.73 万元，贡献了–224.3%。从不同乡镇看，康庄镇和井庄镇退化成本下降较多，分别下降了–96.11 万元和–85.68 万元，分别贡献了 245.73%和 219.07%；而八达岭镇退化成本增长最多，高达 265.16 万元，对水环境退化成本减少的贡献为–677.97%。

表 5-6 2014—2016 年延庆区水环境退化成本变化量统计

地区/排放源		2014—2015 年		2015—2016 年		2014—2016 年总变化	
		变化值/万元	贡献率/%	变化值/万元	贡献率/%	变化值/万元	贡献率/%
延庆区整体		−77.19	—	38.08	—	−39.11	—
分污染物	COD	−77.57	100.49	38.62	101.43	−38.95	99.58
	氨氮	0.38	−0.49	−0.54	−1.43	−0.16	0.42
分来源	工业源	31.84	−41.25	156.04	409.79	187.88	−480.38
	生活源	0.00	0.00	−172.36	−452.63	−172.36	440.69
	农业源	−109.03	141.24	54.39	142.84	−54.63	139.69
分主体功能区	城镇发展区	−26.04	33.74	113.77	298.77	87.73	−224.30
	农业生产区	−32.36	41.92	−31.19	−81.89	−63.55	162.48
	生态保护区	−18.78	24.34	−44.51	−116.89	−63.29	161.82
分乡镇	延庆镇	−31.15	40.36	−38.05	−99.93	−69.20	176.94
	康庄镇	−38.65	50.07	−57.46	−150.89	−96.11	245.73
	八达岭镇	44.43	−57.56	220.73	579.67	265.16	−677.97
	永宁镇	31.86	−41.28	12.18	31.99	44.04	−112.61
	旧县镇	−2.80	3.63	−54.49	−143.11	−57.29	146.49
	张山营镇	−0.03	0.04	−14.94	−39.24	−14.98	38.29
	四海镇	−0.07	0.09	−8.04	−21.12	−8.11	20.74
	千家店镇	25.66	−33.25	−12.85	−33.74	12.82	−32.77
	沈家营镇	−29.53	38.26	38.25	100.46	8.72	−22.30
	大榆树镇	−32.54	42.16	−23.63	−62.06	−56.17	143.62
	井庄镇	−45.34	58.75	−40.34	−105.93	−85.68	219.07
	刘斌堡乡	0.97	−1.25	−5.44	−14.28	−4.47	11.43
	大庄科乡	0.54	−0.70	−4.24	−11.15	−3.70	9.46
	香营乡	−6.32	8.19	38.18	100.27	31.86	−81.47
	珍珠泉乡	5.77	−7.48	−11.78	−30.94	−6.01	15.36

5.3　生态系统退化成本

5.3.1　延庆区整体退化成本

2014 年延庆区 0.242 1 km^2 由之前的森林转变为农田、城镇；有 0.175 2 km^2 由之前的草地转变为农田、城镇；有 0.019 7 km^2 由之前的湿地转变为农田、城镇。根据前文可知恢复单位面积森林所需成本为 12 000 万元/km^2；恢复单位面积草地所需成本为 298 万元/km^2；恢复单位面积湿地所需成本为 6 000 万元/km^2。由此可得到延庆区 2014 年生态系统退化成本为 3 075.61 万元。

从表 5-7 可以看出森林生态系统破坏面积最大，占总破坏面积的 55.41%，加之其单位面积恢复成本远大于其他生态系统，因此其退化成本也占到了全部退化成本的 94.46%；其次是草地生态系统，其破坏面积占总破坏面积的 40.05%，但由于其单位面积恢复成本较低，导致其退化成本仅占总量的 1.70%，小于湿地退化成本的 3.84%。

表 5-7　2014 年、2015 年、2016 年延庆区各生态系统退化成本

生态系统类型	破坏面积/km^2			单位面积恢复成本/（万元/km^2）	退化成本/万元		
	2014 年	2015 年	2016 年		2014 年	2015 年	2016 年
森林生态系统	0.242 1	0.057 3	0.336 1	12 000	2 905.20	687.60	4 033.20
草地生态系统	0.175 2	0.049 5	0.353 7	298	52.21	14.75	105.40
湿地生态系统	0.019 7	0.024 2	0.010 9	6 000	118.20	145.20	65.40
总计	0.437 0	0.131 0	0.700 7	—	3 075.61	847.55	4 204.00

2015 年延庆区 0.057 3 km^2 由之前的森林转变为农田、城镇；有 0.049 5 km^2 由之前的草地转变为农田、城镇；有 0.024 2 km^2 由之前的湿地转变为农田、城镇。根据前文计算公式可得到延庆区 2015 年生态系统退化成本为 847.55 万元，相较于 2014 年有了明显下降，下降幅度达 72.43%。森林生态系统由于其单位恢复成本最高加之其破坏面积大，因此占到了全部退化成本的 81.12%，湿地退化成本与 2014 年基本相同，但由于总体退化成本降低使得其占比上升为 17.13%。

2016 年延庆区 0.336 1 km^2 由之前的森林转变为农田、城镇；有 0.353 7 km^2 由之前的草地转变为农田、城镇；有 0.010 9 km^2 由之前的湿地转变为农田、城镇。根据前文恢复成本可得到延庆区 2016 年生态系统退化成本为 4 204.00 万元。森林生态系统由于其单位恢复成本最高加之其破坏面积大，因此占到了全部退化成本的 95.93%。2014 年、2015 年、2016 年延庆区各生态系统退化成本见表 5-7，比例见图 5-11。

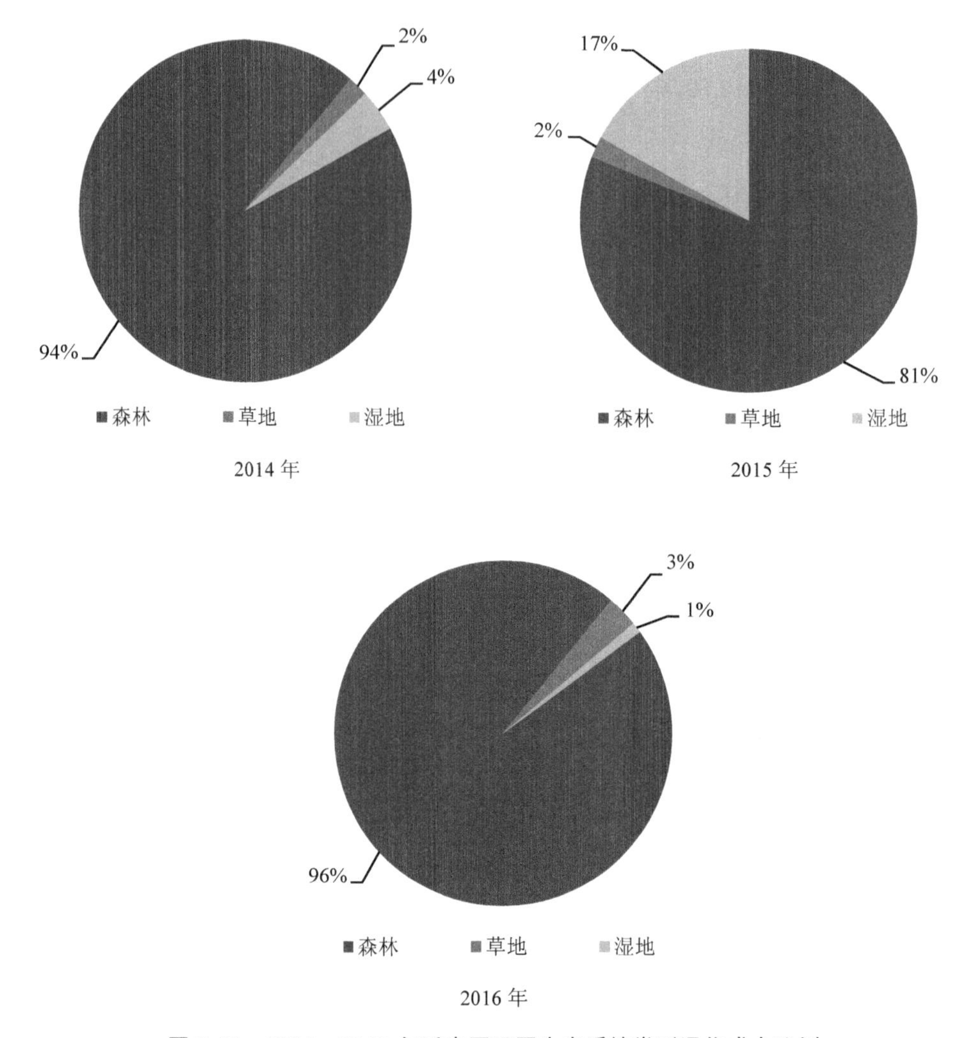

图 5-11 2014—2016 年延庆区不同生态系统类型退化成本比例

5.3.2 不同主体功能区退化成本

从不同主体功能区来看，在 3 个主体功能区中，对于森林生态系统而言，城镇发展区退化成本占比最大，2014—2016 年分别达到 71.76%、51.23%和 58.08%；其次是生态保护区，2014—2016 年退化成本分别是 503.23 万元、240.96 万元和 585.07 万元，对于延庆区整体森林生态系统退化成本的贡献度分别为 16.71%、34.85%和 27.98%。相比而言农业生产区退化成本占比最少，2014—2016 年分别占延庆区森林生态系统退化成本总量的 11.53%、13.92%和 13.94%（图 5-12）。

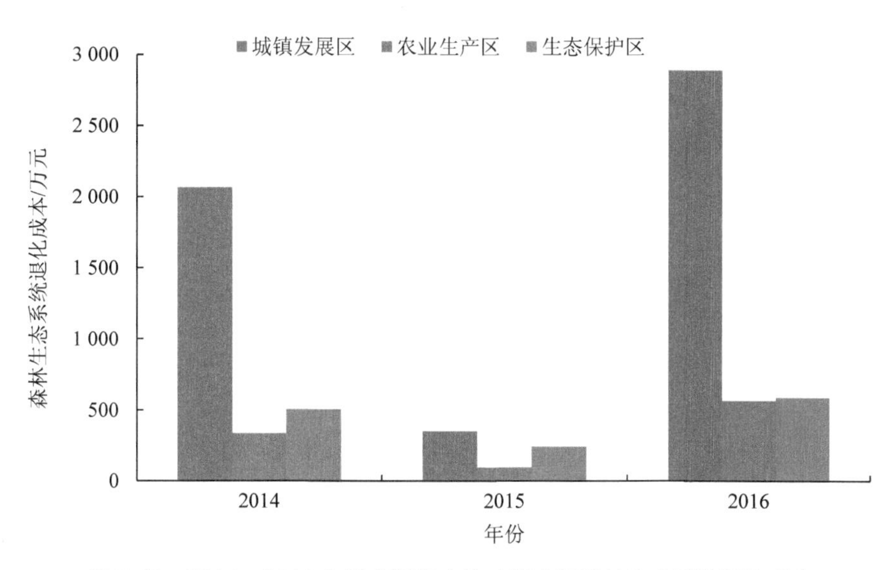

图 5-12　2014—2016 年延庆区各主体功能分区森林生态系统退化成本

由于单位面积恢复成本较低，草地生态系统退化成本明显小于森林及湿地生态系统。在三个主体功能区中，2014 年和 2015 年城镇发展区退化成本最高，分别为 37.71 万元、13.08 万元，对延庆区草地生态系统退化成本贡献率为 72.22%、88.62%，其次是农业生产区，2014 年、2015 年分别为 12.08 万元、1.09 万元，对延庆区草地生态系统退化成本贡献率为 23.14%、7.38%；而 2016 年情况出现变化，农业生产区退化成本最大，达到 52.29 万元，占比为 49.60%，城镇发展区排名第二，退化成本为 48.43 万元，占比 45.94%；生态保护区最低，2014—2016 年分别为 2.40 万元、0.59 万元和 4.70 万元，对于草地生态系统破坏贡献度分别为 4.60%、4.00%和 4.46%（图 5-13）。

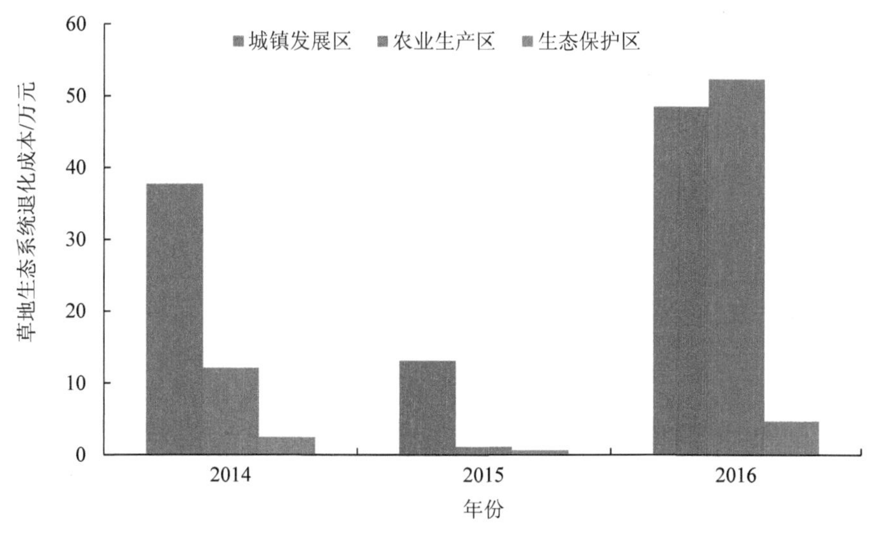

图 5-13　2014—2016 年延庆区各主体功能分区草地生态系统退化成本

对于湿地生态系统而言，2014 年仅城镇发展区和农业生产区有退化，其中城镇发展区损失最高为 102.14 万元，占比达到 86.41%；其次为农业生产区的 16.06 万元，占比为 13.59%。而 2015 年城镇发展区和生态保护区退化成本分别为 70.17 万元和 68.30 万元，分别占总退化成本的 48.30%和 47.02%，二者相差不大，农业生产区退化成本最小，占比为 4.68%；到了 2016 年依旧是城镇发展区退化成本最大，达到 55.34 万元，占延庆区整体的 84.62%，其次为生态保护区的 7.34 万元和农业生产区的 2.35 万元（图 5-14）。

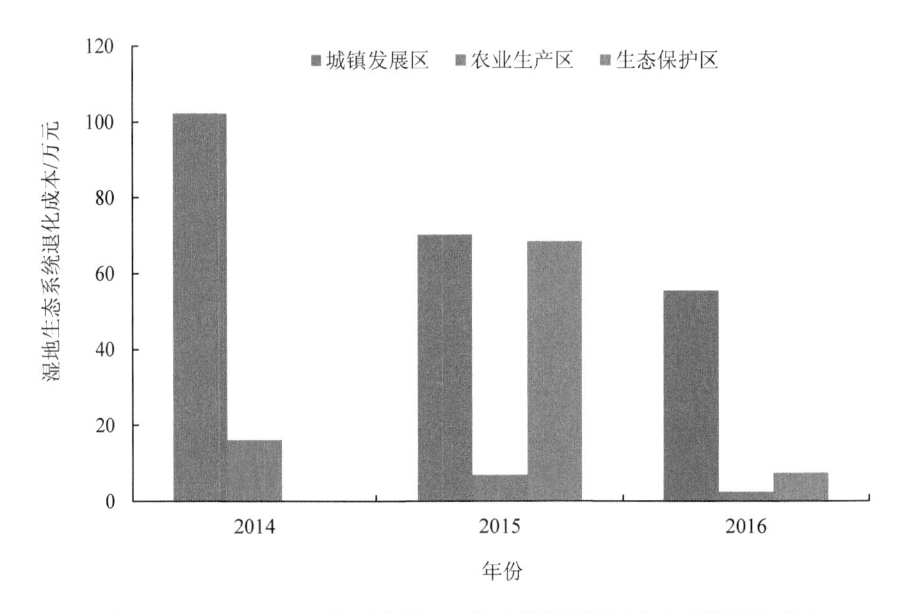

图 5-14　2014—2016 年延庆区各主体功能分区湿地生态系统退化成本

将各类生态系统退化成本累加，得到 2014—2016 年各主体功能区生态系统退化成本（图 5-15），可以看出城镇发展区在 2014—2016 年退化成本分别占到延庆区总体的 71.76%、51.23%和 71.11%，对于延庆区总体生态系统退化成本的贡献度最大；由于生态保护区森林生态系统退化成本较大使其总体退化成本分别为 505.64 万元、309.86 万元和 597.11 万元，分别占各年度延庆区总体生态系统退化成本的 16.43%、35.42%和 14.21%。农业生产区最低，2014—2016 年分别为 363.08 万元、103.64 万元和 616.96 万元，分别占延庆区当年退化成本的 11.80%、12.22%和 14.68%。

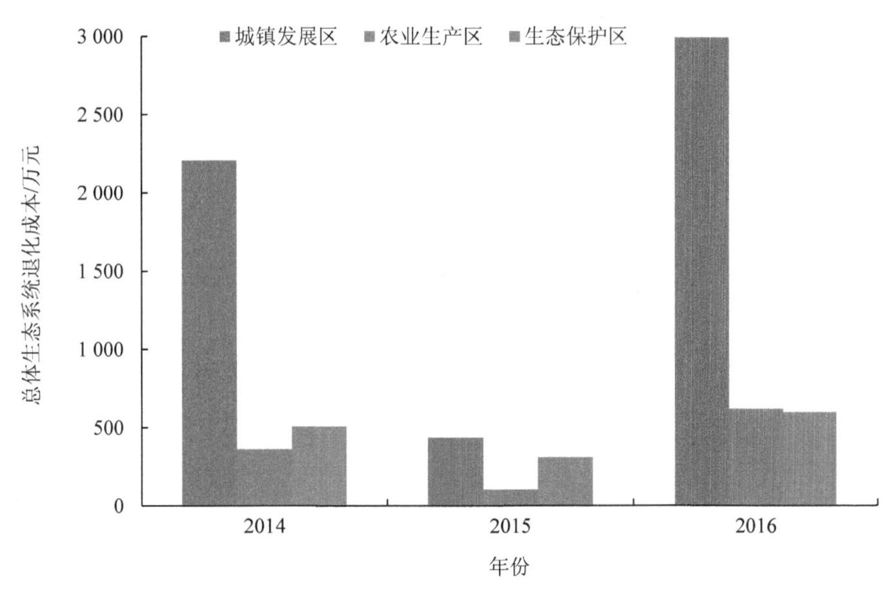

图 5-15　2014—2016 年延庆区各主体功能分区总体生态系统退化成本

5.3.3　不同乡镇退化成本

延庆区各乡镇森林生态系统退化成本差异较大，2014 年最大的是大榆树镇，成本为 1 393.49 万元，对延庆区森林生态系统退化成本贡献最大，占延庆区的 47.95%；其次是康庄镇，成本为 309.89 万元，占 10.66%；另有 6 个乡镇退化成本在 100 万～300 万元，有 7 个乡镇退化成本小于 100 万元，而最小的乡镇是四海镇，成本为 7.87 万元，占 0.27%。森林生态系统退化成本最大的大榆树镇是最小的四海镇的 177 倍。2015 年八达岭镇（146.54 万元）、井庄镇（127.06 万元）、永宁镇（93.89 万元）损失较大，分别占到延庆区当年森林退化成本的 17.28%、14.98%和 11.07%；而沈家营镇（0.43 万元）、张山营镇（6.91 万元）、香营乡（14.4 万元）损失较小。从变化情况看，相比于 2014 年，除八达岭镇、旧县镇、珍珠泉乡外，其余 12 个乡镇退化成本均有不同程度下降，其中大榆树镇下降量最大，达到 1 345.34 万元，其次是康庄镇（293.38 万元）、张山营镇（238.32 万元）。2016 年森林生态系统破坏最大的依旧是八达岭镇，成本为 2 342.59 万元，占延庆区的 58.08%；其次是旧县镇，成本为 457.20 万元，占 11.34%；另有 4 个乡镇退化成本为 100 万～350 万元，有 9 个乡镇退化成本小于 100 万元，而最小的乡镇是沈家营镇，成本为 4.46 万元，占 0.05%。森林生态系统退化成本最大的八达岭镇是最小的沈家营镇的 628 倍（图 5-16）。

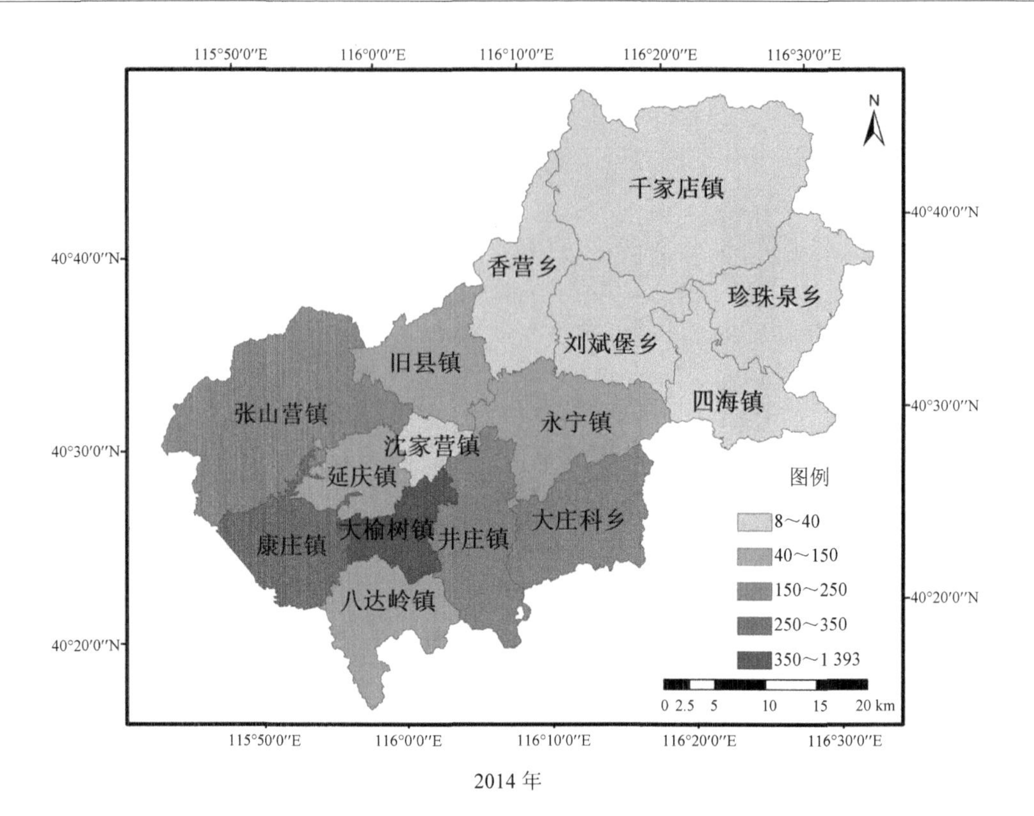

115°50'0"E
116°0'0"E
116°10'0"E
116°20'0"E
116°30'0"E
40°40'0"N
40°30'0"N
40°20'0"N
N
千家店镇
香营乡
珍珠泉乡
刘斌堡乡
旧县镇
张山营镇
四海镇
永宁镇
沈家营镇
延庆镇
大榆树镇
井庄镇
大庄科乡
康庄镇
八达岭镇
图例
8～40
40～150
150～250
250～350
350～1 393
0 2.5 5 10 15 20 km

2014 年

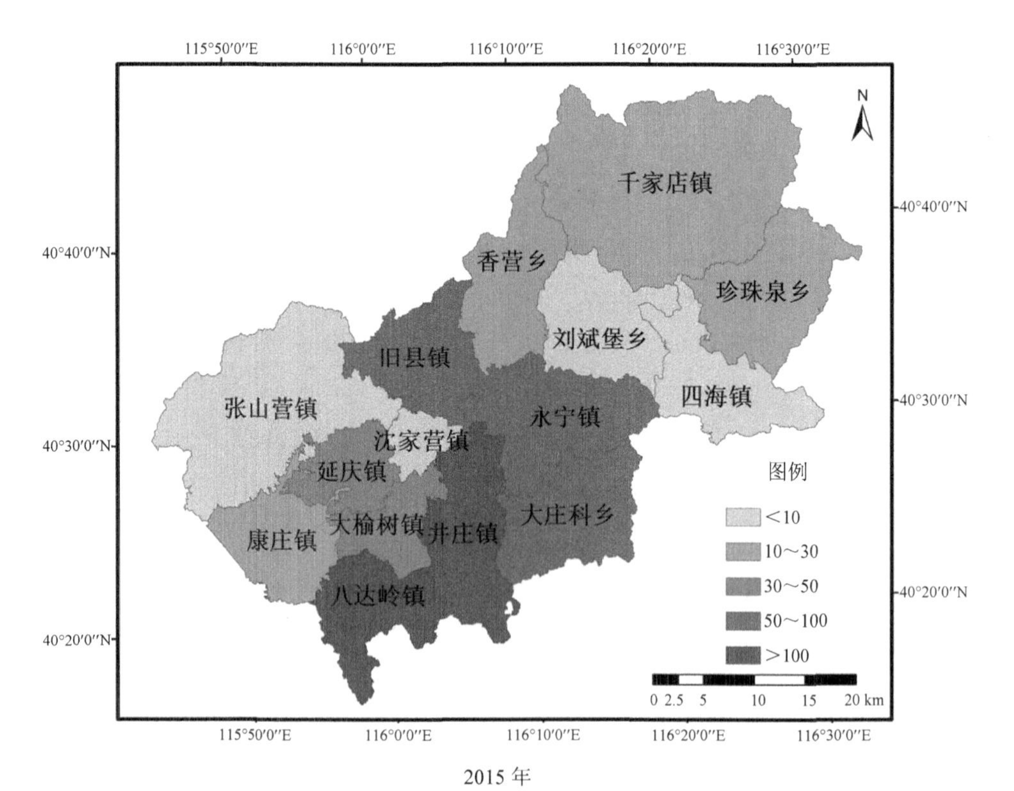

115°50'0"E
116°0'0"E
116°10'0"E
116°20'0"E
116°30'0"E
40°40'0"N
40°30'0"N
40°20'0"N
N
千家店镇
香营乡
珍珠泉乡
刘斌堡乡
旧县镇
张山营镇
四海镇
永宁镇
沈家营镇
延庆镇
大榆树镇
井庄镇
大庄科乡
康庄镇
八达岭镇
图例
<10
10～30
30～50
50～100
>100
0 2.5 5 10 15 20 km

2015 年

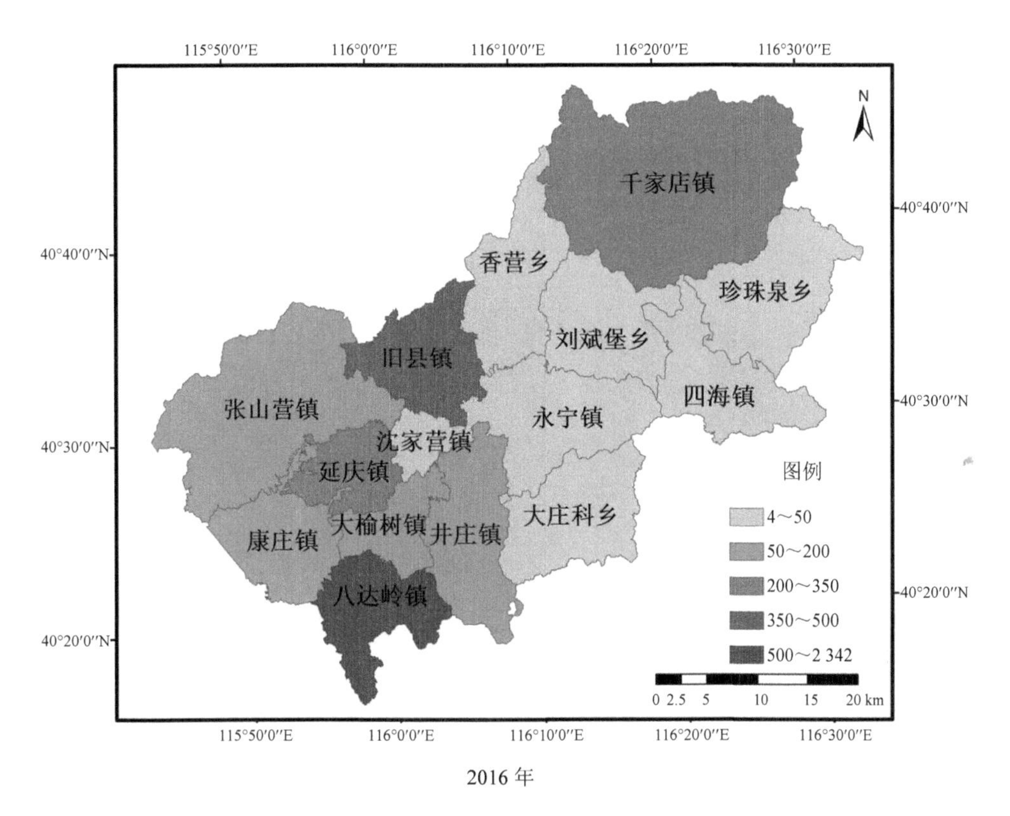

2016 年

图 5-16 2014—2016 年森林生态系统破坏损失量

对于草地而言，2014 年延庆区有 11 个乡镇均出现不同程度破坏，但其退化成本在空间分布上很不均衡，主要分布在城镇发展区和农业生产区。退化成本最大的是八达岭镇，达到 19.48 万元，占当年延庆区草地退化成本的 37.31%；其次是康庄镇和张山营镇，退化成本分别为 9.81 万元和 6.90 万元；剩余乡镇退化成本均小于 5 万元。2015 年延庆区有 10 个乡镇均出现破坏，但退化成本均不大，总计仅为 14.76 万元，主要分布在城镇发展区和农业生产区。最大的是大榆树镇，达到 4.56 万元；其次是延庆镇和八达岭镇，退化成本分别为 2.45 万元和 2.17 万元；另有 5 个乡镇退化成本均小于 1 万元。2016 年延庆区有 12 个乡镇草地均出现不同程度破坏，但其退化成本在空间分布上很不均衡，主要分布在城镇发展区和农业生产区。张山营镇对于当年延庆区草地破坏成本贡献最大，达到 46.71 万元，占比达 44.31%；其次是八达岭镇和延庆镇，退化成本分别为 31.84 万元和 11.90 万元，对延庆区草地退化贡献度为 30.20%和 11.29%；剩余乡镇退化成本均小于 10 万元（图 5-17）。

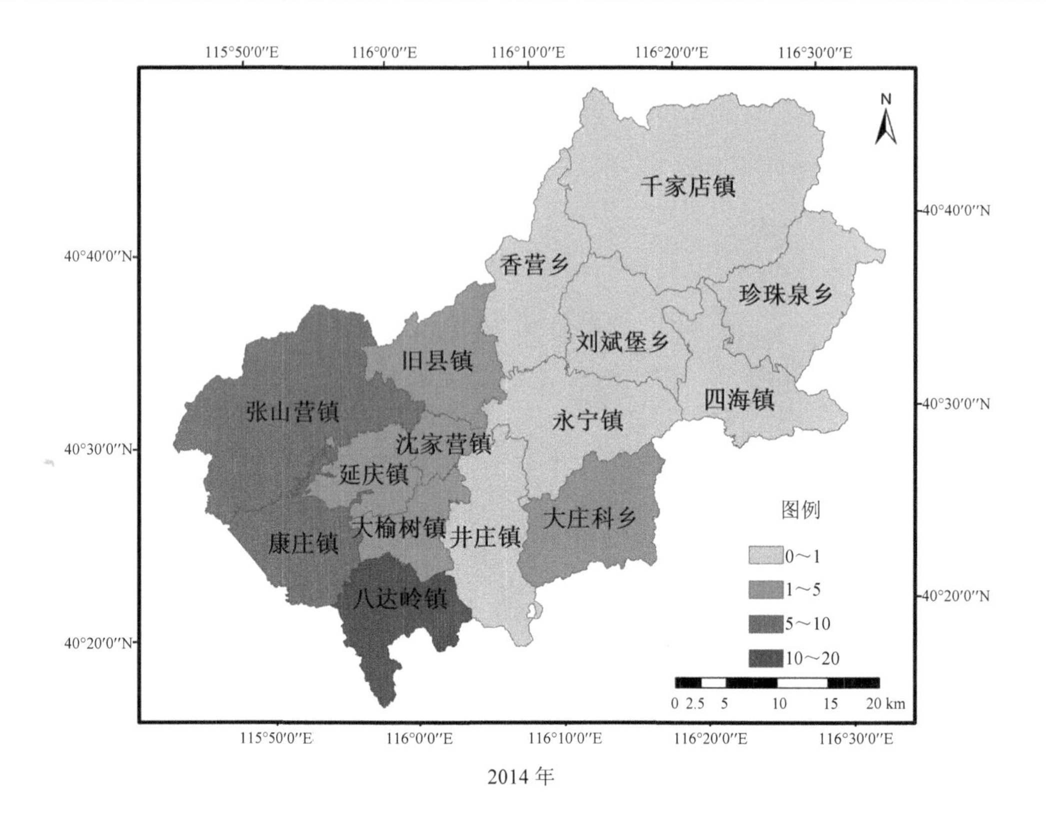
千家店镇
香营乡
珍珠泉乡
刘斌堡乡
旧县镇
张山营镇
四海镇
永宁镇
沈家营镇
延庆镇
大庄科乡
大榆树镇
井庄镇
康庄镇
八达岭镇
图例
0～1
1～5
5～10
10～20
0 2.5 5 10 15 20 km

2014 年

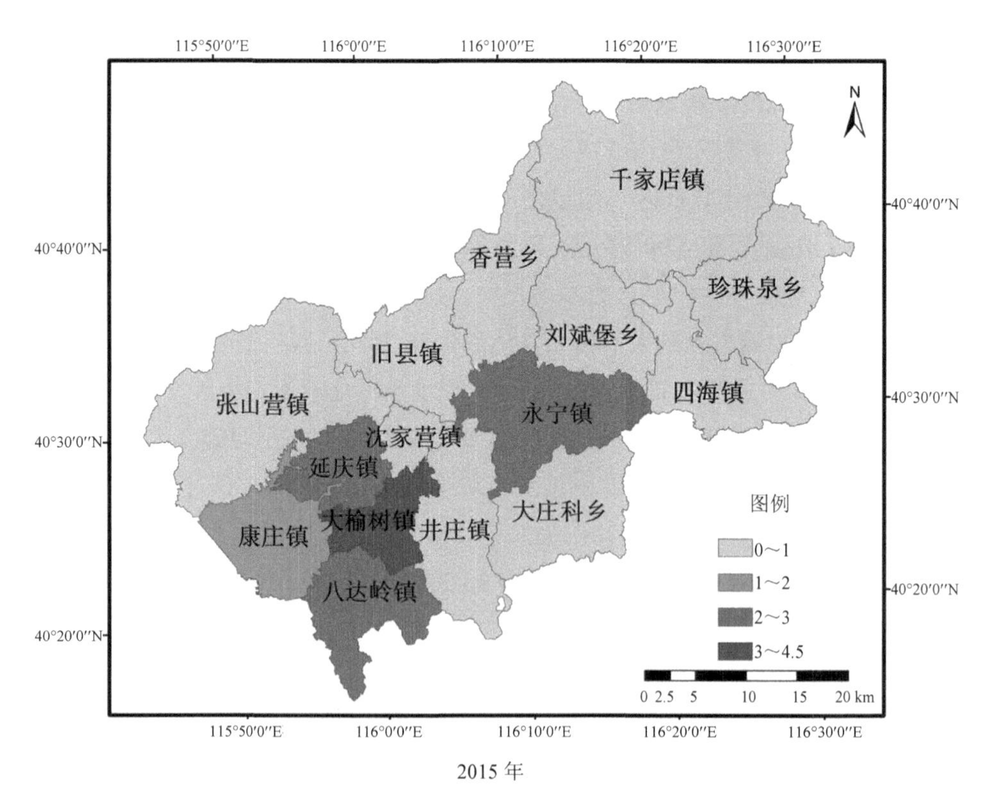
千家店镇
香营乡
珍珠泉乡
刘斌堡乡
旧县镇
张山营镇
四海镇
永宁镇
沈家营镇
延庆镇
大庄科乡
大榆树镇
井庄镇
康庄镇
八达岭镇
图例
0～1
1～2
2～3
3～4.5
0 2.5 5 10 15 20 km

2015 年

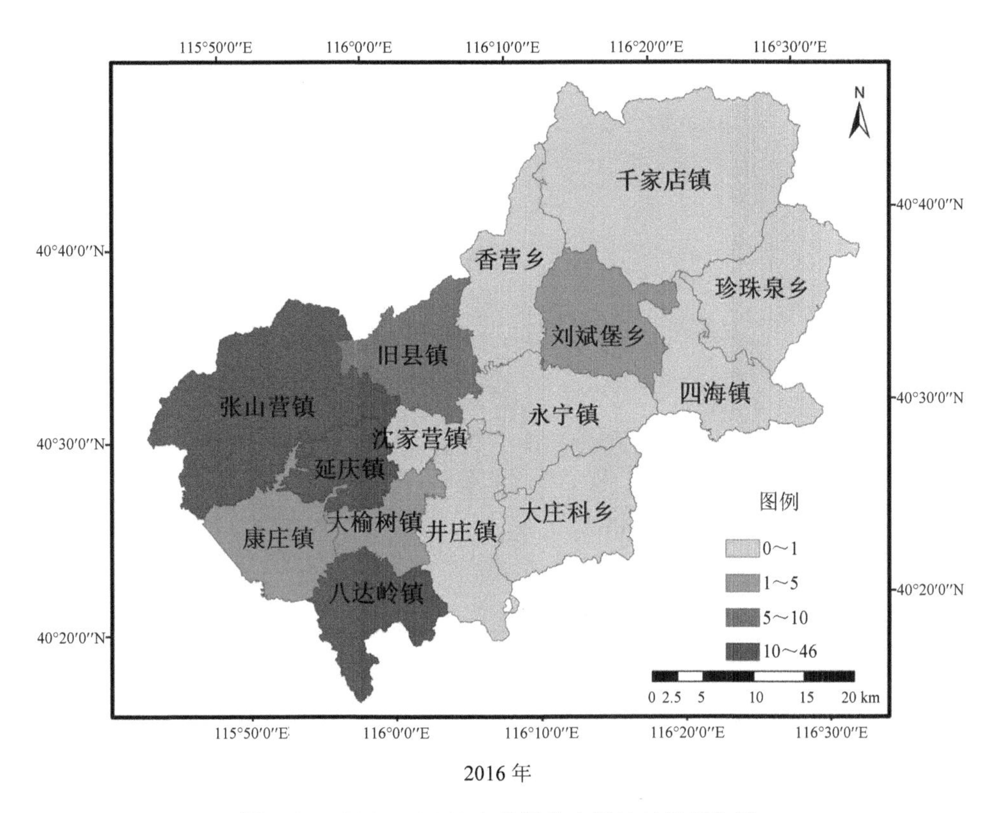

2016 年

图 5-17　2014—2016 年草地生态系统破坏损失量

延庆区 2014 年有 5 个乡镇湿地生态系统存在减小现象，退化成本最大的乡镇为永宁镇（52.54 万元），其次是延庆镇（31.10 万元），对延庆区当年湿地退化的贡献率分别为 44.45%和 26.36%。2015 年延庆区湿地退化成本与 2014 年基本保持一致，总量为 145.27 万元。但各乡镇差异明显，乡镇中香营乡（54.41 万元）、延庆镇（41.78 万元）、大榆树镇（23.09 万元）退化成本较大，分别占比为 37.45%、28.76%和 15.89%。2016 年有 8 个乡镇湿地生态系统出现破坏，总退化成本为 65.40 万元。城镇发展区退化成本占全部的 84.62%；具体到各乡镇中，大榆树镇退化成本最大，达到 47.472 万元，对延庆区当年湿地退化的贡献率为 72.58%（图 5-18）。

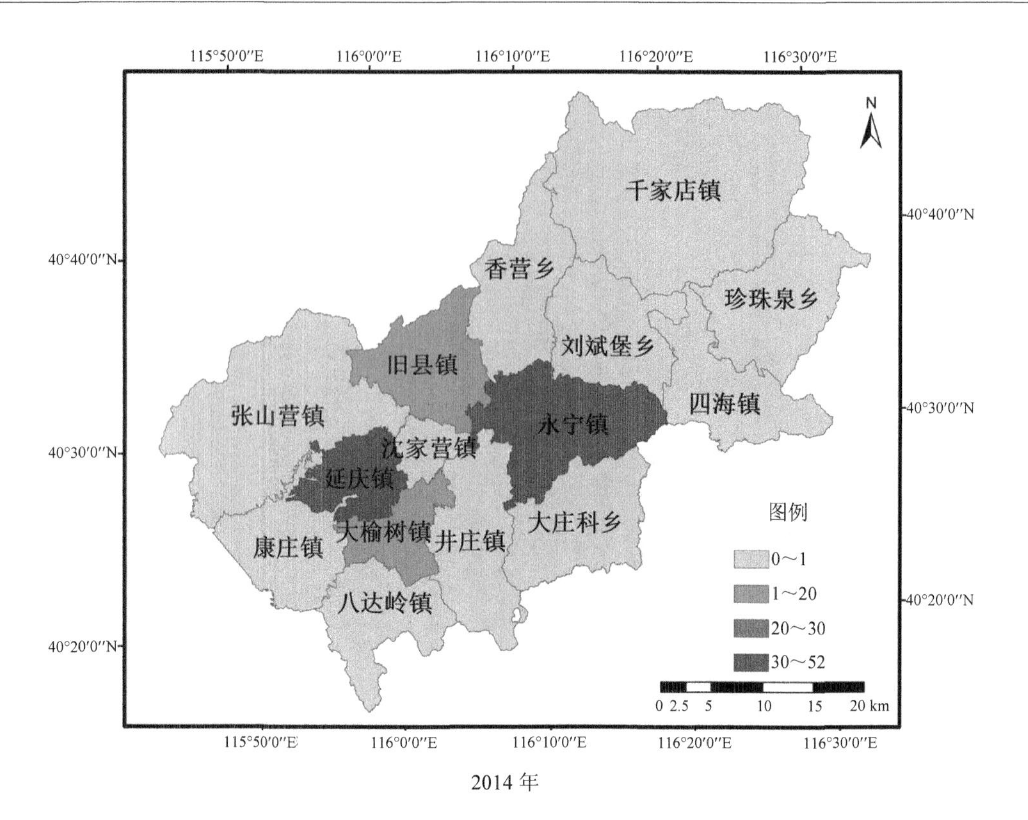
115°50′0″E
116°0′0″E
116°10′0″E
116°20′0″E
116°30′0″E
40°40′0″N
40°30′0″N
40°20′0″N
N
千家店镇
香营乡
珍珠泉乡
刘斌堡乡
旧县镇
永宁镇
四海镇
张山营镇
沈家营镇
延庆镇
大榆树镇
井庄镇
大庄科乡
康庄镇
八达岭镇
图例
0～1
1～20
20～30
30～52
0 2.5 5 10 15 20 km

2014 年

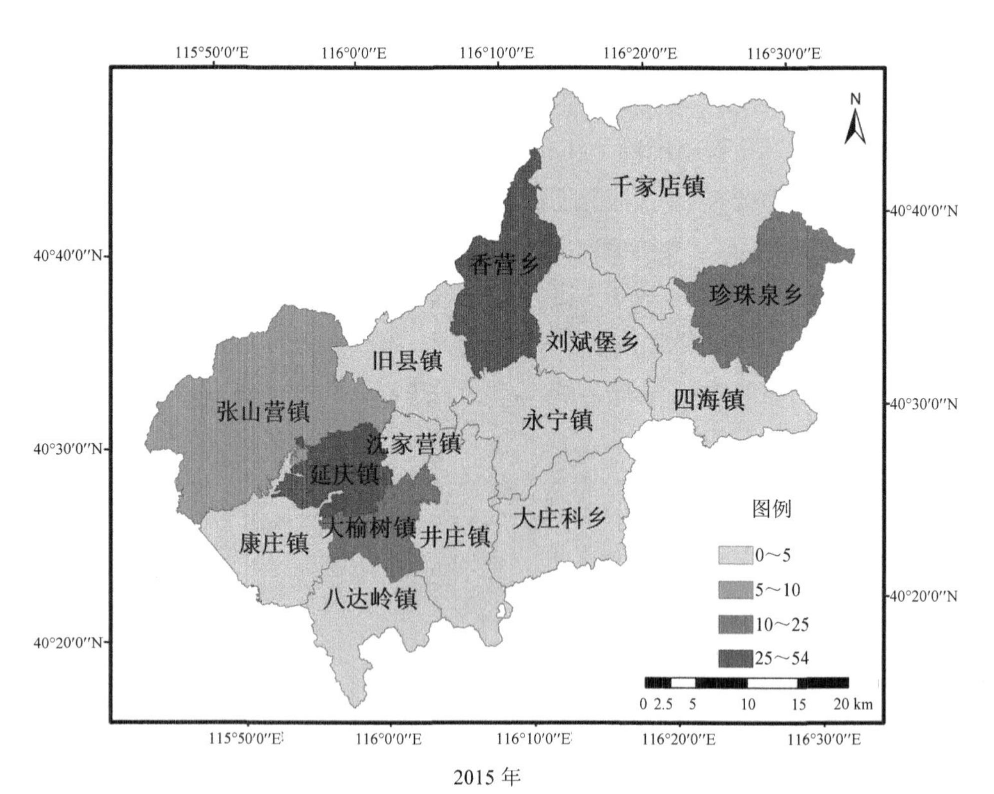
115°50′0″E
116°0′0″E
116°10′0″E
116°20′0″E
116°30′0″E
40°40′0″N
40°30′0″N
40°20′0″N
N
千家店镇
香营乡
珍珠泉乡
刘斌堡乡
旧县镇
永宁镇
四海镇
张山营镇
沈家营镇
延庆镇
大榆树镇
井庄镇
大庄科乡
康庄镇
八达岭镇
图例
0～5
5～10
10～25
25～54
0 2.5 5 10 15 20 km

2015 年

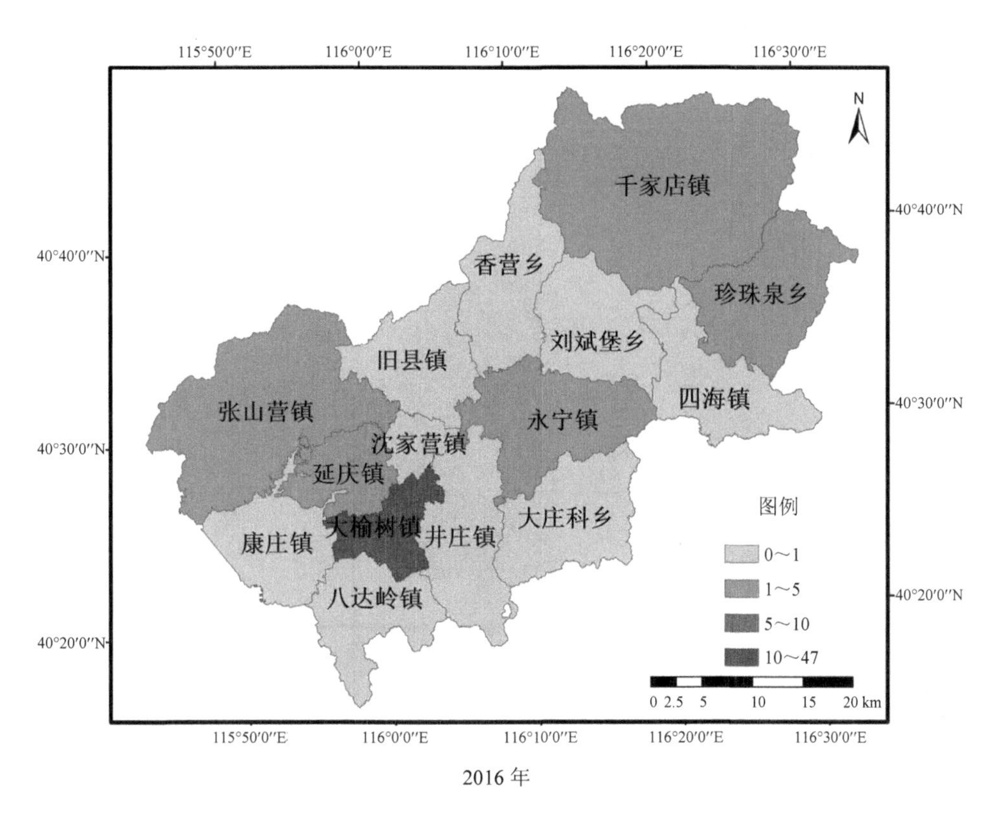

2016 年

图 5-18　2014—2016 年湿地生态系统退化成本

综合三类生态系统成本得到延庆区各乡镇总体生态退化成本（图 5-19）。2014 年各乡镇中大榆树镇退化成本最大，达到了 1 415.98 万元，对延庆区生态系统损失贡献率为 46.03%；康庄镇排列第 2 位，损失量为 320.59 万元，对延庆区生态系统损失贡献率为 10.42%；有 6 个乡镇的退化成本在 100 万～300 万元的区间中。最小的为四海镇，仅为 7.87 万元。相较于 2014 年，2015 年各乡镇退化成本都有了明显减小。其中八达岭镇退化成本最大，达到了 148.72 万元，对延庆区生态系统损失贡献率为 17.54%；井庄镇排列第 2 位，损失量为 127.46 万元，对延庆区生态系统损失贡献率为 15.03%；永宁镇退化成本为 100.53 万元，排名第 3。另有刘斌堡乡和四海镇两个乡镇退化成本为 0。2016 年八达岭镇退化成本最大，达到了 2 374.43 万元，对延庆区生态系统损失贡献率为 56.49%；旧县镇排列第 2 位，退化成本为 462.59 万元，对延庆区生态系统损失贡献率为 11.00%；另外有 5 个乡镇退化成本大于 100 万元；退化成本最小的为沈家营镇，为 4.65 万元。

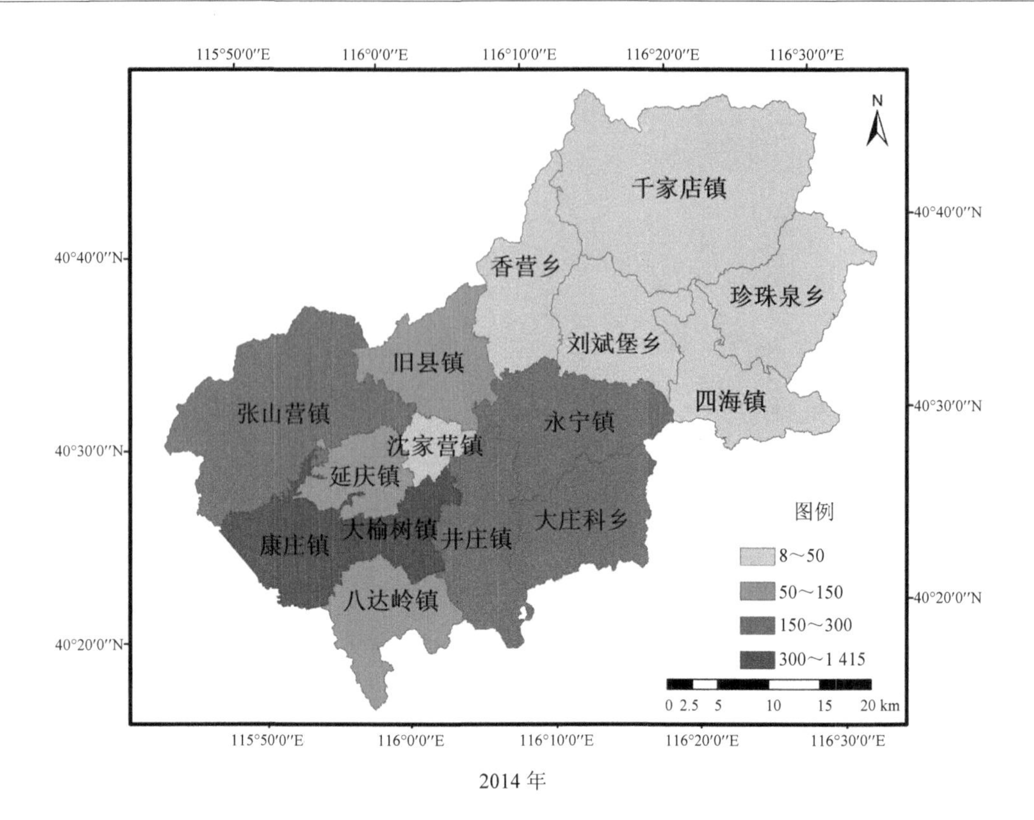
115°50′0″E
116°0′0″E
116°10′0″E
116°20′0″E
116°30′0″E
40°40′0″N
40°30′0″N
40°20′0″N
N
千家店镇
香营乡
珍珠泉乡
刘斌堡乡
旧县镇
四海镇
张山营镇
永宁镇
沈家营镇
延庆镇
大榆树镇
井庄镇
大庄科乡
康庄镇
八达岭镇
图例
8～50
50～150
150～300
300～1 415
0 2.5 5 10 15 20 km

2014 年

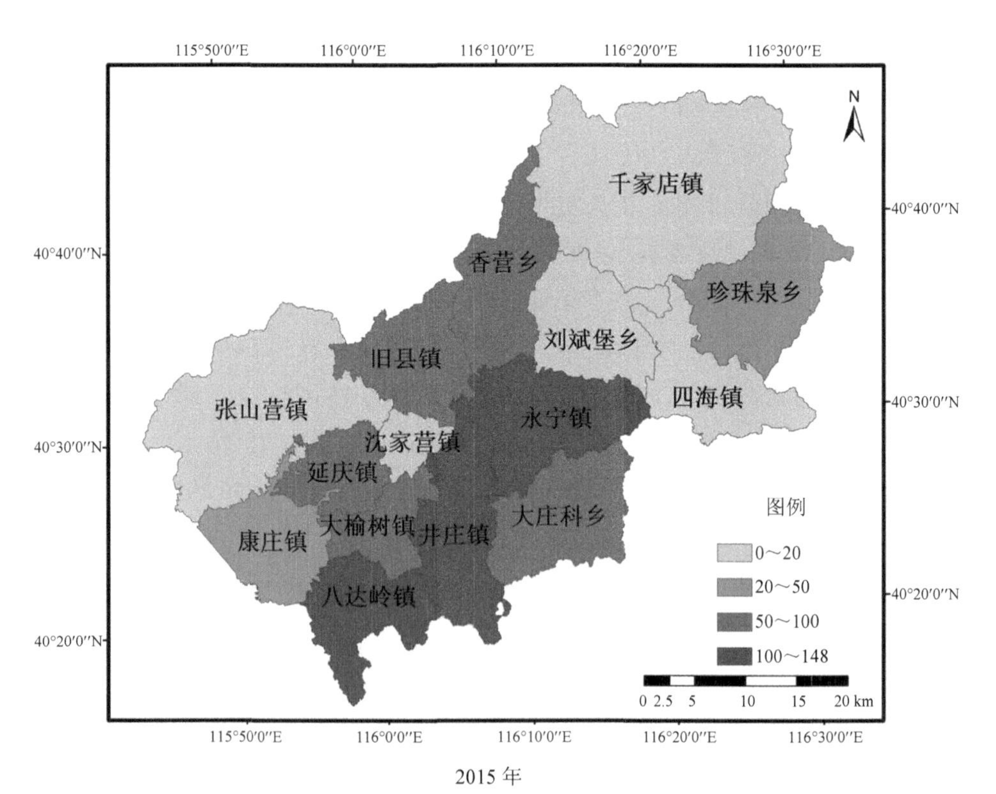
115°50′0″E
116°0′0″E
116°10′0″E
116°20′0″E
116°30′0″E
40°40′0″N
40°30′0″N
40°20′0″N
N
千家店镇
香营乡
珍珠泉乡
刘斌堡乡
旧县镇
四海镇
张山营镇
永宁镇
沈家营镇
延庆镇
大榆树镇
井庄镇
大庄科乡
康庄镇
八达岭镇
图例
0～20
20～50
50～100
100～148
0 2.5 5 10 15 20 km

2015 年

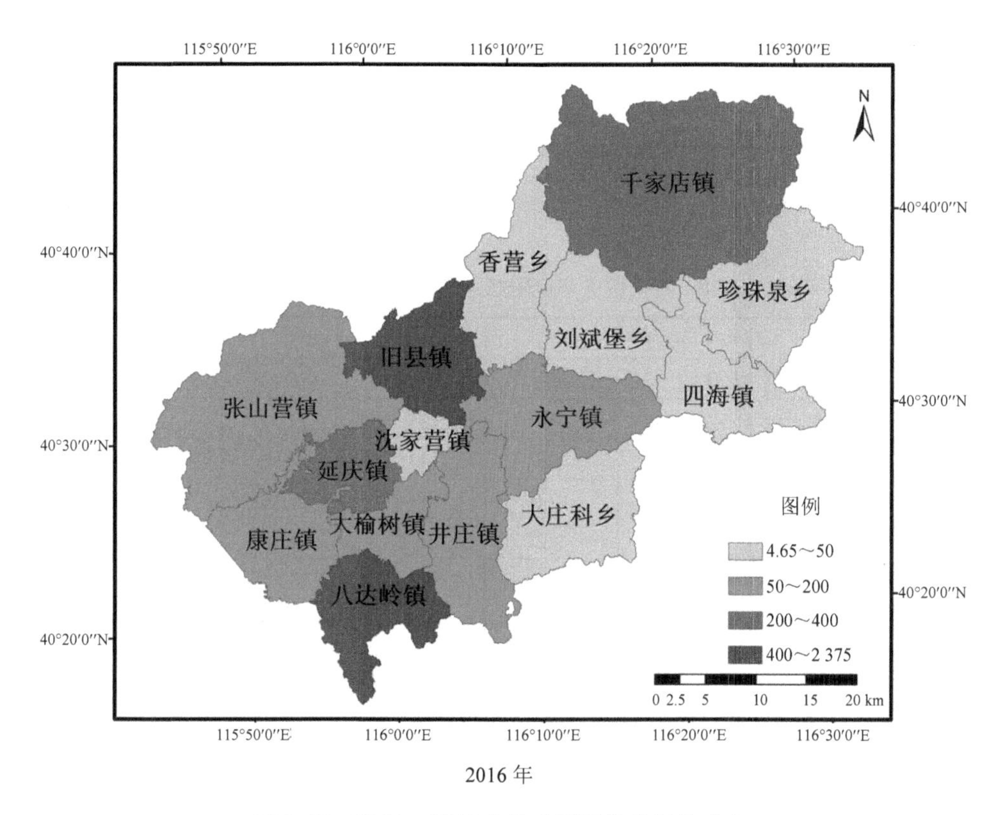

图 5-19　2014—2016 年生态系统总体退化成本

5.3.4　变化量及其原因分析

2014—2015 年，生态系统退化成本由 3 075.61 万元变为 847.55 万元，减小了 2 228.07 万元。从不同生态系统类型来看，森林的生态破坏成本贡献最大，森林破坏成本减小了 2 217.69 万元，贡献率为 99.53%；从不同主体功能分区看，城镇发展区对变化量的贡献最大，2015 年较 2014 年城镇发展区损失成本减少了 1 773.04 万元，贡献率达到 79.58%；从不同乡镇看，大榆树镇贡献最大，2015 年较 2014 年其生态系统退化成本减少了 1 340.18 万元，贡献率达到 60.18%。

2015—2016 年，生态系统退化成本由 847.55 万元变为 4 204.00 万元，增加了 3 355.45 万元。从不同生态系统类型来看，森林的生态破坏成本贡献最大，森林破坏成本增加了 3 345.72 万元，贡献率为 99.69%；从不同主体功能分区看，城镇发展区对变化量的贡献最大，2016 年较 2015 年城镇发展区损失成本增加了 2 554.87 万元，贡献率达到 76.14%；从不同乡镇看，八达岭镇贡献最大，2015 年较 2014 年其生态系统退化成本增加了 2 225.71 万元，贡献率达到 66.33%。

总体而言，2014—2016 年延庆区生态环境退化成本变化量为 1 127.38 万元。从不同生态系统类型来看，森林的生态破坏成本贡献最大，森林破坏成本增加了 1 127.13 万元，贡献率为 99.99%；从不同主体功能分区看，城镇发展区对变化量的贡献最大，2016 年较 2014 年城镇发展区损失成本增加了 781.84 万元，贡献率达到 69.35%；从不同乡镇看，八达岭镇贡献最大，2016 年较 2014 年其生态系统退化成本增加了 2 232.79 万元（表 5-8）。

表 5-8　延庆区各年度生态系统退化成本变化量统计

地区/类型		2014—2015 年		2015—2016 年		2014—2016 年总变化	
		变化值/万元	贡献率/%	变化值/万元	贡献率/%	变化值/万元	贡献率/%
延庆区整体		−2 228.07	—	3 355.45	—	1 127.38	—
分生态系统	森林生态系统	−2 217.89	99.54	3 345.72	99.69	1 127.13	99.99
	草地生态系统	−37.44	1.68	90.65	2.70	53.21	4.72
	湿地生态系统	27.07	−1.21	−80.23	−2.39	−53.16	−4.72
分主体功能区	城镇发展区	−1 773.03	79.58	2 554.87	76.14	781.84	69.36
	农业生产区	−259.43	11.64	513.32	15.30	253.88	22.52
	生态保护区	−195.78	8.79	287.26	8.56	91.48	8.12
分乡镇	八达岭镇	7.08	−0.32	2 225.71	66.52	2 232.794	198.08
	康庄镇	−300.52	13.55	66.25	1.98	−234.277	−20.78
	永宁镇	−88.67	4.00	−47.72	−1.43	−136.385	−12.10
	大榆树镇	−1 340.18	60.43	51.07	1.53	−1 289.11	−114.36
	延庆镇	−50.74	2.29	259.55	7.76	208.814 9	18.53
	张山营镇	−238.00	10.73	135.59	4.05	−102.416	−9.09
	旧县镇	1.91	−0.09	373.52	11.16	375.434 5	33.30
	沈家营镇	−23.35	1.05	4.21	0.13	−19.134 4	−1.70
	井庄镇	−73.56	3.32	51.79	1.55	−21.767 1	−1.93
	千家店镇	−12.94	0.58	262.30	7.84	249.359 8	22.12
	大庄科乡	−132.24	5.96	−33.55	−1.00	−165.79	−14.71
	香营乡	28.62	−1.29	−32.71	−0.98	−4.090 96	−0.36
	刘斌堡乡	−29.33	1.32	45.74	1.37	16.411 54	1.46
	珍珠泉乡	31.54	−1.42	−16.20	−0.48	15.336	1.36
	四海镇	−7.87	0.35	9.89	0.30	2.016	0.18

5.4　生态环境退化总成本

5.4.1　延庆整体退化总成本及构成

综合来看，2014—2016 年延庆区生态环境（大气环境、水环境、生态系统）退化总成本分别为 9 648.24 万元、7 432.51 万元、10 433.1 万元（表 5-10），占当年 GDP 的比重分别是 0.95%、0.67%和 0.85%。从不同类别来看，除去 2015 年生态系统退化成本较低外，其余年份大气、水及生态系统退化成本相差不大。

表 5-9　2014—2016 年延庆区生态环境退化成本　　单位：万元

要素	2014 年	2015 年	2016 年
大气环境退化成本	3 518.67	3 608.19	3 214.26
水环境退化成本	3 053.96	2 976.77	3 014.84
生态系统退化成本	3 075.61	847.55	4 204.00
总计	9 648.24	7 432.51	10 433.1

5.4.2 不同主体功能区退化总成本

从各主体功能区来看，延庆区城镇发展区生态环境退化成本最高，2014—2016 年分别为 6 480.37 万元、4 700.86 万元、6 826.94 万元，分别占延庆区总退化成本的 67.2%、63.2%、65.4%；其次为农业生产区和生态保护区，2014—2016 年农业生产区生态环境退化成本分别为 1 590.51 万元、1 341.38 万元、1 959.31 万元，分别占延庆区总退化成本的 16.5%、18.0%、18.8%；生态保护区生态环境退化成本分别为 1 577.91 万元、1 391.65 万元、1 646.21 万元，分别占延庆区总退化成本的 16.4%、18.7%、15.8%（图 5-20）。

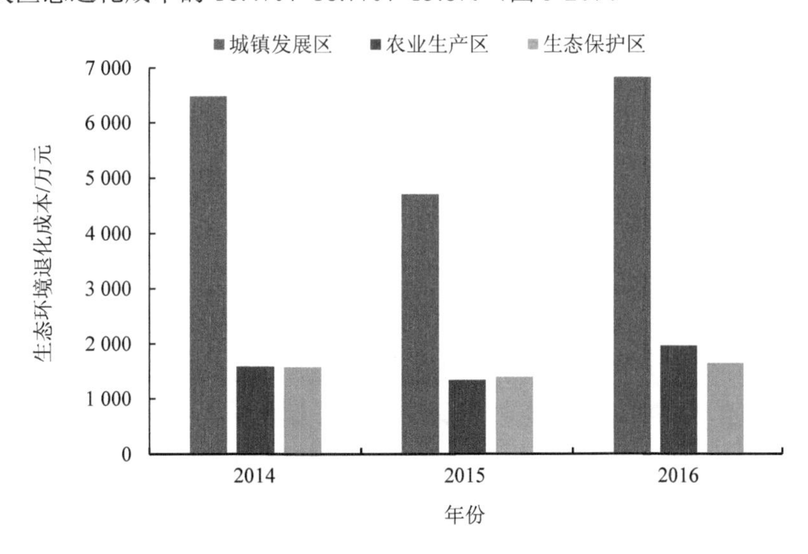

图 5-20　2014—2016 年延庆区主体功能区生态环境退化成本

5.4.3 不同乡镇退化总成本

延庆区不同乡镇生态环境退化总成本差异较大（图 5-21），2014 年共有大榆树镇、延庆镇、康庄镇、永宁镇等 4 个乡镇退化总成本超过 1 000 万元，以上 4 个乡镇占到了延庆区整体退化成本的 60.55%，其中大榆树镇达到 1 742 万元，且主要以生态系统退化成本为主；另有四海镇、珍珠泉乡退化总成本小于 100 万元，以上 2 个乡镇均位于生态保护区中，其中珍珠泉乡退化成本最小，为 61.19 万元。

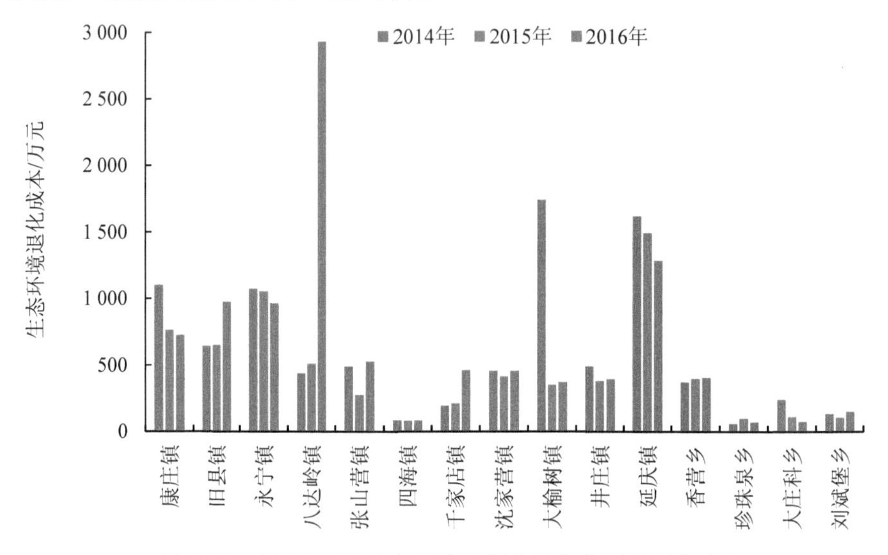

图 5-21　2014—2016 年延庆区各乡镇生态环境退化成本

2015 年延庆区生态环境退化总成本较 2014 年下降了 2 215.76 万元，因此仅有延庆镇和永宁镇两个乡镇退化总成本高于 1 000 万元，其中延庆镇达到 1 492.39 万元；另有四海镇小于 100 万元，各乡镇生态环境退化总成本由高到低排名依次是延庆镇、永宁镇、康庄镇、旧县镇、八达岭镇、沈家营镇、香营乡、井庄镇、大榆树镇、张山营镇、千家店镇、大庄科乡、刘斌堡乡、珍珠泉乡、四海镇。

2016 年有 2 个乡镇生态环境退化总成本超过 1 000 万，分别为八达岭镇、延庆镇，其中八达岭镇达到 2 933.14 万元，占到了延庆区总退化成本的 29.67%，且主要以生态环境退化为主；另有珍珠泉乡、大庄科乡、四海镇等 3 个乡镇退化总成本小于 100 万元，且主要分布在生态保护区。各乡镇生态环境退化总成本由高到低排名依次是八达岭镇、延庆镇、旧县镇、永宁镇、康庄镇、张山营镇、千家店镇、沈家营镇、香营乡、井庄镇、大榆树镇、刘斌堡乡、四海镇、大庄科乡、珍珠泉乡。

5.4.4 变化量及其原因分析

2014—2016 年，生态环境退化总成本共增加了 783.87 万元（表 5-10）。从变化量的分要素来看，生态系统破坏成本占据了最主要的贡献，由于生态系统退化成本呈现先降后升的趋势，使得生态环境总退化成本也呈现先减少后增加的趋势；从各主体功能区的变化量来看，农业生产区对总变化量的贡献最大，贡献占比达 47.06%；从各乡镇的变化量来看，八达岭镇对总变化量的贡献最大，八达岭镇 2015—2016 年的增幅较大，使其对总变化量的贡献达到 336.1%。

表 5-10　延庆区各年度生态环境退化总成本变化量统计

地区/要素		2014—2015 年		2015—2016 年		2014—2016 年总变化	
		变化值/万元	贡献率/%	变化值/万元	贡献率/%	变化值/万元	贡献率/%
延庆区整体		−2 215.76	—	2 999.63	—	783.87	—
分要素	大气环境	89.5	−4.04	−393.9	−13.13	−304.4	−38.83
	水环境	−77.19	3.48	38.08	1.27	−39.11	−4.99
	生态系统	−2 228.07	100.56	3 355.45	111.86	1 127.38	143.82
分主体功能区	城镇发展区	−1 779.47	80.34	2 126.04	70.90	346.57	44.22
	农业生产区	−249.09	11.25	617.93	20.61	368.83	47.06
	生态保护区	−186.26	8.41	254.55	8.49	68.29	8.71
分乡镇	八达岭镇	72.91	−3.25	2 421.74	81.15	2 494.57	336.10
	康庄镇	−338.37	15.09	−36.61	−1.23	−375.08	−50.54
	永宁镇	−21.01	0.94	−89.84	−3.01	−110.81	−14.93
	大榆树镇	−1 391.52	62.07	21.74	0.73	−1 369.78	−184.55
	延庆镇	−128.49	5.73	−205.4	−6.88	−333.9	−44.99
	张山营镇	−215.63	9.62	253.35	8.49	37.71	5.08
	旧县镇	8.01	−0.36	323.03	10.82	331.04	44.60
	沈家营镇	−41.58	1.85	41.66	1.40	0.08	0.01
	井庄镇	−111.5	4.97	15.05	0.50	−96.55	−13.01
	千家店镇	18.92	−0.84	251.65	8.43	270.56	36.45
	大庄科乡	−128.9	5.75	−37.19	−1.25	−165.99	−22.36
	香营乡	26.1	−1.16	7.67	0.26	33.77	4.55
	刘斌堡乡	−25.36	1.13	41.6	1.39	16.24	2.19
	珍珠泉乡	39.31	−1.75	−27.38	−0.92	11.94	1.61
	四海镇	−4.84	0.22	3.25	0.11	−1.59	−0.21

5.5 本章小结

①2014—2016 年，延庆区大气环境退化成本显著降低，大气污染治理成效显著。近 3 年大气环境退化成本分别为 3 518.7 万元、3 608.2 万元和 3 214.3 万元，大气环境退化指数为 0.35%、0.32%、0.26%。2016 年延庆区大气环境治理工作成效显著，大气环境退化成本明显低于 2014 年和 2015 年。延庆区大气退化成本构成中，机动车源和生活源逐步增加，工业源迅速减少。其中，机动车源占比较高且增长较快，由 2014 年的 33.5%增加到 2016 年的 45.1%；工业源退化成本由 2014 年的 38.3%下降为 2016 年的 24.0%；生活源由 28.1%缓慢增长为 30.9%；2016 年，工业源、生活源、机动车源的退化成本分别为 772.4 万元、993.0 万元、1 448.9 万元，分别占延庆大气退化成本的 24%、30.9%、45.1%。分主体功能区看，城镇发展区大气环境退化成本最高，近 3 年分别为 2 614 万元、2 633 万元、2 091 万元，占比在 65.1%～73.0%；农业生产区和生态保护区大气环境退化成本相对较低。在延庆区 15 个乡镇中，延庆镇退化成本最高，2016 年其成本为 683.4 万元，占延庆区的 21.3%；退化成本最低的乡镇是珍珠泉乡，2016 年成本为 29.5 万元，占 0.9%。大气环境退化成本较低的乡镇基本都位于生态保护区，退化成本较高的乡镇大多位于城镇发展区。延庆区大气环境退化成本的增减主要由各种大气污染物排放量增减变动引起的，2014—2016 年排放量也呈现先增后减的变化趋势。受 SO_2 和 NO_x 排放减少所致，2016 年延庆区大气环境退化成本下降较多。其中工业源排放量减少，抵消了机动车源和生活源大气环境退化成本增长的量；城镇发展区，特别是延庆镇排放量减少，抵消了其他乡镇增长部分，大气环境退化成本整体减少。

②2014—2016 年，延庆区水环境退化成本呈现先减后增的变化趋势，3 年的退化成本分别为 3 053.96 万元、2 976.77 万元、3 014.84 万元，水环境退化指数分别为 0.30%、0.27%、0.25%。延庆区水环境退化成本构成中，畜禽养殖占延庆区水环境退化成本比重最高，高达 80%～81%；另外，工业源的水环境退化成本 3 年间增长最多，而生活源和畜禽养殖源的水环境退化成本 3 年间存在下降趋势。其中，工业水环境退化成本从 2014 年的 250.25 万元增至 2016 年的 438.13 万元，上升了 187.88 万元；生活水环境退化成本则从 2014 年的 323.45 万元减至 2016 年的 151.09 万元，降低了 172.36 万元；畜禽养殖从 2014 年的 2 480.25 万元降至 2 425.62 万元，下降了 54.63 万元。而 3 个主体功能区中，水环境退化成本主要分布在城镇发展区，占延庆区的 56%左右；而农业生产区和生态保护区的水环境退化成本较低，分别为 659.33 万～722.88 万元和 609.24 万～672.53 万元，共占延庆区的 44%左右。延庆区的 15 个乡镇中，水环境退化成本最大的是永宁镇，占延庆区的 21%左右。其次较大的还包括张山营镇、康庄镇、大榆树镇，而水环境退化成本较低的乡镇包括

沈家营镇、旧县镇、乡营乡、康庄镇；另外，水环境退化成本增长较大的有八达岭镇，而水环境退化成本减少最多的是康庄镇和井庄镇。不同主体功能分区比较，农业生产区和生态保护区贡献较大，分别贡献了 162.48%和 161.82%；而城镇发展区退化成本反而有所增加，贡献了–224.3%。不同乡镇之间比较，康庄镇和井庄镇退化成本下降较多，分别贡献了 245.73%和 219.07%；而八达岭镇退化成本增长最多，贡献了–677.97%。

③2014—2016 年，延庆区生态系统退化成本呈先下降后上升的趋势，3 年的退化成本分别为 3 075.61 万元、847.55 万元、4 204.00 万元，生态系统退化指数分别为 0.30%、0.08%、0.34%。延庆区生态系统退化成本构成中，森林生态系统占比最高，占延庆区生态系统破化成本的 81%～96%；其次是湿地生态系统，占比在 1%～17%。分主体功能区看，城镇发展区生态系统退化成本最高，近 3 年分别为 2 207.46 万元、434.42 万元、2 989.29 万元，占比分别为 71.76%、51.23%和 71.11%；农业生产区和生态保护区生态系统退化成本相对较低。在延庆区 15 个乡镇中，生态系统退化成本最大的是八达岭镇，占延庆区的 33%左右；其次较大的还包括大榆树镇、旧县镇、延庆镇，而生态系统退化成本较低的乡镇包括四海镇、珍珠泉乡、刘斌堡乡、沈家营镇；生态系统退化成本较低的乡镇基本都位于生态保护区，退化成本较高的乡镇大多位于城镇发展区。从变化量的贡献来看，2014—2016 年延庆区生态破坏成本变化量为 1 127.38 万元，虽然总体变化不大，但年际间的震荡变化较大，其中 2014—2015 年生态系统退化成本减小了 2 228.07 万元，而在 2015—2016 年又增长了 3 355.45 万元，从不同生态系统类型来看，森林的生态破坏成本贡献最大，森林破坏成本增加了 817.92 万元，贡献率为 72.55%；从不同主体功能分区看，城镇发展区对变化量的贡献最大，2016 年较 2014 年城镇发展区损失成本增加了 781.84 万元，贡献率达到 69.35%。

④综上所述，2014—2016 年延庆区生态环境（大气环境、水环境、生态系统）退化总成本分别为 9 648.24 万元、7 432.51 万元、10 433.1 万元，大气、水环境、生态系统退化成本占比分别为 37.59%、32.88%和 29.54%。2014—2016 年生态环境退化指数（生态环境退化成本占 GDP 比重）分别为 0.95%、0.67%和 0.85%。各主体功能区中，城镇发展区生态环境退化总成本最高，近 3 年分别为 6 480.4 万元、4 700.9 万元和 6 826.9 万元。各乡镇中，延庆镇生态环境退化总成本最高，2014—2016 年退化总成本共计 4 400.24 万元。从变化量的贡献来看，各要素中生态系统破坏成本占据了最主要的贡献，各主体功能区和各乡镇的贡献中，农业生产区和八达岭镇分别对总变化量的贡献最大，占比达 47.06%和 336.10%，八达岭镇由于 2015—2016 年的增幅较大，使其对总变化量的贡献超过 80%。

第 6 章　生态环境改善效益账户分析

6.1　空气质量改善效益

6.1.1　空气质量改善实物量

2014—2016 年，延庆区空气质量改善较为明显，特别是颗粒物改善幅度较大。2014 年延庆区 $PM_{2.5}$、PM_{10} 年均浓度分别为 74.8 μg/m^3、87.1 μg/m^3，2016 年分别下降了 14.8 μg/m^3、13.1 μg/m^3，降幅分别为 20%和 15%。SO_2 年均浓度值在空气质量二级标准范围内，且稳定下降；NO_2 年均浓度在 2015 年有较大幅度上升，2016 年好转，但仅比 2014 年下降 1.8 μg/m^3，该指标值在 2014 年、2016 年都达到空气质量二级标准（表 6-1）。

表 6-1　延庆区空气质量改善实物量　　单位：μg/m^3

污染物	2014 年	2015 年	2016 年	2014—2015 年变化	2015—2016 年变化	2014—2016 年变化
$PM_{2.5}$	74.8	61.1	60.0	−13.7	−1.1	−14.8
SO_2	18.1	11.7	10.0	−6.4	−1.7	−8.1
NO_2	35.8	53.3	34.0	17.5	−19.3	−1.8
PM_{10}	87.1	117.5	74.0	30.4	−43.5	−13.1

6.1.2　改善效益及其构成

延庆区空气质量改善效益处于一般水平，但是其改善效益指数较高。2014—2016 年，延庆区空气质量改善效益分别为–3 367.1 万元、21 926.54 万元、9 618.28 万元，空气质量改善指数（空气质量改善效益占 GDP 的比重）为–0.33%、1.97%、0.78%。从改善效益构成看，以人体健康改善效益和清洁改善效益为主（图 6-1）。

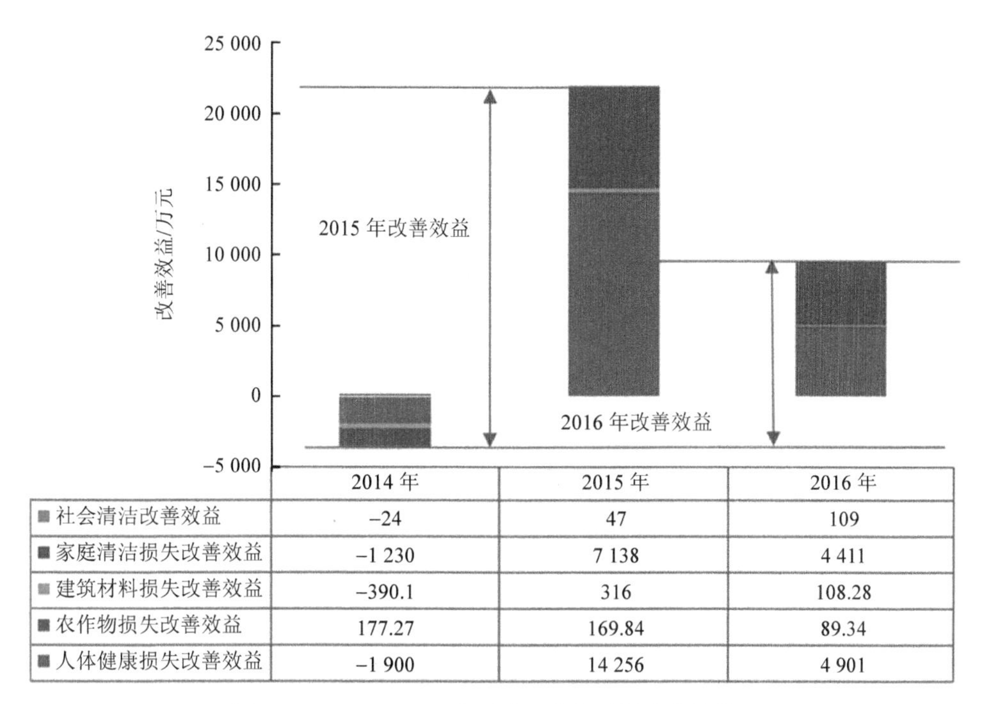

	2014 年	2015 年	2016 年
■社会清洁改善效益	−24	47	109
■家庭清洁损失改善效益	−1 230	7 138	4 411
■建筑材料损失改善效益	−390.1	316	108.28
■农作物损失改善效益	177.27	169.84	89.34
■人体健康损失改善效益	−1 900	14 256	4 901

图 6-1　2014—2016 年延庆区空气质量改善效益

2014 年，延庆区空气质量改善效益以农作物损失改善最为突出，人体健康改善效益和清洁损失改善效益较小。其中，农作物损失改善效益为 177.27 万元，建筑材料损失改善效益为−390.1 万元，社会清洁改善效益为−1 254 万元，人体健康损失改善效益为−1 900 万元。总体改善水平较低，大多为负值（图 6-2）。

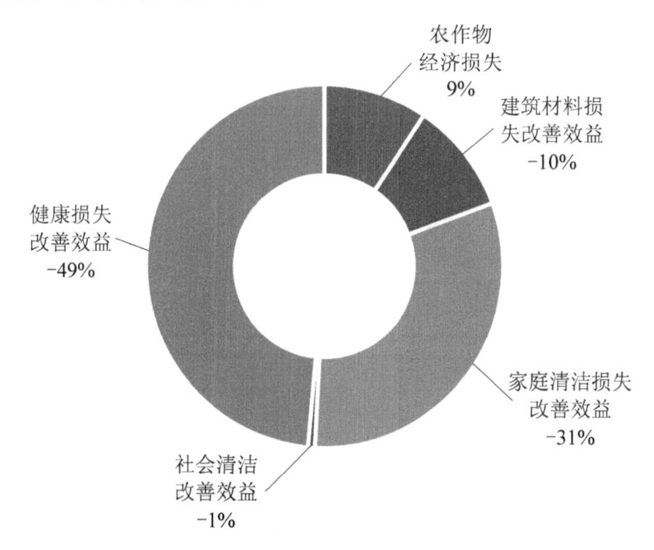

图 6-2　2014 年不同来源空气质量改善效益所占百分比

2015年，延庆区空气质量改善效益以人体健康损失改善效益最为突出，其次是清洁损失改善效益，农作物损失和材料损失改善效益最小。人体健康损失改善效益为14 256万元，较上年提高了16 156万元，清洁改善效益为7 185万元，农作物损失和材料损失改善效益分别为170万元、316万元。2015年较2014年改善效益大幅增加，尤其是人体健康损失改善效益和清洁损失改善效益增加最为突出（图6-3）。

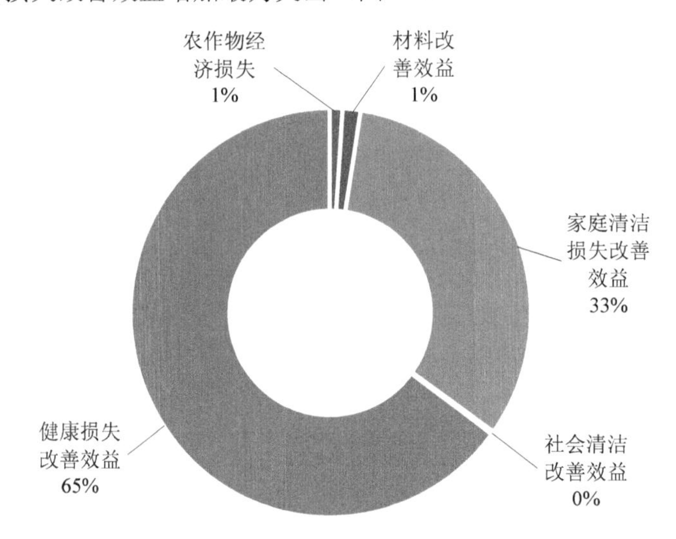

图6-3 2015年不同来源空气质量改善效益所占百分比

2016年，延庆区空气质量改善效益仍然以人体健康最为突出，较2014年继续增长，但较2015年略微下降。人体健康损害改善效益为4 901万元，清洁损失改善效益为4 520万元，材料损失和农作物损失改善水平较低，分别为108万元、89万元（图6-4）。

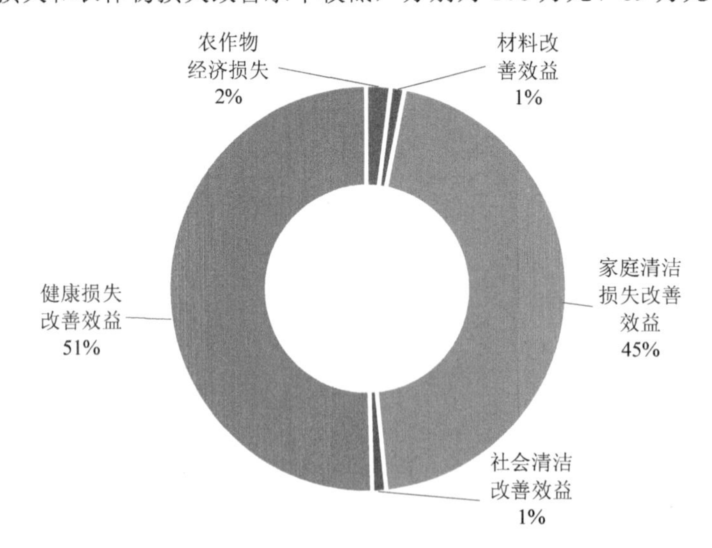

图6-4 2016年不同来源空气质量改善效益所占百分比

6.1.3　不同主体功能区改善效益

2014 年，延庆区 3 个主体功能区中，各区域空气质量改善效益不突出，除了农作物损失，其他都为负值，城镇发展区占比最大，空气质量改善效益为–2 007 万元，占延庆区的 59.6%；其中农作物损失和建筑材料改善效益较多，人体健康改善效益最低，四种改善效益分别为 79 万元、–232 万元、–726 万元和–1 128 万元。农业生产区和生态保护区的空气质量改善效益接近，高于城镇发展区，分别为–691 万元和–669 万元，占比分别为 20.5%和 20%。这两类功能区空气质量改善效益也是以农作物损失改善效益为主，见表 6-2。

表 6-2　2014 年延庆区不同主体功能区空气质量改善效益　　单位：万元

主体功能区	空气质量改善效益				
	人体健康	农作物损失	建筑材料损失	清洁损失	总计
城镇发展区	–1 128	79	–232	–726	–2 007
农业生产区	–391	50	–80	–270	–691
生态保护区	–381	49	–78	–258	–669
总计	–1 900	177	–390	–1 254	–3 367

从不同主体功能分区看，空气质量改善效益较低的 4 个乡镇均位于城镇发展区，空气质量改善效益较高的 5 个乡镇位于生态保护区。城镇发展区、农业生产区和生态保护区的人体健康改善效益都为负值。清洁损失改善效益方面，城镇发展区高于农业生产区和生态保护区，城镇发展区人口活动频繁，清洁损失改善效益潜力较大。

2015 年，延庆区 3 个主体功能区中，空气质量改善效益主要集中在城镇发展区，空气质量改善效益为 12 905 万元，占延庆区的 58.9%；其中人体健康和清洁损失改善效益较多，其次是建筑材料损失改善效益，农作物损失改善效益最低，四种改善效益分别为 8 476 万元、4 166 万元、188 万元和 75 万元，占城镇发展区空气质量改善效益的比例分别为 65.7%、32.3%、1.5%和 0.58%。农业生产区和生态保护区的空气质量改善效益接近，但是远低于城镇发展区，分别为 4 591 万元和 4 430 万元，占比分别为 20.9%和 20.2%。这两类功能区空气质量改善效益也是以人体健康和清洁损失改善效益为主，见表 6-3。

从不同主体功能分区看，空气质量改善效益较低的 4 个乡镇均位于生态保护区，空气质量改善效益较高的 4 个乡镇均位于城镇发展区，人口相对其他乡镇较为密集、活动水平较高，大气污染损失的暴露受体数量较多，因而空气质量改善带来的效益也较明显。

表 6-3 2015 年延庆区不同主体功能区空气质量改善效益 单位：万元

主体功能区	空气质量改善效益				
	人体健康	农作物损失	建筑材料损失	清洁损失	总计
城镇发展区	8 476	75	188	4 166	12 905
农业生产区	2 931	48	65	1 548	4 591
生态保护区	2 849	47	63	1 471	4 430
总计	14 256	170	316	7 185	21 927

2016 年，延庆区 3 个主体功能区中，空气质量改善效益主要集中在城镇发展区，空气质量改善效益为 5 639 万元，占延庆区的 58.6%；其中人体健康和清洁损失改善效益较多，其次是建筑材料损失改善效益，农作物损失改善效益最低，四种改善效益分别为 2 915 万元、2 621 万元、64 万元和 39 万元，占城镇发展区空气质量改善效益的比例分别为 51.7%、46.5%、1.13%、0.69%。农业生产区和生态保护区的空气质量改善效益接近，但是远低于城镇发展区，分别为 2 026 万元和 1 953 万元，占比分别为 21.1%和 20.3%。这两类功能区空气质量改善效益也是以人体健康和清洁损失改善效益为主，见表 6-4。

表 6-4 2016 年延庆区不同主体功能区空气质量改善效益 单位：万元

主体功能区	空气质量改善效益				
	人体健康	农作物损失	建筑材料损失	清洁损失	总计
城镇发展区	2 915	39	64	2 621	5 639
农业生产区	1 012	25	22	967	2 026
生态保护区	974	25	22	933	1 953
总计	4 901	89	108	4 520	9 618

从不同主体功能分区看，空气质量改善效益较高的 3 个乡镇都位于城镇发展区，空气质量改善效益低的 4 个乡镇均位于生态保护区。空气质量改善效益分布更加平均，城镇发展区、农业生产区和生态保护区都有改善。

6.1.4 不同乡镇改善效益

以 6.1.2 中的核算方法为基础，进行 2014—2016 年延庆区各乡镇（街道）人体健康、家庭清洁、农作物损失、材料损失改善效益核算。对于缺失细节参数系数的指标，根据相关参数进行比例划分，如人体健康改善效益核算，缺乏各乡镇的剂量反映关系参数、患病和住院等统计数据，根据延庆区人体健康改善效益和各乡镇占全区人口比例进行核算。

2014 年，各乡镇效益最大的是农作物清洁改善效益，材料损失改善效益、清洁损失效益和人体健康效益为负值，亟待改善（表 6-5）。

表 6-5　2014 年延庆区各乡镇空气质量改善效益　　单位：万元

乡镇名称	空气质量改善效益					
	人体健康	家庭清洁	农作物损失	材料损失	社会清洁	总计
百泉街道办事处	–92.56	–51.55	0.00	–19.00	–1.17	–164.28
香水园街道办事处	–191.31	–99.40	0.00	–39.28	–2.42	–332.41
儒林街道办事处	–71.09	–36.79	0.00	–14.60	–0.90	–123.37
延庆镇	–272.61	–179.76	18.40	–55.97	–3.44	–493.38
康庄镇	–171.11	–119.81	18.68	–35.13	–2.16	–309.52
八达岭镇	–54.72	–38.41	3.04	–11.23	–0.69	–102.01
永宁镇	–175.66	–117.16	26.09	–36.07	–2.22	–305.01
旧县镇	–147.44	–98.08	22.12	–30.27	–1.86	–255.53
张山营镇	–162.81	–114.88	17.08	–33.43	–2.06	–296.10
四海镇	–46.23	–31.01	4.88	–9.49	–0.58	–82.44
千家店镇	–77.91	–49.78	6.58	–16.00	–0.98	–138.08
沈家营镇	–80.68	–52.28	10.69	–16.57	–1.02	–139.85
大榆树镇	–98.59	–68.84	12.37	–20.24	–1.25	–176.54
井庄镇	–83.71	–58.85	14.22	–17.19	–1.06	–146.57
大庄科乡	–39.72	–31.49	0.62	–8.16	–0.50	–79.25
刘斌堡乡	–48.96	–24.51	9.91	–10.05	–0.62	–74.23
香营乡	–58.47	–39.62	9.75	–12.01	–0.74	–101.09
珍珠泉乡	–26.43	–17.77	2.54	–5.43	–0.33	–47.42
总计	–1 900.00	–1 230.00	177.00	–390.10	–24.00	–3 367.10

总体来看，2014 年延庆区不同乡镇空气质量改善效益较差，都为负值，其中空气质量改善效益最大的是珍珠泉乡，为–47.42 万元，占延庆区空气质量改善总效益的 1.41%；其次是刘斌堡乡，为–74.23 万元，占比为 2.2%；最小的是延庆镇，为–493.38 万元，占比 14.7%。不同乡镇空气质量改善效益从高到低排序是珍珠泉乡、刘斌堡乡、大庄科乡、四海镇、香营乡、八达岭镇、儒林街道办事处、千家店镇、沈家营镇、井庄镇、百泉街道办事处、大榆树镇、旧县镇、张山营镇、永宁镇、康庄镇、香水园街道办事处、延庆镇（图 6-5）。

2015 年，各乡镇效益最大的为人体健康改善效益，其次是家庭清洁改善效益，人体健康改善效益是家庭清洁改善效益的一倍左右，农作物损失、材料损失、社会清洁改善效益相对较小（表 6-6）。

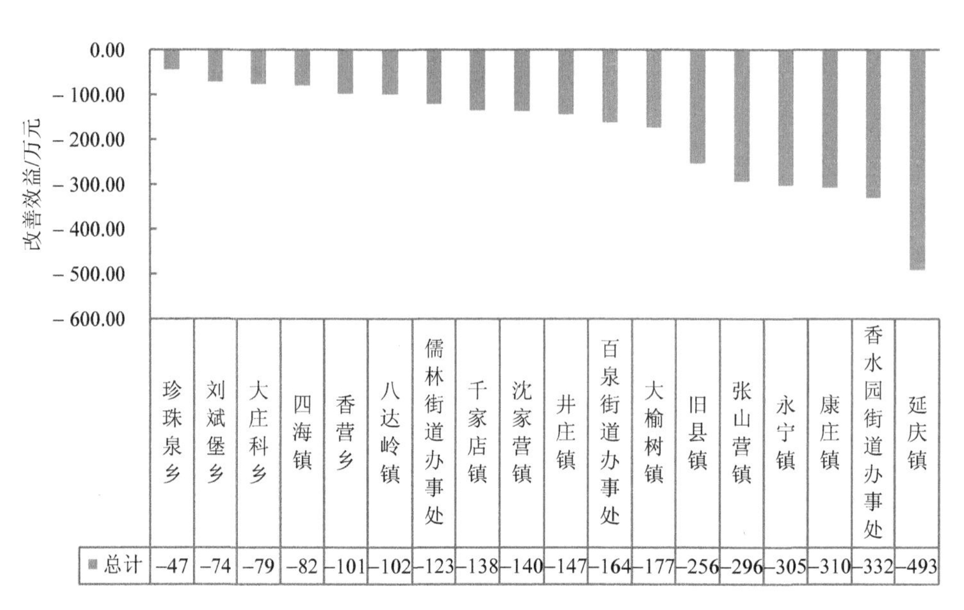

图 6-5 2014 年不同乡镇空气质量改善效益

表 6-6 2015 年延庆区各乡镇空气质量改善效益 单位：万元

乡镇名称	空气质量改善效益					
	人体健康	家庭清洁	农作物损失	材料损失	社会清洁	总计
百泉街道办事处	699.36	301.24	0.00	15.48	2.31	1 018.38
香水园街道办事处	1 423.92	572.22	0.00	31.52	4.69	2 032.35
儒林街道办事处	542.55	217.16	0.00	12.01	1.79	773.50
延庆镇	2 057.33	1 049.25	17.67	45.54	6.78	3 176.57
康庄镇	1 283.07	694.82	17.95	28.40	4.23	2 028.46
八达岭镇	413.87	224.68	2.92	9.16	1.36	652.00
永宁镇	1 317.92	679.88	25.06	29.17	4.34	2 056.38
旧县镇	1 101.87	566.93	21.25	24.39	3.63	1 718.06
张山营镇	1 224.69	668.37	16.41	27.11	4.04	1 940.61
四海镇	344.88	178.93	4.68	7.63	1.14	537.27
千家店镇	583.96	288.57	6.32	12.93	1.93	893.71
沈家营镇	603.96	302.67	10.27	13.37	1.99	932.26
大榆树镇	738.30	398.73	11.88	16.34	2.43	1 167.68
井庄镇	627.14	340.99	13.66	13.88	2.07	997.74
大庄科乡	297.21	182.21	0.60	6.58	0.98	487.57
刘斌堡乡	363.97	140.95	9.52	8.06	1.20	523.70
香营乡	434.58	227.77	9.36	9.62	1.43	682.76
珍珠泉乡	197.42	102.64	2.44	4.37	0.65	307.52
总计	14 256.00	7 138.00	170.00	315.54	47.00	21 926.54

总体来看，2015 年延庆区不同乡镇空气质量改善效益差异较大，其中空气质量改善效益最大的是延庆镇，为 3 177 万元，占延庆区空气质量改善总效益的 14.5%；其次是永宁镇，为 2 057 万元，占比为 9.4%；最小的是珍珠泉乡，为 308 万元，占比 1.4%。其中香水园街道办事处上升明显，进入前三。不同乡镇空气质量改善效益从高到低排序是延庆镇、永宁镇、香水园街道办事处、康庄镇、张山营镇、旧县镇、大榆树镇、百泉街道办事处、井庄镇、沈家营镇、千家店镇、儒林街道办事处、香营乡、八达岭镇、四海镇、刘斌堡乡、大庄科乡、珍珠泉乡（图 6-6）。

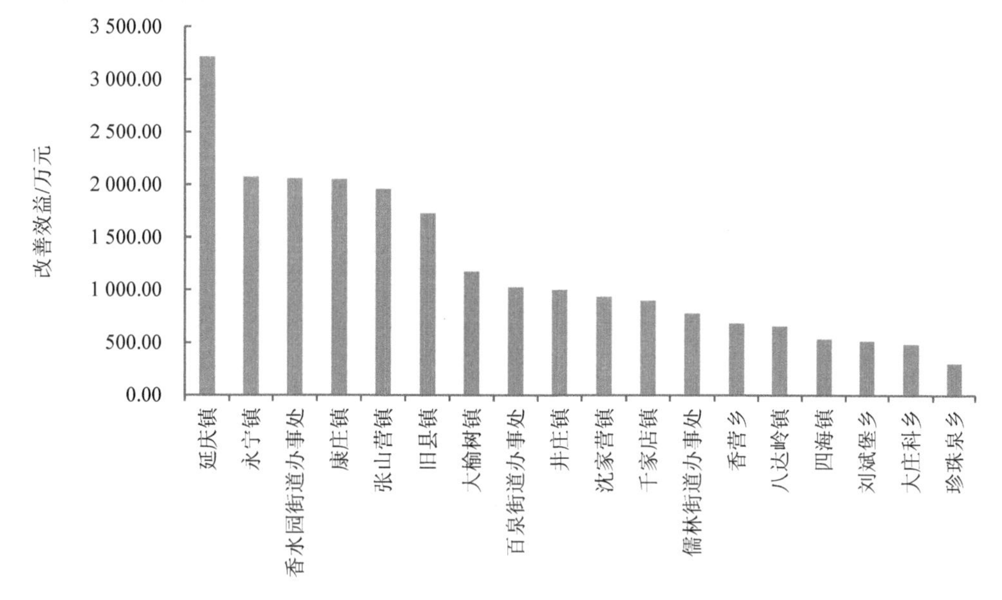

图 6-6 2015 年不同乡镇空气质量改善效益

2016 年，各乡镇效益最大的为人体健康改善效益，其次是家庭清洁改善效益，两者差距不大，农作物损失、材料损失、社会清洁改善效益相对较小（表 6-7）。

表 6-7 2016 年延庆区各乡镇空气质量改善效益 单位：万元

乡镇名称	空气质量改善效益					
	人体健康	家庭清洁	农作物损失	材料损失	社会清洁	总计
百泉街道办事处	236.21	182.48	0.00	5.22	5.25	429.16
香水园街道办事处	477.49	344.65	0.00	10.55	10.62	843.31
儒林街道办事处	187.05	135.54	0.00	4.13	4.16	330.89
延庆镇	714.63	645.03	9.14	15.79	15.89	1 400.49
康庄镇	446.11	432.73	9.34	9.86	9.92	907.95
八达岭镇	145.22	140.74	1.51	3.21	3.23	293.91
永宁镇	450.80	423.93	13.08	9.96	10.03	907.79

乡镇名称	空气质量改善效益					
	人体健康	家庭清洁	农作物损失	材料损失	社会清洁	总计
旧县镇	378.10	345.27	11.11	8.35	8.41	751.24
张山营镇	424.83	413.20	8.71	9.39	9.45	865.57
四海镇	118.17	109.76	2.45	2.61	2.63	235.61
千家店镇	199.60	177.72	3.29	4.41	4.44	389.46
沈家营镇	208.73	185.78	5.36	4.61	4.64	409.11
大榆树镇	257.42	250.69	6.23	5.69	5.73	525.74
井庄镇	215.59	212.40	7.20	4.76	4.79	444.74
大庄科乡	124.01	138.12	0.31	2.74	2.76	267.94
刘斌堡乡	100.92	68.82	5.13	2.23	2.24	179.35
香营乡	148.93	140.15	4.88	3.29	3.31	300.56
珍珠泉乡	67.20	64.01	1.27	1.48	1.49	135.46
总计	4 901.00	4 411.00	89.00	108.28	109.00	9 618.28

总体来看，2016 年延庆区不同乡镇空气质量改善效益差异较大，其中空气质量改善效益最大的是延庆镇，为 1 401 万元，占延庆区空气质量改善总效益的 14.6%；其次是康庄镇，为 908 万元，占比为 9.4%；最小的是珍珠泉乡，为 135 万元，占比 1.4%。不同乡镇空气质量改善效益从高到低排序是延庆镇、康庄镇、永宁镇、张山营镇、香水园街道办事处、旧县镇、大榆树镇、井庄镇、百泉街道办事处、沈家营镇、千家店镇、儒林街道办事处、香营乡、八达岭镇、大庄科乡、四海镇、刘斌堡乡、珍珠泉乡（图 6-7）。

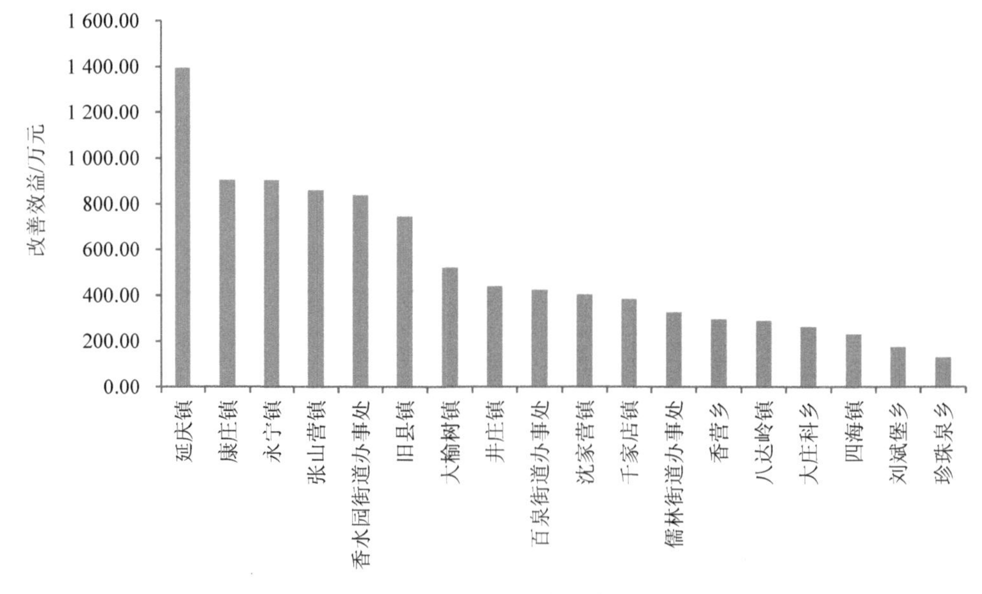

图 6-7　2016 年不同乡镇空气质量改善效益

6.1.5 变化量及其原因分析

2014—2016 年，大气环境改善效益增加了 12 985 万元，主要原因是空气质量改善，$PM_{2.5}$ 浓度降低。2015 年延庆区空气质量改善幅度较大，$PM_{2.5}$ 年均浓度由 2014 年的 74.8 μg/m^3 下降到 2015 年的 61 μg/m^3；且该年份延庆区常住人口减少，导致暴露人口减少，加之其死亡率降低，所有空气质量改善的人体健康效益大幅增加；由于颗粒物浓度显著降低，其清洁损失改善效益也较明显。故 2015 年空气质量改善效益最为显著，占当年 GDP 的 2.04%。2016 年 $PM_{2.5}$ 年均浓度较 2015 年小幅下降，空气质量小幅改善，虽然空气质量改善效益为正，但是改善效益不及 2015 年大。其中人体健康改善效益贡献最大，贡献了 52.4%，其次是清洁损失改善贡献较大，贡献了 44.5%；从不同主体功能分区看，城镇发展区对变化量的贡献最大，贡献了 58.9%，农业生产区和生态保护区贡献比例较为接近；从不同乡镇看，延庆镇贡献最大，贡献率为 31.7%，永宁镇和康庄镇贡献率也较大，分别为 9.3%和 9.4%（表 6-8）。

表 6-8 延庆区空气质量改善效益变化量统计

地区/排放源		2014—2015 年		2015—2016 年		2014—2016 年总变化	
		变化值/万元	贡献率/%	变化值/万元	贡献率/%	变化值/万元	贡献率/%
延庆区整体		25 294	—	−12 308	—	12 985	—
分指标	人体健康	16 156	63.87	−9 355	76.00	6 801	52.38
	农作物损失	−7	−0.03	−81	0.65	−88	−0.68
	建筑材料损失	706	2.79	−207	1.68	498	3.84
	清洁损失	8 439	33.37	−2 665	21.65	5 774	44.47
分功能区	城镇发展区	14 912	58.96	−7 266	59.03	7 646	58.88
	农业生产区	5 282	20.88	−2 565	20.84	2 717	20.93
	生态保护区	5 099	20.16	−2 477	20.13	2 622	20.19
分乡镇	康庄镇	2 338	9.24	−1 121	−9.11	1 217	9.38
	旧县镇	1 974	7.80	−967	−7.86	1 007	7.75
	永宁镇	2 361	9.33	−1 149	−9.34	1 213	9.34
	八达岭镇	754	2.98	−358	−2.91	396	3.05
	张山营镇	2 237	8.84	−1 075	−8.73	1 162	8.95
	四海镇	620	2.45	−302	−2.45	318	2.45
	千家店镇	1 032	4.08	−504	−4.09	528	4.06
	沈家营镇	1 072	4.24	−523	−4.25	549	4.23
	大榆树镇	1 344	5.31	−642	−5.22	702	5.41
	井庄镇	1 144	4.52	−553	−4.49	591	4.55
	延庆镇	4 443	17.57	−2 220	−18.04	4 117	31.71
	香营乡	784	3.10	−382	−3.10	402	3.09
	珍珠泉乡	355	1.40	−172	−1.40	183	1.41
	大庄科乡	567	2.24	−220	−1.79	347	2.67
	刘斌堡乡	598	2.36	−344	−2.79	254	1.95

6.2 生态系统改善效益

6.2.1 不同生态系统面积变化量

6.2.1.1 延庆区整体

通过比对 2013—2016 年延庆区各生态系统类型面积，计算出各年度生态系统面积变化量（表 6-9）。从中可以看出：与 2013 年相比，2014 年延庆区森林、草地生态系统面积出现减少而湿地生态系统面积增加，其中草地面积减小量为 0.173 km^2，森林面积减小量为 0.30 km^2，湿地生态系统面积增加量为 0.044 km^2。2015 年延庆区各森林、草地、湿地面积均出现减少。其中就森林而言，2015 年较 2014 年面积减小 0.057 km^2；草地与森林情况相类似，净减小量为 0.049 km^2；值得说明的是湿地生态系统面积由 2014 年的净增加状态转为净减小状态，减小量为 0.025 km^2。2016 年延庆区草地面积减小量达到了 0.351 km^2；森林和湿地面积在 2016 年均出现了增加，增量分别为 0.085 km^2 和 0.003 km^2。

表 6-9 2013—2016 年延庆区各生态系统类型面积变化　　单位：km^2

生态系统类型	2013—2014 年变化面积	2014—2015 年变化面积	2015—2016 年变化面积
森林生态系统	–0.298	–0.057	0.085
草地生态系统	–0.173	–0.049	–0.351
湿地生态系统	0.044	–0.025	0.003

6.2.1.2 各主体功能区

延庆区 3 个主体功能区中，2014 年城镇发展区对于森林及草地生态系统面积变化量贡献度最大，森林、草地其面积变化值分别占到总体变化的 58.58%、72.30%，而农业保护区对于湿地增加贡献率最大，2014 年湿地增加量全部来源于农业保护区。2015 年城镇发展区依旧是各土地利用类型变化量最大的区域，其中森林、草地、湿地的贡献率达到 50.87%、88%、48%。2016 年延庆区农业生产区与城镇发展区森林面积出现了增长，其中农业保护区贡献了 96.29%的增加量，而生态保护区面积则出现了减少；而草地的减少量中主要分布在城镇发展区和农业生产区，二者对于全区草地面积的减小量贡献率为 44.03%和 50.28%；对于湿地面积而言，呈现出城镇发展区减少而生态保护区增加的格局（表 6-10）。

表 6-10 2014—2016 年各主体功能区生态系统类型变化量 单位：km^2

分区名称	2013—2014 年变化量			2014—2015 年变化量			2015—2016 年变化量		
	森林	草地	湿地	森林	草地	湿地	森林	草地	湿地
城镇发展区	−0.180	−0.125	−0.009	−0.029	−0.044	−0.012	0.005	−0.155	−0.008
农业保护区	−0.083	−0.040	0.055	−0.008	−0.004	−0.002	0.130	−0.177	0.000
生态保护区	−0.035	−0.008	−0.002	−0.020	−0.002	−0.011	−0.051	−0.020	0.011

6.2.1.3 各乡镇

2014 年，各乡镇各生态系统类型面积基本呈现出森林、草地面积减小而湿地面积增加。对于森林而言，面积减小幅度最大的是大榆树镇，减小面积为 0.115 km^2；对于草地而言，11 个乡镇面积出现减小，减小量最大的为八达岭镇，达到 0.064 km^2。对于湿地而言，有 6 个乡镇出现了面积变化，张山营镇面积增长了 0.058 km^2，贡献了全部的增长量，湿地总体面积净增长 0.044 km^2。2015 年各类别土地利用类型变化量均较小。就森林而言，最大减小量出现在八达岭镇，为 0.012 km^2；有 9 个乡镇的草地面积较 2014 年出现减小，大榆树镇减小量最大，为 0.015 km^2；就湿地面积而言，2015 年出现了净减小，减小量为 0.025 km^2，其中香营乡减小量最大，为 0.009 km^2。2016 年有 4 个乡镇森林面积出现增加，其中张山营镇增加面积最大，达到 0.169 km^2，贡献了全部增加量的 46.30%；对于草地面积而言，11 个乡镇出现了减小，张山营镇减小量最大，达到 0.158 km^2，有两个乡镇湿地面积增加，增幅为 0.013 km^2，其中井庄镇占到了全部增加面积的 69.27%（表 6-11）。

表 6-11 2014—2016 年各乡镇生态系统类型变化量 单位：km^2

乡镇	2013—2014 年变化量			2014—2015 年变化量			2015—2016 年变化量		
	森林	草地	湿地	森林	草地	湿地	森林	草地	湿地
康庄镇	−0.026	−0.033	0.000	−0.001	−0.006	0.000	0.030	−0.009	0.000
延庆镇	−0.009	−0.009	−0.006	−0.004	−0.008	−0.007	0.137	−0.039	0.000
八达岭镇	−0.010	−0.064	0.000	−0.012	−0.007	0.000	−0.189	−0.104	0.000
永宁镇	−0.020	−0.002	−0.001	−0.008	−0.007	−0.001	−0.002	−0.001	0.000
大榆树镇	−0.115	−0.016	−0.003	−0.004	−0.015	−0.004	0.029	−0.002	−0.008
张山营镇	−0.076	−0.023	0.058	−0.001	−0.001	−0.002	0.169	−0.158	0.000
旧县镇	−0.006	−0.012	−0.003	−0.007	−0.002	0.000	−0.038	−0.018	0.000
沈家营镇	−0.002	−0.005	0.000	0.000	0.000	0.000	0.000	−0.001	0.000
四海镇	−0.001	0.000	0.000	0.000	0.000	0.000	−0.001	0.000	0.000
千家店镇	−0.002	0.000	0.000	−0.001	0.000	−0.001	−0.016	0.000	0.000
大庄科乡	−0.011	−0.004	−0.001	−0.005	0.000	0.000	−0.007	0.000	0.000
香营乡	−0.002	−0.001	0.000	−0.001	−0.001	−0.009	−0.005	−0.003	0.004
珍珠泉乡	0.000	0.000	0.000	−0.002	0.000	−0.002	−0.002	0.000	−0.001
井庄镇	−0.016	−0.003	0.000	−0.010	−0.001	0.000	−0.017	−0.004	0.009
刘斌堡乡	−0.002	0.000	0.000	0.000	0.000	0.000	−0.003	−0.013	−0.002

6.2.2 不同生态系统类型改善效益

与 2013 年相比，2014 年延庆区森林生态系统改善效益为–250.33 万元，草地生态系统改善效益为–57.52 万元，湿地生态系统改善效益为 520.51 万元。综合来看，2014 年延庆区生态系统呈净改善状态，生态系统改善总效益为 212.66 万元。

与 2014 年相比，2015 年延庆区森林生态系统改善效益为–50.21 万元，草地生态系统改善效益为–17.30 万元，湿地生态系统改善效益为–294.59 万元。综合来看，2015 年延庆区生态系统呈恶化状态，生态系统改善效益为–362.1 万元。

与 2015 年相比，2016 年延庆区森林森林生态系统改善效益为 76.21 万元，草地生态系统改善效益为–128.28 万元，湿地生态系统改善效益为 30.73 万元。综合来看，2016 年延庆区生态系统呈恶化状态，生态系统改善效益为–21.43 万元（表 6-12）。

表 6-12 延庆区各生态系统 2014 年、2015 年、2016 年改善效益 单位：万元

生态系统类型	改善效益		
	2014 年	2015 年	2016 年
森林生态系统	–250.33	–50.21	76.12
草地生态系统	–57.52	–17.30	–128.28
湿地生态系统	520.51	–294.59	30.73
总计	212.66	–362.10	–21.43

6.2.3 不同主体功能区改善效益

2014 年延庆区 3 个主体功能区中，农业生产区由于张山营镇湿地面积出现较大增加使得生态系统改善收益量最大，为 566.62 万元；而生态保护区由于森林和湿地面积出现较大幅度减少使得总体改善效益最小，为–301.76 万元，表明生态系统呈现恶化趋势，应引起高度重视。

2015 年延庆区 3 个主体功能区中，城镇发展区和生态保护区生态系统改善效益量较小，分别为–183.6 万元和–152.31 万元。

2016 年延庆区 3 个主体功能区中，农业生产区和生态保护区均呈现生态系统总体改善的情况，改善效益分别为 50.81 万元和 79.09 万元，而城镇发展区由于草地和湿地面积出现减小总体改善效益为负（图 6-8）。

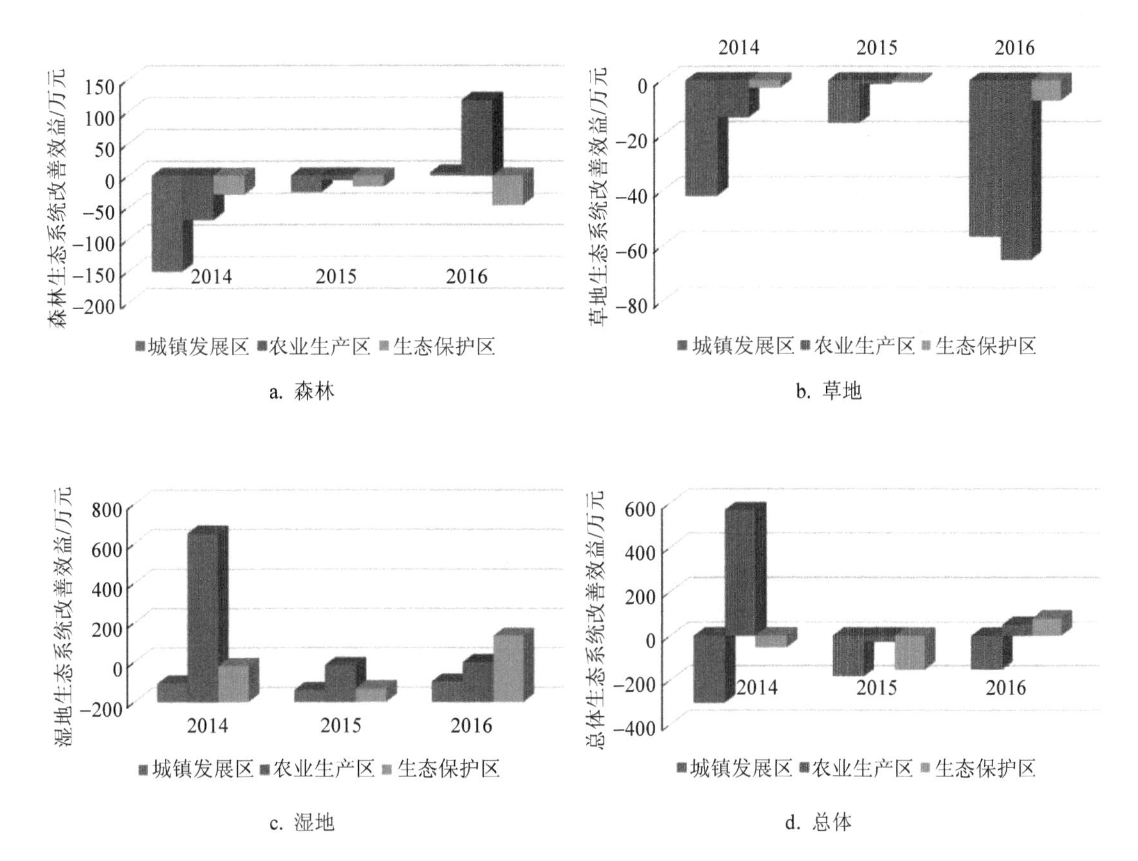

a. 森林

b. 草地

c. 湿地

d. 总体

图 6-8　2014—2016 年延庆区各主体功能分区生态系统改善效益

6.2.4　各乡镇改善效益

图 6-9～图 6-12 为 2014—2016 年延庆区乡镇各类型生态系统改善效益。

2014 年，延庆区仅张山营镇生态系统改善效益为正，为 610.12 万元；其余 14 个乡镇生态系统改善效益均为负值，其中大榆树镇态改善效益值最小，为−137.06 万元，主要是森林面积减小了 0.115 km^2，其次为延庆镇的−75.3 万元。

2015 年，延庆区所有乡镇生态系统改善效益均为负值，表明与 2014 年相比生态系统整体呈恶化态势，其中香营乡态改善效益值最小，达到−108.17 万元，主要是湿地面积减小了 0.009 km^2，其次为延庆镇的−88.29 万元。

2016 年，延庆区有 5 个乡镇生态系统改善值为正，其中延庆镇改善净收益值最大，达到 104.84 万元；另外 10 个乡镇 2016 年生态系统改善收益值为负，八达岭镇由于 2016 年森林面积减小达 0.189 km^2，使得其生态系统改善效益最小，仅为−209.61 万元。

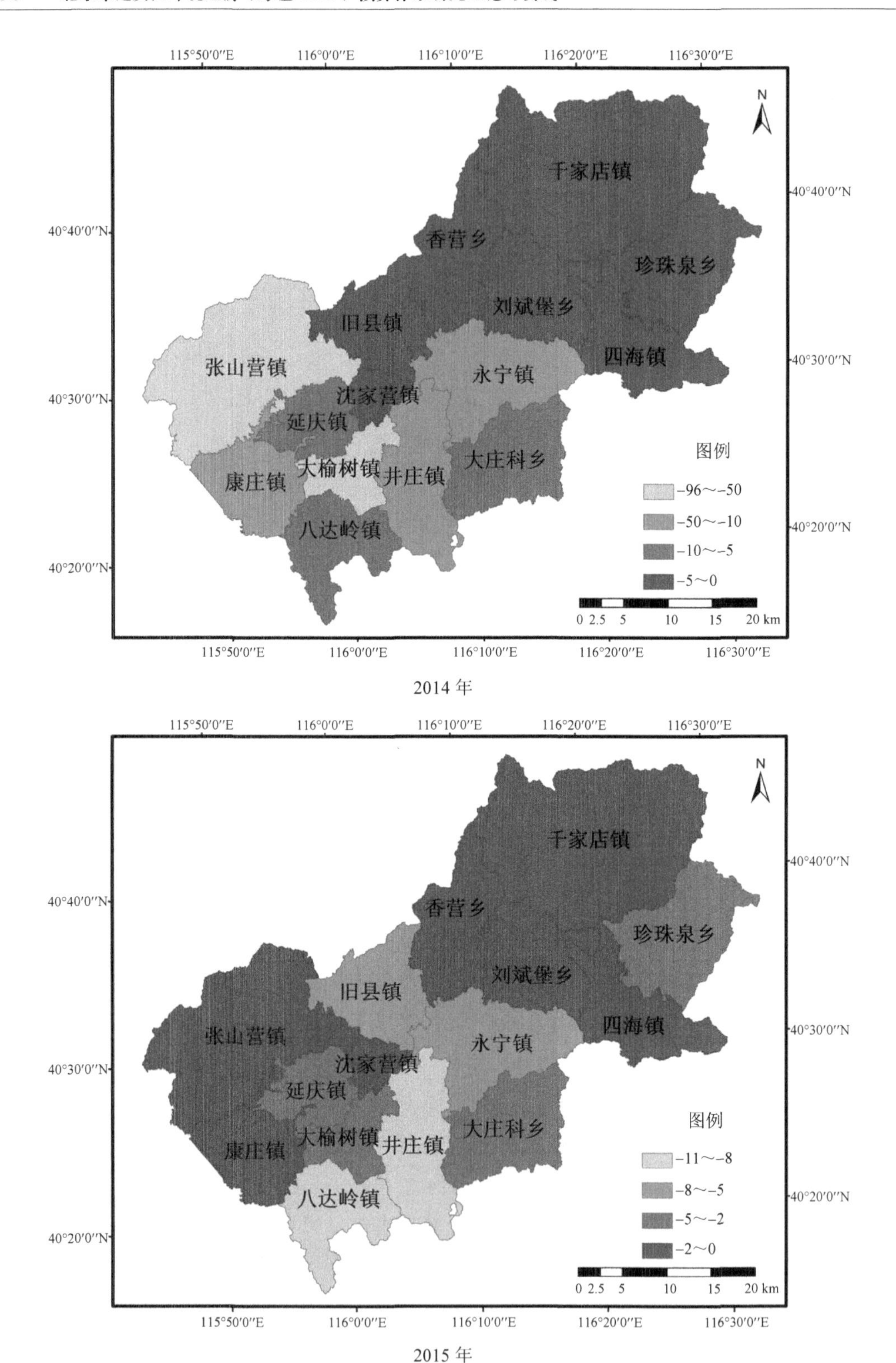
115°50′0″E
116°0′0″E
116°10′0″E
116°20′0″E
116°30′0″E
40°40′0″N
40°30′0″N
40°20′0″N
N
千家店镇
香营乡
珍珠泉乡
刘斌堡乡
旧县镇
四海镇
张山营镇
永宁镇
沈家营镇
延庆镇
大庄科乡
康庄镇
大榆树镇
井庄镇
八达岭镇
图例
-96～-50
-50～-10
-10～-5
-5～0
0 2.5 5 10 15 20 km

2014 年

115°50′0″E
116°0′0″E
116°10′0″E
116°20′0″E
116°30′0″E
40°40′0″N
40°30′0″N
40°20′0″N
N
千家店镇
香营乡
珍珠泉乡
刘斌堡乡
旧县镇
四海镇
张山营镇
永宁镇
沈家营镇
延庆镇
大庄科乡
康庄镇
大榆树镇
井庄镇
八达岭镇
图例
-11～-8
-8～-5
-5～-2
-2～0
0 2.5 5 10 15 20 km

2015 年

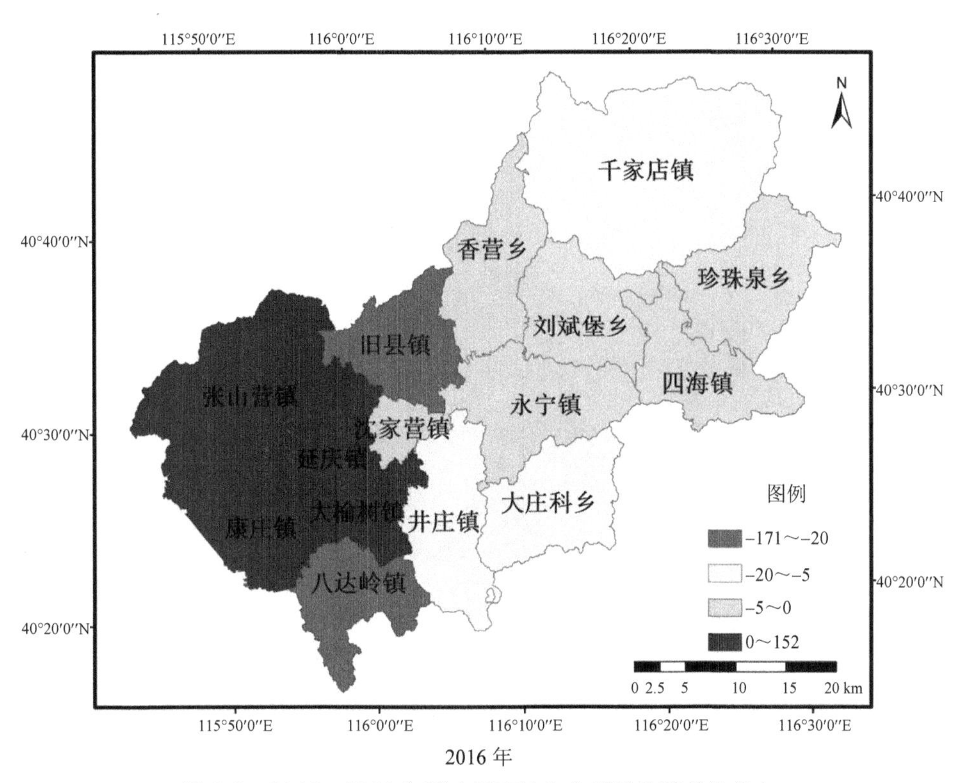

2016 年

图 6-9　2014—2016 年延庆区森林生态系统改善效益分布

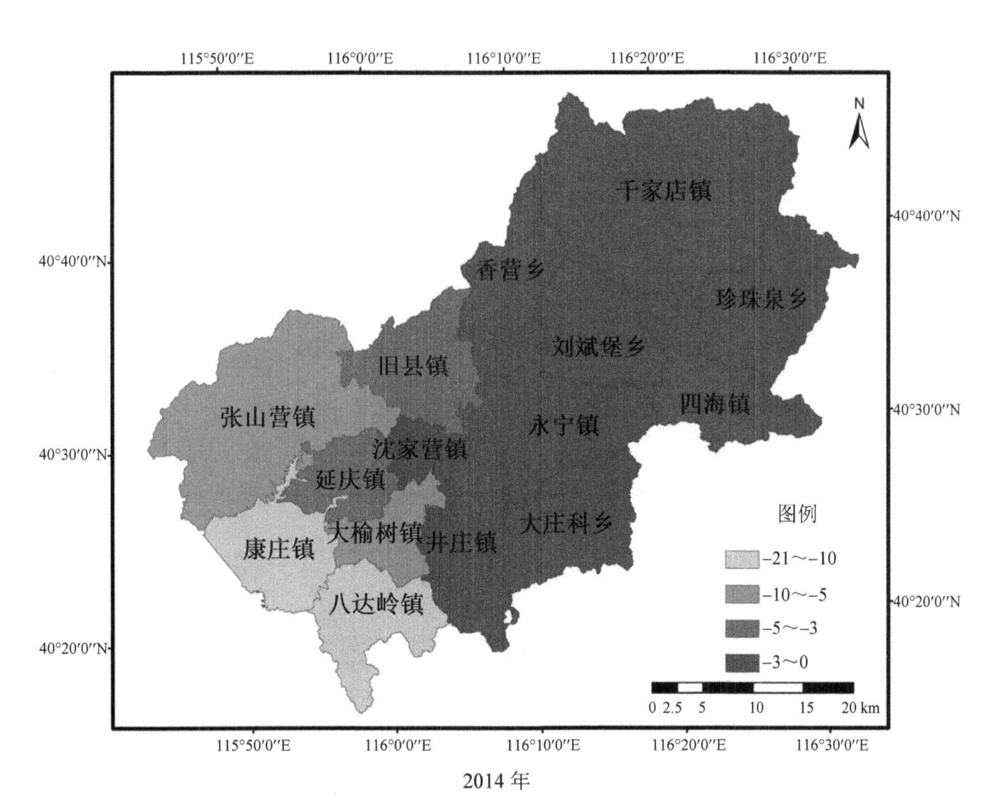

2014 年

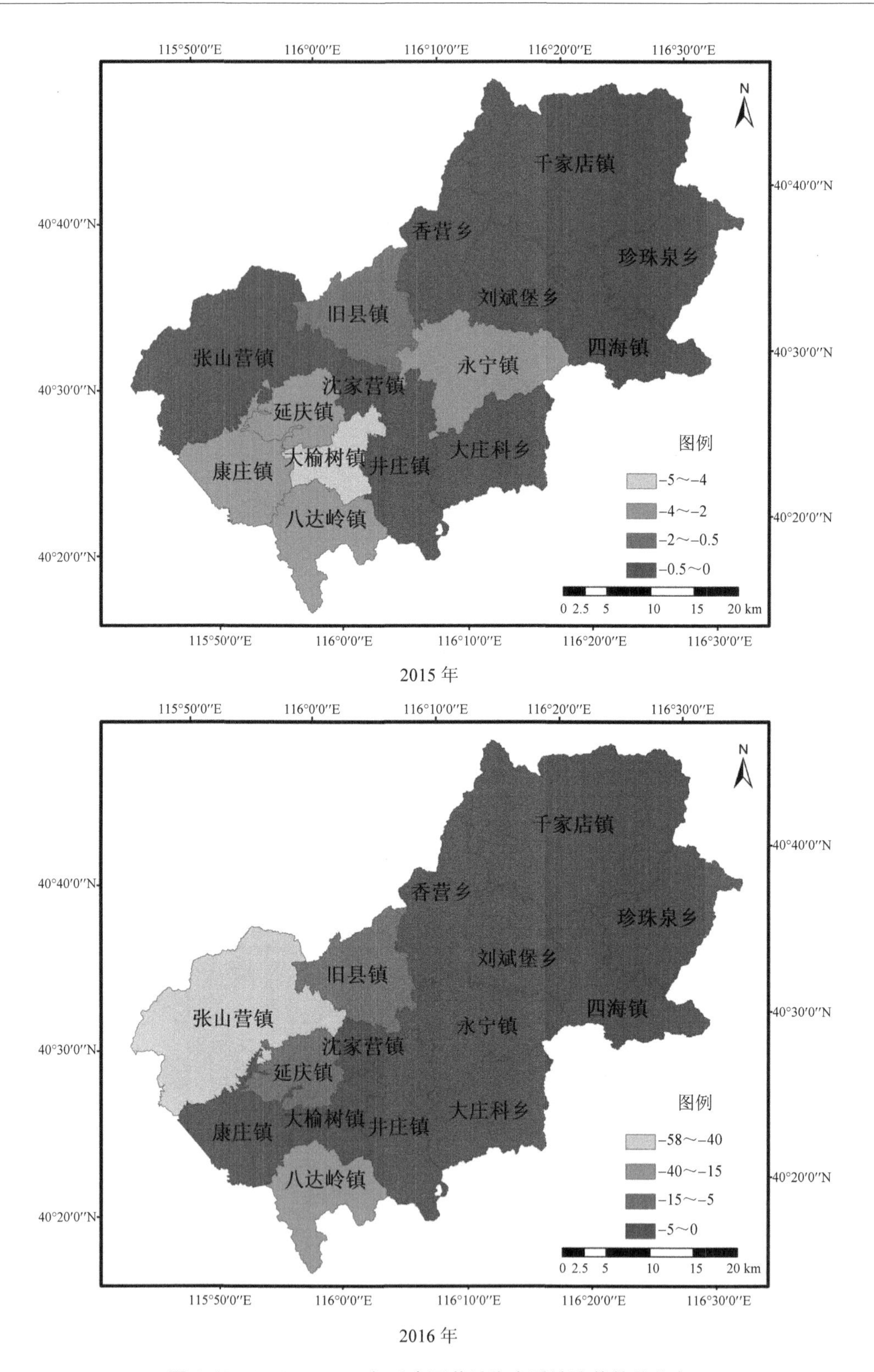

图 6-10 2014—2016 年延庆区草地生态系统改善效益分布

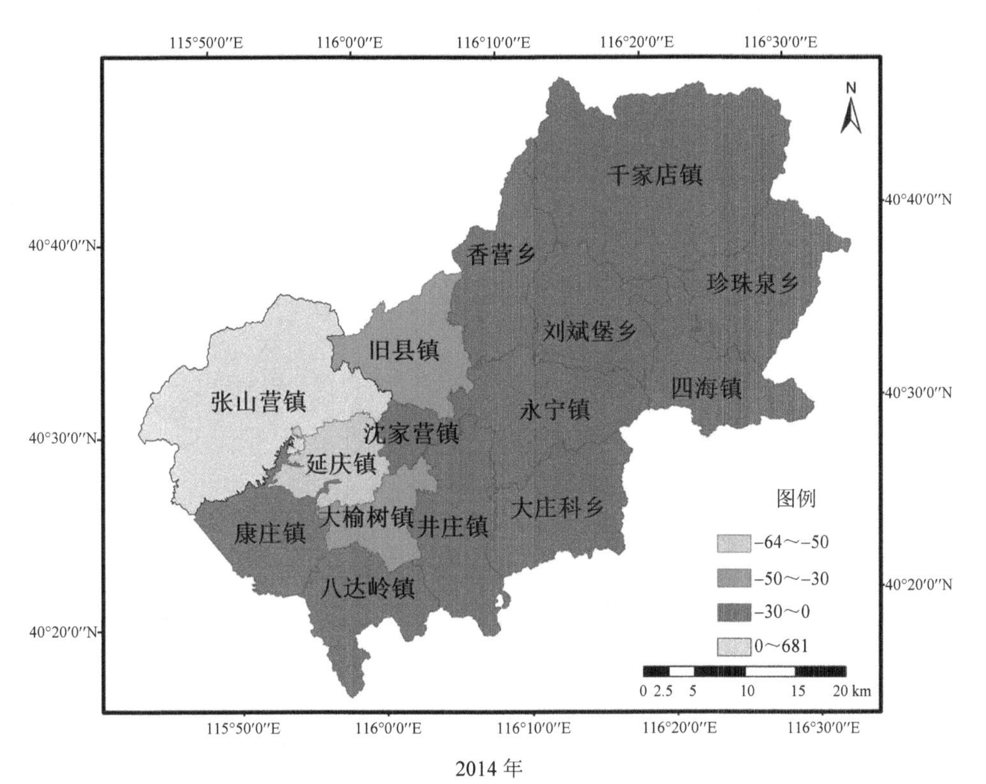
115°50′0″E
116°0′0″E
116°10′0″E
116°20′0″E
116°30′0″E
40°40′0″N
40°30′0″N
40°20′0″N
N
千家店镇
香营乡
珍珠泉乡
刘斌堡乡
旧县镇
四海镇
张山营镇
永宁镇
沈家营镇
延庆镇
大庄科乡
大榆树镇
井庄镇
康庄镇
八达岭镇
图例
-64～-50
-50～-30
-30～0
0～681
0 2.5 5 10 15 20 km

2014 年

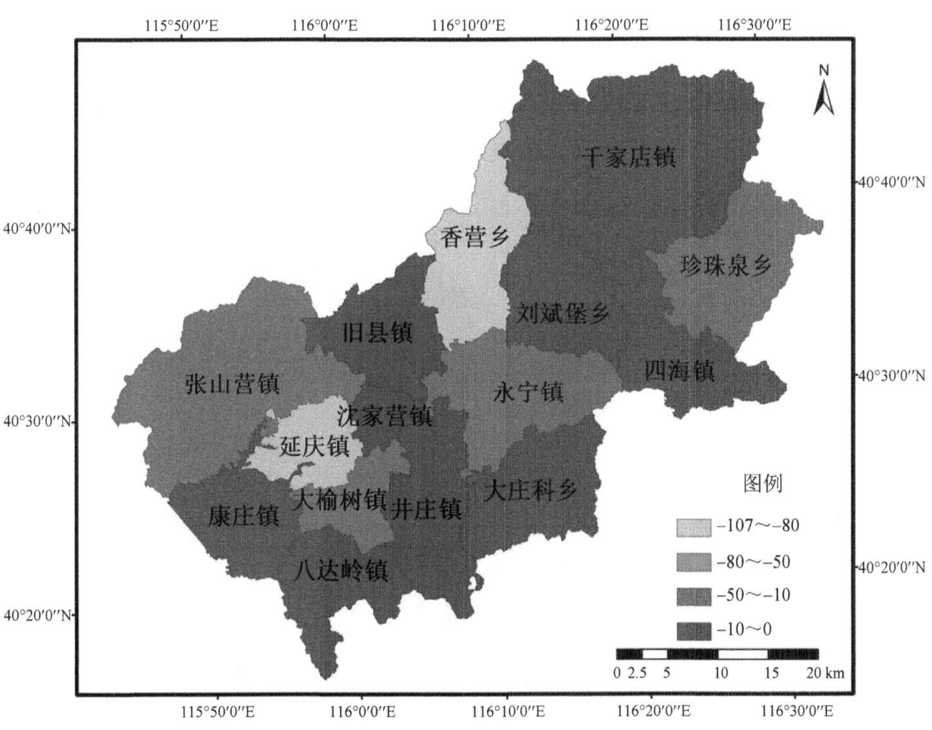
115°50′0″E
116°0′0″E
116°10′0″E
116°20′0″E
116°30′0″E
40°40′0″N
40°30′0″N
40°20′0″N
N
千家店镇
香营乡
珍珠泉乡
刘斌堡乡
旧县镇
四海镇
张山营镇
永宁镇
沈家营镇
延庆镇
大庄科乡
大榆树镇
井庄镇
康庄镇
八达岭镇
图例
-107～-80
-80～-50
-50～-10
-10～0
0 2.5 5 10 15 20 km

2015 年

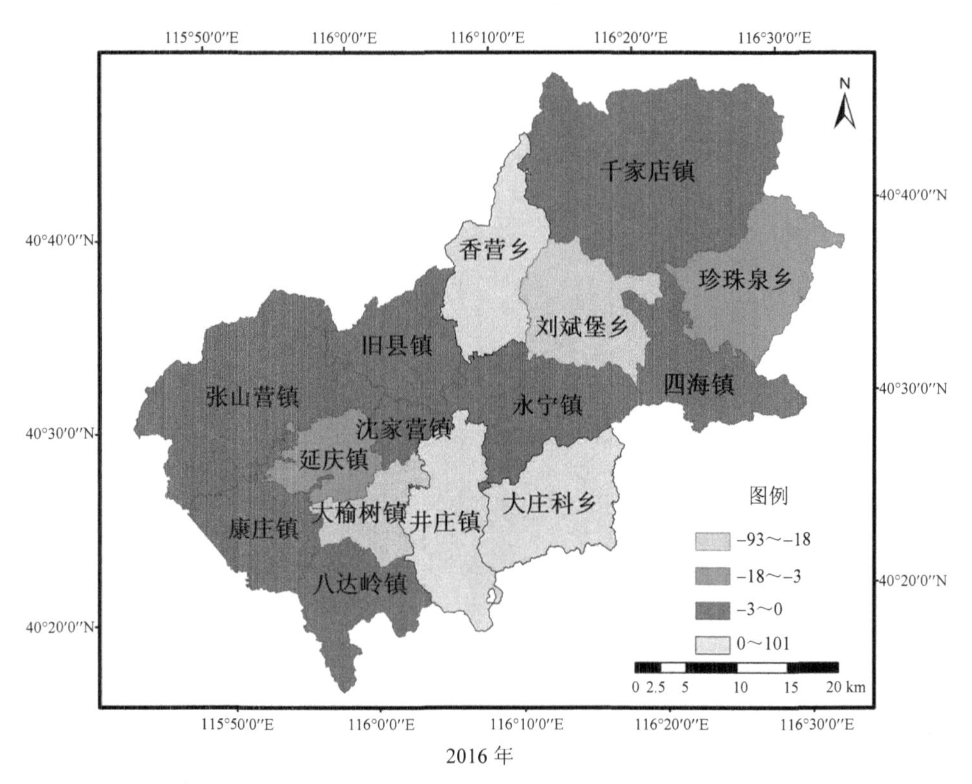

2016 年

图 6-11 2014—2016 年延庆区湿地生态系统改善效益分布

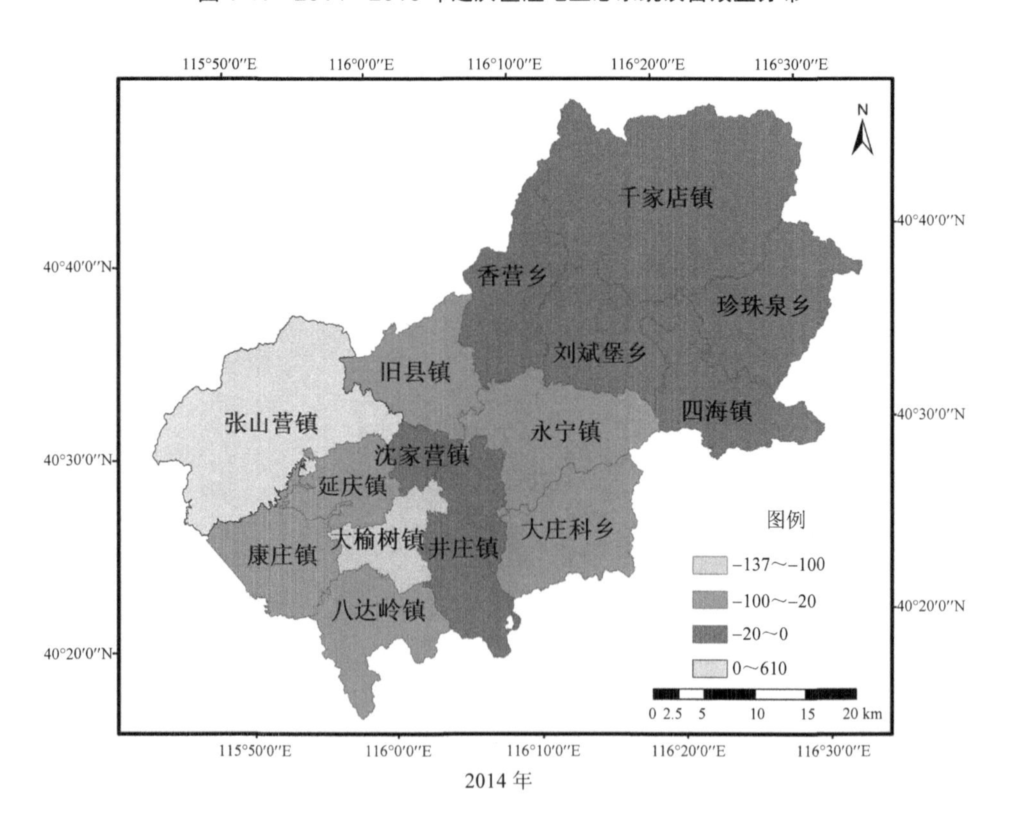

2014 年

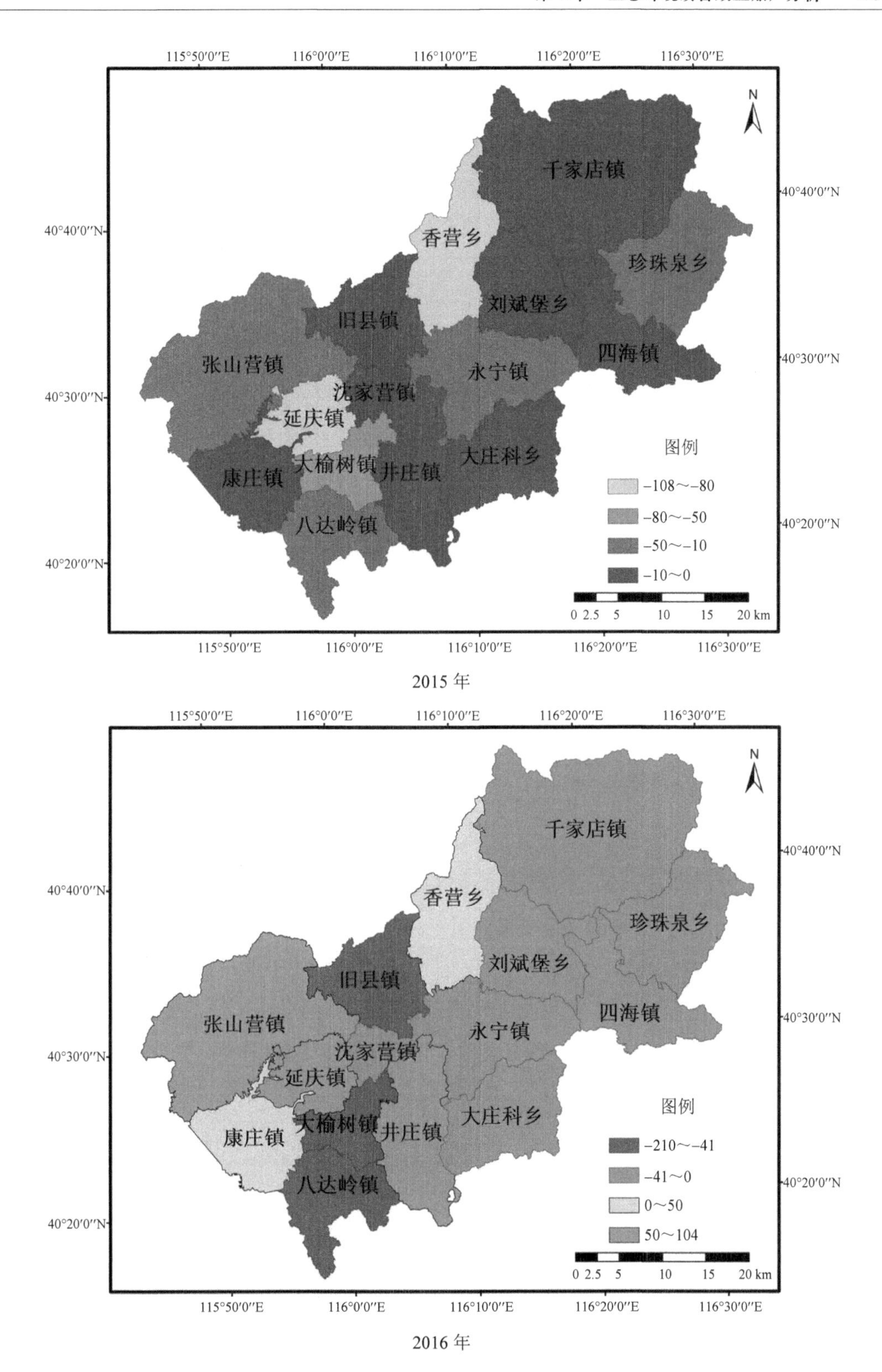

图 6-12　2014—2016 年延庆区生态系统总体改善效益分布

6.2.5 变化量及其原因分析

2014—2015 年，生态系统改善效益由 212.66 万元变为–362.10 万元，减小了 574.76 万元，其中受湿地生态系统减小量贡献最大，由于湿地面积由 2014 年的净增长态转变为 2015 年的净减小态，使得湿地改善效益值由 520.51 万元变为–294.59 万元，净减小量为 815.10 万元，贡献率为 141.58%，而森林和草地由于 2015 年较 2014 年面积呈现净增加态，故改善效益为正，分别为 200.12 万元和 40.22 万元，相反其对于 2014—2015 年生态系统改善效益贡献为–34.82%和–7.00%；从不同主体功能分区看，农业生产区对生态系统改善效益的减小的贡献最大，2015 年较 2014 年城镇发展区改善效益减少了 592.82 万元，贡献率达到 103.14%；从不同乡镇看，张山营镇贡献最大，2015 年较 2014 年其生态系统改善效益减少了 629.04 万元，贡献率达到 109.44%。

2015—2016 年，生态系统改善效益由–362.10 万元变为–21.43 万元，增加了 340.67 万元，表明生态系统所受净损失程度有明显减小，其中受湿地改善效益贡献最大，湿地改善效益增加了 325.31 万元，贡献率为 95.49%，其次是森林生态系统，其改善效益增加了 126.33 万元，贡献率为 37.08%；从不同主体功能分区看，生态保护区对变化量的贡献最大，2016 年较 2015 年生态保护区改善效益增加了 231.40 万元，贡献率达到 67.92%；从不同乡镇看，延庆镇贡献最大，2015 年较 2014 年其生态系统退化成本增加了 193.12 万元，贡献率达到 56.69%。

总体而言，2014—2016 年，生态系统改善效益由 212.66 万元变为–21.43 万元，减小了 234.09 万元，其中受湿地生态系统减小量贡献最大，由于湿地面积由 2014 年的净增长态转变为 2016 年的净减小态，使得湿地改善效益值由 520.51 万元变为 30.73 万元，净减小量为 489.78 万元，贡献率为 209.03%，而森林生态系统由于 2016 年较 2014 年面积呈现净增加态，故改善效益为正，为 326.45 万元，相反其对于 2014—2016 年生态系统改善效益贡献为–139.46%；从不同主体功能分区看，农业生产区对生态系统改善效益的减小的贡献最大，2016 年较 2014 年农业发展区改善效益减少了 515.82 万元，贡献率达到 220.35%；从不同乡镇看，张山营镇贡献最大，2016 年较 2014 年其生态系统改善效益减少了 517.50 万元，贡献率达到 221.07%（表 6-13）。

表 6-13　延庆区各年度生态系统改善效益变化量统计

地区/类型		2014—2015 年		2015—2016 年		2014—2016 年总变化	
		变化值/万元	贡献率/%	变化值/万元	贡献率/%	变化值/万元	贡献率/%
延庆区整体		–574.76	—	340.67	—	–234.09	—
分生态系统	森林生态系统	200.12	34.82	126.33	37.08	326.45	–139.46
	草地生态系统	40.22	7.00	–110.98	–32.58	–70.76	30.23
	湿地生态系统	–815.10	–141.82	325.32	95.49	–489.78	209.23
分主体功能区	城镇发展区	118.17	20.56	32.27	9.47	150.44	–64.27
	农业生产区	–592.82	–103.14	77.00	22.60	–515.82	220.35
	生态保护区	–100.11	–17.42	231.40	67.92	131.29	–56.08
分乡镇	康庄镇	28.29	–4.92	30.15	8.85	58.44	–24.97
	延庆镇	–12.94	2.25	193.13	56.69	180.18	–76.97
	八达岭镇	16.74	–2.91	–196.34	–57.63	–179.60	76.72
	永宁镇	2.91	–0.51	19.36	5.68	22.27	–9.51
	大榆树镇	83.17	–14.47	–14.03	–4.12	69.15	–29.54
	张山营镇	–629.04	109.44	111.54	32.74	–517.50	221.07
	旧县镇	32.90	–5.72	–33.96	–9.97	–1.06	0.45
	沈家营镇	3.33	–0.58	–0.58	–0.17	2.75	–1.17
	四海镇	0.59	–0.10	–0.72	–0.21	–0.14	0.06
	千家店镇	–1.62	0.28	–8.73	–2.56	–10.35	4.42
	大庄科乡	19.33	–3.36	2.70	0.79	22.03	–9.41
	香营乡	–104.63	18.20	154.37	45.31	49.74	–21.25
	珍珠泉乡	–20.88	3.63	14.31	4.20	–6.57	2.81
	井庄镇	5.14	–0.89	94.71	27.80	99.85	–42.65
	刘斌堡乡	1.96	–0.34	–25.23	–7.41	–23.26	9.94

6.3 生态环境改善总效益

6.3.1 改善效益及其构成

延庆区生态环境改善以空气质量改善效益为主。2014—2016 年延庆区生态环境改善总效益为生态系统改善收益与空气质量改善效益相加，总量分别为–3 154.42 万元、21 564.42 万元、9 596.85 万元，占当年延庆区 GDP 的比重分别为–0.31%、1.94%、0.78%。

6.3.2 各主体功能区改善效益

延庆区三个主体功能区中，生态环境改善效益主要分布在城镇发展区。2014—2016 年该区总效益为–2 308.14 万元、12 721.56 万元、5 487.75 万元，分别占延庆区生态环境改善总效益的 73.19%、58.99%、57.18%。农业生产区和生态保护区生态环境改善值较为接近，但远低于城镇发展区。各功能区以空气质量改善效益为主，见表 6-14。

表 6-14 2014—2016 年延庆区不同主体功能区生态环境改善效益　　单位：万元

主体功能区	2014 年	2015 年	2016 年
城镇发展区	–2 308.14	12 721.56	5 487.75
农业生产区	–124.76	4 564.65	2 076.71
生态保护区	–721.2	4 277.88	2 032.20

6.3.3 各乡镇改善效益

将各乡镇空气质量改善效益与生态系统改善效益值相加，得到各乡镇生态环境改善总效益。延庆区不同乡镇生态环境改善效益差异较大，2014 年除张山营镇外所有乡镇的改善效益均为负值，张山营镇改善效益为 314.02 万元，延庆镇生态环境改善效益最小，为–568.73 万元。不同乡镇从高到低排序是张山营镇、珍珠泉乡、刘斌堡乡、四海镇、大庄科乡、香营乡、八达岭镇、沈家营镇、千家店镇、井庄镇、旧县镇、大榆树镇、永宁镇、康庄镇、延庆镇。

2015 年，其中改善效益最大的是延庆镇，为 3 088 万元，其次是永宁镇，为 2 035 万元；珍珠泉乡最小，仅为 284 万元。不同乡镇从高到低排序是延庆镇、永宁镇、康庄镇、张山营镇、旧县镇、大榆树镇、井庄镇、沈家营镇、千家店镇、八达岭镇、香营乡、四海镇、刘斌堡乡、大庄科乡、珍珠泉乡。

2016 年同 2015 年相同，15 个乡镇生态环境改善效益均为正值，其中延庆镇依旧最高，为 1 505.33 万元，其次是张山营镇 958.19 万元，八达岭镇最小，仅为 84.3 万元。不同乡镇从高到低排序是延庆镇、张山营镇、康庄镇、永宁镇、旧县镇、井庄镇、大榆树镇、沈家营镇、千家店镇、香营乡、大庄科乡、四海镇、刘斌堡乡、珍珠泉乡、八达岭镇。

生态环境改善效益较低的 4 个乡镇都位于生态保护区，主要是由于这几个乡镇人口较少，活动水平较低，大气污染造成的损失少；而且其生态环境本底较好，故生态系统面积期初、期末改善不明显，效益也较低。最高的几个乡镇多位于城镇发展区和农业生产区，人口相对其他乡镇较为密集、活动水平较高，大气污染损失的暴露受体数量较多，因而空气质量改善带来的效益也较明显；张山营镇和延庆镇湿地和林地面积增加较多，生态系统改善效益明显（图 6-13）。

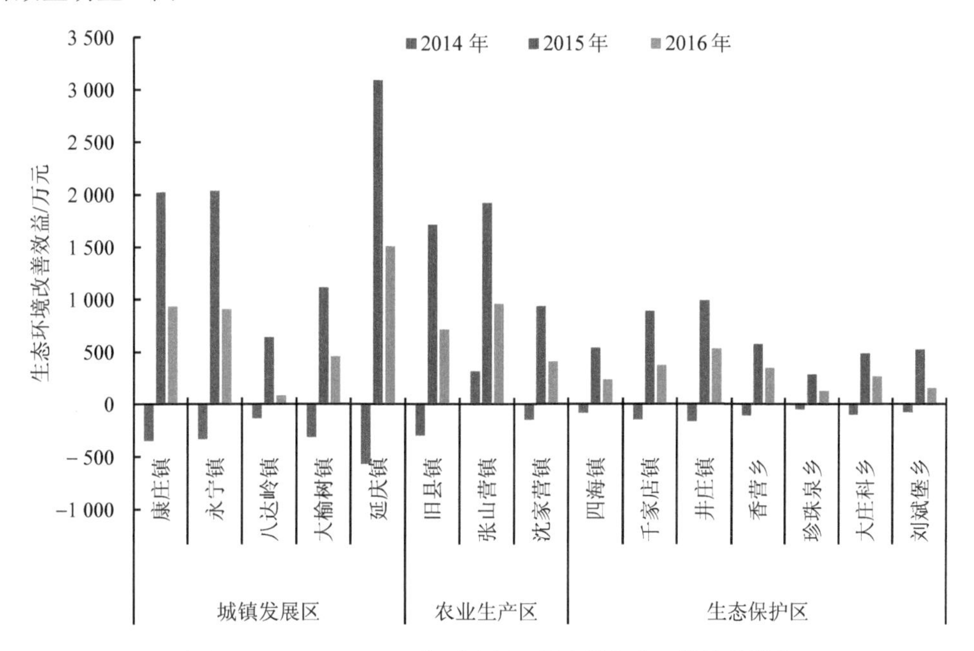

图 6-13　2014—2016 年延庆区不同乡镇生态环境改善效益

6.3.4　变化量及其原因分析

2014—2016 年，生态环境改善效益增加了 12 281 万元，其中受空气质量改善效益贡献最大，贡献了 15 674 万元，抵消了生态系统改善效益的减少量。从不同主体功能分区看，城镇发展区对变化量的贡献最大，贡献率为 54.6%，农业生产区和生态保护区分别贡献 21.3%和 24.2%；从不同乡镇看，延庆镇贡献最大，贡献率为 17.5%，康庄镇、旧县镇、永宁镇贡献也较大，在 10%以上（表 6-15）。

表 6-15 延庆区生态环境质量改善效益变化量统计

地区/要素		2014—2015 年		2015—2016 年		2014—2016 年总变化	
		变化值/万元	贡献率/%	变化值/万元	贡献率/%	变化值/万元	贡献率/%
延庆区整体		24 717.25	—	−11 967.3	—	12 281	—
分要素	空气质量改善效益	25 292	102.33	−12 308	102.85	15 674	127.63
	生态系统改善效益	−575	−2.33	341	−2.85	−553	−4.50
分功能区	城镇发展区	15 030.17	60.81	−7 233.73	60.45	6 701	54.56
	农业生产区	4 689.18	18.97	−2 488	20.79	2 613	21.28
	生态保护区	4 998.89	20.22	−2 245.6	18.76	2 967	24.16
分乡镇	康庄镇	2 366.29	9.57	−1 090.85	9.12	1 275.91	10.39
	旧县镇	2 006.9	8.12	−1 000.96	8.36	1 005.71	8.19
	永宁镇	2 363.91	9.56	−1 129.64	9.44	1 235.07	10.06
	八达岭镇	770.74	3.12	−554.34	4.63	216.31	1.76
	张山营镇	1 607.96	6.51	−963.46	8.05	644.17	5.25
	四海镇	620.59	2.51	−302.72	2.53	317.92	2.59
	千家店镇	1 030.38	4.17	−512.73	4.28	517.19	4.21
	沈家营镇	1 075.33	4.35	−523.58	4.38	551.71	4.49
	大榆树镇	1 427.17	5.77	−656.03	5.48	771.43	6.28
	井庄镇	1 149.14	4.65	−458.29	3.83	691.16	5.63
	延庆镇	3 657.06	14.80	−1 582.87	13.23	2 074.06	16.89
	香营乡	679.37	2.75	−227.63	1.90	451.39	3.68
	珍珠泉乡	334.12	1.35	−157.69	1.32	176.31	1.44
	大庄科乡	586.33	2.37	−217.3	1.82	369.22	3.01
	刘斌堡乡	599.96	2.43	−369.23	3.09	230.31	1.88

6.4 本章小结

①延庆区空气质量改善效益以人体健康改善效益和清洁改善效益为主。经核算，2014—2016 年延庆区空气质量改善效益为−3 367.1 万元、21 926.54 万元、9 618.28 万元，空气质量改善指数（空气质量改善效益占 GDP 的比重）为−0.33%、1.97%、0.78%。从各主体功能分区看，在空气质量改善效益为正的年份，延庆区城镇发展区空气质量改善效益最高，其次为农业生产区，生态保护区改善效益最小。从不同乡镇看，城镇发展区的延庆镇、永宁镇、香水园街道办事处、康庄镇等大气环境质量改善效益较高。这几个镇人口相对其他乡镇较为密集、活动水平较高，大气污染损失的暴露受体数量较多，因而空气质量改善带来的效益也较明显。

②2014—2016 年延庆区生态系统改善效益分别为 212.66 万元、–362.10 万元、–21.43 万元，生态系统改善效益指数（生态系统改善效益占 GDP 的比重）为 0.02%、–0.03%、–0.002%。从各主体功能分区看，2014 年农业生产区生态系统改善效益最大，为 566.62 万元，生态保护区最小，为–301.76 万元；2015 年城镇发展区和生态保护区生态系统改善效益量较小；2016 年农业生产区和生态保护区均呈现生态系统总体改善的情况，而城镇发展区由于草地和湿地面积出现减小总体改善效益为负。从不同乡镇看，张山营镇、延庆镇由于湿地和森林面积出现增加使得生态系统改善效益较高，而八达岭镇、旧县镇、香营乡则改善收益较低。

③2014—2016 年延庆区生态环境改善总效益为–3 154.44 万元、21 564.44 万元、9 596.85 万元，占当年延庆区 GDP 的比重分别为–0.31%、1.94%、0.78%。生态环境改善效益主要以空气质量改善效益构成。从各主体功能分区看，在生态环境改善效益为正的年份，延庆区城镇发展区空气质量改善效益最高，其次为农业生产区，生态保护区改善效益最小。从不同乡镇看，城镇发展区的延庆镇、康庄镇、永宁镇生态环境质量改善效益较高，而生态保护区的珍珠泉乡、大庄科乡、刘斌堡乡生态环境质量改善效益较低。

④2014—2016 年，生态环境改善效益增加了 12 281 万元，其中受空气质量改善效益贡献最大，贡献了 15 674 万元，抵消了生态系统改善效益的减少量。空气质量改善效益中，又以人体健康改善效益贡献最大，贡献了空气质量改善效益的 71.8%。从不同主体功能分区看，城镇发展区对变化量的贡献最大，为农业生产区和生态保护区的 2 倍多；从不同乡镇看，延庆镇贡献最大，康庄镇、旧县镇、永宁镇贡献也较大。延庆区生态环境质量改善效益增加，主要原因是其大气污染防治取得成效，空气质量改善，$PM_{2.5}$ 浓度降低。

第 7 章　环境经济核算跨区域比较

7.1　生态系统生产总值（GEP）账户

为便于北京市生态涵养区各区县 GEP 的横向比较，这里生态系统分类数据均来自遥感解译，空间分辨率为 30 m，因而 2015 年延庆区 GEP 结果与第 4 章略有不同，本章结果更侧重分析延庆区在北京生态涵养区的地位和贡献程度。

根据 GEP 跨区域对比核算方法计算 2015 年北京市各区县生态系统生产总值（GEP），结果如下：2015 年，北京市生态涵养区中密云区 GEP 最高，为 411.9 亿元，占整个北京 GEP 的比例为 22.83%；其次为延庆区、怀柔区，分别为 327.9 亿元、310.1 亿元，占比均为 18.18%、17.19%；门头沟区、平谷区 GEP 相对较低，分别为 191.0 亿元、125.0 亿元，占比分别为 10.59%、6.93%（图 7-1）。

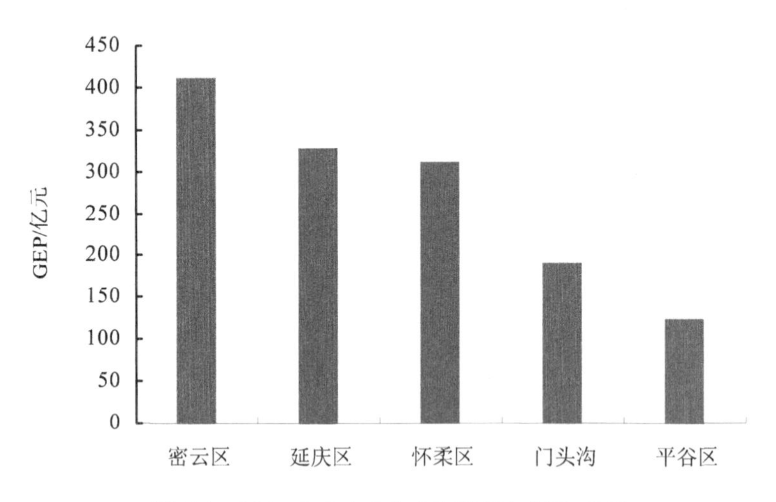

图 7-1　2015 年北京市生态涵养区各区县 GEP

从单位地区生产总值的 GEP（GEP/GDP）看，延庆区最高，为 2.94；其次为密云区，为 1.82；门头沟区、怀柔区、平谷区相对较低，分别为 1.33、1.32、0.62（图 7-2）。

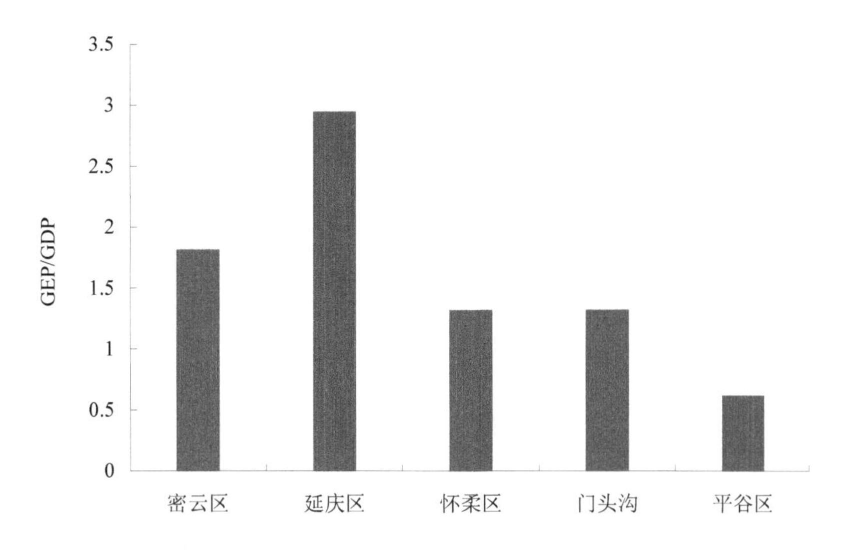

图 7-2　2015 年北京市生态涵养区各区县单位地区生产总值 GEP

从单位国土面积的 GEP（GEP/国土面积）看，密云区单位国土面积的 GEP 最高，为 0.18 亿元/km^2，其次为延庆区为 0.16 亿元/km^2，怀柔区、门头沟区、平谷区相对较低，依次为 0.14 亿元/km^2、0.13 亿元/km^2、0.11 亿元/km^2（图 7-3）。

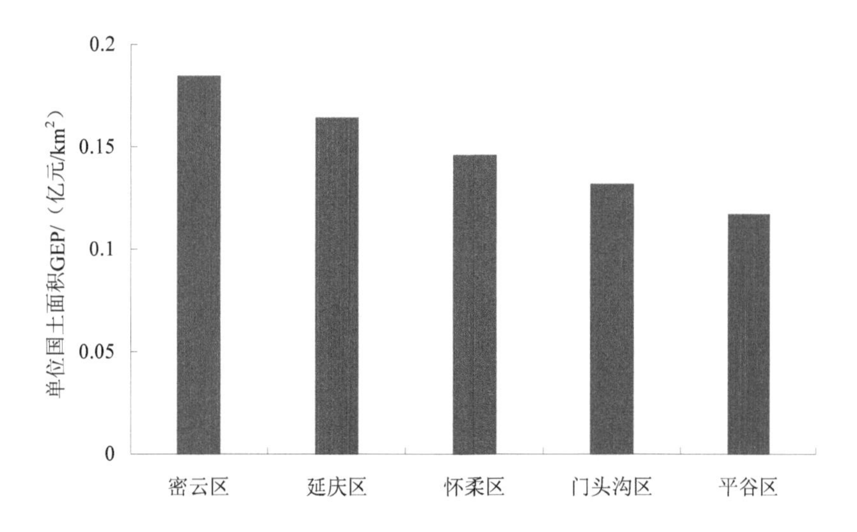

图 7-3　2015 年北京市生态涵养区各区县单位国土面积 GEP

从人均 GEP 看，2015 年北京生态涵养区中延庆区人均 GEP 最高，为 5.97 万元/人，其次为密云区，为 5.69 万元/人；怀柔区、门头沟区、平谷区较低，分别为 4.54 万元/人、3.74 万元/人、2.01 万元/人（图 7-4）。

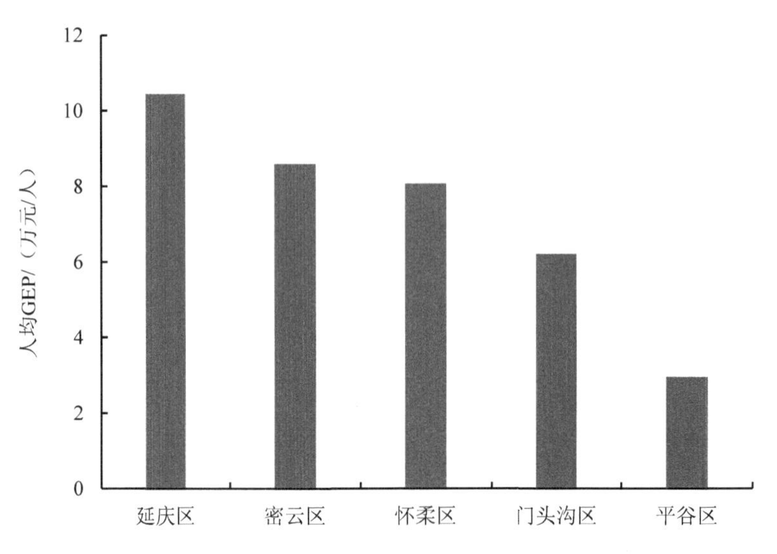

图 7-4　2015 年北京市生态涵养区各区县人均 GEP

从不同生态系统类型价值看，密云区湿地生态系统价值最高，为 118.2 亿元，占整个北京生态涵养区湿地总价值的 37.4%；其次为延庆区、平谷区、怀柔区，分别为 42.5 亿元、21.3 亿元、19.3 亿元，占比分别为 13.4%、6.7%、6.1%。怀柔区、密云区、延庆区森林生态系统价值量较高，分别为 274.2 亿元、273.2 亿元、258.3 亿元，分别占整个北京生态涵养区森林总价值的 21.0%、19.9%、21.1%。各区县草地、农田、城镇、裸地等其他生态系统类型价值量相对较低（图 7-5）。

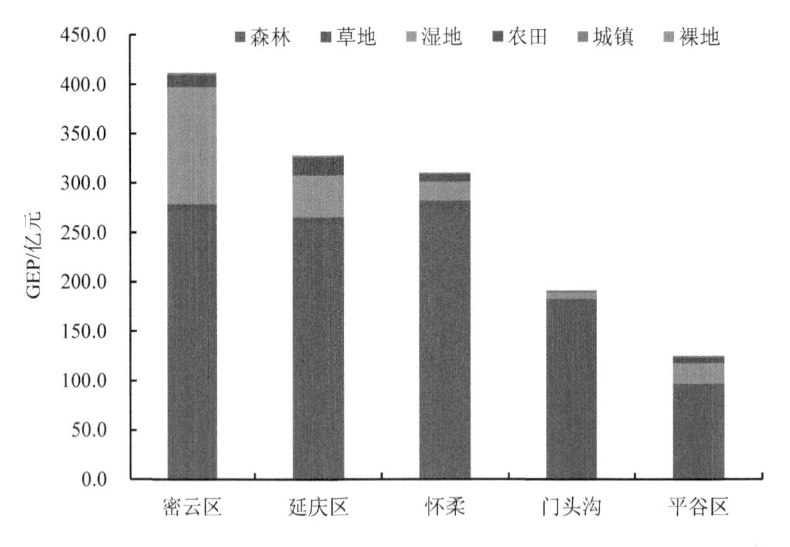

图 7-5　2015 年北京市生态涵养区各区各生态系统类型 GEP

进一步分析北京市生态涵养区不同区县 GEP 对北京市贡献程度。

2015 年延庆区 GDP 为 111.2 亿元，对北京市 GDP 的贡献为 0.48%；GEP 为 327.90 亿元，对北京市 GEP 的贡献为 18.18%，延庆区 GEP 即生态价值对北京市的贡献程度是 GDP 贡献程度的 37.6 倍，高于生态涵养区其他区县，生态价值贡献十分突出（表 7-1）。

表 7-1 2015 年北京市生态涵养区各区县环境经济核算结果对比

区县/市	延庆区	密云区	怀柔区	门头沟	平谷区	北京市
GDP/亿元	111.2	226.7	234.2	144.1	201.4	23 014.6
GEP/亿元	327.9	411.9	310.1	191.0	125.0	1 804.1
GDP 贡献/%	0.48	0.99	1.02	0.63	0.88	100.00
GEP 贡献/%	18.18	22.83	17.19	10.59	6.93	100.00
GEP 贡献/GDP 贡献	37.6	23.2	16.9	16.9	7.9	1.0

综上所述，在北京市生态涵养区中，延庆区生态价值优势十分突出，单位地区生产总值的 GEP、人均 GEP 为最高；GEP、单位国土面积 GEP 位列生态涵养区第二位，仅次于密云区；GEP 对北京市的贡献程度是 GDP 对北京市贡献程度的 37.6 倍，均高于生态涵养区其他区县。

7.2 生态环境退化成本账户

7.2.1 大气环境退化成本

7.2.1.1 各区县大气环境退化成本

图 7-6 表示北京各区退化成本从低到高的依次顺序。延庆区的大气环境退化成本较低，为 3 608 万元，排名第二，仅次于密云区。大气环境退化成本最低的密云区成本为 2 684 万元；最高的是朝阳区，为 30 879 万元。延庆区为朝阳区的 11.7%。此外，大气环境退化成本较高的城区还有海淀区、房山区、丰台区、昌平区和顺义区等。除房山区的大气环境退化成本以工业为主外，其他各区机动车排放导致的大气环境退化成本较显著。延庆区工业、生活、机动车大气环境退化成本相差不大。

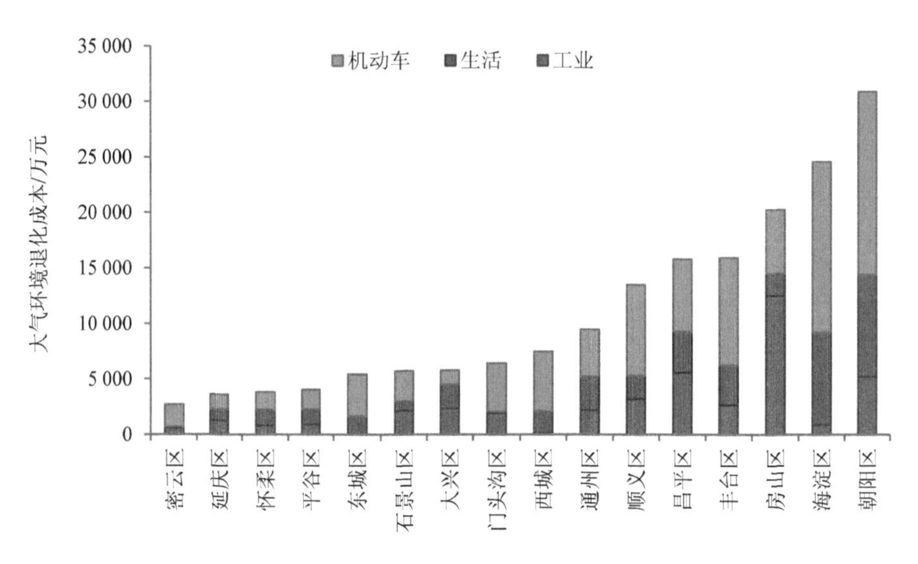

图 7-6 2015 年北京各区大气环境退化成本

密云区大气环境退化成本比延庆区低 942.07 万元。为了量化密云区和延庆区大气环境退化成本的差异，采用因素分析法进行分析，见表 7-2。

表 7-2 密云区与延庆区大气环境退化成本因素分析 单位：万元

污染物	来源	密云区	延庆区	差额	差额百分比/%
SO_2	工业	5.21	341.3	336.1	36.37
	生活	0	845.05	845.05	91.45
NO_x	工业	580.29	870.32	290.03	31.39
	生活	103.25	68.28	−34.97	−3.78
	机动车	1 989.88	1 304.43	−685.45	−74.18
烟粉尘	工业	1.79	44.24	42.45	4.59
	生活	0	132.15	132.15	14.30
	机动车	3.69	2.42	−1.27	−0.14
合计		2 684.11	3 608.18	924.07	100

从中可以看出工业和生活 SO_2、工业 NO_x 是导致延庆区大气环境退化成本比密云区高的原因。导致延庆区大气环境退化成本高于密云区的主要驱动因素（大于 20%）有：SO_2 工业和生活来源，驱动百分比为 36.37%和 91.45%；NO_x 工业来源，驱动百分比为 31.39%。反向主要驱动因素（小于−20%）有：NO_x 机动车来源，驱动百分比为−74.18%。延庆区应该加大二氧化硫和工业氮氧化物治理力度。

7.2.1.2　各区县大气环境退化指数

图 7-7 表示北京各区大气环境退化指数（各区退化成本占各区 GDP 比重）从高到低的依次顺序。延庆区的大气环境退化指数为 0.34%，排名第 3 位。大气环境退化指数高于延庆区的有门头沟区和房山区。这些地区大多位于北京市生态环境较好的涵养区，其大气环境退化成本较低，导致退化指数较高的原因是这几个区 GDP 较低。而东西城等大气环境退化指数较低的区域位于主城区，由于主城区的 GDP 远高于延庆区等郊区，导致环境退化指数较低。

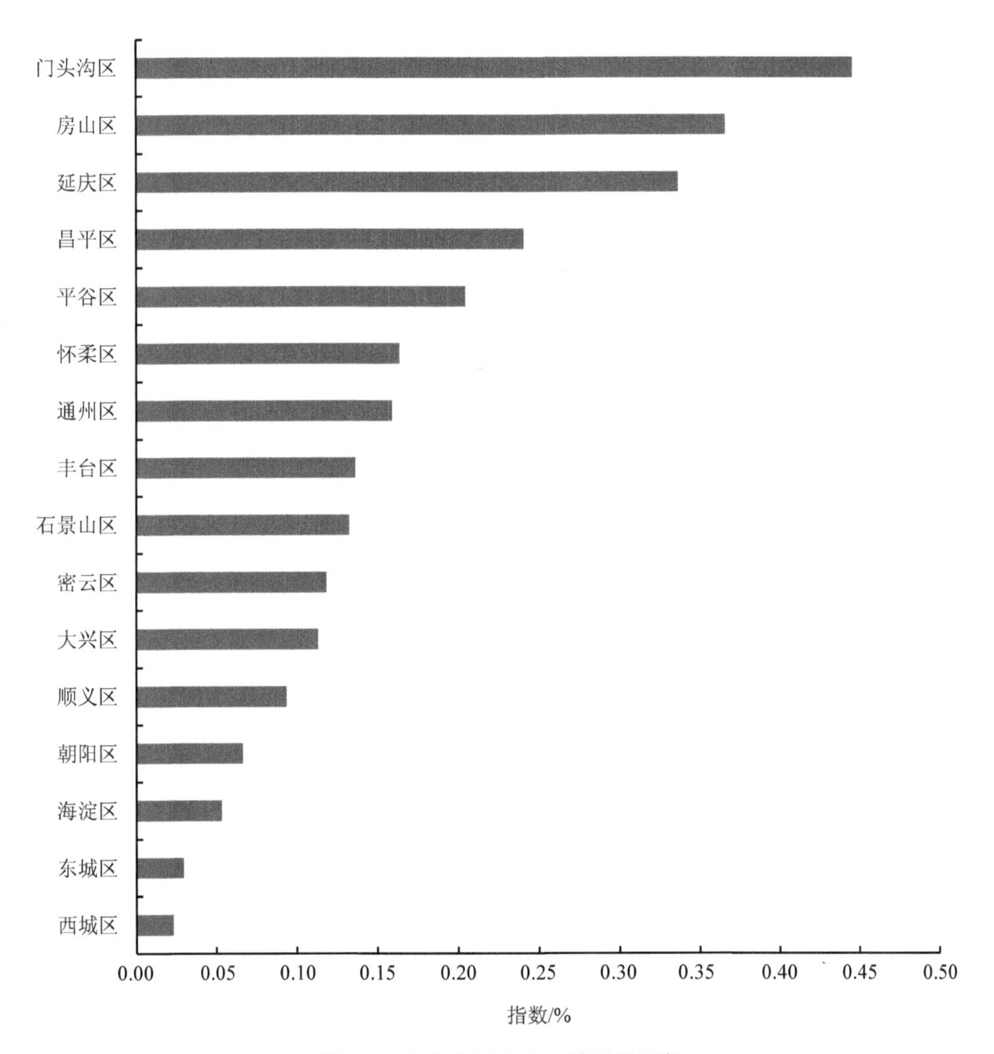

图 7-7　北京各区大气环境退化指数

7.2.2 水环境退化成本

将之前所计算的延庆区水环境退化成本与北京市其他 15 个区进行比较，来反映延庆区在北京市水环境保护工作中所处地位。

表 7-3 为北京市 16 个市辖区不同来源 COD 与氨氮排放量。从表中可以看出，北京市 2015 年 COD 总排放量为 15.05 万 t，其中生活排放量最大，为 7.83 万 t，其次是畜禽养殖排放量为 6.75 万 t，占到了总排放量的 44.85%；工业排放量为 4 660.79 t，仅占总排放量的 3.1%。氨氮总排放量 1.7 万 t，主要为生活源排放，达到 1.14 万 t，占到总排放量的 67.04%；而畜禽养殖和工业分别占到总排放量的 31.2%和 1.76%。具体到各区来讲，朝阳区、海淀区、昌平区位列生活污染源 COD 排放量前三名；而顺义区、大兴区、通州区则占到畜禽养殖 COD 排放量前三名。对于工业而言，COD 排放量主要来源于房山区和密云区。对于氨氮而言，朝阳区、海淀区、昌平区由于人口众多所以占到了生活源排放量的前三名；密云区、顺义区则成为畜禽养殖源氨氮的主要排放源。

表 7-3　北京市 16 区 COD 与氨氮排放量　　单位：t

	COD 排放量			氨氮排放量		
	工业	生活	畜禽养殖	工业	生活	畜禽养殖
东城区	13.69	3 871.79	0.00	0.76	557.35	0.00
西城区	8.96	5 553.13	0.00	2.18	799.39	0.00
朝阳区	417.63	16 357.51	555.71	14.85	2 422.79	8.85
丰台区	334.41	9 819.58	271.03	22.14	1 422.64	17.27
石景山区	49.47	2 789.40	0.00	1.43	401.54	0.00
海淀区	66.81	15 065.76	632.65	9.20	2 226.33	37.31
门头沟区	25.93	1 142.28	392.82	0.82	164.43	22.82
房山区	1 085.29	3 165.88	5 666.67	26.30	455.74	436.96
通州区	269.52	3 773.39	7 876.54	36.90	543.19	399.70
顺义区	606.78	2 370.13	16 857.16	65.56	341.19	1 051.77
昌平区	100.92	6 828.04	2 874.48	8.92	982.91	143.84
大兴区	393.77	4 744.54	10 178.01	14.79	682.99	653.08
怀柔区	82.07	1 090.95	5 569.90	1.85	157.04	195.23
平谷区	154.88	996.82	7 108.71	34.54	143.50	508.65
密云区	1 008.98	590.22	6 387.63	55.55	49.14	1 161.30

由于其他各区所收集资料有限，因此将工业、生活、畜禽养殖虚拟治理成本统筹考虑计算出平均 COD 虚拟治理成本为 0.86 万元/t，而氨氮平均虚拟治理成本为 0.10 万元/t。最终计算得到各区的水环境退化成本，见图 7-8。从图中可以看出北京市水环境退化成本为 13.12 亿元，其中顺义区、朝阳区、海淀区、大兴区、通州区排名前五位且均超过了 1 亿元，顺义区最高达到了 1.72 亿元。而延庆区水环境退化成本较小，排名第 14 位，仅高于石景山区和门头沟区，表明延庆区水环境保护成效在北京市域范围内处于一个不错的水平。

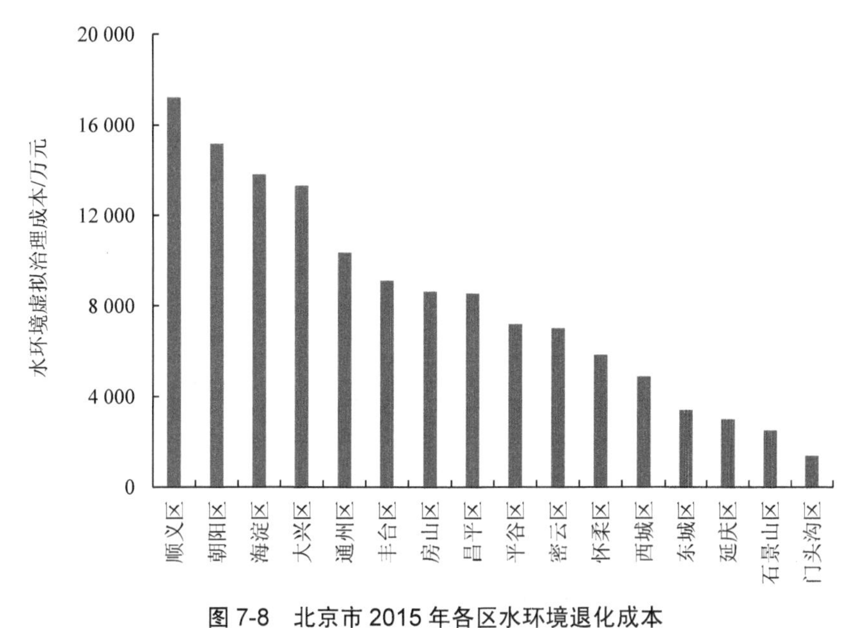

图 7-8　北京市 2015 年各区水环境退化成本

7.2.3　生态系统退化成本

根据北京市其他各区 2010 年与 2015 年两期生态系统数据进行比对通过转移矩阵法计算出各类型生态系统转变为城镇和农田的面积作为生态系统退化面积（表 7-4），并依据退化成本法将所有类型生态系统环境破坏量进行加和汇总求得总的生态环境退化成本效益值。对于延庆区来讲不考虑乡镇内部各生态系统面积增减变化，仅以延庆区为整体进行计算。表 7-5 为各生态涵养区生态系统退化成本。从中可以看出，2015 年延庆区生态系统退化成本为 45 738.74 万元，位列第二名，而密云区为 66 087.67 万元，排名第 1 位，门头沟区与怀柔区分列第 3 位、第 4 位，而平谷区生态系统退化成本最小，仅为 8 341.05 万元。

表 7-4 北京市生态涵养区各生态系统用地面积转移 单位：km^2

	森林转非生态用地	草地转非生态用地	湿地转非生态用地	总计
密云区	17.97	31.21	17.59	66.77
平谷区	2.43	0.57	2.07	5.07
怀柔区	5.35	0.21	0.44	6.00
门头沟区	5.83	0.13	0.25	6.21
延庆区	17.68	39.61	0.80	58.09

表 7-5 北京市生态涵养区各生态系统退化成本 单位：万元

	森林	草地	湿地	总计
密云区	43 124.40	1 860.07	21 103.20	66 087.67
平谷区	5 825.52	33.69	2 481.84	8 341.05
怀柔区	12 849.84	12.61	525.96	13 388.41
门头沟区	13 994.64	7.89	304.56	14 307.09
延庆区	42 424.56	2 360.54	953.64	45 738.74

7.2.4 生态环境退化总成本

7.2.4.1 各区县生态环境退化成本

北京市生态涵养区生态环境退化总成本如表 7-6 所示，可以看出各区县生态环境退化成本差别较大。在北京生态涵养区范围内，延庆的生态环境退化总成本排第 4，最大的是密云区，达到 75 767.05 万元，随后依次是平谷、门头沟、怀柔三区，延庆区生态退化成本中生态系统退化成本中比较高，达到 87%左右。

表 7-6 2015 年各区生态环境退化总成本 单位：万元

区名	生态环境退化成本			
	大气环境	水环境	生态系统	合计
密云区	2 684.11	6 995.27	66 087.67	75 767.05
平谷区	4 026.75	7 172.62	8 341.05	19 540.42
门头沟区	6 407.43	1 361.29	14 307.09	22 075.81
怀柔区	3 827.30	5 834.32	13 388.41	23 050.03
延庆区	3 608.18	2 976.77	45 738.74	52 323.69

7.2.4.2 各区县生态环境退化指数

北京市生态涵养区生态环境退化指数如图 7-9 所示，由图中可以看出各区县生态环境退化指数差别较大。在北京生态涵养区范围内，延庆的生态环境退化指数达到最高，达到 4.73%，随后分别是密云区、门头沟区、怀柔区和平谷区，平谷区生态环境退化指数最小，约为 1%，造成延庆区生态环境退化指数偏高的原因是其生态系统退化成本较高，而区域内 GDP 总量最小。

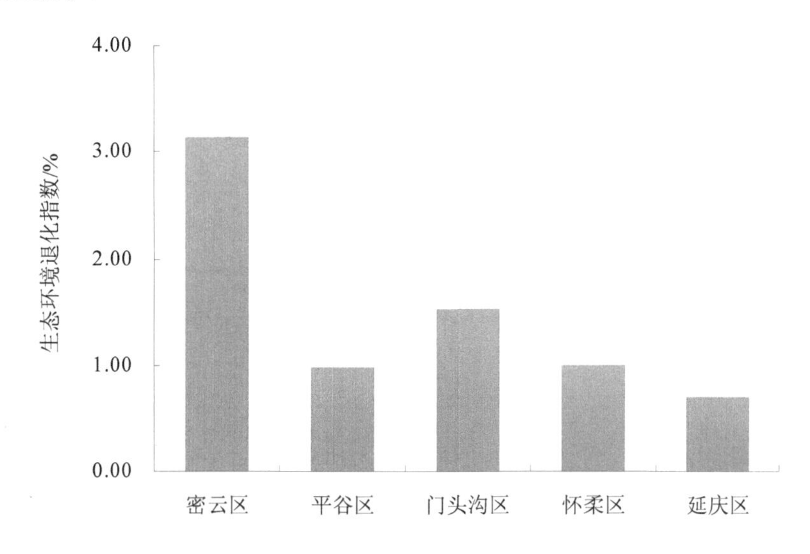

图 7-9 北京市生态涵养区各区县生态环境退化指数

7.3 生态环境改善效益账户

7.3.1 空气质量改善效益

7.3.1.1 各区县空气质量改善效益

表 7-7 表示北京各区空气质量改善效益。延庆区的空气质量改善效益相对较低，为 21 927 万元，排名第 8，比其高的区为海淀区、朝阳区、西城区、丰台区、大兴区、东城区、通州区，海淀区排名第 1，为 335 668 万元。其他区改善效益从大到小依次为门头沟区、昌平区、房山区、怀柔区、密云区、石景山区、平谷区、顺义区。空气质量改善效益最低的顺义区为–35 166 万元，这是因为其人体健康改善效益为负。顺义区 2015 年 $PM_{2.5}$ 年均浓度相较 2014 年下降幅度较小，是除东城区外下降幅度最小的区；而且其人口增加

导致暴露受体数量增加，死亡率由 2014 年的 6.59‰增长到 7.30‰，因而计算的死亡人群基数增大。石景山、平谷等区空气质量改善效益总值也较低，主要是由于其人口和活动水平等都较低，而海淀区、朝阳区等区人口多、面积大，活动水平高。

表 7-7　2015 年各区空气质量环境改善效益　单位：万元

区县	空气质量改善效益				
	人体健康	农作物损失	建筑材料损失	清洁损失	合计
东城区	49 425	0	970	17 434	67 829
西城区	107 890	0	1 395	22 013	131 298
朝阳区	186 797	29	1 235	100 440	288 501
丰台区	71 248	18	2 465	45 097	118 829
石景山区	–6 062	0	661	15 544	10 143
海淀区	236 415	89	1 401	97 764	335 669
门头沟区	9 119	15	311	12 047	21 492
房山区	–18 674	268	203	35 978	17 774
通州区	5 251	1 248	458	29 292	36 250
顺义区	–62 786	723	1 000	25 896	–35 166
昌平区	–14 830	161	2 044	33 995	21 369
大兴区	47 244	1 784	532	28 287	77 847
怀柔区	5 357	115	404	10 739	16 614
平谷区	–3 071	449	428	4 949	2 756
密云区	6 289	306	476	8 881	15 952
延庆区	14 256	170	316	7 185	21 927
北京市	633 867	5 374	14 300	495 541	1 149 082

7.3.1.2 各区县空气质量改善效益指数

图 7-10 表示北京各区空气质量改善效益指数（各区改善效益占各区 GDP 比重）从高到低的依次顺序。延庆区的空气质量改善效益指数为 2.04%，所有区中排名第 1 位，高于排名第 2 位大兴区的 1.53%。延庆区空气质量改善指数较高，是因为其空气质量改善效益相对于其 GDP 比较高。空气质量改善效益指数由高到低：延庆区、大兴区、门头沟区、丰台区、海淀区、怀柔区、密云区、朝阳区、通州区、西城区、东城区、昌平区、房山区、石景山区、平谷区、顺义区。顺义区为负，因为其空气质量改善效益为负。平谷区空气质量改善效益指数为 0.14%，是正效益中指数最小的。

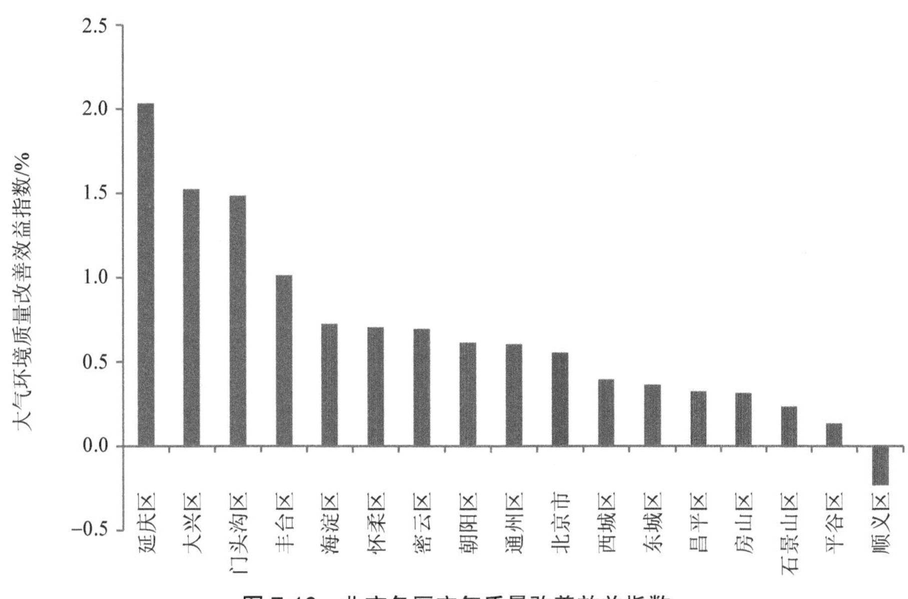

图 7-10　北京各区空气质量改善效益指数

7.3.2　生态系统改善效益

表 7-8 和图 7-11 为 2010—2015 年北京市生态涵养区生态系统类型的变化情况。从表中可以看出，北京市 5 大生态涵养区县 2015 年相较 2010 年森林面积均出现不同程度提升，其中平谷县提升量最大，5 年达到 224.10 km^2，其次是密云区，5 年内提升量达到 149.03 km^2，门头沟区年均提升量较小；对于草地面积而言，除去延庆区与密云区外，其余 3 区面积均在 5 年内出现增加，其中门头沟区增加量最大，达到 29.71 km^2；湿地面积变化中 5 个生态涵养区中除密云区外面积均有所增加，其中延庆区增加量最大，5 年共达到 3.23 km^2，其次是平谷区增加 1.68 km^2，而密云区则共减小 12.20 km^2。

表 7-8　北京市其他生态涵养区各生态系统类型面积变化　　面积：km^2

	年份	森林	草地	湿地	农田	城镇用地
密云区	2010 年	1 410.337	195.467	115.871	314.497	143.527
	2015 年	1 559.361	174.810	103.670	213.170	129.090
	年均变化	29.805	−4.131	−2.440	−20.265	−2.887
怀柔区	2010 年	1 553.307	198.583	14.896	234.924	101.449
	2015 年	1 635.410	224.380	17.100	129.120	96.710
	年均变化	16.421	5.159	0.441	−21.161	−0.948

	年份	森林	草地	湿地	农田	城镇用地
平谷区	2010 年	466.277	14.334	17.808	325.858	111.416
	2015 年	690.370	18.037	19.490	100.590	107.410
	年均变化	44.819	0.741	0.336	−45.054	−0.801
门头沟区	2010 年	1 257.530	14.142	5.705	51.472	73.079
	2015 年	1 270.700	43.850	6.710	14.310	66.230
	年均变化	2.634	5.942	0.201	−7.432	−1.370
延庆区	2010 年	1 289.969	216.757	32.531	348.989	96.943
	2015 年	1 343.918	206.824	35.764	302.934	95.364
	年均变化	10.790	−1.987	0.647	−9.211	−0.316

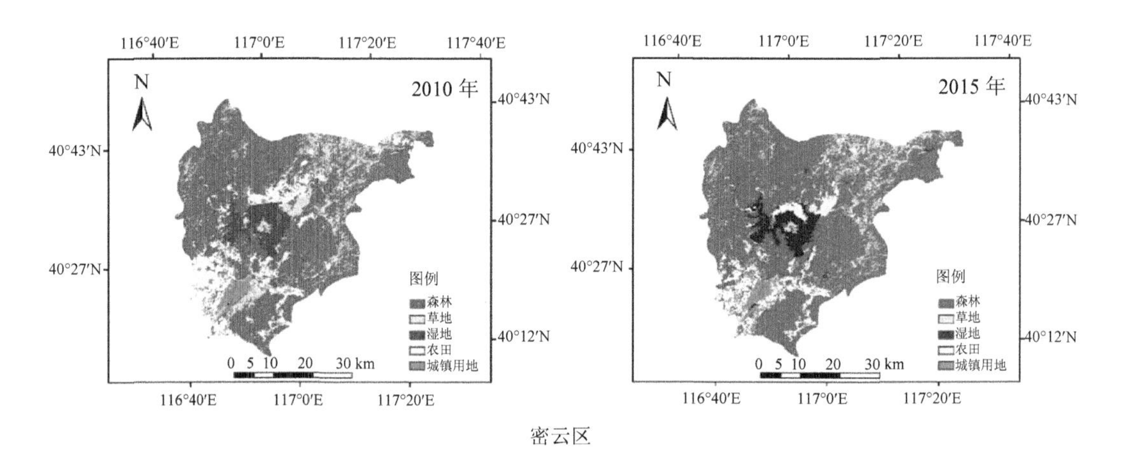

密云区

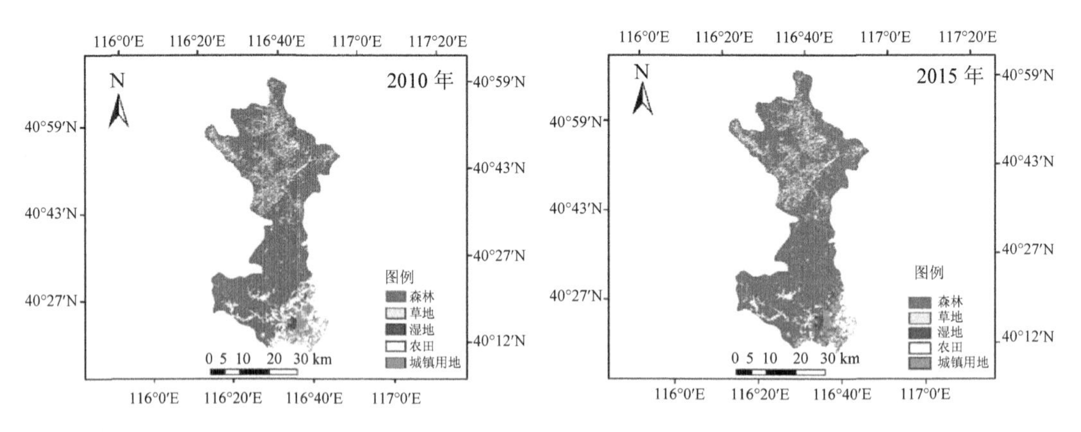

怀柔区

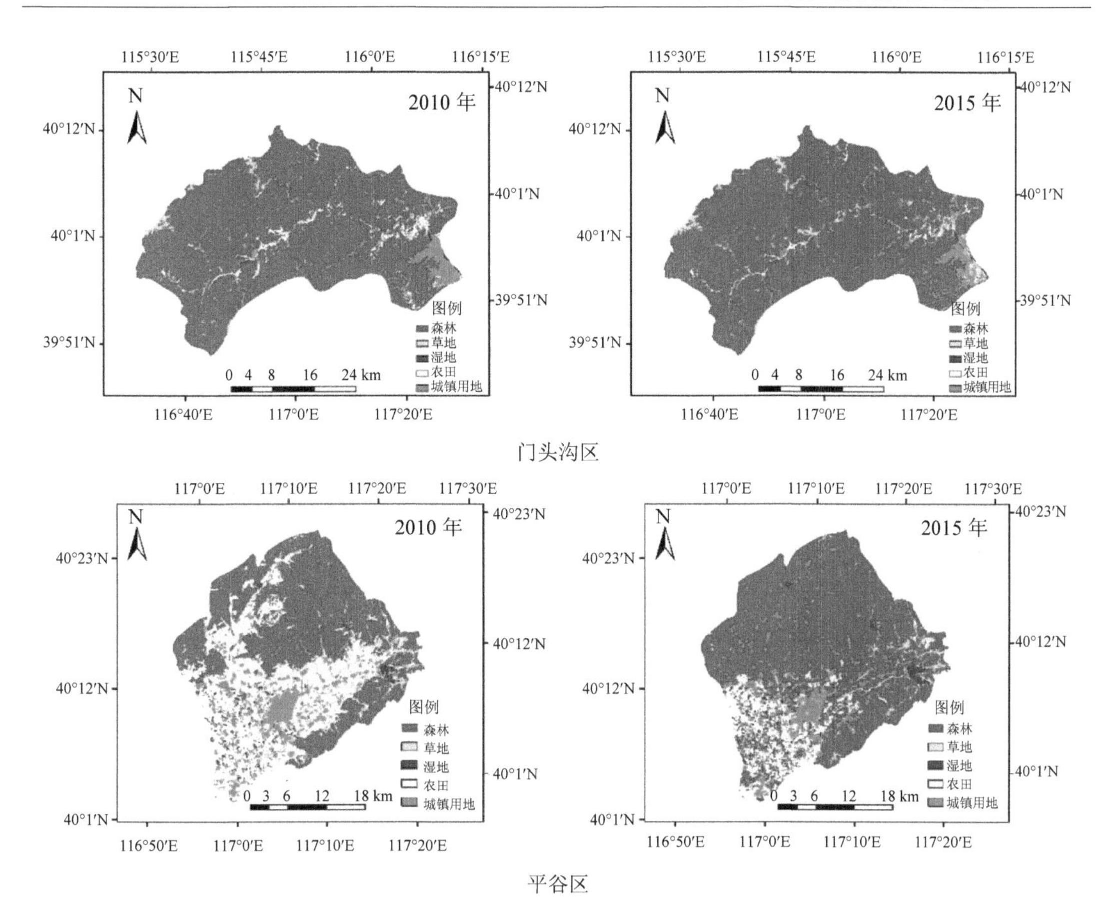

图 7-11　北京市生态涵养区各区生态系统类型变化

图 7-12 为北京市生态涵养区各区生态系统改善效益对比结果，2015 年延庆区森林和湿地面积净增加，生态系统改善效益为 17 300 万元，位列北京市生态涵养区第 3 位，仅次于平谷区和怀柔区，其生态系统改善效益分别为 41 723 万元和 22 167 万元，优于门头沟区和密云区，其生态系统改善效益分别 7 180 万元和–13 222 万元。

7.3.3　生态环境改善总效益

7.3.3.1　各区生态环境改善效益

北京五个生态涵养区生态环境改善效益差别较大。延庆为 39 226 万元，排名第 2 位，仅次于平谷区，其生态环境改善效益为 44 479 万元（表 7-9）。

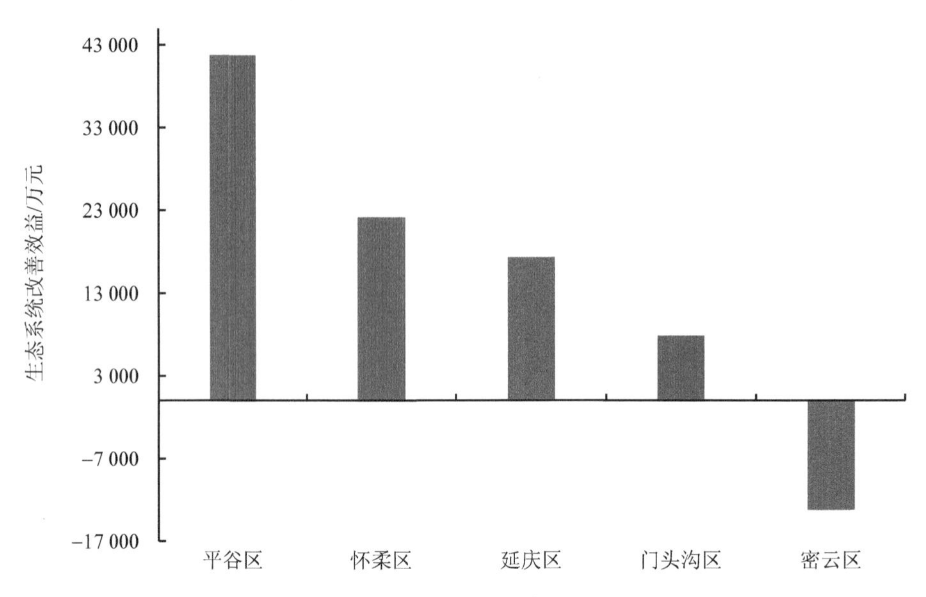

图 7-12　2015 年北京市生态涵养区各区县生态系统改善效益

表 7-9　2015 年北京市生态涵养区各区县生态环境改善效益　　单位：万元

区名	空气质量改善	生态系统改善	合计
门头沟区	21 492	7 180	28 672
怀柔区	16 614	22 167	38 781
平谷区	2 756	41 723	44 479
密云区	15 952	−13 222	2 730
延庆区	21 927	17 300	39 226

7.3.3.2　各区生态环境改善效益指数

北京各区生态环境改善效益指数（各区改善效益占各区 GDP 比重）差异较大，生态涵养区各区普遍较高。延庆区的生态环境改善效益指数为 3.69%，排名第 2 位。五个生态涵养区中，密云区排名最低（图 7-13）。

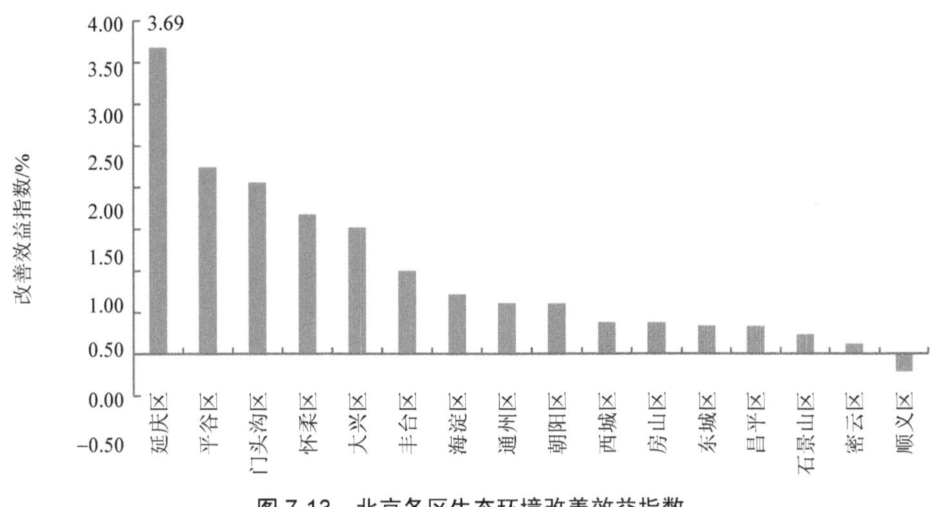

图 7-13　北京各区生态环境改善效益指数

7.4　本章小结

①延庆区生态价值优势突出。与北京市生态涵养区其他区县相比，2015 年延庆区单位地区生产总值 GEP、人均 GEP 最高，分别为 2.94 万元/人、10.4 万元/人，GEP 对北京市的贡献程度是 GDP 对北京市贡献程度的 37.6 倍，远高于其他区。GEP、单位国土面积 GEP 分别为 327.9 亿元、0.16 亿元/km^2，仅次于密云区。

②延庆区生态环境退化总成本相对较高，为 52 571 万元，仅优于密云区，劣于门头沟区、怀柔区、平谷区，在 5 个生态涵养区中从低到高排名第 4 位；生态环境退化指数最高，为 4.90%。其中，大气环境退化成本相对不高，为 3 608 万元，从低到高排名第 2 位，优于怀柔区、平谷区、门头沟区，劣于密云区；水环境退化成本相对较高，为 3 223.77 万元，从低到高排名第 2 位，优于怀柔区、平谷区、密云区，劣于门头沟区；延庆区生态系统退化成本相对较高，为 45 739 万元，从低到高排名第 4 位，仅优于密云区（66 088 万元），劣于门头沟区、怀柔区、平谷区。北京市生态涵养区生态系统退化成本由低到高排名为平谷区、怀柔区、门头沟区、延庆区、密云区。

③延庆区生态环境改善效益为 39 226 万元，在北京市生态涵养区中从高到低排名第 2 位，在北京市所有区中排名第 8 位；生态环境改善效益指数（生态环境改善效益/GDP）排名第 1 位。其中，空气质量改善效益总值为 21 927 万元，在各区排名第 8 位，高于门头沟区、昌平区、房山区、怀柔区、密云区、石景山区、平谷区、顺义区；空气质量改善效益指数为 2.04%，排名第 1 位。生态系统年均改善效益为 17 300 万元，在北京市生态涵养区中从高到低排名第 3 位。

第 8 章　主要结论与对策建议

8.1　主要结论

通过生态系统生产总值（GEP）、生态环境退化成本、生态环境改善效益 3 个账户核算，从科学角度量化了延庆区生态产品供给能力，进一步明确了延庆区自然生态系统的重要生态价值，以及经济发展带来的生态环境代价。

8.1.1　生态系统生产总值

①2014—2016 年，延庆区 GEP 分别为 320.06 亿元、327.90 亿元、335.63 亿元，近 3 年累计增加 15.57 亿元，其中调节服务价值增加的贡献率最高，为 79.4%，尤其以水源涵养、生命维护和栖息地保护价值增加的贡献较大，贡献率分别为 47.4%、32.2%；森林生态系统服务价值增加的贡献率最高，为 85.3%；生态保护区对 GEP 增加的贡献最大，贡献率为 47.4%；张山营镇、千家店镇、旧县镇对 GEP 增加的贡献较大，贡献率分别为 27.2%、15.5%、10.2%。

②生态系统调节服务是延庆区生态系统的主导服务，2014—2016 年占延庆区 GEP 的 91.4%～92.0%，其中生命维护和栖息地保护价值、气候调节服务价值较高，占比分别为 43.5%～44.3%、27.9%～29.3%；产品供给服务和文化服务价值均较低，2014—2016 年分别占 GEP 的比例均不足 5%。

③森林、湿地生态系统为延庆区提供了较高的服务价值，2014—2016 年森林生态系统服务价值量分别为 255.51 亿元、262.92 亿元、268.79 亿元，占延庆区 GEP 的比例分别为 79.8%、80.2%、80.1%；2014—2016 年湿地生态系统服务价值分别为 36.51 亿元、36.82 亿元、36.64 亿元，占 GEP 的比例分别为 11.4%、11.2%、10.9%。湿地生态系统的单位面积价值量最高，2014—2016 年平均为 1.18 亿元/km^2，其次为森林、农田生态系统，2014—2016 年单位面积价值量平均分别为 0.19 亿元/km^2、0.06 亿元/km^2。

④延庆区 GEP 总体上呈中部平原地区低、两边山区森林生态系统区域高的空间格局。各主体功能分区、各乡镇 GEP 差异明显，其中生态保护区 GEP 最高，2014—2016 年分别

为 184.82 亿元、189.46 亿元、192.67 亿元，占延庆区 GEP 的比例平均为 58%；其次为农业生产区和城镇发展区，近三年 GEP 分别在 89.22 亿～95.94 亿元、44.45 亿～46.44 亿元，占延庆区 GEP 的比例平均分别为 28%、14%左右；生态保护区的千家店镇、农业生产区的张山营镇 GEP 较高。

⑤初步预测，未来延庆区文化服务价值提升对延庆区 GEP 提升的贡献潜力最大，提升比例为 11.9%；产品供给服务中有机农产品价值提升具有较大潜力，预计对 GEP 提升比例在 0.21%～1.09%；森林生态系统的调节服务价值具有一定的提升潜力，通过森林抚育、林分改造等，提高近熟林的比例，可以有效促进森林调节服务价值的不断提升，预计提升比例在 0.24%～9.1%。

⑥区域对比表明，延庆区生态价值优势十分突出，单位地区生产总值的 GEP、人均 GEP 为最高；GEP、单位国土面积 GEP 位列生态涵养区第 2 位，仅次于密云区；GEP 对北京市的贡献程度是 GDP 对北京市贡献程度的 37.6 倍，均高于生态涵养区其他区。

8.1.2　生态环境改善效益

① 2014—2016 年延庆区生态环境改善总效益为–3 154.44 万元、21 564.44 万元、9 596.85 万元，占当年延庆区 GDP 的比重分别为–0.31%、1.94%、0.78%。生态环境改善效益主要以空气质量改善效益为主，2014—2016 年空气质量改善效益为–3 367.1 万元、21 926.54 万元、9 618.28 万元，空气质量改善指数（空气质量改善效益占 GDP 的比重）为–0.33%、1.97%、0.78%；2014—2016 年生态系统改善效益分别为 212.66 万元、–362.10 万元、–21.43 万元，生态系统改善指数（空气质量改善效益占 GDP 的比重）分别为 0.02%、–0.03%、–0.002%。

②从各主体功能分区看，在生态环境改善效益为正的年份，延庆区城镇发展区空气质量改善效益最高，其次为农业生产区，生态保护区改善效益最小。从不同乡镇看，城镇发展区的延庆镇、康庄镇、永宁镇生态环境质量改善效益较高，而生态保护区的珍珠泉乡、大庄科乡、刘斌堡乡生态环境质量改善效益较低。

③区域对比表明，2015 年延庆区生态环境改善效益为 39 226 万元，在北京市生态涵养区中从优到差排名第 2，优于怀柔区（38 781 万元）、密云区（2 730 万元）、门头沟区（28 672 万元），环境治理成效比较明显。其中，空气环境质量改善效益为 21 927 万元，在北京市生态涵养区中从优到差排名第 2，优于怀柔区（16 614 万元）、密云区（15 952 万元）、平谷区（2 756 万元）；生态系统改善效益为 17 300 万元，优于密云区（–13 222.4 万元）、门头沟区（7 810.5 万元）。

8.1.3 生态环境退化成本

①综合来看，2014—2016年延庆区整体生态环境（大气环境、水环境、生态系统）退化总成本分别为9 648.24万元、7 432.51万元、10 433.1万元，占当年GDP的比重分别是0.95%、0.67%、0.85%。其中，大气环境退化成本分别为3 518.67万元、3 608.19万元、3 214.26万元，占GDP的比重分别为0.35%、0.32%、0.26%；水环境退化成本分别为3 053.96万元、2 976.77万元、3 014.84万元，占GDP的比重分别为0.30%、0.27%、0.25%；生态系统退化成本分别为3 075.61万元、847.55万元、4 204.00万元，占GDP比重分别为0.30%、0.08%、0.34%。

②从各主体功能区来看，延庆区城镇发展区生态环境退化成本最高，2014—2016年分别为6 480.37万元、4 700.86万元、6 826.94万元，分别占延庆区总退化成本的67.2%、63.2%、65.4%；其次为农业生产区和生态保护区，2014—2016年农业生产区生态环境退化成本分别为1 590.51万元、1 341.38万元、1 959.31万元，分别占延庆区总退化成本的16.5%、18.0%、18.8%；生态保护区生态环境退化成本分别为1 577.91万元、1 391.65万元、1 646.21万元，分别占延庆区总退化成本的16.4%、18.7%、15.8%。延庆区不同乡镇生态环境退化总成本差异较大，2014—2016年中生态环境退化总成本最大的乡镇分别为大榆树镇、八达岭镇，退化成本变化量分别为2 494.57万元、1 369.78万元。而八达岭镇在这3年总计损失额最高，达到2 494.57万元。

③区域对比表明，2015年延庆区生态环境退化总成本为52 324万元，仅优于密云区，与门头沟区、怀柔区、平谷区相比仍较高，在北京市生态涵养区中逆向排名第4位；生态环境退化指数最高，为4.3%。其中，大气环境退化成本为3 608.19万元，在北京市生态涵养区中从优到差排名第2位，劣于密云区（2 684.11万元）；水环境退化成本为2 976.77万元，在北京市生态涵养区中从优到差排名第3位，劣于门头沟区（1 366.29万元）、石景山区（2 481.73万元）；生态系统退化成本为45 739万元，从优到差排名第4位，仅优于密云区（66 088万元），劣于门头沟区、怀柔区、平谷区。

8.2 对策建议

“十三五”时期是延庆区建设国际一流的生态文明示范区、实现跨越发展的黄金时期，并迎来筹办举办世园会、冬奥会等绿色大事的重要历史机遇，按照延庆区“十三五”规划纲要的基本要求，要坚持绿色发展，强化区域“生态涵养区”的功能定位，始终把增强生态产品供给能力放在第一位，以最大化保护生态环境为前提，实现区域发展和环境保护的互动双赢。结合2014—2016年延庆区绿色GDP核算成果，分别从不断完善北京市生态补偿机制、维护提升生态价值、不断降低环境退化成本、加强成果应用、开展业务化核算五方面提出对策建议。

8.2.1　维护提升生态系统服务价值

8.2.1.1　建立生态空间保障体系

①严格落实和完善主体功能区制度。根据延庆区 2014—2016 年 GEP 核算结果，延庆区农业生产区的张山营镇具有较高的生态系统生产总值，因此，建议将上述乡镇的部分范围调整为生态保护区，制定完善城镇发展区、农业生产区、生态保护区的配套环境保护措施。城镇发展区内应重点加强环境质量改善力度，实施大气、水、土壤环境综合治理，严格控制官厅水库污染，不断改善城市环境质量，提高城市绿地覆盖率，保障良好的人居环境；农业生产区应重点加强基本农田保护，实行最严格的耕地保护制度，确保耕地面积不减少、质量不降低。开展耕地土壤环境质量详查，保障农业生产区的环境安全；生态保护区内应实行更加严格的产业准入标准，严格控制不符合主体功能定位的各类开发活动，严格控制国土开发强度，加强山水林田湖生态保护修复，保持生态系统的完整性，切实保障生态空间不减少、功能不降低。

②划定并严守生态保护红线。依法将自然保护区、饮用水水源保护区、重要水源涵养区、具有代表性的自然生态系统区域、珍稀、濒危的野生动植物自然分布区域、具有重大科学文化价值的自然遗迹、人文遗迹一级水土流失敏感区等区域纳入生态保护红线范围，全区生态保护红线面积比例达到北京市要求。按照国家发布的《关于划定并严守生态保护红线的若干意见》规定，严格生态保护红线保护与管理，确保生态保护红线范围不减少、功能不降低。

③加强自然保护区监督管理。加快推进玉渡山、莲花山、太安山、大滩、金牛湖、白河堡六个区级自然保护区的建设与管理，完善自然保护区基础设施建设。加强涉及自然保护区开发建设活动监管，严格限制涉及自然保护区的开发建设活动。加强自然保护区遥感与地面生态环境监测，定期开展自然保护区及周边生态环境及生态价值动态评估，及时掌握自然保护区保护成效。开展生物多样性基础调查，实施生物多样性保护工程，切实加强自然保护区内野生动植物保护力度。

④推进“多规合一”。按照中央办公厅、国务院办公厅印发的《省级空间规划试点方案》要求，以主体功能区规划为基础，统筹各类空间规划，建立空间规划体系，划定城镇、农业、生态空间以及生态保护红线、永久基本农田、城镇开发边界。编制延庆区空间规划，推进“多规合一”。在国土空间分析评价的基础上，以行政边界和自然边界相结合，建立由空间规划、用途管制、差异化绩效考核等构成的空间治理体系，强化对空间开发利用的管控。

8.2.1.2 不断提升生态系统服务价值

重点提高森林生态系统调节服务价值。加强森林生态系统的经营管护、抚育更新、林分改造，尤其是千家店镇、张山营镇、珍珠泉乡、井庄镇等幼龄林的抚育更新，不断优化林龄结构，持续提升森林水土保持、水源涵养、固碳释氧、气候调节等调节服务价值。以旧县镇、八达岭镇、永宁镇、井庄镇、香营乡等为重点开展荒山人工造林工程，以康庄镇、沈家营镇、延庆镇等为重点开展平原造林绿化工程，不断提高森林面积。优化森林树种结构，选取大气环境净化能力较强的树种，如马尾松、油松、侧柏等，不断提升森林生态系统空气净化价值。

加大官厅水库、白河堡水库等湿地生态系统保护和修复力度，重点推进延怀河谷生态绿化建设，实现水量、水质、水生态协调统一改善，不断增强湿地洪水调蓄、净化水质、气候调节价值。

提升农业产品供给价值。以农业生产区的旧县镇、沈家营镇、张山营镇等为重点，继续发展有机农业，未来借助世园会和冬奥会契机，不断提高“延庆·有机农业”品牌影响力，通过有机农产品销量和价格的双提升，提高有机农产品的供给价值。

依托现有自然景观特色优势，借助冬奥会世界级赛会契机，发展围绕冰雪运动、山地户外、森林康养、家庭亲子、商务会赏以及绿水蔬食等综合生态旅游业，不断提升自然景观的文化服务价值。

8.2.2 不断降低环境退化成本

认清环境退化形势，厘清问题重点施策。通过对延庆区各乡镇 2014—2016 年大气、水、生态系统退化成本核算可知，延庆区环境退化成本主要集中在延庆镇、八达岭镇、永宁镇、康庄镇、大榆树镇、旧县镇；同时旧县镇、八达岭镇、千家店镇等乡镇连续 3 年生态系统退化成本持续增加；因此针对这些重点乡镇在今后工作中需引起高度重视，找到各自引发环境退化的主要矛盾予以精准施策。

①强化水污染防治，减少水环境退化成本，确保水环境质量不断改善。重点治理畜禽养殖污染，尤其是生猪养殖污染治理，制定禁养区关闭或搬迁方案，加大畜禽养殖的集约化和规模化管理，发展粪便资源化综合利用，提高畜禽粪便综合利用水平，有效削减规模化畜禽养殖源化学需氧量（COD）和氨氮（NH_3-N）污染物的排放量，重点削减城镇发展区的永宁镇、康庄镇、延庆镇及农业生产区的旧县镇、沈家营镇，生态保护区的香营乡等乡镇畜禽养殖源水污染物排放量；同时加强永宁镇、香营乡、八达岭镇、沈家营镇、旧县镇、康庄镇、千家店镇等乡镇生猪养殖水污染治理。

加强城镇污水处理设施建设，提升现有污水处理设施的处理能力和标准，完善污水管网，大幅度提高污水处理能力和效率，有效减轻城镇生活污水中化学需氧量和氨氮的排放强度，尤其是城镇发展区的延庆镇、永宁镇、康庄镇及农业生产区的张山营镇、旧县镇。继续加大工业污染物防治力度，尤其是工业源 COD 排放量较大的沈家营镇、八达岭镇。

②推进大气污染防治，降低大气环境退化成本，提升大气环境质量。重点加强机动车监管，降低机动车源 NO_x 大气环境退化成本，尤其是延庆镇、康庄镇、永宁镇、张山营镇、旧县镇等。推动老旧机动车更新淘汰进度，严控储油单位油气排放；加快机动车智能遥感监测平台建设，加大违规车辆处罚力度，遏制超标排放车辆上路行驶，对过境大货车进行尾气检测，最大限度减少大货车尾气污染。

重点加强工业 SO_2、NO_x 治理，不断减少工业大气环境退化成本，其中工业源 SO_2 治理应重点关注延庆镇、康庄镇、八达岭镇、张山营镇、大榆树镇，工业源 NO_x 治理应重点关注延庆镇、张山营镇、康庄镇、永宁镇、八达岭镇，工业源烟粉尘治理重点关注延庆镇、旧县镇、康庄镇、八达岭镇、永宁镇。加强热力生产和供应、燃气生产和供应、豆制品制造、水泥制品制造等行业的大气污染防治，提高脱硫脱硝除尘效率；全面清理整治“散乱污”企业，关停小型工业燃煤锅炉；进行清洁能源改造，茶炉、大灶、经营性小煤炉动态清零。

强化生活源 SO_2、烟粉尘治理，重点关注延庆镇、永宁镇、康庄镇、张山营镇、旧县镇等乡镇。实施农村冬季清洁取暖，减少散煤使用量，提高清洁能源使用比例。

③保障世园会、冬奥会等生态环境质量要求。加强管理，确保大气污染防治各项工作落到实处、形成长效。强化网格化管理工作，启动环保大气专项督察和对责任人进行约谈、追责问责机制；严格落实属地责任，全面开展排查工作，以问题为导向，迅速制定大气环境改善方案；形成各职能部门大气污染专项联合执法机制，加大露天焚烧、露天烧烤、施工扬尘、渣土车污染查处力度。针对世园会、冬奥会建设工程开工工地较多的局面，重点进行扬尘污染和大货车尾气污染专项治理行动，学习发达国家工地扬尘管理技术和管理经验，采取立体化措施减少扬尘污染；加大对大货车的流动检查，采取高限处罚等方式减少大货车尾气污染。争取以“延庆蓝”迎接世园会、冬奥会等活动的到来。加快“世园会”园区、“冬奥会”赛区污水处理设施建设（表 8-1）。

表 8-1　延庆区各乡镇生态环境保护工作重点

重点区域分类	具体内容	涉及乡镇
大气污染治理重点区域	机动车源 NO_x	延庆镇、康庄镇、永宁镇、张山营镇、旧县镇
	工业源 SO_2	延庆镇、康庄镇、八达岭真、张山营镇、大榆树镇
	工业源 NO_x	延庆镇、张山营镇、康庄镇、永宁镇、八达岭镇
	工业源烟粉尘	延庆镇、旧县镇、康庄镇、八达岭镇、永宁镇
	生活源 SO_2 和烟粉尘	延庆镇、永宁镇、康庄镇、张山营镇、旧县镇

重点区域分类	具体内容	涉及乡镇
水污染治理重点区域	规模化畜禽养殖源	永宁镇、旧县镇、香营乡、康庄镇、沈家营镇、延庆镇
	生活源	延庆镇、永宁镇、康庄镇、张山营镇、旧县镇
	工业源	沈家营镇、八达岭镇
生态保护与修复重点区域	幼龄林改造	千家店镇、张山营镇、珍珠泉乡、井庄镇
	荒山人工造林	旧县镇、八达岭镇、永宁镇、井庄镇、香营乡
	平原造林绿化	康庄镇、沈家营镇、延庆镇
	有机农产品价值提升	旧县镇、沈家营镇、张山营

8.2.3 加强核算成果应用

根据绿色GDP核算结果，建议可将生态系统生产总值（GEP）、生态环境退化成本、生态环境改善效益等指标纳入生态文明目标考核体系，促进完善生态文明制度。

由于各乡镇的生态环境本底状况具有差异性，因此建议将GEP、生态环境退化成本指标年度变化量和变化幅度适时纳入延庆区各乡镇年度目标考核范围。由环保部门会同有关部门组织实施年度考核，考核结果经区委、区政府审定后应向社会公布，并作为领导干部离任审计、干部奖惩任免的重要依据。建立绿色GDP考核激励约束机制，对考核结果为优秀的乡镇，给予通报表扬和奖励；对考核结果不合格的，进行通报批评和惩罚，并约谈主要党政负责人，提出限期整改要求；对生态环境损害明显、责任事件多发的乡镇党政主要负责人，按照《党政领导干部生态环境损害责任追求办法（试行）》等规定进行责任追究。

8.2.4 建立业务化核算机制

加强绿色GDP业务化核算的组织领导。成立绿色GDP业务化核算领导小组，由延庆区委书记任组长、区委副书记任副组长，区环保局、改革办、发改委、统计局、园林绿化局、水务局、农业局等相关部门领导为成员。建立绿色GDP核算跨部门联动机制，由环保部门牵头推动年度核算工作的组织实施、统筹协调、任务分解，加强各部门的数据统计与收集工作，根据各部门职能特点，推动形成各部门分工核算、环保部门统筹核算成果的核算机制。

建立绿色GDP核算数据库和台账系统。收集整理现有核算数据，建立绿色GDP核算数据库和台账系统，登记各乡镇GEP、生态环境退化成本、生态系统改善效益分年度基础数值，为年度考核提供数据支撑。

加强核算人员的专业技术培训，提高绿色GDP核算业务化能力，实现延庆区及各乡镇年度动态评估。拓宽绿色GDP业务化核算的资金来源渠道，适当争取财政资金支持力度，积极争取各类国债资金、专项资金、企业资金等多渠道资金支持。

8.2.5　建立完善北京市生态补偿机制

①提高各类生态补偿资金标准。建议采取投入成本法、机会成本法、生态服务价值法等多种测算方法进行生态补偿资金标准测算，提高各类生态补偿资金标准。根据区位条件、资源总量、生态服务价值、碳汇量等增长情况和北京市经济发展水平，适时提高延庆区等生态涵养区区县山区生态公益林补偿标准。根据上下游关系、水质目标、水量情况、生态系统服务价值等，提高延庆区等生态涵养区区县水源地补偿资金标准，充分体现水源地生态效益（专栏 8-1）。

专栏 8-1　延庆区生态补偿资金标准测算

分别对自然保护区、水源地、生态公益林进行了生态补偿标准测算，均高于现有补偿资金水平，具体如下。

①自然保护区生态补偿资金

采用生态系统服务价值法、机会成本法进行自然保护区生态补偿资金的简单测算。其中，2015 年延庆区自然保护区生态系统服务价值约为 65 亿元；采用机会成本法计算得到，延庆区各类自然保护区放弃发展的机会成本约为 90.4 亿元。因此，建议北京市加大对延庆区自然保护区的生态补偿资金投入。

②水源地生态补偿资金

采用水量、水质、生态系统服务价值 3 种方法进行生态补偿资金测算，结果如下。根据北京市延庆区水务局资料，2015 年延庆区向密云水库供水量为 7 581 万 m^3，水质标准为Ⅱ类。按公式计算得出，基于水量的生态补偿资金为 6.8 亿元，基于水质的生态补偿资金为 6.5 亿元，基于湿地生态系统服务价值的生态补偿资金为 23.08 亿元。初步估算，由延庆白河堡水库向密云水库供水的生态补偿资金最低标准（仅水量）为 6.8 亿元，最高标准（水量、水质、生态系统服务价值）为 36.37 亿元，高于 2015 年北京市对延庆区跨界断面生态补偿资金（820 万元）。

③生态公益林生态补偿资金

根据延庆区财政局资料，2015 年延庆区山区生态公益林生态效益补偿标准为 40 元/亩，市、县财政各负担 50%，山区生态公益林生态效益补偿面积 203.65 万亩（1 357.73 km^2），生态公益林生态补偿资金总计 0.81 亿元，其中北京市财政承担 0.405 亿元。支付意愿问卷调查结果显示，北京市居民中 82%愿意为保护延庆区公益林进行一定的支付，平均支付意愿为 210.83 元/（人·a），因此计算得出 2015 年北京市对生态公益林的总体支付意愿为 37.5 亿元。

②建立生态保护红线区生态补偿机制。延庆区应按照国家有关禁止开发区域的要求严格管理生态保护红线区，建立保护成效评估和考核制度。建议北京市制定对延庆区等生态涵养区区县生态保护红线区的转移支付制度，提高生态保护红线区转移支付力度。探索建立北京市其他受益地区与延庆区生态保护红线区之间横向生态保护补偿机制，共同分担生态保护责任。

③完善综合化、多元化生态补偿机制。健全转移支付制度，重点支持延庆区等生态涵养区区县水资源保护、生态保育、污染治理、山区危村险村搬迁安置、基础设施与基本公共服务提升、绿色高新技术产业扶持等方面工作，切实改善延庆区尤其是山区村镇生产生活条件。将资金补偿、实物服务补偿、干部人才支持、精准帮扶、产业扶持等补偿方式相结合，实施多元化生态补偿，建立生态保护和绿色发展相互促进的长效机制。推广以政府购买服务为主的森林、湿地管护机制。积极发展绿色金融，吸引社会资金，增加生态补偿资金来源。

④建立环境质量生态补偿机制。充分吸收和借鉴河南省等地对环境质量生态补偿的经验，按照“谁污染、谁赔偿，谁治理、谁收益”原则，制定《北京市空气质量生态补偿暂行办法》《北京市水环境质量生态补偿暂行办法》，建立北京市环境质量生态补偿机制。其中空气质量生态补偿主要考核可吸入颗粒物（PM_{10}）浓度、细颗粒物（$PM_{2.5}$）浓度和空气质量优良天数3项指标，以北京市空气质量月平均值为考核基数，分级设立生态补偿阶梯标准；水环境质量生态补偿将主要考核地表水断面、饮用水水源地等，对地表水责任目标断面实行分级阶梯生态补偿。定期公布各区县环境质量生态补偿资金情况，对低于考核标准的区县进行扣收，对高于考核标准的区县进行奖励。

⑤建立健全生态产品市场交易机制。推行主要污染物排污权有偿使用，探索开展森林碳汇、水权等交易，建立反映市场供求和资源稀缺程度的环境资源市场。依托北京环境交易所排污权交易中心，积极开展延庆区域排污权交易体系建设，推行延庆区主要污染物排污权有偿使用。充分利用北京市碳排放权交易试点平台，积极开展延庆区碳汇造林项目，将森林的碳固定服务价值市场化，促进区域生物多样性保护和生态补偿双赢。探索水权交易试点，依托中国水权交易所，在区域用水总量控制指标分解的基础上，探索跨流域、跨区域、跨行业等多种形式的水权交易流转模式，促进水资源供给市场价值的实现。

参考文献

[1] 王金南，蒋洪强，曹东，等. 绿色国民经济核算[M]. 北京：中国环境科学出版社，2009.

[2] 王金南，於方，蒋洪强，等. 建立中国绿色 GDP 核算体系：机遇、挑战与对策[J]. 环境经济，2005（5）：56-60.

[3] 向书坚，黄志新. SEEA 和 NAMEA 的比较分析[J]. 统计研究，2005（10）：18-22.

[4] 联合国. 国民经济核算体系 1993（中译本）[M]. 北京：中国统计出版社，1995.

[5] 周国梅，周军. 绿色国民经济核算国际经验[M]. 北京：中国环境科学出版社，2009.

[6] 联合国. 综合环境经济核算（2003）（中译本）[M]. 国家统计局国民经济核算司内部出版，2004.

[7] UN，EC，FAO，et al. System of Environmental-Economic Accounting 2012：Central Framework[M]. New York：United Nations Publications，2014.

[8] 邱琼. 首个环境经济核算体系的国际统计标准——《2012 年环境经济核算体系：中心框架》简介[J]. 中国统计，2014（7）：60-61.

[9] 高敏雪，刘茜，黎煜坤. 在 SNA-SEEA-SEEA/EEA 链条上认识生态系统核算——《实验性生态系统核算》文本解析与延伸讨论[J]. 统计研究，2018，35（7）：3-15.

[10] United Nations. The System of Environmental-Economic Accounting 2012-experimental Ecosystem Accounting[M]，New York，ISBN：978-92-1-161575-3，2014.

[11] European Commission. SERIEE—European System for the collection of economic information on the environment—1994 Version[EB/OL]. http://ec.europa.eu/eurostat/en/web/products-manuals-and-guidelines/-/KS-BE-02-002，2002.

[12] European Commission. SERIEE：Environmental Protection Expenditure Accounts—Compilation Guide[EB/OL]. http://ec.europa.eu/eurostat/en/web/products-manuals-andguidelines/-/KS-BE-02-001，2002.

[13] 朱建华，逯元堂，吴舜泽. 中国与欧盟环境保护投资统计的比较研究[J]. 环境污染与防治，2013，35（3）：105-110.

[14] 吴舜泽，逯元堂，朱建华，等. 中国环境保护投资研究[M]. 北京：中国环境出版社，2014.

[15] 张耀仁，黄伟轮，杨隆年，等. 各国“绿色国民所得账”的编算方式[J]. 台湾经济研究月刊，1999，22（4）：30-45.

[16] 吴优. 德国的环境经济核算[J]. 中国统计，2005（6）：46-47.

[17] OECD. Environmental Information System in Mexico：An OECD Assessment. General distribution. OECD/GD（96）172.[1996] http://www.olis.oecd.org/olis/1996doc.nsf/9c6cd8fd90a0d74dc12569fa005d2cba/8e63fc9980f3b90cc12563f90036940f/$FILE/12B63944.DOC.

[18] 於方，马国霞，彭菲，等. 中国环境经济核算研究报告 2015[J]. 重要环境决策参考，2017，13（14）.

[19] 国家统计局关于实施《中国国名经济核算体系（2002）》的通知[EB/OL].（2003-05-27）.http:/_Hlt418602523_Hlt418602524/_Hlt418602523_Hlt418602524www.stats.gov.cn/ztjc/tjzdgg/zggmjjhstx/index_1.html.

[20] 中国森林资源核算及纳入绿色 GDP 研究项目组. 绿色国民经济框架下的中国森林核算研究[M]. 北京：中国林业出版社，2010.

[21] 中国森林资源核算研究成果彰显绿色力量[N]. 中国绿色时报，2014-10-23（A02）.

[22] 中国森林资源核算及绿色经济评价体系研究启动[EB/OL].（2013，05，14）. http://www.forestry.gov.cn/portal/main/s/338/content-601743.html.

[23] 中国水资源核算研究居世界前列[EB/OL].（2009-03-07）.http_Hlt418155688_Hlt418155689：_Hlt418155688_Hlt418155689//www.chinawat_Hlt418602979e_Hlt418602979r.com.cn/ztgz/xwzt/2009sjslt/1/200903/t20090327_134388.htm.

[24] 冯之浚. 资源产出率：绿色转型的重要指标[J]. 中国经济周刊，2011（14）：20-21.

[25] 管鹤卿，秦颖，董战峰. 中国综合环境经济核算的最新进展与趋势[J]. 环境保护科学，2016，42（2）：22-28.

[26] 王金南，马国霞，於方，等. 2015 年中国经济-生态生产总值核算研究[J]. 中国人口·资源与环境，2018，28（2）：1-7.

[27] 欧阳志云，朱春全，杨广斌，等. 生态系统生产总值核算：概念、核算方法与案例研究[J]. 生态学报，2013，33（21）：6747-6761.

[28] King R T. Wildlife and man[J]. NY Conservationist，1966，20（6）：8-11.

[29] Helliwell D R. Valuation of wildlife resources[J]. Regional Studies，1969，3：41-49.

[30] Study of Critical Environmental Problems（SCEP）. Man’s impact on the global environment[M]. Cambridge：MIT Press.

[31] Holdren J P，Ehrlich P R. Human population and the global environment[J].American Scientist，1974，62：282-292.

[32] Westman W E. How much are nature’s service worth？[J].Science，1977，197：960-964.

[33] Odum H T. Emergy in ecosystems. In：N Polunin. Environmental Monographs and Symposia[M]. NewYork：John Wiley，1986.

[34] Ehrlich P R，Ehrlich A. Extinction：The causes and consequences of the disappearance of species[M].New York：Random house.

[35] Daily G C. Nature’s Services：Societal dependence on natural ecosystems[M]. Washington D C：Island Press，1997.

[36] Costanza R，D’arge R，Groot R D，et al. The value of the world's ecosystem services and natural capital[J]. Nature，1997，387（6630）：253-260.

[37] 欧阳志云，王效科，苗鸿. 中国陆地生态系统服务功能及其生态经济价值的初步研究[J]. 生态学报，1999，19（5）：607-613.

[38] 陈仲新，张新时. 中国生态系统效益的价值[J]. 科学通报，2000，1：17-22.

[39] 潘耀忠，史培军，朱文泉. 中国陆地生态系统生态资产遥感定量测量[J]. 中国科学（D 辑），2004，34（4）：375-384.

[40] 何浩，潘耀忠，朱文泉. 中国陆地生态系统服务价值测量[J]. 应用生态学报，2005，16（6）：1122-1127.

[41] 朱文泉，张锦水，潘耀忠. 中国陆地生态系统生态资产测量及其动态变化分析[J]. 应用生态学报，

2007，18（3）：586-594.

[42] 薛达元，包浩生，李文华. 长白山自然保护区森林生态系统间接经济价值评估[J]. 中国环境科学，1999，19（3）：247-252.

[43] 肖寒，欧阳志云. 森林生态系统服务功能及其生态经济价值评估初探——以海南岛尖峰岭热带森林为例[J]. 应用生态学报，2000，11（4）：481-484.

[44] 谢高地，张铭铿，鲁春霞. 中国自然草地生态系统服务价值[J]. 自然资源学报，2001，16（1）：47-53.

[45] 赵同谦，欧阳志云，王效科，等. 中国陆地地表水生态系统服务功能及其生态经济价值评价[J]. 自然资源学报，2003，18（4）：443-452.

[46] 鲁春霞，谢高地，成升魁. 水利工程对河流生态系统服务功能的影响评价方法初探明[J]. 应用生态学报，2003，4（5）：803-807.

[47] 朱春全.“以自然为本”推进生态文明，中国（聊城）生态文明建设国际论坛主旨演讲//赵庆忠. 生态文明看聊城. 北京：中国社会科学出版社，2012：68-70.

[48] Mark Eigenraam，Joselito Chua，Jessica Hasker. Land and ecosystem services：measurement and accounting in practice[C]. 18th Meeting of the London Group on Environmental Accounting，Ottawa，Canada，2012.

[49] 马国霞，赵学涛，吴琼，等. 生态系统生产总值核算概念界定和体系构建[J]. 资源科学，2015，37（9）：1709-1715.

[50] 马国霞，於方，王金南，等. 中国2015年陆地生态系统生产总值核算研究[J]. 中国环境科学，2017，37（4）：1474-1482.

[51] 喻锋，李晓波，王宏，等. 基于能值分析和生态用地分类的中国生态系统生产总值核算研究[J]. 生态学报，2016，36（6）：1663-1675.

[52] 王莉雁，肖燚，欧阳志云，等. 国家级重点生态功能区县生态系统生产总值核算研究——以阿尔山市为例[J]. 中国人口·资源与环境，2017，27（3）：146-154.

[53] 白玛卓嘎，肖邁，欧阳志云，等. 甘孜藏族自治州生态系统生产总值核算研究[J]. 生态学报，2017，37（19）：6302-6312.

[54] 白杨，李晖，王晓媛，等. 云南省生态资产与生态系统生产总值核算体系研究[J]. 自然资源学报，2017，32（7）：1100-1112.

[55] 吴楠，陈红枫，葛菁. 绿色GDP2.0框架下的安徽省生态系统生产总值核算[J]. 安徽农业大学学报（社会科学版），2018，27（1）：39-49.

[56] 董天，张路，肖燚，等. 鄂尔多斯市生态资产和生态系统生产总值评估[J/OL]. 生态学报，2019（9）：1-12[2019-04-29].http://kns.cnki.net/kcms/detail/11.2031.Q.20190227.0829.052.html.

[57] 刘艳丽. 中国首个生态系统生产总值（GEP）评估核算项目启动[J]. 森林与人类，2013（3）：7.

[58] MA. Ecosystems and human well-being：Current state and trends[M].Washington，D C：Island Press，2005.

[59] Fisher B，Turner R K. Ecosystem services：classification for valuation[J].Biological Conservation，2008，141：1167-1169.

[60] Haines-Young R，Potschin M. Proposal for a common international classification of ecosystem goods and services（CICES）for integrated environmental and economic accounting（V1）.Report to the European Environment Agency[R].Centre for Environmental Management，University of Nottingham，Nottingham，

UK，2010.

[61] Haines-Young，Potschi M. Common international classification of ecosystem services（CICES）V5.1 guidance on the application of the revised Structure[EB/OL].https://cices.eu/content/uploads/sites/8/2018/01/Guidance-V51-01012018.pdf.

[62] 国家林业局. 中华人民共和国林业行业标准. LY/T 1721—2008 森林生态系统服务功能评估规范[S]. 2008.

[63] 国家林业局. 中华人民共和国林业行业标准.LY/T 2735—2016 自然资源（森林）资产评价技术规范[S].2016.

[64] 国家林业局. 中华人民共和国林业行业标准.LY/T 2407—2015 森林资源资产评估技术规范[S]. 2015.

[65] 王金南，於方，马国霞，等. 全国生态系统生产总值（GEP）核算研究报告 2015[R]. 重要环境决策参考，2017，13（1）：1-58.

[66] 王金南，马国霞，於方，等. 2015 年全国经济-生态生产总值（GEEP）核算研究报告[R]. 重要环境决策参考，2018，14（1）：1-23.

[67] 王金南，马国霞，於方，等. 中国经济生态生产总值（GEEP）核算研究报告 2016[R]. 重要环境决策参考，2018，14（16）：1-32.

[68] 於方，马国霞，彭菲，等. 中国经济生态生产总值（GEEP）核算研究报告 2017[R]. 重要环境决策参考，2019，15（2）：1-39.

[69] 李琰，李双成，高阳，等. 连接多层次人类福祉的生态系统服务分类框架[J]. 地理学报，2013，68（08）：1038-1047.

[70] 於方，王金南，曹东，等. 中国环境经济核算技术指南[M]. 北京：中国环境科学出版社，2009.

[71] 农业部科技教育司. 第一次全国污染普查畜禽养殖业源产排污系数手册[R]，2009.

[72] 河北省物价局，河北省财政厅. 关于制定我省草原植被恢复费收费标准的通知[EB/OL].https：//wenku.baidu.com/view/abf2ea69b84ae45c3b358cee.html.

[73] Ostro B. Outdoor air pollution：assessing the environmental burden of disease at national and local levels[EB/OL]. Geneva，World Health Organization，2004（Environmental Burden of Disease Series 5）. [2018-11-27]. http://www.who.int/quantifying_ehimpacts/publications/ebd5.pdf.

[74] 黄德生，张世秋. 京津冀地区控制 $PM_{2.5}$ 污染的健康效益评估[J]. 中国环境科学，2013，33（1）：166-174.

[75] Pope CA Ⅲ，Thun MJ，Namboodiri MM. Particulate air pollution as a predictor of mortality in a prospective study of US adults[J]. American Journal of Respiratory and Critical Care Medicine，1995，151：669-674.

[76] World Health Organization，editor. Air quality guidelines，global update 2005[R]. Copenhagen：WHO Regional Office for Europe，2006.

[77] Aunan K，Pan XC. Exposure-response functions for health effects of ambient air pollution applicable for China：a Meta analysis[J]. Science of the Total Environment，2004，329：3-16.